U0198995

高等学校电子信息类“十三五”规划教材
西安电子科技大学研究生精品教材

Verilog HDL 数字集成电路高级程序设计

蔡觉平　翁静纯　褚 洁　冯必先　编著

西安电子科技大学出版社

内 容 简 介

本书系统地对 Verilog HDL 程序设计方法进行说明，明确了数字可综合逻辑设计和测试仿真程序设计在 Verilog HDL 语言中的不同，通过对典型的组合逻辑电路、时序逻辑电路、混合电路和测试程序的设计举例，较为完整地说明了 Verilog HDL 语言在数字集成电路中的设计方法。

全书共分 10 章。第 1 章是 Verilog HDL 数字集成电路设计方法概述；第 2 章是 Verilog HDL 模块和结构化建模；第 3 章是 Verilog HDL 数据流描述和运算符；第 4 章是 Verilog HDL 行为级描述；第 5 章是 Verilog HDL 测试和仿真；第 6 章是 Verilog HDL 组合电路设计；第 7 章是 Verilog HDL 时序电路设计；第 8 章是 Verilog HDL 存储器设计；第 9 章是 Verilog HDL 设计风格；第 10 章是 Verilog HDL 高级程序设计。

学习本书需要具备数字电路和 Verilog HDL 基础知识。

本书可作为集成电路设计和 HDL 课程的研究生教材及本科生的辅导和设计参考教材，也可以作为数字集成电路设计工程师的参考书。

图书在版编目(CIP)数据

Verilog HDL 数字集成电路高级程序设计/蔡觉平等编著. —西安：西安电子科技大学出版社，2015.10
高等学校电子信息类“十三五”规划教材
ISBN 978-7-5606-3858-4

Ⅰ. ① V… Ⅱ. ① 蔡… Ⅲ. ① 数字集成电路—电路设计—高等学校—教材 ② VHDL 语言—程序设计—高等学校—教材 Ⅳ. ① TN431.2 ② TP312

中国版本图书馆 CIP 数据核字(2015)第 219585 号

策　　划　李惠萍　戚文艳
责任编辑　李惠萍　宁晓蓉
出版发行　西安电子科技大学出版社(西安市太白南路 2 号)
电　　话　(029)88242885　88201467　　邮　　编　710071
网　　址　www.xduph.com　　电子邮箱　xdupfxb001@163.com
经　　销　新华书店
印刷单位　陕西天意印务有限责任公司
版　　次　2015 年 10 月第 1 版　　2015 年 10 月第 1 次印刷
开　　本　787 毫米×1092 毫米　1/16　　印　张　29.5
字　　数　706 千字
印　　数　1～3000 册
定　　价　53.00 元
ISBN 978-7-5606-3858-4 / TN
XDUP　4150001-1

如有印装问题可调换

前　言

随着集成电路技术的飞速发展，集成电路的制造工艺已经达到 14 nm 甚至更小尺寸，数字集成电路的规模越来越大，复杂度越来越高。为了提高设计的效率和可靠性，融合了电子技术、计算机技术和智能化技术的 EDA(Electronics Design Automation)工具已经在高速复杂数字集成电路设计中得到了广泛应用。

硬件描述语言(HDL)是现代专用集成电路(ASIC)EDA 设计的重要设计和仿真语言。目前，大部分数字集成电路设计者都在使用 HDL 创建高层次、结构化、基于语言的抽象电路描述，利用已有的设计技术综合出所需硬件电路，并对其进行功能验证和时序分析。

对于准备从事集成电路设计和 FPGA 设计的研究生和工程师来说，需要了解如何在设计流程的关键阶段正确使用 HDL，从而在综合后获得期望的电路。为此需要在了解 HDL 基本语法结构的基础上，深入理解电路的设计方法、综合特性和测试仿真方法。本书就是为这样一个目标而撰写的。

Verilog HDL 是被广泛采用的一种硬件描述语言，目前许多有关 Verilog HDL 的书籍重点关注的是讲解语言和语法，较少分析 Verilog HDL 语言和相应数字电路的关系，以及如何通过设计得到与目标相符合的电路系统。与这些书籍不同，本书着眼点主要放在 Verilog HDL 的设计方法上，这是编写本书的基本出发点。

本书主要根据 Verilog HDL 国际标准 IEEE 1364，对使用 HDL 进行数字集成电路设计、验证和综合的方法进行讲解和分析；对于基于 IP 的设计及方式、可综合代码风格、系统程序设计架构等高级程序设计方法也进行了规范化说明。通过 HDL 设计方法和大量的实用电路的设计，使读者能够对 Verilog HDL 数字集成电路设计技术有一个全面了解。

本书重点集中在如何在数字电路设计中的设计、综合和验证阶段合理使用 Verilog HDL。由于 Verilog HDL 本质上是对数字电路的一种描述方法，因此学习本书时需要深入了解数字电路设计基础知识，同时至少熟悉一种编程语言，这有助于通过阅读获取有用知识，并提高设计能力。本书通过典型的设计例程，讨论了 Verilog HDL 核心设计方法和验证方法，以便帮助读者快速掌握相关知识内容，并希望借助于这些典型例程，为读者在设计复杂电路时提供帮助。

数字电路中通常采用真值表、状态转移图和算法状态图对组合电路和时序电路进行分析和表示，在本书中将这些方法用于 Verilog HDL 的设计和分析，可以提高对设计方法的理解。同时，对于目前在信号处理、自动控制、数值计算等应用中所采用的一些设计方法，如查找表(LUT)、级数展开和有限状态机进行了说明和举例，希望能够帮助读者扩展设计思路。

目前数字集成电路普遍采用基于 IP 的设计方式，以提高集成电路的设计效率、规范设计方式、形成商业化的集成电路设计模式。本书对于集成电路和 FPGA 设计中 IP 的使用、综合和测试仿真进行了完整的讲解，通过学习可以初步掌握相关的设计方法和流程。

在 Verilog HDL 高级程序设计章节中，例举了一个完整的采用 BPSK 调制解调的无线通信系统设计，该方案已经用于 ZigBee 芯片中。通过该例程，可以帮助设计人员建立系统级设计的概念，有助于了解大规模集成电路的设计工作。

本书的另外一个特点是总结、归纳和分析了 HDL 设计代码风格和可综合电路的关系。通过典型例程及分析，初步建立程序设计代码风格的概念，对于实际设计过程中设计代码的编写和程序代码分析，会起到重要的作用。

本书列举大量实例的目的主要是希望读者在使用 Verilog HDL 进行超大规模集成(VLSI)电路设计时，学习如何应用关键步骤进行设计和验证。书中所列举的实例是完整的，并在 Modelsim 和 Synplify 软件中进行了编译、综合和仿真。

本书重点对于设计方法、测试方法和代码风格等进行讲解，对于 Verilog HDL 基本语法和不常用的概念未作介绍。本书适合作为集成电路设计和 HDL 课程的研究生教材，以及相应本科生的辅导和设计参考教材，对于希望通过实例学习 Verilog HDL，并将这种语言应用于集成电路设计和测试的专业工程师，也会起到一定的帮助。本书假定读者已具有布尔代数和数字逻辑设计等背景知识，并具有一定的数字电路设计经验。

全书共分 10 章。第 1 章是 Verilog HDL 数字集成电路设计方法概述；第 2 章是 Verilog HDL 模块和结构化建模；第 3 章是 Verilog HDL 数据流描述和运算符；第 4 章是 Verilog HDL 行为级描述；第 5 章是 Verilog HDL 测试和仿真；第 6 章是 Verilog HDL 组合电路设计；第 7 章是 Verilog HDL 时序电路设计；第 8 章是 Verilog HDL 存储器设计；第 9 章是 Verilog HDL 设计风格；第 10 章是 Verilog HDL 高级程序设计。

十分感谢对于本书的出版作出贡献的老师和学生们。感谢湘潭大学黄嵩人教授、西安交通大学张鸿教授、北京工业大学候立刚教授、西北工业大学张盛兵教授对本书提出的建设性意见。在本书中，蔡觉平完成了第 1 章和第 9 章的内容和程序验证，冯必先和褚洁完成了第 2～4 章的内容和程序验证，翁静纯完成了第 5 章的内容，国际留学生阮文长和王科完成了第 6～7 章内容，李娇完成了第 8 章的内容和程序验证，杨云锋完成了第 10 章的内容和程序验证。感谢马原、徐维佳、宋喆喆、同亚娜和温凯林在集成电路设计流程、代码质量评估等方面的大量实际工作。感谢课题组其他同学对于本书出版所作的努力。我们非常高兴能够与负责本书出版工作的西安电子科技大学出版社李惠萍编辑一起工作。她的支持和鼓励，以及对本书创作过程的指导，确保了本书的出版质量。

希望通过本书的出版，为致力于集成电路设计的同学和工程师提供帮助。

编　者

2015 年 8 月

目　录

第 1 章

Verilog HDL 数字集成电路设计方法概述

1.1　数字集成电路的发展和设计方法的演变

集成电路起步于 20 世纪 60 年代，随着数字集成电路和计算机技术的飞速发展，数字系统也得到了飞速发展。最早的数字电路由真空管和电子管构成，后来出现了以硅基半导体为主的集成电路。第一代集成电路是只有几十个逻辑门的小规模集成电路(Small Scale Integrated，SSI)。随着技术的发展，先后经历了中规模、大规模、超大规模集成电路，甚至发展到单芯片上有数千万个逻辑门的极大规模集成电路(Ultra Large Scale Integrated，ULSI)，如图 1.1-1 所示。集成电路的规模越来越大，集成密度越来越高，相应的设计也越来越复杂。芯片制造商生产的芯片上所集成的晶体管数量已达到了空前的水平。例如，NVIDIA 公司 2013 年发布的单芯显卡 GeForce GTX 780Ti 所搭载的 GK110-425-B1 芯片拥有 71 亿的晶体管规模；AMD 公司 2014 年生产的 Tonga 显卡芯片单芯片集成了超过 50 亿只晶体管；NVIDIA 公司 2015 年发布的单芯显卡 GeForce GTX Titan X 所采用的 GM200-400-A1 芯片晶体管数量达到 80 亿。集成电路产业的主流技术推进到了 22 nm 工艺，甚至 Intel 已经量产 14 nm 工艺，下一步先进技术还将导入到 10 nm 领域。

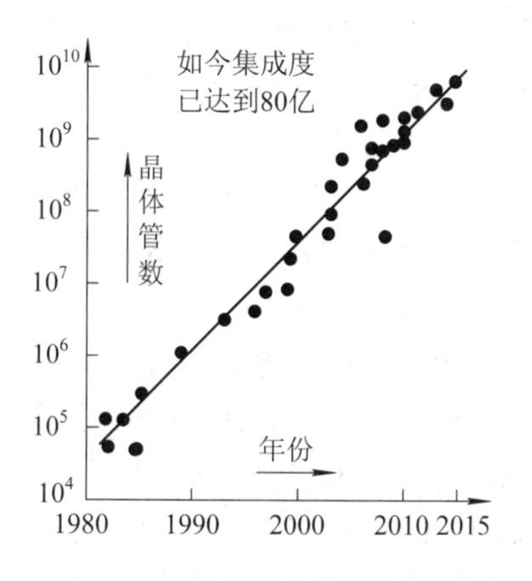

图 1.1-1　数字集成电路复杂度趋势

设计单元从起初的分立元件发展到 IP(Intellectual Property，知识产权)复用技术；系统级别由早期的印刷版系统到片上系统(System on Chip，SoC)以及系统级封装(System in Package，SiP)；功能方面也从开始的简单布尔逻辑运算发展到可以每秒处理数十亿次计算的复杂运算。这一切都使得数字集成电路被广泛应用于计算机、通信、图像等多个领域。

随着半导体工艺尺寸逐步逼近硅工艺物理极限，单芯片集成晶体管数量超过了几十亿只。数字集成电路不断引入新技术以推动超大规模集成电路设计的发展，最关键的几项技术包括 PLD(Programmable Logic Device，可编程逻辑器件)技术、SoC 技术和 IP 复用技术。

集成电路工艺制造水平的提高和芯片集成度、复杂度的日益增加，使芯片的设计方法和设计技术发生了深刻的变化，如图 1.1-2 所示。早期的数字系统规模尚小，采用的是基于原理图的设计方法，即用一些固定功能的器件加上一定的外围电路搭成电路板，进一步构成电子系统。但是随着电路规模的不断增大，这种设计方法灵活性差、设计效率低的问题变得更加明显。

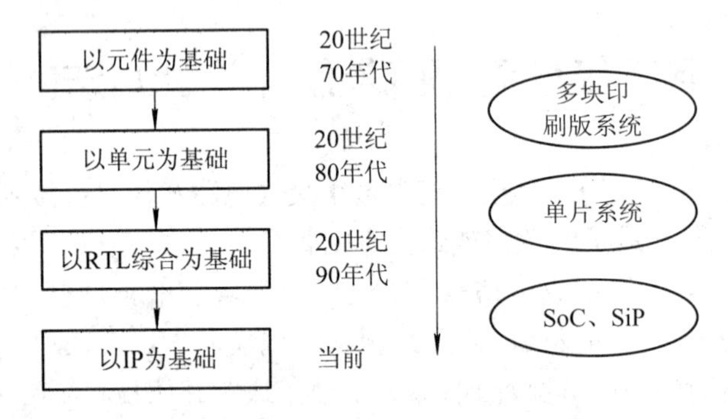

图 1.1-2 数字集成电路设计方法的演变

硬件描述语言(Hardware Description Language，HDL)的出现和发展逐渐改变了用传统的原理图设计电路的方法。HDL 以文本的形式描述硬件电路的功能、信号连接以及时序关系，相比原理图的描述方式，HDL 更便于保存管理，易于修改维护和设计重用，能够更高效灵活地实现大规模复杂数字系统的设计。以 HDL 语言为基础的 IP 复用技术的出现，使得功能模块得以重用，进一步提高了设计效率。

回顾多年来集成电路的发展，可将其分为三个阶段：

(1) 20 世纪 70 年代——IC 产业发展的初级阶段。以加工制造为主导，设计只作为附属部门，简单微处理器(Micro Processor Unit，MPU)、存储器以及标准通用逻辑电路是这一时期的标志性产物。

(2) 20 世纪 80 年代——标准工艺加工线(Foundry)公司与 IC 设计公司相互结合、共同发展的阶段。这一时期主流产品以 MPU、微控制器(Micro Control Unit，MCU)以及专用 IC(Application-Specific IC，ASIC)为代表。

(3) 20 世纪 90 年代——IC 产业生产过程逐渐细分为“电路设计、芯片制造、电路封装、电路测试”四大领域。功能强大的通用型中央处理器(Central Processing Unit，CPU)和数字信号处理器(Digital Signal Processing，DSP)成为这一时期产业发展的一个主要方面。

到 21 世纪的今天，数字集成电路在各个方面多元化发展：

(1) 芯片的市场需求方面，通用型芯片被具有特定功能的差异化专用芯片取代，以应对多媒体技术和移动通信等应用的飞速发展。

(2) 技术方面，原本单纯依靠提升频率的发展方式已经跟不上单芯片规模扩大的速度，这种情况下，采用大规模多内核处理器结构设计芯片成为新的主流模式。

(3) 设计方法方面，基于 IP 核的功能模块重用的设计方式，极大地提高了芯片的设计效率和可扩展性，有利于在商业化竞争中取得优势。

目前集成电路的规模越来越大，复杂度越来越高，芯片设计和制造成本不断提高，设计、测试和制造工艺中的环节增加。这些变化使电子设计任务的难度、复杂度和工作量都迅速加大，整个设计任务要求有很高的协调性和整体性。面对日益庞大的硬件规模，设计者需要从更高的抽象层次上进行设计，提高元件模型的可重用性，并且需要用更自动化、规范化和高效化的方式来描述系统，以解决超大规模集成电路发展所面临的一系列问题：

(1) 功能模块的可重用性。

(2) 综合，特别是高层次综合和数模混合电路模型的综合。

(3) 验证，如形式验证和仿真验证等。

(4) 数字电路的超深亚微米效应。

为了使复杂的芯片易于描述理解，很有必要用一种高级语言来表达其功能，隐藏具体实现细节。基于上述原因，HDL 应运而生。现在 HDL 不仅应用于数字集成电路设计阶段，在经过改进和发展后，也能很好地应用于设计的建模、仿真验证和综合等各个阶段。

Verilog HDL 作为一种常用的硬件描述语言，从一种专用语言发展成 IEEE 标准，不断地修正扩展，在其基础上发展出了模拟硬件描述语言 Verilog-A，为模拟集成电路的程序化设计提供了支持。这个扩展使得 Verilog HDL 可以对集成了模拟和混合信号的系统进行建模。之后为了将数字模型的建立和电路设计加以统一，在其基础上又诞生了 System Verilog，进一步提高了集成电路的设计效率。

1.2　Verilog HDL 的发展和国际标准

Verilog HDL 是目前设计界通常采用的一种硬件描述语言，被广泛地应用于数字 ASIC 和可编程逻辑器件的设计开发工作。Verilog HDL 按照一定的规则和风格编写代码，可以从系统级、电路级、门级到开关级等抽象层次，进行数字电路系统的建模、设计和验证工作。被建模的数字系统对象可以简单到一个门级电路，也可以复杂到一个功能完整的数字电子系统。

Verilog HDL 从设计开始到目前的广泛应用经历了 30 多年的发展历程，功能也由最初的数字集成电路设计发展到数字和模拟电路设计，如图 1.2-1 所示。Verilog HDL 已经成为数字电路和数字集成电路中广泛使用的设计语言。

Verilog HDL 语言诞生于 1983 年，最初是由 Gateway Design Automation 公司为其模拟器产品开发的硬件建模语言。1987 年，Synopsys 公司将 Verilog HDL 语言作为综合工具的输入，为在数字集成电路上的应用提供了 EDA 综合工具，更加高效地实现电路的描述性设计。

1989 年 GDA 公司被 Cadence 公司并购，Verilog HDL 语言成为 Cadence 公司的私有财产。1990 年 Cadence 公司正式公开发表 Verilog HDL 语言，以便于 Verilog HDL 大范围的

推广和使用。随后成立的 OVI(Open Verilog International)组织负责 Verilog HDL 语言的发展并制定有关标准。

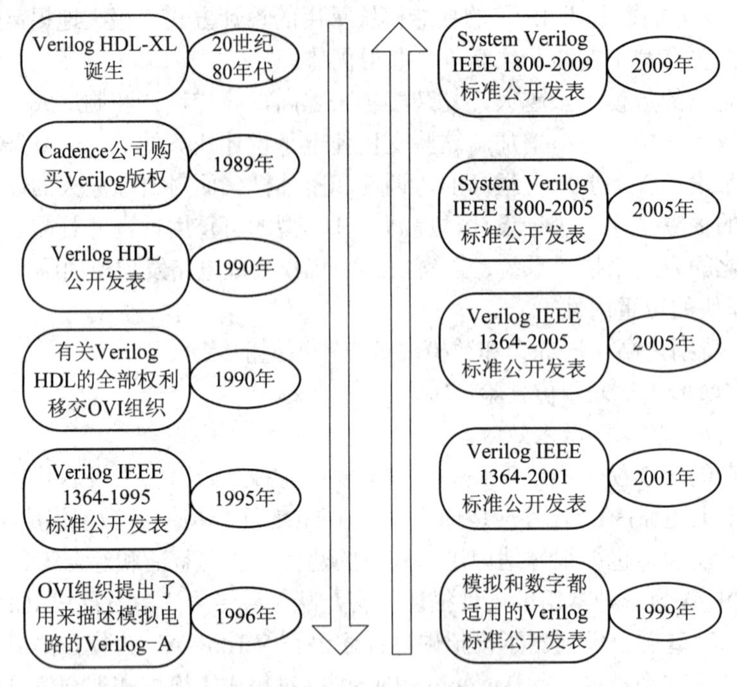

图 1.2-1　Verilog HDL 的发展历史

1992 年，OVI 开始致力于将 Verilog OVI 标准推广成为 IEEE 标准。1993 年，几乎所有 ASIC 厂商都开始支持 Verilog HDL，并且认为 Verilog HDL-XL 是最好的仿真器。同时，OVI 推出 2.0 版本的 Verilog HDL 规范，IEEE 则将 OVI 的 Verilog HDL2.0 作为 IEEE 标准的提案。从此，Verilog HDL 正式成为数字集成电路的设计语言标准，见表 1.2-1。

表 1.2-1　Verilog HDL 国际标准

名　称	时 间	备　　注
Verilog IEEE 1364-1995	1995 年 12 月	基于 Verilog HDL 的优越性，IEEE 将 Verilog HDL 制定为标准，即 Verilog HDL 1364-1995
Verilog-A	1996 年	Verilog-A 是由 OVI 提出的一种基于 IEEE 1364 Verilog 规范的硬件描述语言，用于模拟电路行业的建模
	1999 年	模拟和数字都适用的 Verilog 标准公开发表
Verilog IEEE 1364-2001	2001 年	IEEE 制定了 Verilog IEEE 1364-2001 标准并公开发表；其中 HDL 部分相对于 1995 标准有较大增强，PLI 部分变化不大
Verilog IEEE 1364-2005	2005 年	对上一版本的细微修正。该版本还包括了一个相对独立的新部分，即 Verilog-AMS
SystemVerilog IEEE 1800-2005	2005 年	基于 Verilog HDL 语言，对 Verilog IEEE 1364-2001 标准的扩展增强，是新一代硬件设计和验证语言
SystemVerilog IEEE 1800-2009	2009 年	将 IEEE 1364-2005 和 IEEE 1800-2005 两个部分合并，成为一个新的、统一的 SystemVerilog

1995 年 12 月，IEEE 制定了第一个 Verilog HDL 语言标准 Verilog IEEE 1364-1995。在此基础上，2001 年 IEEE 增加了部分功能，并制定了较为完善的标准 Verilog IEEE 1364-2001。目前在数字集成电路方面主要采用的就是这两个标准所规定的程序语法和设计规范。2005 年，Verilog 再次进行了更新，即 Verilog IEEE 1364-2005 标准。该版本只是对上一版本的细微修正。这个版本还包括了一个相对独立的新部分，即 Verilog-AMS。这个扩展使得传统的 Verilog 可以对集成的模拟和混合信号系统进行建模。

由于 Verilog HDL 在数字集成电路设计上的优越性，众多程序开发人员希望其能在硬件设计领域得到更为广泛的应用和发展。

在模拟电路设计方面，基于 IEEE 1364 Verilog HDL 规范发展出了 Verilog-A，作为模拟电路行业的标准建模语言，更有效地实现了模拟集成电路的程序化设计。

在系统级设计方面，传统的设计方法将数字模型的建立和电路设计过程分割开来。数字模型的建立和分析是用 C 语言等高级软件语言来实现的，通过定点化设计将数学模型转变成电路模型，而电路设计部分是用 HDL 语言来实现的。这种方法无法将数字模型直接用于数字集成电路的设计中，导致设计所需的周期加长、耗时耗力，且存在重复性工作等问题。现有的语言无法解决这一问题，为此研究和开发人员迫切希望统一模型建立和电路设计过程，使集成电路设计更加灵活高效，这就给 EDA 工具厂商提出了新的要求。为了满足这一要求，一种新的工程语言 System Verilog 应运而生，这个统一的语言使得工程师可以建模大型复杂的设计，并且验证设计功能的正确性。

SystemVerilog 是一种硬件描述和验证语言(Hardware Description and Verification Language，HDVL)，由 Accellera 开发，它主要定位在芯片的实现和验证流程上，并为系统级的设计流程提供了强大的连接能力。System Verilog 是对 Verilog IEEE 1364-2001 的扩展，其由 Accellera 标准组织维护并提交标准化，在 2005 年 12 月被标准化为 IEEE 1800-2005。System Verilog 的扩展主要针对两个方面：

(1) 对硬件建模的扩展，主要整合了 SUPERLOG 和 C 语言的许多优秀特性。

(2) 对验证和断言方面的扩展，主要整合了 SUPERLOG、VERA C、C++ 及 VHDL 语言的特性，同时包括了 OVA 和 PSL 断言。

作为 Verilog HDL 的扩展，System Verilog 综合了一些已验证过的硬件设计和验证语言的特性，这些扩展使得 SystemVerilog 在一个更高的抽象层次上提高了在 RTL 级、系统级及结构级进行硬件建模的能力，以及验证模型功能的一系列丰富特征。虽然 System Verilog 是一个整合体，但它大大超越了各分立部分的总和。

2009 年，IEEE 1364-2005 和 IEEE 1800-2005 两个部分合并为 IEEE 1800-2009，成为了一个新的、统一的 SystemVerilog 硬件描述验证语言。

Verilog HDL 语言是完全独立于目标器件芯片物理结构的硬件描述语言，Verilog 中描述所有的硬件组件和测试平台的基本结构被称为模块，通过模块的相互连接调用来构建复杂的电路。使用 Verilog HDL 语言进行数字集成电路和系统的功能设计时，采用的是描述性的建模方式，通过数据流描述、行为描述和结构描述等方式，分模块、分层次地进行硬件组件的描述以便进行仿真、综合，规范编写用于指定测试数据和监控电路响应的测试平台，从而完成电路的设计和验证工作。同时，Verilog HDL 还提供编程语言接口，方便在模拟、验证期间通过该接口从设计外部访问设计，包括模拟具体控制和运行。

Verilog HDL 不仅定义了完善的语法规则，而且对每个语法结构都定义了清晰的模拟、仿真语义。它从 C 编程语言中继承了多种操作符和结构，提供了较强的扩展建模能力。它的使用大大简化了硬件设计的过程，提高了设计的效率和可靠性。设计者可以专注于其功能的实现，而不需要对不影响功能的与工艺有关的因素花费过多的时间和精力。完整的硬件描述语言足以对从最复杂的芯片到完整的电子系统进行描述。

本书主要针对 Verilog HDL 基本语法规则和数字集成电路设计进行讲述，以应对越来越复杂的数字集成电路芯片的设计和验证工作。

1.3　Verilog HDL 语言的设计思想和可综合特性

在数字集成电路设计过程中，设计者使用 Verilog HDL 硬件描述语言进行关键性步骤的开发和设计。其基本过程是首先使用 Verilog HDL 对硬件电路进行描述性设计，利用 EDA 综合工具将其综合成一个物理电路，然后进行功能验证、定时验证和故障覆盖验证。

与计算机软件所采用的高级程序语言(C 语言)类似，Verilog HDL 是一种高级程序设计语言，程序编写较简单，设计效率很高。然而，它们面向的对象和设计思想却完全不相同。

软件高级程序语句是对通用型处理器(如 CPU)的编程，主要是在固定硬件体系结构下的软件化程序设计。处理器的体系结构和功能决定了可以用于程序编程的固定指令集，设计人员的工作是调用这些指令，在固化的体系结构下实现特定的功能。

Verilog HDL 和 VHDL 等硬件描述语言是对电路的设计，将基本的最小数字电路单元(如门单元、寄存器、存储器等)通过连接方式构成具有特定功能的硬件电路。在数字集成电路中，这种最小的单元是工艺厂商提供的设计标准库或定制单元；在 FPGA 中，这种最小单元是芯片内部已经布局的基本逻辑单元。设计人员通过描述性语言调用和组合这些基本单元实现特定的功能，其基本的电路是灵活的。

Verilog HDL 给设计者提供了几种描述电路的方法。设计者可以使用结构性描述方式把逻辑单元互连在一起进行电路设计，也可以采用抽象性描述方式对大规模复杂电路进行设计，如对有限状态机、数字滤波器、总线和接口电路的描述等。

由于硬件电路的设计目标是最终产生的电路，因此 Verilog HDL 程序设计的正确性需要通对综合后电路的正确性来验证。逻辑上相同的电路在物理电路中的形式却有可能完全不同。对于 Verilog HDL 程序设计而言，数字电路的程序描述性设计具有一定的设计模式，这与 C 语言等高级软件程序设计是显著不同的。

例 1.3-1 是对模 256(8 bit)计数器的两种描述。程序(1)是通常的 Verilog HDL 语言对计数器的描述方式，通过改变计数器状态寄存器组的位宽和进位条件，可以实现不同计数器的硬件电路设计。程序(2)是初学者经常出现的一种错误描述方式，刚开始编写 Verilog HDL 程序时经常会套用 C 语言等高级程序设计的模式，这样往往得不到目标数字电路功能。

例 1.3-1　用 Verilog HDL 设计模 256(8 bit)计数器。

(1) 可综合程序描述方式。

```
module counter(clk, rst_n, cnt);
```

```
    input clk, rst_n;
    output [7:0] cnt;
    reg [7:0] cnt;
    always@(posedge clk or negedge rst_n)
        if(!rst_n) cnt<=8'b00000000;
        else cnt<=cnt+1'b1;
endmodule
```

(2) 常见的错误描述方式。

```
module counter(clk, rst_n, cnt);
    input clk, rst_n;
    output [7:0] cnt;
    reg [7:0] cnt;
    integer i;
    always@(posedge clk or negedge rst_n)
      begin
        if(!rst_n) cnt<=8'b00000000;
        else
           for(i=0; i<=255; i=i+1)
               cnt<=cnt+1'b1;
      end
endmodule
```

Verilog HDL 的电路描述方式具有多样性，这也决定了电路设计的多样性。例 1.3-2 是对一个多路选择器的设计，程序(1)采用的是真值表的形式；程序(2)采用的是逻辑表达式的形式；程序(3)采用的是基本逻辑单元的结构性描述形式。

例 1.3-2　用 Verilog HDL 设计数字多路选择器。

(1) 采用真值表形式的代码。

```
module MUX (data, sel, out);
    input [3:0] data;
    input [1:0] sel;
    output out;
    reg out;
    always @(data or sel)
       case (sel)
          2'b00 : out=data[0];
          2'b01 : out=data[1];
          2'b10 : out=data[2];
          2'b11 : out=data[3];
       endcase
endmodule
```

(2) 采用逻辑表达式形式的代码。

```
module MUX (data, sel, out);
    input [3:0] data;
    input [1:0] sel;
    output out;
    wire w1, w2, w3, w4;
    assign w1=(~sel[1])&(~sel[0])&data[0];
    assign w2=(~sel[1])&sel[0]&data[1];
    assign w3=sel[1]&(~sel[0])&data[2];
    assign w4=sel[1]&sel[0]&data[3];
    assign out=w1|w2|w3|w4;
endmodule
```

(3) 采用结构性描述的代码。

```
module MUX (data, sel, out);
    input [3:0] data;
    input [1:0] sel;
    output out;
    wire w1, w2, w3, w4;
    not  U1(w1, sel[1]);
         U2(w2, sel[0]);
    and  U3(w3, w1, w2, data[0]);
         U4(w4, w1, sel[0], data[1]);
         U5(w5, sel[1], w2, data[2]);
         U6(w6, sel[1], sel[0], data[3]);
    or   U7(out, w3, w4, w5, w6);
endmodule
```

Verilog HDL 语言主要用于电路设计和验证，部分语言是为电路的测试和仿真制定的，因此其语言分为用于电路设计的可综合性语言和用于测试仿真的不可综合性语言。对于可综合性语言，EDA 综合工具可以将其综合为物理电路。而对于部分语言，EDA 工具综合性很差，设计人员往往得不到与设计思想相符合的物理电路。

正是由于 Verilog HDL 语言的特殊性，初学者往往很难把握可综合电路的设计方法，得不到最终期望的电路，这也是掌握 Verilog HDL 设计方法所面临的一个困难。为了解决这一问题，降低 Verilog HDL 的设计门槛，EDA 工具厂商正努力设计综合性工具，使之能够适应 C 语言程序设计思想，但这需要一个很长的过程。

在现阶段，作为设计人员熟练掌握 Verilog HDL 程序设计的多样性和可综合性，是至关重要的。作为数字集成电路的基础，基本数字逻辑电路设计是进行复杂电路设计的前提。本章通过对数字电路中基本逻辑电路的 Verilog HDL 程序设计进行讲述，使读者掌握基本逻辑电路的可综合性设计，为具有特定功能的复杂电路的设计打下基础。

逻辑电路可以分成两大类：一类是组合逻辑电路，简称组合电路；另一类是时序逻辑电路，简称时序电路。本章将分别从这两种电路的原理和 Verilog HDL 程序设计方法出发，对数字逻辑电路的基本功能电路进行设计，这也是复杂数字集成电路系统设计的基础。

1.4　用 Verilog HDL 进行数字集成电路设计的优点

在数字集成电路发展初期，数字逻辑电路和系统的设计规模较小，复杂度也低。采用 PLD 器件或 ASIC 芯片来实现电路设计时，使用的是原理图设计输入的方式，根据设计要求选用器件，用厂家提供的专用电路图工具绘制原理图，完成输入过程。这种方式直观且易于理解，但是随着电路规模的增加，大量机械性的手工布线工作费时费力，给设计工作带来很大的不便。另一方面，这种输入方式要求设计人员对于大量定制单元电路要十分熟悉。这种低效率的设计方式阻碍了集成电路的进一步发展。

Verilog HDL 语言和 EDA 工具的出现和发展，改变了这一局面。通过运用高效率的描述性语言以文本形式表达电路功能，设计人员不用再关注其具体实现细节，而将注意力集中在系统、算法和电路结构上面，具体实现则交由强大的逻辑综合工具完成，极大地提高了设计输入和验证的效率。

采用 Verilog HDL 语言进行数字集成电路设计的优点在于：

(1) Verilog HDL 在硬件描述方面具有效率高、灵活性强的优势。

(2) 代码易于维护，可移植性强。

(3) 测试和仿真功能强大。

图 1.4-1(a)、(b)分别是 1 位和 8 位总线与逻辑的原理图设计和 Verilog HDL 语言描述方式的对比。

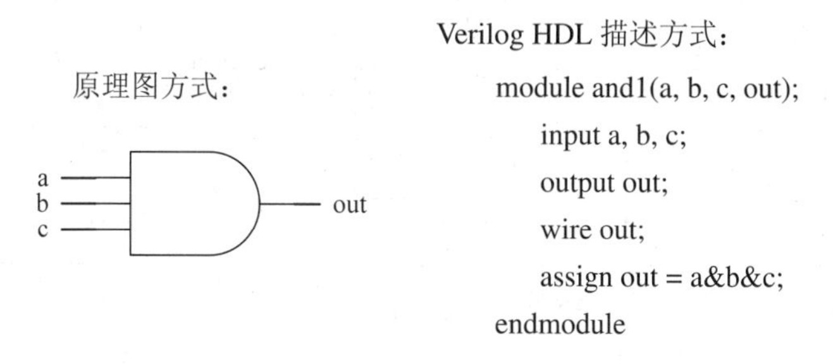

(a) 1 位总线与逻辑

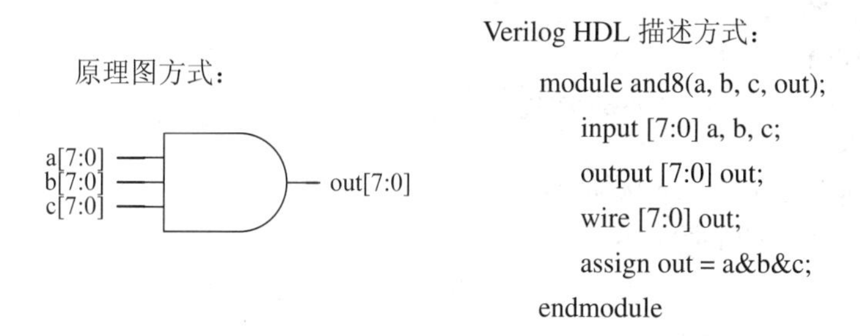

(b) 8 位总线与逻辑

图 1.4-1　组合逻辑电路原理图设计和 Verilog HDL 语言描述方式的对比

图 1.4-2(a)、(b)分别是长度为 4 位和 8 位的左移移位寄存器的原理图设计与 Verilog HDL 语言描述方式的对比。

原理图方式：

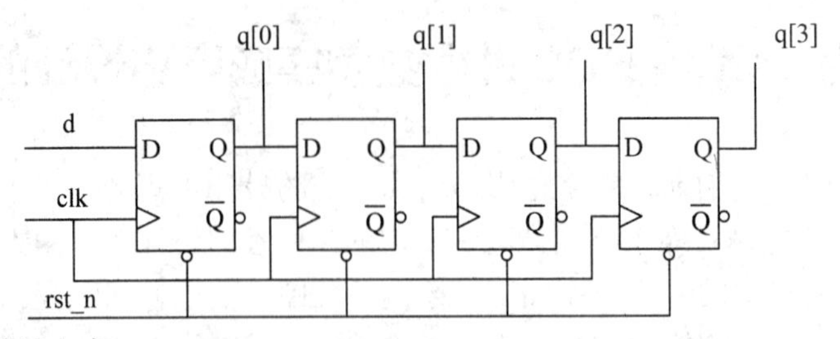

Verilog HDL 描述方式：

```
module shift_left4(clk, rst_n, d, q);
    input clk, rst_n, d;
    output [3:0] q;
    reg [3:0] q;
    always@(posedge clk or negedge rst_n)
      begin
         if(!rst_n) q <= 4'b0000;
         else q <= {q[2:0], d};
      end
endmodule
```

(a) 4 位左移移位寄存器

原理图方式：

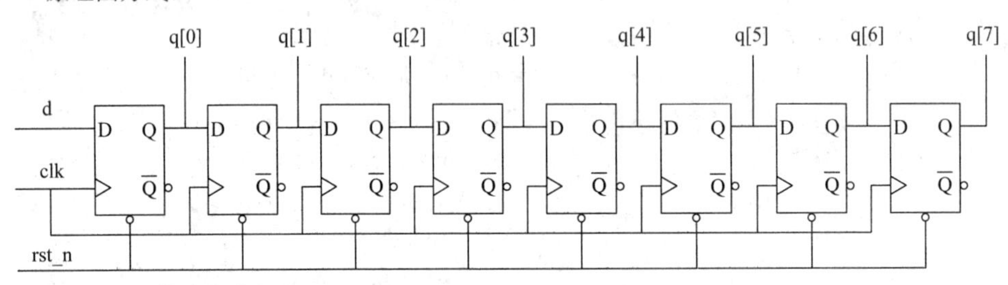

Verilog HDL 描述方式：

```
module shift_left8(clk, rst_n, d, q);
    input clk, rst_n, d;
    output [7:0] q;
    reg [7:0] q;
    always@(posedge clk or negedge rst_n)
      begin
         if(!rst_n) q <= 8'b00000000;
         else q <= {q[6:0], d};
      end
endmodule
```

(b) 8 位左移移位寄存器

图 1.4-2　时序逻辑电路原理图设计和 Verilog HDL 语言描述方式的对比

图 1.4-1 和图 1.4-2 分别是两种典型的组合逻辑电路和时序逻辑电路。从这两个例子，可以看到 Verilog HDL 在设计方面有两个突出的能力。第一，即使较为复杂的电路也可以用较少的语句描述。图 1.4-1 和图 1.4-2 中采用一条有效语句就实现了电路设计。第二，Verilog HDL 具有极为灵活的可扩展特性。图 1.4-1 中仅需修改总线的位宽，就可以实现不同位数的总线与逻辑设计；图 1.4-2 中仅需改变移位信号长度，就可以实现不同长度移位寄存器设计。

通过这两个例子可以看到，Verilog HDL 比原理图设计方式更加高效，同时提高了设计的灵活性，实现了对电路设计的有效管理。

1.5　功能模块的可重用性

HDL 语言的标准化极大地扩展了 Verilog HDL 语言的使用范围和通用性。目前 HDL 语言应用于绝大多数数字集成电路和 FPGA 的开发。在规模巨大而且功能复杂的 FPGA 设计中，对于较为通用的部分若能够重用现有的功能模块，而把主要的时间和资源用于设计那些全新的、独特的部分，就可以有效地提高硬件电路的开发效率。另一方面，集成电路的发展突飞猛进，导致设计人员设计能力的提高赶不上芯片复杂度增长的步伐，这一差距的扩大阻碍了 SoC 的有效开发，具有知识产权(IP)功能模块的重用正是提高设计能力、解决这一矛盾的有效方法。

如今 Verilog HDL 功能模块积累得越来越多，同时功能模块的可重用性也得到极大的提高。设计的重用对于整个工业界都是一种可行方法，具有重要价值。1997 年的 DAC 会议上 Synopsys 和 Mentor Graphic 公司联合提出了基于 IP(Intellectual Property)模块的可重用设计思想，开始了 IP 设计方法的研究步伐。

IP 核是具有知识产权核的集成电路芯核的总称，是经过反复验证的、具有特定功能的宏模块，且该模块与芯片制造工艺无关，可以移植到不同的半导体工艺中。从 IP 核的提供方式上，通常将其分为软核、硬核和固核三类。从完成 IP 核所花费的成本来讲，硬核代价最大。从使用灵活性来讲，软核的可复用性最高。

1. 软核(Soft Core)

软核一般是指经过功能验证的、5000 门以上的可综合 Verilog HDL 或 VHDL 模型，是 IP 核应用最广泛的形式。由软核构成的器件称为虚拟器件，通过 EDA 综合工具可以把它与其他数字逻辑电路结合起来，构成新的功能电路。软核的可重复利用特性大大缩短了设计周期，提高了设计代码的可管理性和对于复杂电路的设计能力。软核通常与设计方法和电路所采用的工艺无关，具有很强的可综合特性和可重用特性，允许用户自配置。但是对模块的预测性较低，在后续设计中存在发生错误的可能性，有一定的设计风险。

2. 固核(Firm Core)

固核通常是指在 FPGA 器件上经综合验证的、5000 门以上的电路网表文件。和软核相比，固核的设计灵活性稍差，但在可靠性上有较大提高。目前，固核也是 IP 核的主流形式之一。

3. 硬核(Hard Core)

硬核通常是指在 ASIC 器件上经验证正确的、5000 门以上的电路结构版图掩模。设计人员不能对其进行修改，原因有二：一是系统设计对各个模块的时序要求很严格，不允许打破已有的物理版图；二是保护知识产权的要求，不允许设计人员对其有任何的改动。

由于软核采用可读性较高的可综合 HDL 语言实现，因此其可维护性和重用性程度很高，使用也更加灵活和便捷。软核的产生和推广，为集成电路的设计和开发提供了一种新的商业模式，采用 HDL 语言的可综合代码成为集成电路和系统产业中的重要产品。固核和硬核是针对不同芯片平台的功能单元，性能稳定，不易修改。商用软核通常都有针对不同芯片和工艺的定制硬核和固核，可以从不同层次提高数字电路功能模块的可重用性。

随着电子系统设计的飞速发展，基于 IP 复用的设计技术的优越性逐渐显现出来，它能有效地降低设计的复杂性，缩短开发周期，降低成本，避免重复劳动。在进行系统设计时，可以自行设计各个功能模块，也可以利用已有的 IP 核，但是使用 IP 核来完成设计无疑能够帮助设计者更容易地在短时间内开发出新产品。现在，超大规模的 ASIC 和 FPGA 设计更多采用来自不同公司的功能模块进行组合，通过开发特定功能的部件电路，形成具有特定功能的芯片和系统。在 SoC 芯片的设计生产过程中，芯片的生产厂家只需根据设计需要购入相应功能的 IP 核，按照设计要求对多个 IP 核进行组合，即可形成具有多种功能的片上系统(SoC)，如图 1.5-1 所示。由于使用的 IP 核是经过反复验证的功能模块，因此可以大大降低设计的风险，确保产品质量。很多公司一直致力于提供各种功能且拥有特殊知识产权的 IP 内核，IP 核已经作为一种产品，可以被交换、转让甚至销售。尤其是到了 SoC 阶段，向用户提供 IP 核服务已经是大势所趋。芯片厂商提供的 IP 核种类越丰富，功能越强大，性能越完善，就越有利于用户的设计，就越能占有更多的市场份额。

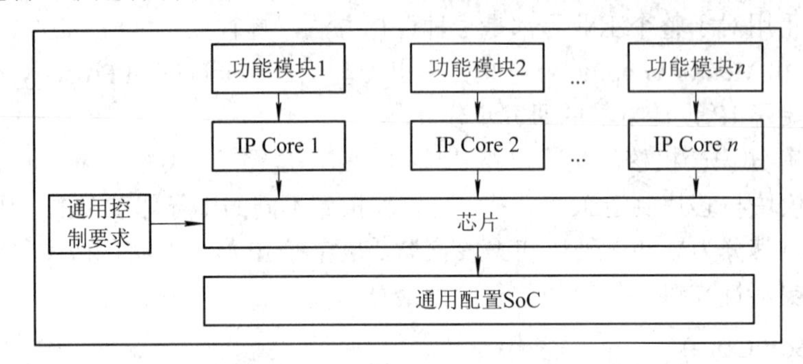

图 1.5-1 基于 IP 核技术的 SoC 设计

图 1.5-2 展示了由多个具有特定功能的 IP 核如数字信号处理器核(DSP Core)、微处理器核(MPU Core)、存储器(RAM/ROM)等构成的一个系统芯片 SoC。

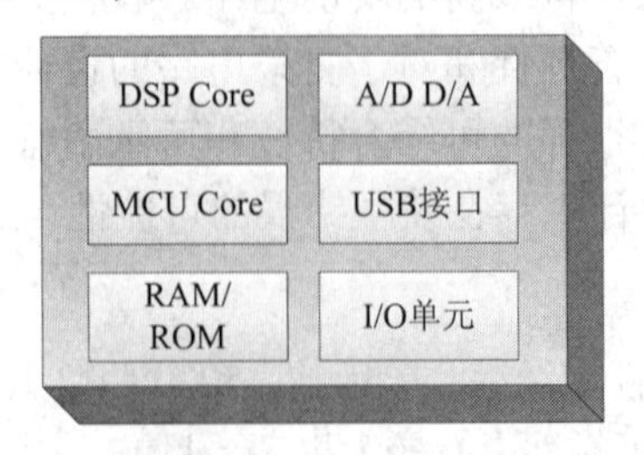

图 1.5-2 SoC 示意图

近年来基于 IP 核的系统设计方法已经成为研究的热点，在利用 IP 核集成系统时，IP 核的质量是最重要的因素。面对广阔的市场前景，系统集成、硬件生产、EDA 工具开发商及新兴的 IP 模块开发商都将目光集中到提高 IP 核质量、增强 IP 核的可重用性上，致力于建立统一有效的 IP 设计方法，制定工业界广泛采用的重用标准以及开发基于 IP 的设计工具和高质量的 IP 模块库上。

目前，以 IP 为核心的集成电路产业链已经形成，超大规模集成电路设计中 90% 以上的电路都来自于 IP 的整合，极大地促进了数字集成电路设计技术的发展。典型的例子是 ARM 公司提供了定制化的 IP，被广泛应用于移动通信、嵌入式系统、播放器等专用芯片中，成为集成电路行业最具活力的公司。IP 将成为半导体产业的重要分支，因此 IP 设计方法的研究具有重要的理论意义和实践价值。

1.6　Verilog HDL 在数字集成电路设计流程中的作用

一般的数字集成电路设计流程如图 1.6-1 所示。Verilog HDL 语言在设计和验证中起到了重要作用。

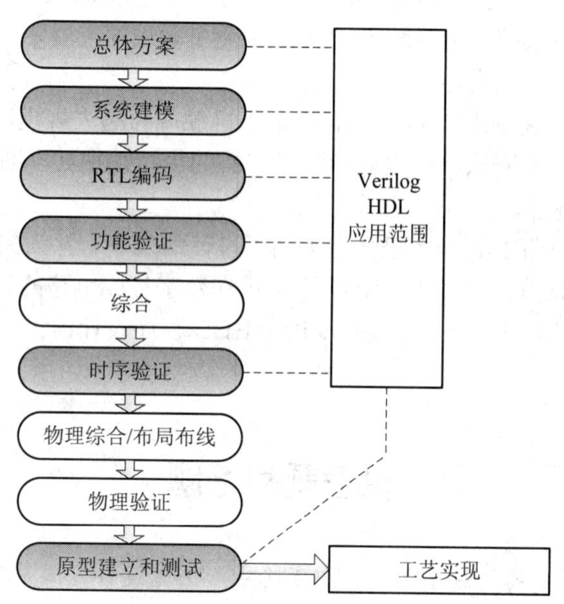

图 1.6-1　数字集成电路设计流程

数字集成电路的设计过程主要划分为四个阶段：

(1) 系统设计阶段。对比较复杂的数字电子系统往往按照自顶而下的设计方法进行功能的设计和模块的划分。在这个阶段先做好系统级的规划工作，确定出一个总体方案，包括系统的结构规划、功能划分和互连模型建立等工作；接下来进行系统建模，细化总体方案从而划分出具体的功能模块，进一步详细设计互连总线等。

(2) 电路设计编码阶段。在系统设计完成后，采用高层次的设计方法对功能模块进行具体的电路设计，用 Verilog HDL 语言进行 RTL 编码，形成可以测试的功能代码。

(3) 电路验证阶段。为了检验设计功能的正确性，需要进行代码的功能验证，验证通过后再用 EDA 综合工具对源代码进行综合优化处理，生成门级描述的综合网表，利用综合后生成的网表文件进行时序验证。

(4) 后端设计阶段。在上述阶段完成后进行集成电路的后端设计，这个操作包括物理综合/布局布线、物理验证、原型建立和测试，可通过 EDA 工具帮助完成，直到满足设计要求，最后交付工艺实现。

以 Verilog HDL 语言为代表的 HDL 语言在整个集成电路的设计流程中得到了大范围的应用，设计测试、时延提取、带时仿真、布局布线都是基于 Verilog HDL。在第一、二阶段，无论是系统级还是电路级的设计都利用了 Verilog HDL 语言来实现；在第三、四阶段，Verilog HDL 语言也被用于不同阶段的综合网表和电路验证工作中。因此，在复杂数字逻辑电路和系统的各个设计阶段中，无论是总体仿真、子系统仿真还是电路综合，Verilog HDL 语言都发挥着重要的作用。

本章小结

数字集成电路从电子管逐步发展到今天的专用集成电路(ASIC)，数字逻辑器件也从简单的逻辑门发展到了复杂的片上系统(SoC)，这种突飞猛进的发展随之带来一系列问题，系统的逻辑复杂度与规模日益增加。

经过近 30 年的发展和应用，Verilog HDL 语言已经成为超大规模数字集成电路和 FPGA 等的主要设计语言和设计方法。在设计和验证方面的优越性使其不断完善，极大地提高了数字集成电路的设计水平。

以 HDL 语言为基础的 IP 技术进一步提高了设计的效率，并为集成电路产业提供了一种新的合作方式和商业模式。Verilog HDL 语言正在数字集成电路的设计、验证和综合等方面发挥着越来越重要的作用。熟练掌握 Verilog HDL 程序设计语言，已经成为数字集成电路设计的重要基础。

思考题和习题

1. 数字集成电路发展经过了哪几个主要阶段，主流设计方式是什么？
2. Verilog HDL 的主要国际标准有哪些？
3. Verilog HDL 在集成电路设计中主要针对哪两种电路设计？
4. System Verilog 和 Verilog-A 的国际标准有哪些？主要设计功能是什么？
5. 简述 System Verilog 的特点以及和 Verilog HDL 的异同。
6. 理解 Verilog HDL 的可综合性以及主要的可综合设计方法。
7. 简述用 Verilog HDL 进行电路设计的优缺点。
8. 理解数字集成电路设计中功能模块的可重用性。
9. 什么是软核、固核和硬核？
10. 在数字集成电路设计流程中 Verilog HDL 主要用在哪几个设计环节？
11. 简述进行 IC 设计的方法和设计流程。

第 2 章 Verilog HDL 模块和结构化建模

2.1 模　　块

模块(module)是 Verilog HDL 语言的基本单元，它代表一个基本的功能块，用于描述某个设计的功能或结构，以及与其他模块通信的外部端口。

每一个模块代表一个具有特定功能的电路，大型设计往往是由一个个模块构成的，模块可大可小，大到一个复杂的微处理器系统，小到一个基本的晶体管，都可以作为一个模块来设计。一个电路设计可由多个模块组合而成，因此一个模块的设计只是一个系统设计中某个层次的设计。模块的调用对应的是数字电路中某个功能的调用，一个复杂的数字电路是由多个模块构成的，体现在 Verilog HDL 上是模块之间的调用。

1. 模块基本结构

图 2.1-1 是一个典型模块的基本结构组成。一个模块主要包括模块的定义、模块端口定义、模块数据类型说明(声明)和模块逻辑功能描述(语句)等几个基本部分。

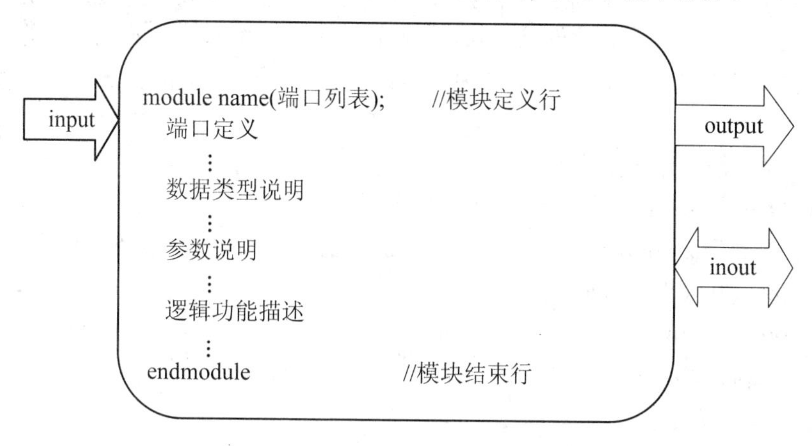

图 2.1-1　模块的基本结构组成

2. 模块的定义

模块定义以关键字 module 开始，模块名、端口列表、端口声明和可选的参数声明必须出现在其他部分前面，endmodule 语句必须为模块的最后一条语句。端口是模块与外部环境交互的通道。模块内部的五个组成部分是：变量声明、数据流语句、低层模块实例、行为语句块以及任务和函数。这些部分可以在模块中的任意位置以任意顺序出现。在模块的所有组成部分中，只有 module、模块名和 endmodule 必须出现，其他部分都是可选的，用户可以根据设计的需要随意选用。在一个 Verilog 源文件中可以定义多个模块，Verilog 对模块的排列顺序没有要求。

3. 端口的定义

端口是模块与外界或其他模块沟通的信号线。模块的端口类型有三种，分别是输入端口(input)、输出端口(output)和双向端口(inout)。

一个模块往往具有多个端口，它们是本模块和其他模块进行连接的标志。在模块定义格式中，“模块端口列表”列出了模块具有的外部可见端口，该“模块端口列表”内的每一个端口都代表着一个模块端口。

应该指出的是，有些 module 不包含端口。例如，在仿真平台的顶层模块中，其内部已经实例化了，所有的设计模块和激励模块是一个封闭的系统，没有输入和输出。一般这种没有端口的模块都是用于仿真的，不用作实际电路设计。

4. 数据类型说明

数据类型包括 wire、reg、memory 和 parameter 等，用来说明模块中所用到的内部信号、调用模块等的声明语句和功能定义语句。一般来说，module 的 input 缺省定义为 wire 类型；output 信号可以是 wire 类型，也可以是 reg 类型(条件是在 always 或 initial 语句块中被赋值)；inout 一般为 tri(三态线)类型，表示具有双向输入输出性能。

5. 参数说明

参数型变量与变量 wire 和 reg 相比，没有对应的物理模型。参数型变量使用关键字 parameter 定义，虽然称之为变量，但在同一个模块中每个参数型变量的值必须为一个常量。在模块中使用参数型变量有两个好处：一是可以增加程序的可读性和可维护性；二是将有些变量定义为参数型以后，只要在调用时赋予不同的值就可以构建不同的模型。比如仅仅改变输入数据位宽的参数，而模块中其他代码不变，就可以将 1 位加法器改为 4 位、16 位加法器等。

例 2.1-1 参数设计改变位宽。

```
module comparator(a, b, agb, aeb, alb);
    parameter width = 4;            // 通过配置参数 width 来调节比较器的位宽
    input [width-1:0] a, b;
    output agb;                     // 若 a > b，该输出信号有效
    output aeb;                     // 若 a == b，该输出信号有效
    output alb;                     // 若 a < b，该输出信号有效
    assign agb = (a > b);
    assign aeb = (a == b);
    assign alb = (a < b);
endmodule
```

在数字电路中，对两个变量数值大小的比较是十分常见的。比较器是指用来比较两个电路信号的逻辑值，并指示其关系的电路。用 Verilog HDL 设计比较器，可以通过在表达式中使用比较操作符(如：>、< 等)来实现。例 2.1-1 中比较器的位宽调节通过给参数 width 赋不同的值来实现。

6. 逻辑功能描述

逻辑功能描述是 Verilog HDL 程序设计的主体，用来产生各种逻辑电路(主要是组合逻辑和时序逻辑)，可以使用结构描述、数据流描述和行为级描述进行电路设计。

由上述模块的结构组成可以看出，模块在概念上可等同于一个器件，比如通用器件(与门、三态门等)或通用宏单元(计数器、ALU、CPU)等。一个模块可在另一个模块中被调用，每一个模块代表了一个特定功能的电路。

模块设计可采用多种建模方式，一般包括行为描述方式、结构描述方式和数据流方式。

如例 2.1-2 是采用 Verilog HDL 数据流描述方式设计的一个 2 输入与门。例 2.1-3 是采用 Verilog HDL 行为级描述方式设计一个 1 位 D 触发器。

例 2.1-2 Verilog HDL 设计 2 输入与门。

2 输入与门示意图如图 2.1-2 所示。

```
module and_2(a, b, c);
    input a, b;
    output c;
    assign c=a&b;
endmodule
```

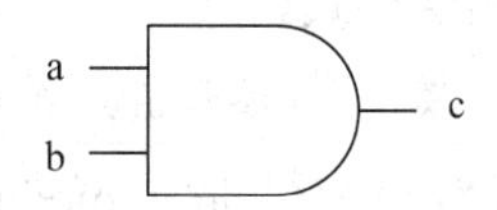

图 2.1-2 2 输入与门示意图

例 2.1-3 Verilog HDL 设计 1 位 D 触发器。

1 位 D 触发器示意图如图 2.1-3 所示。

```
module dff_tb(clk, din, q);
    input clk, din;
    output q;
    reg q;
    always@(posedge clk), q<=din;
endmodule
```

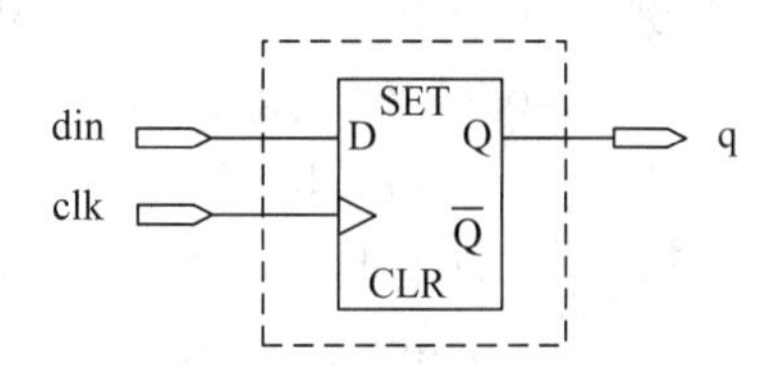

图 2.1-3 1 位 D 触发器示意图

2.2 模块的调用和结构化建模

模块的调用属于 Verilog HDL 的结构建模部分。对于系统级电路设计，为了把不同的功能模块有层次地组合在一起，主要是采用模块调用的结构化建模方式实现。

结构描述方式就是将硬件电路描述成一个个分级子模块系统，通过逐层调用这些子模块构成功能复杂的数字逻辑电路和系统的一种描述方式。结构描述方式的描述目标是电路的层级结构，组成硬件电路的各层功能单元将被描述成各个级别的子模块。

根据所调用子模块的不同抽象级别，可以将模块的结构描述分成如下三类：

(1) 模块级建模。通过调用由用户设计生成的低级子模块来对硬件电路结构进行说明，这种情况下的模块由低级模块的实例组成。

(2) 门级建模。通过调用 Verilog HDL 内部的基本门级元件来对硬件电路的结构进行说明，这种情况下的模块由基本门级元件的实例组成。

(3) 开关级建模。通过调用 Verilog HDL 内部的基本开关元件来对硬件电路的结构进行说明，这种情况下的模块由基本开关级元件的实例组成。

模块级建模方式可以把一个模块看作由其他模块像积木一样搭建而成。模块中被调用模块属于低一层次的模块，如果当前模块不再被其他模块所调用，那么这个模块形成顶层模块，也就是完整的目标电路。在对一个硬件系统的描述中，必定有且仅有一个顶层模块。

2.2.1 模块调用方式

一个模块可以调用多个模块，这些模块可以是相同的，也可以是不同的，通过实例名以区分不同的功能电路。这种调用实际上是将模块所描述的电路复制并连接，模块调用的基本语法格式如下：

```
模块名<参数值列表>实例名(端口名列表);
```

其中，“模块名”是在 module 定义中给定的模块名，它指明了被调用的是哪一个模块；“参数值列表”是可选项，它是将参数值传递给被调用模块实例中的各个参数；“实例名”是模块被调用到当前模块的标志，用来索引层次化建模中被调用的模块的位置，语法要求在同一模块中被调用模块的实例名不同；“端口名列表”是被调用模块实例各端口相连的外部信号。

例 2.2-1 简单的 Verilog HDL 模块调用实例，调用一个 2 输入与门。

```
module and_2(a, b, c);            //输入与门模块
    input a, b;
    output c;
    assign c=a&b;
endmodule


module logic(in1, in2, q);        //顶层模块
    input in1, in2;
    output q;
    and_2 U1(in1, in2, q);        //模块的调用
endmodule
```

例 2.2-1 采用模块调用的方式实现了简单的逻辑运算，包括两个模块，第一个模块 and_2 是自定义的 2 输入与门模块，属于底层模块；而第二个模块 logic 是顶层模块，用来调用 and_2 模块。其中“and_2 U1(in1, in2, q);”是模块实例语句，实现对 2 输入模块的调用，采用的是端口的位置对应方式。其中 in1, in2, q 分别与 2 输入与门模块中的 a, b, c 相连接。

如果同一个模块在当前模块中被调用几次，则需要用不同的实例名加以标识，但可在

同一条模块调用语句中被定义，只要各自的实例名和端口名列表相互间用逗号隔开即可，其基本语法格式如下：

```
模块名<参数值列表>实例名 1(端口名列表 1);
<参数值列表>实例名 2(端口名列表 2);
⋮
<参数值列表>实例名 n(端口名列表 n);
```

当需要对同一个模块进行多次调用时，还可以采用阵列调用的方式来进行，从而极大地简化程序，节约资源，使程序一目了然。阵列调用的语法格式如下：

```
<被调用模块名><实例阵列名>[阵列左边界:阵列右边界](<端口连接表>);
```

其中，“阵列左边界”和“阵列右边界”是两个常量表达式，用来指定调用后生成的模块实例阵列的大小。

例 2.2-2　Verilog HDL 分别采用模块重复调用和阵列调用对 4 位与门电路的结构化描述。

```
module AND(ina, inb, andout);            //基本的与门模块
    input ina, inb;
    output andout;
    assign andout=ina&inb;
endmodule

module array1(out, a, b);
    input [3:0] a, b;
    output [3:0] out;
    wire [3:0] out;
    AND U1(out[3], a[3], b[3]),          //模块重复调用
          U2(out[2], a[2], b[2]),        //模块重复调用
          U3(out[1], a[1], b[1]),        //模块重复调用
          U4(out[0], a[0], b[0]);        //模块重复调用
endmodule

module array2(out, a, b);                //顶层模块，用来调用与门模块
    input [3:0] a, b;
    output [3:0] out;
    wire [3:0] out;
    AND     AND_ARREY[3:0](out, a, b); //模块阵列调用
endmodule
```

例 2.2-2 中，“array1”模块是对与门模块的 4 次重复调用。“array2”模块是一个结构描述模块，该模块对“AND”子模块通过阵列调用方式进行调用。其中 [3:0] 定义了实例阵列的大小，它指明该实例阵列包括 4 个实例的调用。

实际上这两种描述方式等同于重复调用 4 次 AND 模块。因此对于标准模块调用方式的掌握是很重要的。

2.2.2 模块端口对应方式

模块级建模方式中，被调用模块需要将模块的输入和输出信号连接到调用模块中。在Verilog HDL 中有两种模块调用端口对应方式，即端口位置对应方式和端口名称对应方式。

1. 端口位置对应方式

端口位置对应方式的语法格式如下：

```
模块名<参数值列表>实例名(<信号名 1>, <信号名 2>, …, <信号名 n>);
```

例 2.2-3 采用 Verilog HDL 结构建模方式用 1 位半加器构成 1 位全加器。

```
module halfadder(a, b, s, c);              //半加器模块
    input a, b;
    output c, s;
    assign s = a^b;
    assign c= a&b;
endmodule

module fulladder(p, q, ci, co, sum);       //全加器模块
    input p, q, ci;
    output co, sum;
    wire w1, w2, w3;
    halfadder   U1(p, q, w1, w2);
    halfadder   U2(ci, w1, sum, w3);
    or U3(co, w2, w3);
endmodule
```

其模块化电路结构如图 2.2-1 所示。

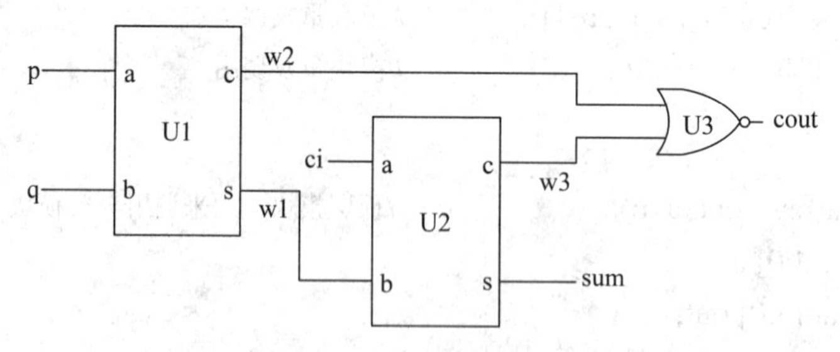

图 2.2-1 由 1 位半加器构成的 1 位全加器电路

在模块实例引用语句中，halfadder 是模块的名称，U1、U2 是实例名称，并且端口是按照位置对应关系关联的。在第一个模块实例引用中，信号 p 与模块 halfadder 的端口 a 连接，信号 q 与端口 b 连接，信号 w1 与端口 s 连接，信号 w2 与端口 c 连接。第二个模块实例语句引用中的对应关系与第一个模块实例相似。

2. 端口名称对应方式

端口名称对应方式的语法格式如下：

模块名<参数值列表>实例名(.端口名 1(<信号名 1>), .端口名 2(<信号名 2>), …, .端口名 *n*(<信号名 *n*>));

例 2.2-4　采用 Verilog HDL 结构建模方式用 1 位全加器构成 2 位全加器。

```
module onebit_full_adder(a, b, cin, s, cout);          // 1 位全加器
    input a, b, cin;
    output s, cout;
    assign s = (a^b)^cin;                              //本位和输出 s
    assign cout = (a&b)|(b&cin)|(a&cin);               //进位输出 cout
endmodule

module twobits_full_adder(data0, data1, carry_in, result, carry_out);
    input[1:0] data0, data1;
    input carry_in;                                    //进位输入 carry_in
    output[1:0] result;                                //结果输出 result
    output carry_out;                                  //进位输出 carry_out
    wire w1;
//两条模块实例语句，所采用的端口对应方式是端口名对应方式
   onebit_full_adder U1(.a(data0[0]), .b(data1[0]), .cin(carry_in), .s(result[0]), .cout(w1));
   onebit_full_adder U2(.a(data0[1]), .b(data1[1]), .cin(w1), .s(result[1]), .cout(carry_out));
endmodule
```

图 2.2-2 所示为顶层模块 twobits_full_adder 的逻辑结构图。

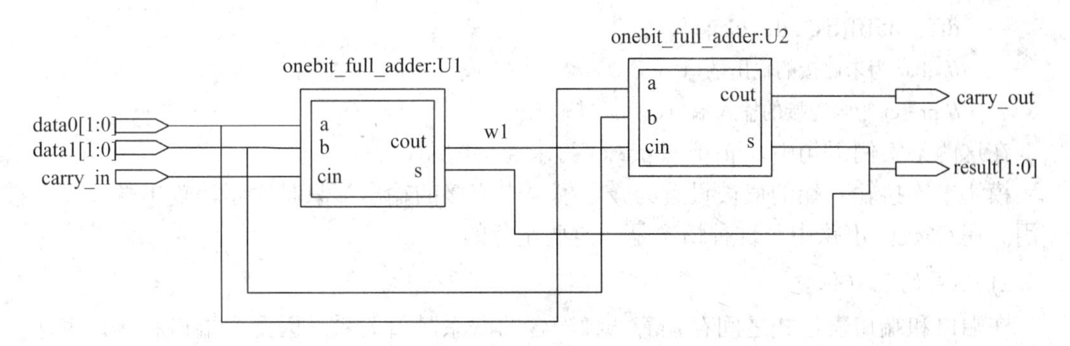

图 2.2-2　顶层模块 twobits_full_adder 的逻辑结构图

第一条模块实例语句中的端口连接表指明了模块实例 U1 各个端口与外部信号端子的连接如下：

模块端口 a　　→　信号端子 data0[0]
模块端口 b　　→　信号端子 data1[0]
模块端口 cin　→　信号端子 carry_in
模块端口 s　　→　信号端子 result[0]
模块端口 cout　→　信号端子 w1

第二条模块实例语句中的端口连接表指明了模块实例 U2 各个端口与外部信号端子的

连接如下：

模块端口 a → 信号端子 data0[1]
模块端口 b → 信号端子 data1[1]
模块端口 cin → 信号端子 w1
模块端口 s → 信号端子 result[1]
模块端口 cout → 信号端子 carry_out

在端口名对应方式下，模块端口和信号端子的连接关系被显式地说明，因此端口连接表内各项的排列顺序对端口连接关系是没有影响的。

3. 端口位宽未匹配

原则上，采用 Verilog HDL 结构化描述进行电路设计时，端口位宽未匹配是被禁止的，因为位宽不匹配会对电路产生不稳定的影响。

Verilog HDL 语法中规定了对于位宽不匹配情况的处理，但这种处理方式并不意味在设计中允许使用这种方式。

在 Verilog HDL 中，位宽不匹配有两种情况。

1) 未连接端口

在实例引用语句中，若端口表达式位置为空白，就将该端口指定为未连接端口。举例说明如下。

例 2.2-5 模块端口连接。

(1) 按照名称对应。

```
dff   u0fff(.q(qs), .qbar(), .data(d), , preset(), .clock(ck));
```

(2) 按照位置对应。

```
dff   u5fff(qs, , d, , ck);
// qbar 为未连接的输出端口
// preset 为未连接的输入端口，因此其输入值为 z
```

在这两条实例语句中，qbar 和 preset 为未连接的端口。

模块未连接输入端的值被设置为 z。模块未连接的输出端只是表示该输出端口没有被使用。在 CMOS 电路中，这种情况是一定要避免的。

2) 不同的端口位宽

在端口和端口表达式之间存在着一种隐含的联系赋值关系。因此当端口和端口表达式的位宽不一致时，会进行端口匹配，采用的位宽匹配规则为右对齐方式。

例 2.2-6 模块端口连接。

```
module ex1(a, b);
    input [6:1] a;
    output [3:0] b;
        ⋮
endmodule

module test;
```

```
    wire [5:3] c;
    wire [5:1] d;
      ex1 U1(.a(c), .b(d));
      ⋮
endmodule
```

例 2.2-6 中，c[3]、c[4]、c[5] 分别和 a[1]、a[2]、a[3] 相连接，输入端口 a 剩余的位没有连接。同样，d[1]、d[2]、d[3]、d[4] 分别连接到输出端口 b 的 b[0]、b[1]、b[2]、b[3] 上。其连接对应关系见图 2.2-3。

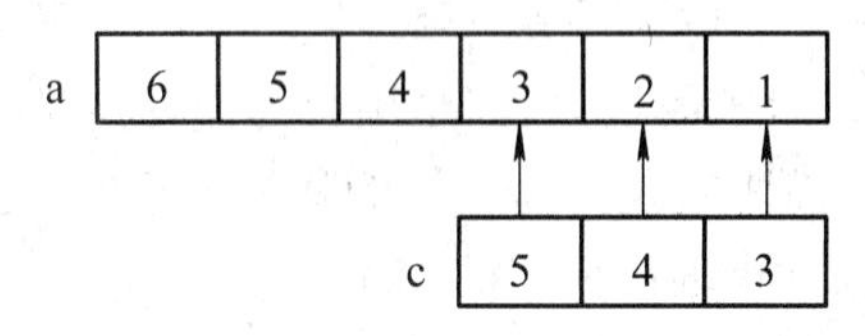

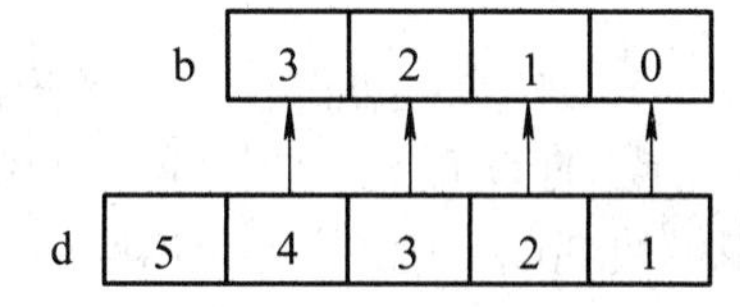

图 2.2-3　端口匹配

2.2.3　模块建模例程

例 2.2-7　Verilog HDL 结构建模方式设计移位寄存器。

```
module dff(d, clk, rst_n, q);             // D 触发器模块，是被调用的模块，属于底层模块
    input d, clk, rst_n;
    output q;
    reg q;
    always@(posedge clk or negedge rst_n)
      begin
        if(!rst_n)
          q = 1'b0;
      else
          q = d;
      end
endmodule

module shifter_D(din, clock, clear, out);      //顶层模块，用来调用底层模块
    input din, clock, clear;
    output [3:0] out;
      dff      U1(.q(out[0]), .d(din), .clk(clock), . rst_n(clear));
      dff      U2(.q(out[1]), .d(out[0]), .clk(clock), . rst_n(clear));
      dff      U3(.q(out[2]), .d(out[1]), .clk(clock), . rst_n(clear));
      dff      U4(.q(out[3]), .d(out[2]), .clk(clock), . rst_n(clear));
endmodule
```

其模块化电路结构如图 2.2-4 所示。

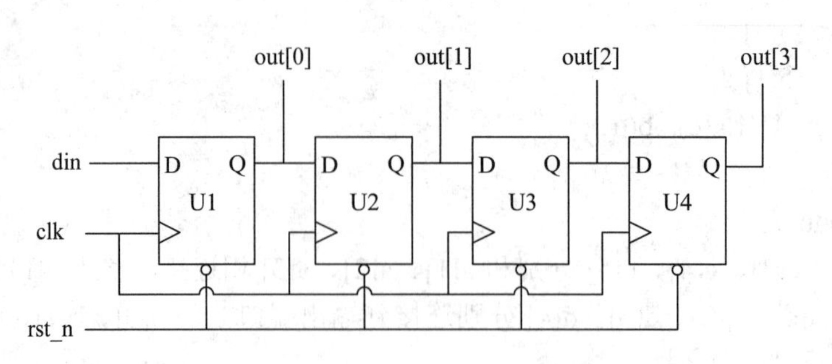

图 2.2-4 调用 D 触发器设计移位寄存器

例 2.2-7 是一个标准的模块级建模的例子，对于模块 dff，是用行为建模定义的一个上升沿异步清零的 D 触发器。在模块 shifter_D 中描述的是一个 4 位的移位寄存器，它是利用 4 次调用模块 dff 来实现的，采用端口名称对应方式进行模块的调用。

例 2.2-8 Verilog HDL 结构建模方式设计 4 位全加器。

```
module fulladder_4(cout, sum, a, b, cin);
    input [3:0] a, b;
    input cin;
    output [3:0] sum;
    output cout;
    wire cout1, cout2, cout3;
    fulladder_1_1 U1(cout1, sum[0], a[0], b[0], cin);
    fulladder_1_1 U2(cout2, sum[1], a[1], b[1], cout1);
    fulladder_1_1 U3(cout3, sum[2], a[2], b[2], cout2);
    fulladder_1_1 U4(cout, sum[3], a[3], b[3], cout3);
endmodule

module fulladder_1_1(cout, sum, a, b, cin);
    input a, b, cin;
    output sum, cout;
    wire a, b, cin, sum, cout;
    wire s1, s2, s3, s4;
    xor U5(s1, a, b);
    xor U6(sum, s1, cin);
    and U7(s2, a, cin);
    and U8(s3, b, cin);
    and U9(s4, a, b);
    or U10(cout, s2, s3, s4);
endmodule
```

例 2.2-8 是 4 位全加器，通过模块调用的方式实现功能。子模块是采用门级描述的 1 位全加器，顶层模块调用 4 次子模块，并通过连线声明子模块之间的级联关系。

例 2.2-9 Verilog HDL 结构建模方式设计 16 位数据选择器。

```
module mux4to1(out, w, s);
    input [3:0] w;
    input [1:0] s;
    output out;
    reg out;
    always @(w or s)
        if(s==2'b00) out=w[0];
        else if(s==2'b01) out=w[1];
        else if(s==2'b10) out=w[2];
        else if(s==2'b11) out=w[3];
endmodule

module mux16to1(out, w, s);
    input [15:0] w;
    input [3:0] s;
    output out;
    reg out;
    wire [3:0] t;
    mux4to1 U1(t[0], w[3:0], s[1:0]);
    mux4to1 U2(t[1], w[7:4], s[1:0]);
    mux4to1 U3(t[2], w[11:8], s[1:0]);
    mux4to1 U4(t[3], w[15:12], s[1:0]);
    mux4to1 U5(out, t[3:0], s[3:2]);
endmodule
```

例 2.2-9 是一个 16 选 1 数据选择器，通过模块调用的方式实现功能。底层模块是由 if-else 构成的 4 选 1 数据选择器。顶层模块通过调用 5 片 4 选 1 数据选择器实现级联。

例 2.2-10 Verilog HDL 结构建模方式设计采用 J-K 触发器的十进制计数器。

十进制计数器的逻辑图如图 2.2-5 所示。

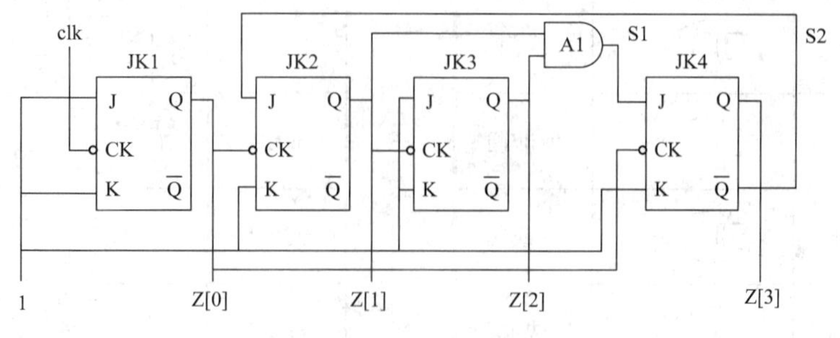

图 2.2-5 十进制计数器

```
module decade_ctr(clk, z);
    input clk;
```

```
    output [3:0] z;
    wire s1, s2;
    and A1 (s1, z[2], z[1]);        // 基本门实例语句
// 4 个模块实例语句
    JK_FF JK1( .J(1'b1), .K(1'b1), .CK(clk), .Q(z[0]), .NQ() ),
          JK2( .J(s2), .K(1'b1), .CK(z[0]), .Q(z[1]), .NQ() ),
          JK3( .J(1'b1), .K(1'b1), .CK(z[1]), .Q(z[2]), .NQ() ),
          JK4( .J(s1), .K(1'b1), .CK(z[0]), .Q(z[3]), .NQ(s2) );
endmodule
```

2.3 门级建模

Verilog HDL 规定了 26 个基本元件，其中 14 个是门级元件，12 个为开关级元件。对于这些基本元件可以不需要定义直接进行调用，称为门级建模和开关级建模。

2.3.1 门级元件的调用

基本的门级元件有三种类型：多数入门、多数出门和三态门。其调用信号是 1bit 信号形式，位置按照输出信号、输入信号和控制信号顺序排列。这种固定位置和信号类型使得门级元件调用时，可以不用定义中间连接信号类型(wire)。

Verilog HDL 中丰富的门级元件为电路的门级结构建模提供了方便。Verilog HDL 语言中的门级元件见表 2.3-1。

表 2.3-1 Verilog HDL 常用的内置门级元件

类别	关键字	符号示意图	门名称	类别	关键字	符号示意图	门名称
多输入门	and		与门	多输出门	buf		缓冲器
	nand		与非门		not		非门
	or		或门	三态门	bufif1	ENB	四种三态门
	nor		或非门		bufif0	ENB	
	xor		异或门		notif1	ENB	
	xnor		异或非门		notif0	ENB	

1. 多输入门元件调用

多输入门包括与门、与非门、或门、或非门、异或门以及异或非门，其调用方式如下：

元件名<实例名>(<输出端口>, <输入端口 1>, <输入端口 2>, …, <输入端口 *n*>);

例如：

```
and   A1(out1, in1, in2);
or    O2(a, b, c, d);
xor   X1(x_out, p1, p2);
```

2. 多输出门元件调用

多输出门包括缓冲器和非门，其调用方式为：

元件名<实例名>(<输出端口 1>, <输出端口 2>, …, <输出端口 *n*>, <输入端口>);

例如：

```
not   NOT_1(out1, out2, in);
buf   BUF_1(bufout1, bufout2, bufout3, bufin);
```

3. 三态门元件调用

三态门包括 bufif1、bufif0、notif1 以及 notif0，其调用方式为：

元件名<实例名>(<数据输出端口>, <数据输入端口>, <控制输入端口>);

例如：

```
bufif1   BF1(data_bus, mem_data, enable);
bufif0   BF0(a, b, c);
notif1   NT1(not, in, ctrl);
notif0   NT0(addr, a_bus, select);
```

2.3.2 门级模块调用例程

例 2.3-1　Verilog HDL 门级建模方式设计实现最小项表达式。

```
module zuixiaoxiang(out, a, b, c);
    input a, b, c;
    output out;
    wire s1, s2;
    not U1(s1, a);
    and U2(s2, s1, c);
    or U3(out, s2, b);      //最小项表达式 F(a, b, c) = m1 + m2 + m3 + m6 + m7 = (!a)c + b
endmodule
```

例 2.3-1 是用门级描述实现给定的最小项表达式 F(a, b, c) = m1 + m2 + m3 + m6 + m7。实现功能的基础是先使用卡诺图将表达式化到最简，再根据最简表达式使用门级建模 F = (!a)c + b。

例 2.3-2　Verilog HDL 门级建模方式设计 1 位全加器。

```
// 定义 1 位全加器
module fulladder(sum, c_out, a, b, c_in);
    output sum, c_out;
    input a, b, c_in;
```

```
    // 内部线网
    // 调用(实例引用)逻辑门级原语
    xor (s1, a, b);
    and (c1, a, b);
    xor (sum, s1, c_in);
    and (c2, s1, c_in);
    xor (c_out, c2, c1);
endmodule
```

说明：s1、c1、c2 属于内部连线，类型为 wire 类型，在门级描述中可以省略。

1 位全加器的逻辑电路如图 2.3-1 所示。

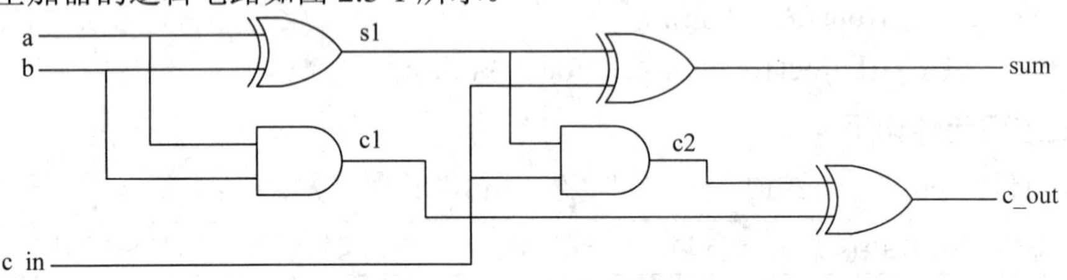

图 2.3-1　1 位全加器

例 2.3-3　Verilog HDL 门级建模方式设计 4 位脉动进位全加器。

4 位脉动进位全加器可以用 1 个全加器构成，如图 2.3-2 所示。fa0、fa1、fa2 和 fa3 是 4 个全加器(fulladder)的实例名。

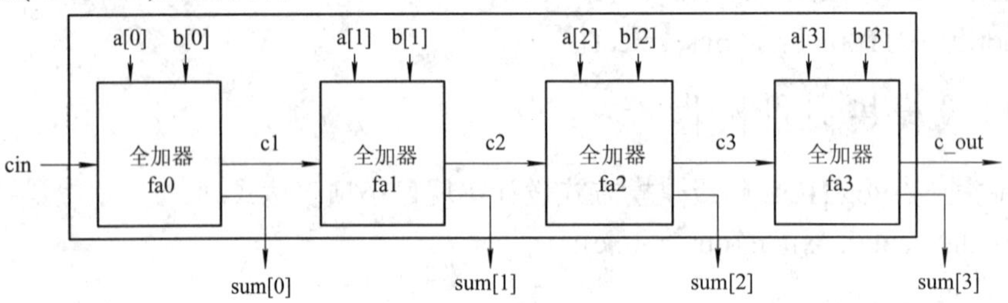

图 2.3-2　4 位脉动进位全加器

```
// 定义 4 位全加器
module fulladder4(sum, c_out, a, b, cin);
    output [3:0] sum;
    output c_out;
    input [3:0] a, b;
    input cin;
    wire c1, c2, c3;
    //调用(实例引用)4 个 1 位全加器
    fulladd fa0(sum[0], c1, a[0], b[0], cin);
    fulladd fa1(sum[1], c2, a[1], b[1], c1);
    fulladd fa2(sum[2], c3, a[2], b[2], c2);
    fulladd fa3(sum[3], c_out, a[3], b[3], c3);
endmodule
```

根据图 2.3-2 给出的 4 位脉动进位全加器结构图，我们可以将其转换为 Verilog HDL 描述。注意，虽然一位全加器和 4 位全加器的端口名相同，但是它们却代表着不同的元件。在 Verilog HDL 中，标识符的作用范围只局限于本模块，从模块外部不可见，除非使用层次名进行访问，这也意味着不同的模块可以使用相同的标识符。在这个例子中，1 位全加器中的 sum 是标量，而 4 位全加器中的 sum 则表示向量。在结构化建模时，调用(实例引用)用户定义模块时必须指定模块实例的名字，而调用(实例引用)Verilog HDL 门级原语时不一定需要指定实例名。

例 2.3-4 Verilog HDL 门级建模方式设计 4 选 1 多路选择器。

我们可以用几种基本类型的逻辑门来实现多路选择器，其逻辑图如图 2.3-3 所示。

```
//4 选 1 多路选择器模块。端口列表直接取自输入/输出图
module mux4_to_1 (out, i0, i1, i2, i3, s1, s0);
    output out;
    input i0, i1, i2, i3;
    input s1, s0;
    wire s1n, s0n;
    wire y0, y1, y2, y3;
    //门级实例引用
    //生成 s1n 和 s0n 信号
    not (s1n, s1);
    not (s0n, s0);
    //调用(实例引用)3 输入与门
    and (y0, i0, s1n, s0n, );
    and (y1, i1, s1n, s0);
    and (y2, i2, s1, s0n);
    and (y3, i3, s1, s0);
    //调用(实例引用)4 输入或门
    or (out, y0, y1, y2, y3);
endmodule
```

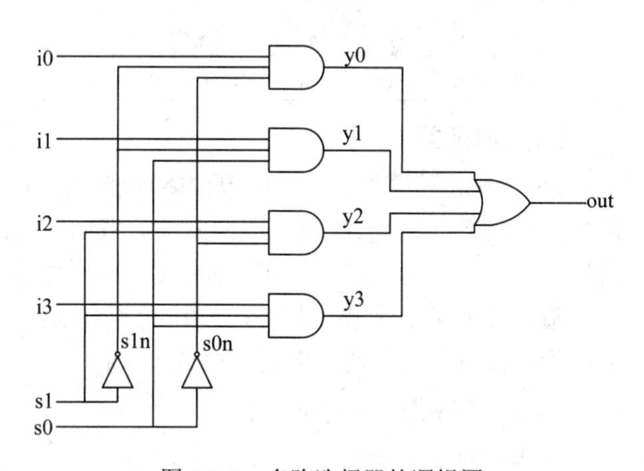

图 2.3-3 多路选择器的逻辑图

逻辑图与 Verilog HDL 门级描述之间存在着一对一的对应关系。在这个描述中，用到了两个中间线网变量 s0n 和 s1n，它们通过非门与输入信号 s0 和 s1 相连。我们在描述中并没有指定门级原语 not、and 和 or 的实例名，是因为在 Verilog HDL 中门级实例名是可选的，而用户定义模块的实例则必须指定名字。

2.4 开关级建模

2.4.1 开关级建模

晶体管级建模指的是用输入、输出为模拟信号的晶体管搭建硬件模型，Verilog HDL 提

供了开关级建模方式，主要用于 ASIC 设计。在开关级建模方式下，硬件结构用晶体管描述，而晶体管的输入、输出均被限定为数字信号。此时晶体管表现为通断形式的开关。由于 Verilog HDL 采用四值逻辑系统，因此 Verilog HDL 描述的开关的输入、输出可以为 0、1、z 或 x。

Verilog HDL 语言提供了 12 种开关级基本元件，它们是实际的 MOS 管的抽象表示。这些基本元件分为两大类：一类是 MOS 开关，一类是双向开关。每一类又可以分为电阻型(前缀用 r 表示)和非电阻型。本节主要以非电阻型为例，介绍 MOS 开关和双向开关。

1. MOS 开关

MOS 开关模拟了实际 MOS 器件的功能，包括 NMOS、PMOS、CMOS 三种。

NMOS 和 PMOS 开关的实例化语言格式如下：

```
nmos/pmos 实例名(out, data, control);
```

CMOS 开关的实例化语言格式如下：

```
cmos 实例名(out, data, ncontrol, pcontrol);
```

2. 双向开关

MOS 开关只提供了信号的单向驱动能力，为了模拟实际的具有双向驱动能力的门级开关，Verilog HDL 语言提供了双向开关。双向开关的每个脚都被声明为 inout 类型，可以作为输入驱动另一脚，也可以作为输出被另一脚驱动。

双向开关包括无条件双向开关(tran)和有条件双向开关(tranif0, tranif1)。

无条件双向开关的实例语言格式如下：

```
tran 实例名(inout1, inout2);
```

有条件双向开关的实例语言格式如下：

```
tranif0/tranif1  实例名(inout1, inout2, control);
```

2.4.2 开关级建模例程

例 2.4-1 Verilog HDL 开关级建模方式设计 CMOS 反相器。

```
//用 MOS 开关定义反相器
module my_not(out, in);
    output out;
    input in;
    //定义电源和地
    supply1 pwr;
    supply0 gnd;
    //调用 NMOS 和 PMOS 开关
    pmos (out, pwr, in);
    nmos (out, gnd, in);
endmodule
```

CMOS 反相器的逻辑电路如图 2.4-1 所示。

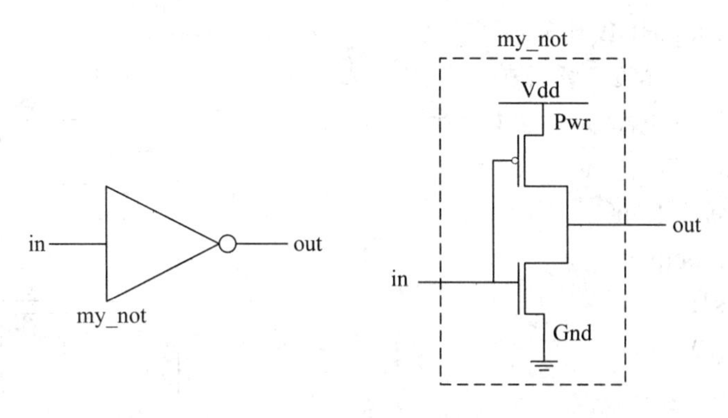

图 2.4-1 CMOS 反相器

例 2.4-2 Verilog HDL 开关级建模方式设计与门。

例 2.4-2 是一个开关级描述的 2 输入与门，其对应电路如图 2.4-2 所示。

```
module and2_1(out, a, b);
    input a, b;
    output out;
    wire s1, s2;
    supply0 Gnd;
    supply1 Vdd;
    pmos U1(s1, Vdd, a);
    pmos U2(s1, Vdd, b);
    nmos U3(s1, s2, a);
    nmos U4(s2, Gnd, b);
    pmos U5(out, Vdd, s1);
    nmos U6(out, Gnd, s1);
endmodule
```

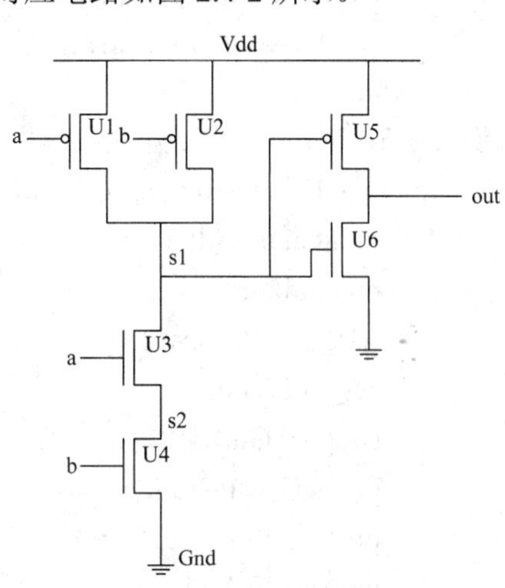

图 2.4-2 Verilog HDL 开关级建模方式设计与门

例 2.4-3 Verilog HDL 开关级建模方式设计或非门。

例 2.4-3 是一个开关级描述的 2 输入或非门，其对应电路如图 2.4-3 所示。

```
module nor2_1 (out, a, b);
    input a, b;
    output out;
    wire s1;
    supply0 Gnd;
    supply1 Vdd;
    pmos g1(s1, Vdd , a);
    pmos g2(out, s1, b);
    nmos g3(out, Gnd, a);
    nmos g4(out, Gnd, b);
endmodule
```

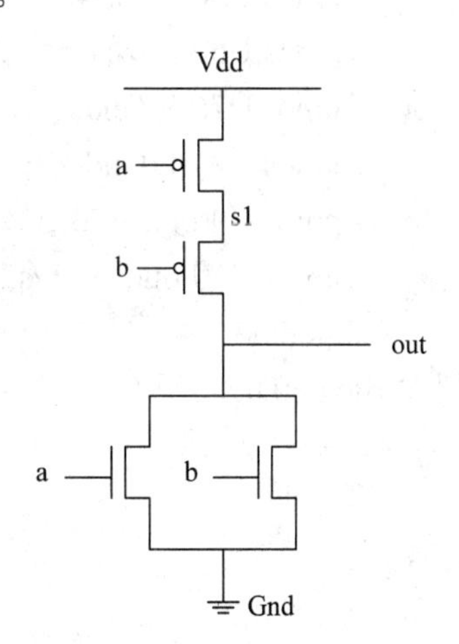

图 2.4-3 Verilog HDL 开关级建模方式设计或非门

例 2.4-4 Verilog HDL 开关级建模方式设计数据选择器。

例 2.4-4 是一个用 MOS 管开关实现的 2 选 1 数据选择器，其对应电路如图 2.4-4 所示。

```
module mux2to1_cmos(out, s, in1, in0);
    input s, in1, in0;
    output out;
    wire s1;
    supply0 Gnd;
    supply1 Vdd;
    pmos U1(s1, Vdd, s);
    nmos U2(s1, Gnd, s);
    coms U3(out, in0, s1, s);
    coms U4(out, in1, s, s1);
endmodule
```

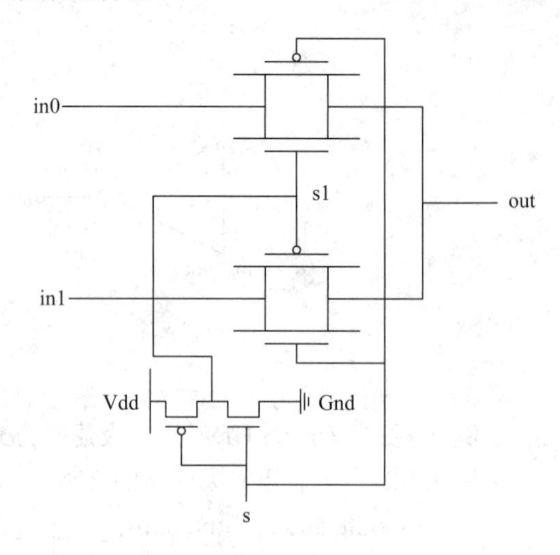

图 2.4-4 开关级建模方式设计 2 选 1 选择器

例 2.4-5 Verilog HDL 开关级建模方式实现表达式 F = AB + CD。

```
module F_cmos(out, a, b, c, d);
    input a, b, c, d;
    output out;
    wire s1, s2, s3, s4;
    supply1 Vdd;
    supply0 Gnd;
    pmos U1(s1, Vdd, a);
    pmos U2(s1, Vdd, b);
    pmos U3(s2, s1, c);
    pmos U4(s2, s1, d);
    nmos U5(s2, s3, a);
    nmos U6(s2, s4, c);
    nmos U7(s3, Gnd, b);
    nmos U8(s4, Gnd, d);
    pmos U9(out, Vdd, s2);
    nmos U10(out, Gnd, s2);
endmodule
```

图 2.4-5 Verilog HDL 开关级建模方式实现 F = AB + CD

用 Verilog HDL 实现 F = AB + CD 的逻辑电路如图 2.4-5 所示。

本 章 小 结

结构化描述是 Verilog HDL 设计中的最基本描述方式，本章对结构化描述的三种方式：模块、基本门级电路和开关级电路进行了详细讲解。通过大量实用例程对模块定义、端口、参数化设计、模块调用、基本门级和开关级单元调用和设计进行了说明。本章内容是 Verilog HDL 层次化设计的基础，为后续复杂数字电路设计和测试仿真提供必要的基础。

思考题和习题

1. 模块由哪些部分构成，每一部分又由哪些语句构成？
2. 模块调用时，模块端口对应方式有哪些？
3. 在 Verilog HDL 模块中，端口可以分为哪几类？各有什么特点？
4. 一个不与外部环境交互的模块是否有端口？模块定义中是否有端口列表？
5. Verilog HDL 中定义参数 parameter 有什么作用？
6. Verilog HDL 中常用的数据类型包括哪几类？哪些是可以综合的，哪些是不可以综合的？
7. 在 Verilog HDL 中，哪些基本门级元件是多输出门？哪些是多输入门？
8. 一个 8 位 D 触发器的引脚如图 T2-1 所示。写出模块 DFF 的定义，只需写出端口列表和端口定义。
9. 模块的结构化描述方式有哪三种？
10. 什么是结构化描述方式？有什么特点？请给出一个结构化描述的简单示例。
11. 使用 Verilog HDL 中门级元器件 bufif0 和 bufif1 设计一个 2 选 1 多路选择器，如图 T2-2 所示。

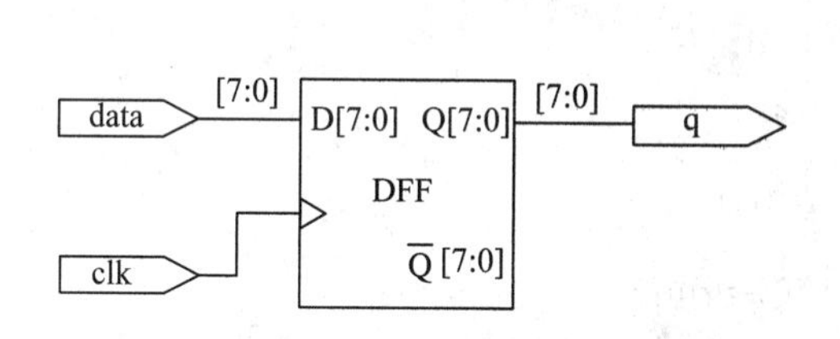

图 T2-1　8 位 D 触发器引脚图

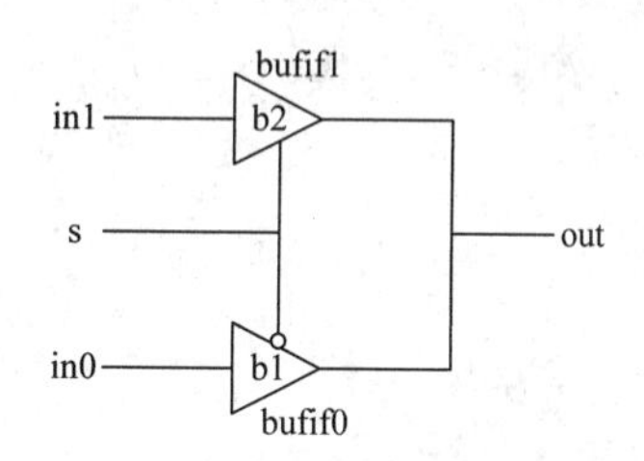

图 T2-2　2 选 1 多路选择器

12. 图 T2-3 是 1 位 2-4 译码器的输入输出真值表以及逻辑框图，请用 Verilog HDL 门级建模来描述该译码器。

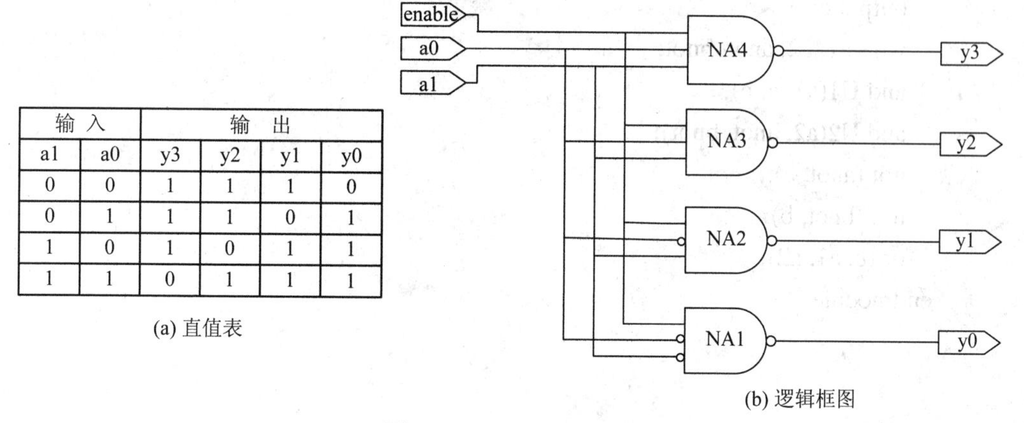

输 入		输　出			
a1	a0	y3	y2	y1	y0
0	0	1	1	1	0
0	1	1	1	0	1
1	0	1	0	1	1
1	1	0	1	1	1

(a) 直值表

(b) 逻辑框图

图 T2-3　1 位 2-4 译码器

13. 试用 Verilog HDL 语言的内置基本门级元件，采用结构描述方式生成如图 T2-4 所示的电路。

14. 使用 NMOS 和 PMOS 开关为异或门(XOR)画电路图，写出它的 Verilog 描述。

15. 用 Verilog HDL 设计如图 T2-5 所示 CMOS 门的管级电路。

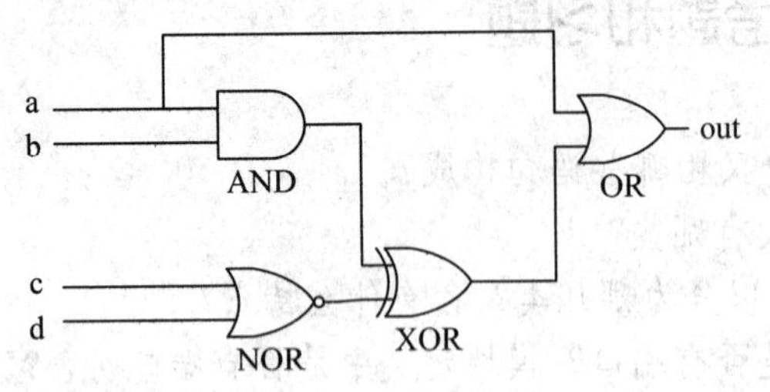

图 T2-4　习题 13 电路图

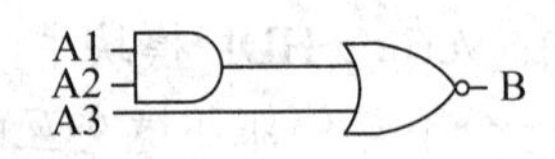

图 T2-5　CMOS 门的管级电路

16. 使用 NMOS 和 PMOS 开关为与门(AND)和或门(OR)画电路图，写出它们的 Verilog 描述。

17. 用 Verilog HDL 设计图 T2-6 所示开关级电路。

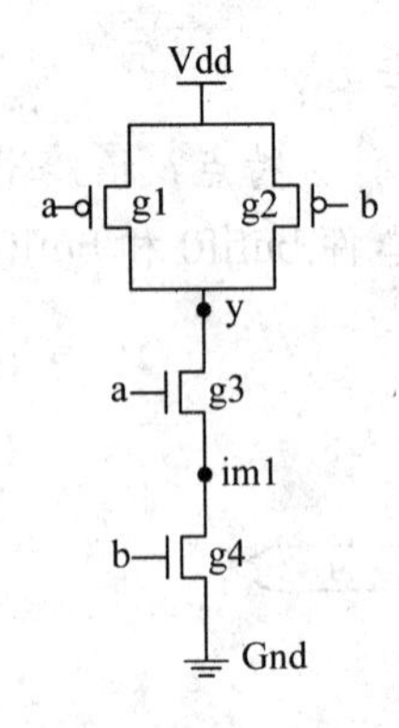

图 T2-6　开关级电路

18. 根据下面的 Verilog HDL 程序画出电路图，并说明它所完成的功能。

```
module circuit(a, b, c);
   input a, b;
   output c;
   wire a1, a2, anot, bnot;
   and U1(a1, a, b);
   and U2(a2, anot, bnot);
   not (anot, a);
   not (bnot, b);
   or (c, a1, a2);
endmodule
```

第 3 章

Verilog HDL 数据流描述和运算符

Verilog HDL 数据流建模是一种使用 Verilog HDL 连续赋值语句，利用运算符表达式形式，对门级建模电路进行 Verilog HDL 程序设计的方式，可以提高门级建模的效率。

在电路规模较小的情况下，由于包含的门数比较少，设计者可以逐个地引用逻辑门实例，把它们互相连接起来，因此使用门级建模进行设计是很合适的。对于具有数字逻辑电路设计基本知识的用户来讲，门级建模是非常直观的。然而，如果电路的功能比较复杂，其中包含的逻辑门的个数会很多，这时使用门级设计不但很繁琐而且很容易出错。在这种情况下，如果设计者能从更高的抽象层次入手，将设计重点放在功能的实现上，则不仅能够避免繁琐的细节，还可以大大提高设计的效率。因此，Verilog HDL 支持用户从数据流的角度进行电路建模。在数字电路中，输入信号经过组合逻辑电路传输到输出时类似于数据流动，而不会在其中存储。可以通过连续赋值语句这种特性进行建模，这种建模方式通常被称为数据流建模。

随着芯片集成度的迅速提高，数据流建模的重要性越来越显著。现在已经没有一家设计公司从门级结构的角度进行整个数字系统的设计。目前普遍采用的设计方法是借助于计算机辅助设计工具，自动将电路的数据流设计直接转换为门级结构，这个过程也称为逻辑综合。随着逻辑综合工具的功能不断地完善，数据流建模已经成为了主流的设计方法。数据流设计可以使得设计者根据数据流来优化电路，而不必专注于电路结构的细节。为了在设计过程中获得最大的灵活性，设计者常常将门级、数据流级和行为级的各种方式结合起来使用。在数字设计领域，RTL(Register Transfer Level，寄存器传输级)通常是指数据流建模和行为级建模的结合。

3.1　连续赋值语句(assign)

连续赋值语句是 Verilog HDL 数据流建模的基本语句，用于对线网进行赋值。

对于连续赋值语句，只要输入端操作数的值发生变化，该语句就重新计算并刷新赋值结果，通常可以使用连续赋值语句来描述组合逻辑电路，而不需要用门电路和互联线。连续赋值的目标类型主要是标量线网和向量线网。

标量线网如“wire a, b;”，向量线网如“wire [3:0] a, b;”。

连续赋值语句只能用来对连线型变量进行驱动，而不能对寄存器型变量进行赋值，它可以采取显式连续赋值语句和隐式连续赋值语句两种赋值方式。

3.1.1　显式连续赋值语句

显式连续赋值语句的语法格式如下：

```
<net_declaration><range><name>;
assign #<delay><name>=assignment expression;
```

这种格式的连续赋值语句包含两条语句：第一条语句是对连线型变量进行类型说明的语句；第二条语句是对这个连线型变量进行连续赋值的语句。赋值语句是由关键词 assign 引导的，它能够用来驱动连线型变量，而且只能对连线型变量进行赋值，主要用于对 wire 型变量的赋值。

例 3.1-1　Verilog HDL 显式连续赋值语句举例。

```
module example1_assignment(a, b, m, n, c, y);
        input [3:0] a, b, m, n;
        output [3:0] c, y;
        wire [3:0] a, b, m, n, c, y;
        assign y=m|n;
        assign c=a&b;
endmodule
```

例 3.1-1 中包含了两个显式赋值语句，分别用来实现组合逻辑中的“或”和“与”逻辑，其赋值目标是连线型变量 c 和 y，它们的位宽都是 4 位。连续赋值语句指定用表达式“m|n”和“a&b”的取值分别对连线型变量 y 和 c 进行连续驱动。

3.1.2　隐式连续赋值语句

隐式连续赋值语句的语法格式如下：

```
<net_declaration><drive_strength><range>#<delay><name>= assignment expression;
```

这种格式的连续赋值语句把连线型变量的说明语句以及对该连线型变量进行赋值的语句结合到同一条语句内。利用它可以在对连线型变量进行说明的同时实现连续赋值。

上述两种格式中：

(1) “net_declaration(连线型变量类型)”可以是除了 trireg 类型外的任何一种连线型数据类型。

(2) “range(变量位宽)”指明了变量数据类型的宽度，格式为[msb:lab]，缺省时为 1 位。

(3) “drive_strength(赋值驱动强度)”是可选的，它只能在“隐式连续赋值语句”格式中指定。它用来对连线型变量受到的驱动强度进行指定。它是由“对 1 驱动强度”和“对 0 驱动强度”两项组成的，例如语句“wire(weak0, strong1) out=in1&in2;”内的“(weak0, strong1)”就表示该语句指定的连续赋值语句对连线型变量“out”的驱动强度是：赋“0”值时的驱动强度为“弱(weak)”，而赋“1”值时的驱动强度为“强(strong)”。如果在格式中缺省了“赋值驱动强度”这一项，则驱动强度默认为(strong1, strong0)。

(4) “delay(延时量)”项也是可选的，它指定了赋值表达式内信号发生变化时刻到连线型变量取值被更新时刻之前的延时时间量。其语法格式如下：

```
#(delay1, delay2, delay3)
```

其中，delay1, delay2, delay3 都是一个数值，其中的“delay1”指明了连线型变量转移到“1”状态时的延时值(称为上升延时)；“delay2”指明了连线型变量转移到“0”状态时的延时值(称为下降延时)；“delay3”指明了连线型变量转移到“高阻 z”状态时的延时值(称为关闭延时)。

例 3.1-2　Verilog HDL 隐式连续赋值语句举例。

```
module example2_assignment(a, b, m, n, c, y, w);
    input [3:0] a, b, m, n;
    output [3:0] c, y, w;
    wire [3:0] a, b, m, n;
    wire [3:0] y=m|n;
    wire [3:0] #(3, 2, 4)c=a&b;
    wire(strong0, weak1)[3:0] #(2, 1, 3) w=(a^b)&(m^n);
endmodule
```

由例 3.1-2 可以看出，在对 y 和 c 这两个变量进行隐式赋值后，其实现的组合逻辑功能与例 3.1-1 当中的显式赋值语句所实现的功能相同。另外，在对变量 w 进行隐式赋值时多了一个驱动强度的定义，对于变量 w：赋“0”值时的驱动强度较强，为 strong；赋“1”值时的驱动强度较弱，为 weak。例如，当 0 和 1 共同驱动变量 w 时，由于 0 定义的驱动强度较强，所以 w 为 0。

3.1.3　连续赋值语句(assign)例程

例 3.1-3　Verilog HDL 数据流描述设计 1 位全加器。

```
module adder1(out, a, b, cin);
    input a, b;
    input cin;
    output [1:0] out;
    assign out=a+b+cin;
endmodule
```

例 3.1-3 是一个数据流建模方式的 1 位全加器电路，将两个加数和进位相加就得出最后结果。

例 3.1-4　Verilog HDL 数据流描述设计 4 位全加器。

```
module adder4(cout, sum, cin, a, b);
    input cin;
    input [3:0] a, b;
    output cout;
    output [3:0] sum;
```

```
        wire cout, cin;
        wire [3:0] a, b, sum;
        assign{cout, sum}=a+b+cin;
    endmodule
```

例 3.1.4 是一个数据流建模的 4 位全加器电路，可以和前面的模块建模方式进行对比，代码简化很多。

例 3.1-5 Verilog HDL 数据流描述设计 16 位全加器。

```
    module adder16(cout, sum, cin, a, b);
        input cin;
        input [15:0] a, b;
        output cout;
        output [15:0] sum;
        assign {cout, sum} = a+b+cin;
    endmodule
```

例 3.1.5 是一个数据流建模的 16 位全加器电路。读者对比以上三个例程可以发现，4 位加法器的描述方法几乎和 1 位加法器一样，仅仅是部分信号的位宽不一样，如果将 a、b 两个加数以及和的位宽都改为 16 位，则程序描述的电路就变成了 16 位加法器。有时只需对程序做少量修改，就可以描述一个复杂程度很高的电路，这也是 Verilog HDL 的优点之一。

3.1.4 连续赋值语句使用中的注意事项

连续赋值语句使用中需要注意的几个事项：

(1) 赋值目标只能是线网类型(wire)，或者是标量或向量线网的拼接，而不能是标量或向量寄存器。

(2) 连续赋值语句在连续赋值过程中总是处于激活状态，只要赋值语句右边表达式中任何一个变量有变化，表达式立即被计算，计算的结果立即赋给左边信号(若没有定义延时量)。

(3) 连续赋值语句不能出现在过程块中。

(4) 多个连续赋值语句之间是并行关系，因此与位置顺序无关。

(5) 连续赋值语句中的延时具有硬件电路中惯性延时的特性，任何小于其延时的信号变化脉冲都将被滤除掉，不会出现在输出端口上。

3.2 Verilog HDL 中的运算符

Verilog HDL 语言的运算符主要针对数字逻辑电路指定，覆盖范围广泛。语法规定的运算符及其运算优先级如表 3.2-1 所示。不同的综合开发工具在执行这些优先级时可能有微小的差别，因此在书写程序时建议用括号来控制运算的优先级，以有效避免错误，同时增加程序的可读性。

表 3.2-1 Verilog HDL 中的运算符和优先级

运算符	功 能	优先级别
!、~	反逻辑、位反相	
*、/、%	乘、除、取模	高
+、-	加、减	↓
<<、>>	左移、右移	
<、<=、>、>=	小于、小于等于、大于、大于等于	
==、!=、===、!==	等、不等、全等、非全等	
&	按位与	
^、^~	按位逻辑异或和同或	
|	按位逻辑或	
&&	逻辑与	
||	逻辑或	低
?:	条件运算符，唯一的三目运算符，等于 if-else	

3.2.1 算术运算符

Verilog HDL 中常用的算术运算符有五种，分别是加法(+)、减法(-)、乘法(*)、除法(/)和取模(%)。

在算术运算符的使用中，要注意如下问题。

1. 算术操作结果的位宽

算术表达式结果的长度由最长的操作数决定。在赋值语句下，算术操作结果的长度由操作左端的目标长度决定。

例 3.2-1 算术操作。

```
module add_operation(A, B, C, D);
    input [3:0] B, C;
    output [3:0] A;
    output [5:0] D;
    assign A = B+C;
    assign D = B+C;
endmodule
```

第一个加法中，表达式“B+C”的位宽是由 B、C 中最长的位宽决定，为 4 位，结果位宽由 A 决定，为 4 位；第二个加法中，右端表达式同样由 B、C 中最长的位宽决定，为 4 位，但结果位宽由 D 决定，为 6 位。在第一个赋值中，加法操作的溢出部分被丢弃；而在第二个赋值中，任何溢出的位存储在 D[4] 中。

例 3.2-2 Verilog HDL 算术运算符在乘法器中的应用。

```
module multiplier(a, b, product);
    input [7:0] a, b;
    output [15:0] product;
    assign product = a * b;
endmodule
```

例 3.2-2 是一个 8×8 的乘法器。用数据流构建乘法器十分简单，只要利用表达式的乘法运算符“*”即可。对于乘法操作，赋值语句左边变量的位宽往往是右边表达式各个操作数的位宽之和。这是为了防止左边变量没有足够的位宽来存储可能出现的最大乘法结果值，造成数据丢失。

2. 有符号数和无符号数的使用

在设计中，要注意到哪些操作数应该是无符号数，哪些应该是有符号数。

(1) 无符号数一般存储在：

- 线网
- reg(寄存器)变量
- 基数格式表示的整数

(2) 有符号数一般存储在：

- 整数寄存器
- 十进制形式的整数
- 有符号 reg(寄存器)变量
- 有符号的线网

(3) 在 Verilog HDL 可综合电路中，使用算术运算符时需要注意对正数和负数的表示和使用。在数字集成电路设计中，为了有效提高计算效率，通常数字信号采用补码的形式。

x 的补码表示为 $[x]_{补}$，定义为

$$[x]_{补}=\begin{cases} x，当 0\leqslant x\leqslant 2^{n-1} 时， \\ x+2^n，当 -2^{n-1}\leqslant x\leqslant 0 时， \end{cases} \quad (\mathrm{mod}\ 2^n)$$

求一个数 x 的补码，可以表示成 $[x]_{补}$，这种过程称为求补运算。从定义可以看出，当 x 为正数时，其原码与补码一致，只有当 x 为负数时，才有求补码的问题。

另外，求负数补码总结为三种常用方法：

(1) 按照定义。

(2) $[x]_{补}=[x]_{反}$(按位取反) + 1。(符号位除外)

(3) 先求 $-x$ 的补码，然后 $[x]_{补}=[-x]_{补}$(按位取反) + 1。(含符号位)

例如：求 −15 的补码表示可以分两步进行：

(1) $[15]_{补}$ = 00001111B。

(2) $[-15]_{补}$ = 00001111B(按位取反) + 1 = 11110001B

例 3.2-3 含有补码形式的有符号数加法器。

```
module SignedAdder(A, C);
    input [2:0] A;
```

```
    output [2:0] C;
    wire Signed Temp;
    assign SignedTemp = -A;              //语句[1]
    assign C = SignedTemp+1;             //语句[2]
endmodule
```

图 3.2-1 的有符号数加法器主要由两个加法单元组成：add～0(包括求补运算)和 add～1。

(1) add～0 将输入的 3 位无符号数 A，转换成 33 位的二进制补码便是 –A，从而实现了语句[1]的功能。

(2) add～1 实现两个二进制补码数的加法，对结果取低 3 位输出，也即语句[2]描述的功能。

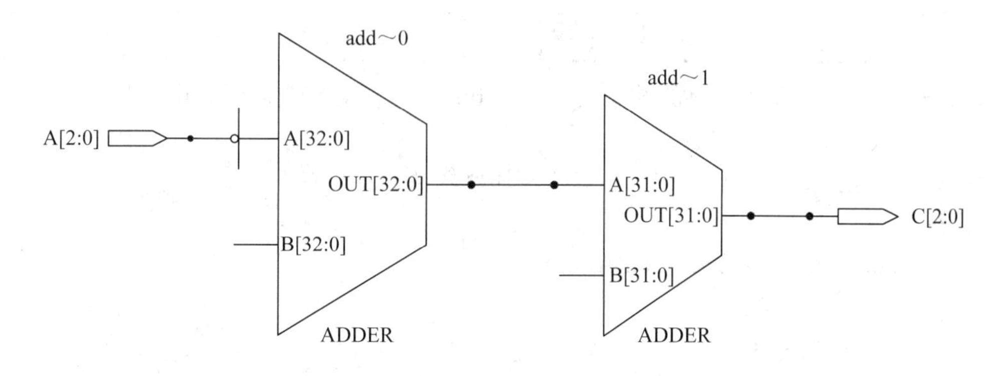

图 3.2-1　有符号数加法器

3.2.2 关系运算符及相等运算符

1. 关系运算符

关系运算符是对两个操作数的大小进行比较的运算符。关系运算符有大于(>)、小于(<)、大于等于(>=)和小于等于(<=)几种。

在进行关系比较时，比较结果为 1 bit 信号。如果成立则结果为“1'b1”，否则返回的结果为“1'b0”；若不确定则返回结果为不定值(1'bx)。例如：10 > 15 的结果为假(1'b0)，20 > 18 的结果为真(1'b1)，而 4'b1101 < 4'hx 的结果为不定值(1'bx)。

需注意的是，若操作数长度不同，则长度短的操作数应在左边用 0 补齐。例如：'b1001>='b101100 等价于 'b001001>='b101101，结果为假(1'b0)。

2. 相等运算符

相等关系运算符是对两个操作数进行比较，比较的结果有三种：真(1)、假(0)和不定值(x)。Verilog HDL 语言中有四种相等关系运算符：等于(==)、不等于(!=)、全等(===)、非全等(!==)。

这四种运算符都是双目运算符，要求有两个操作数。并且，这四种操作数运算符的优先级别是相同的。“==”和“!=”称为逻辑等式运算符，其结果由两个操作数的值决定，由于操作数中某些位可能是不定值 x 和高阻值 z，所以结果可能为不定值 x。

“===”和“!==”运算符则不同，它是对操作数进行按位比较，两个操作数必须完全一致，其结果才是“1'b1”，否则为“1'b0”。“===”和“!==”运算符常用于 case 表达式的判别，所以又称为“case 等式运算符”。

表 3.2-2 列出了“==”和“===”的真值表，有助于读者理解两者的区别。

表 3.2-2　运算符真值表

(a) “==”运算符的真值表

==	0	1	x	z
0	1	0	x	x
1	0	1	x	x
x	x	x	x	x
z	x	x	x	x

(b) “===”运算符的真值表

===	0	1	x	z
0	1	0	0	0
1	0	1	0	0
x	0	0	1	0
z	0	0	0	1

应该注意的是，关系运算的结果是一个 1 bit 信号，对应实际综合电路是数据比较器形式。

例 3.2-4　用 Verilog HDL 关系运算符描述比较器。

程序(1)：

```
module RelationalOperation(A, B, C);
    input [1:0] A;
    input [2:0] B;
    output C;
    reg C;
    always @(A or B)
            C = A > B;
endmodule
```

程序(2)：

```
module RelationalOperation(A, B, C);
    input [1:0] A;
    input [2:0] B;
    output C;
    reg C;
    always @(A or B)
        if (A > B)
            C = 1'b1;
        else
            C = 1'b0;
endmodule
```

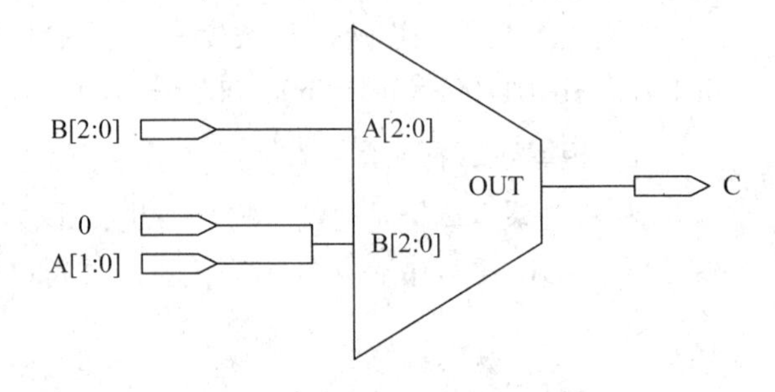

图 3.2-2　数据比较器

例 3.2-4 程序(1)和程序(2)是等价的，它们所描述的数据比较器如图 3.2-2 所示。

在例 3.2-4 中，由于 A 比 B 少 1 位，所以综合器将 A 扩展成 3 位宽度(高位补 0)。

例 3.2-5　比较器中关系运算符的运用。

```
module comparator(a, b, agb, aeb, alb);
    parameter width = 4;            //通过配置参数 width 来调节比较器的位宽
    input [width-1:0] a, b;
    output agb;                     //若 a > b，该输出信号有效
    output aeb;                     //若 a == b，该输出信号有效
    output alb;                     //若 a < b，该输出信号有效
    assign agb = (a > b);
    assign aeb = (a == b);
    assign alb = (a < b);
endmodule
```

在数字电路中，对两个变量数值大小的比较是十分常见的。比较器是指用来比较两个电路信号的逻辑值，并指示其关系的电路。用 Verilog HDL 设计比较器，可以通过在表达式中使用比较操作符(如 >、< 等)来实现。本例中比较器的位宽调节通过给参数 width 赋不同的值来实现。

3.2.3　逻辑运算符

逻辑运算符有三种，分别是逻辑与运算符(&&)、逻辑或运算符(||)、逻辑非运算符(!)。其中逻辑与和逻辑或是双目运算符，逻辑非为单目运算符。

逻辑运算符的操作数只能是逻辑 0 或者逻辑 1。三种逻辑运算符的真值表如表 3.2-3 所示。

表 3.2-3　逻辑运算符的真值表

a	b	!a	!b	a&&b	a||b
1	1	0	0	1	1
1	0	0	1	0	1
0	1	1	0	0	1
0	0	1	1	0	0

在逻辑运算符的操作过程中，如果操作数是 1 位的，那么 1 就代表逻辑真，0 就代表逻辑假；如果操作数是由多位组成的，则当操作数每一位都是 0 时才是逻辑 0 值，只要有某一位为 1，这个操作数就是逻辑 1 值。与关系运算符类似，逻辑运算符的结果也是 1 bit 信号，1'b0、1'b1 和 1'bx。

例如：寄存器变量 a、b 的初值分别为 4'b1110 和 4'b0000，则 !a = 1'b0，!b = 1'b1，a&&b = 1'b0；a||b = 1'b1。

需注意的是，若操作数中存在不定态 x，则逻辑运算的结果也是不定态，例如：a 的初值为 4'b1100，b 的初值为 4'b01x0，则 !a = 1'b0，!b = 1'bx，a&&b = 1'bx，a||b = 1'bx。

例 3.2-6　Verilog HDL 逻辑运算符的实例。

```
module LogicalOperation(a, b, c, d);
    input a, b;
    output c, d;
    assign c = a&&b;
    assign d = !(a||b);
endmodule
```

例 3.2-6 电路图如图 3.2-3 所示。

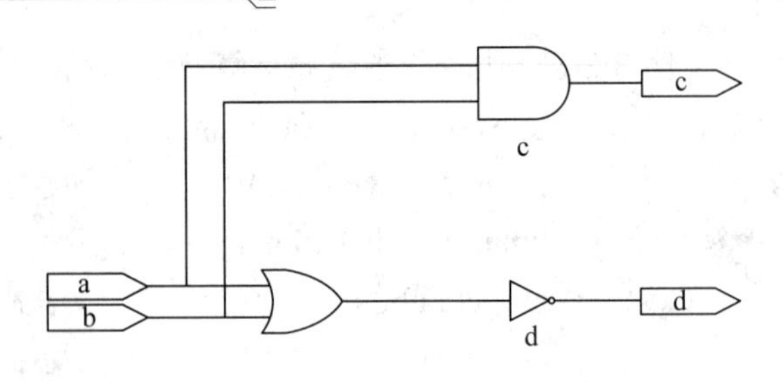

图 3.2-3 逻辑运算符综合实例

3.2.4 按位运算符

数字逻辑电路中，信号与信号之间的运算称为位运算。Verilog HDL 提供了以下五种类型的位运算符：按位取反(~)、按位与(&)、按位或(|)、按位异或(^)、按位同或(^~)。

位逻辑运算对其自变量的每一位进行操作，例如，表达式 A | B 的结果是 A 和 B 的对应位相或的值。表 3.2-4～表 3.2-6 给出了按位与、按位或和按位异或的真值表。

表 3.2-4 按位与的真值表

&	0	1	x
0	0	0	0
1	0	1	x
x	0	x	x

表 3.2-5 按位或的真值表

|	0	1	x
0	0	1	x
1	1	1	1
x	x	1	x

表 3.2-6 按位异或的真值表

^	0	1	x
0	0	1	x
1	1	0	x
x	x	1	x

与逻辑运算符和关系运算符不同，按位运算符的结果是多 bits 结果，其长度由按位操作符中操作数的最长位宽决定。应该明确指出的是，两个不同长度的数据进行按位运算时，会自动将两个操作数按右端对齐，位数少的操作数会在高位用 0 补齐，然后逐位进行运算，运算结果的位宽与操作数中的位宽较大者相同。

例 3.2-7 按位运算符结果位宽演示。

```
module length_mismatch(a, b, c);
    input [7:0] a;
    input [9:0] b;
```

```
    output [9:0] c;
    assign c=a&b;
endmodule
```

图 3.2-4 所示为仿真结果，由图可以看出，a 与 b 进行按位与运算时，低位宽数 a 要在高位补 0 之后再与 b 进行按位与运算。

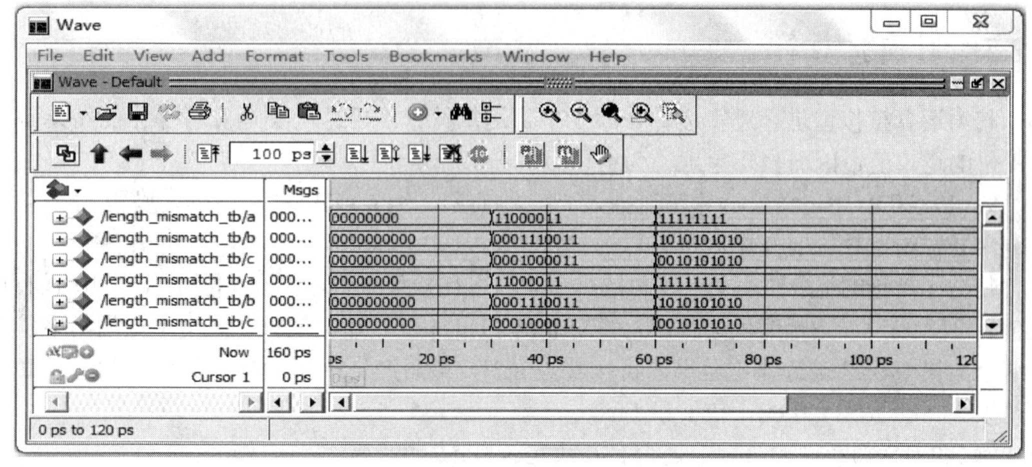

图 3.2-4　不同位宽操作数按位运算仿真结果

例 3.2-8　2 输入 1 位信号全加器。

```
module one_bit_fulladder(SUM, C_OUT, A, B, C_IN);
    input A, B, C_IN;
    output SUM, C_OUT;
    assign SUM = (A^B)^C_IN;
    assign C_OUT = (A&B)|((A^B)&(C_IN);
endmodule
```

如果考虑了来自低位的进位，那么该运算就为全加运算。实现全加运算的电路称为全加器，其代数逻辑表示为

$$SUM = A \oplus B \oplus C\_IN$$

$$C\_OUT = AB + (A \oplus B)C\_IN$$

对应的电路如图 3.2-5 所示。

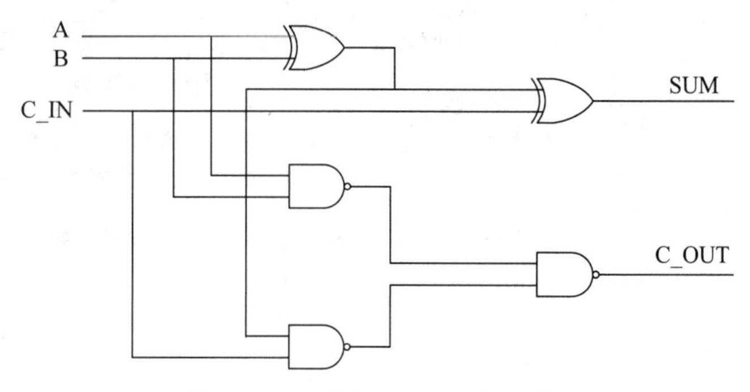

图 3.2-5　2 输入 1bit 全加器电路

注意：在使用 assign 描述电路时，由于所有信号都是线网型的，因此所描述的电路中

一定不含有记忆元件，因此描述的电路必定是组合逻辑电路。但在使用 always 描述组合逻辑时，由于 Verilog HDL 的语法规定，有些变量不得不定义为寄存器型，但这并不表示所描述的电路是时序逻辑电路。在使用 always 描述组合逻辑时一般有如下特点：

(1) 在敏感列表中使用电平敏感事件。

(2) 在 always 块内使用阻塞赋值。

3.2.5　归约运算符

归约运算符按位进行逻辑运算，属于单目运算符。由于这一类运算符操作的结果是产生 1 位的逻辑值，因而被形象地称为缩位运算符。

Verilog HDL 中，缩位运算符包括 & (与)、| (或)、^ (异或)以及相应的非操作 ~&、~|、~^、^~。归约运算符的操作数只有一个。

归约运算符的运算过程是：设 a 是一个 4 位寄存器型变量，它的 4 位分别是 a[0]、a[1]、a[2]、a[3]。当对 a 进行缩位运算时，先对 a[0] 和 a[1] 进行缩位运算，产生 1 位的结果，再将这个结果与 a[2] 进行缩位运算，再接着是 a[3]，最后产生 1 位的操作结果。归约运算符的结果是 1 bit 信号，1'b0、1'b1 和 1'bx。

例 3.2-9　判断输入信号中是否有 0 或是否有 1。

```
module cut(a, m, n);
    input [7:0] a;
    output m, n;
    assign m = &a;              //判断输入信号中是否有 0，若有 0，m = 1'b0
    assign n = |a;              //判断输入信号中是否有 1，若有 1，n = 1'b1
endmodule
```

图 3.2-6 所示为归约运算结果。由图可以看到，由于输入信号 a = 8'b10010011，其中有“0”，因此 m = 1'b0；又因为其中有“1”，因此 n = 1'b1。

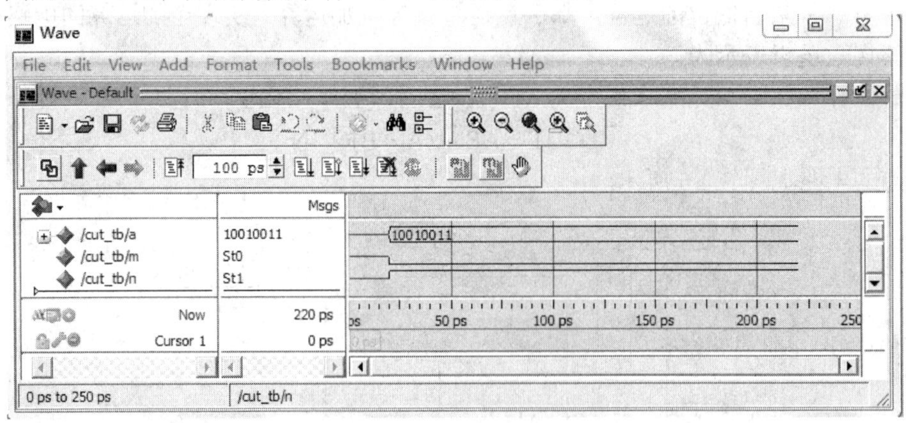

图 3.2-6　归约运算结果

3.2.6　移位运算符

移位操作符有两种：左移运算符(<<)和右移运算符(>>)。运算过程是将左边的操作数向左(右)移，所移动的位数由右边的操作数来决定，然后用 0 来填补移出的空位。

例 3.2-10　通用移位器。

```
module GeneralShifterOperation(a, b, c);
    input [2:0] a;
    input [1:0] b;
    output [4:0] c;
    reg c;
    always @(a or b)
    c <= a<<b;
endmodule
```

通用移位器逻辑电路如图 3.2-7 所示。

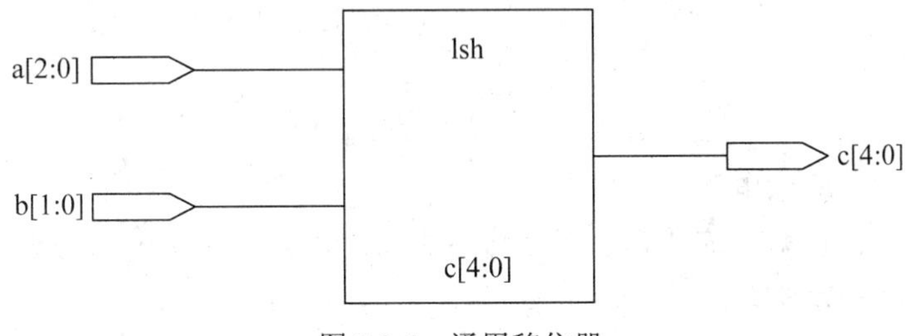

图 3.2-7　通用移位器

3.2.7　条件运算符

条件运算符是 Verilog HDL 中唯一的三目运算符，它根据条件表达式的值来选择执行表达式，其表达形式如下：

<条件表达式>?<表达式 1>:<表达式 2>

其中，条件表达式的计算结果有真(1)、假(0)和不定态(x)三种。当条件表达式的结果为真时，执行表达式 1，当条件表达式的结果为假时，执行表达式 2。

如果条件表达式的计算结果为不定态(x)，则模拟器将按位对表达式 1 的值与表达式 2 的值进行比较，位与位的比较结果按表 3.2-7 的规则产生每个结果位，从而构成条件表达式的结果值。

表 3.2-7　条件表达式为不定态时的结果产生规则

?:	0	1	x	z
0	0	x	x	x
1	x	1	x	x
x	x	x	x	x
z	x	x	x	x

例 3.2-11　条件运算符举例。

```
module mux2(in1, in2, sel, out);
    input[3:0] in1, in2;
```

```
    input sel;
    output [3:0] out;
    wire [3:0] out;
    assign out = (!sel)?in1:in2;      // sel 为 0 时 out 等于 in1，反之为 in2
endmodule
```

图 3.2-8 描述了一个 2 选 1 的数据选择器。

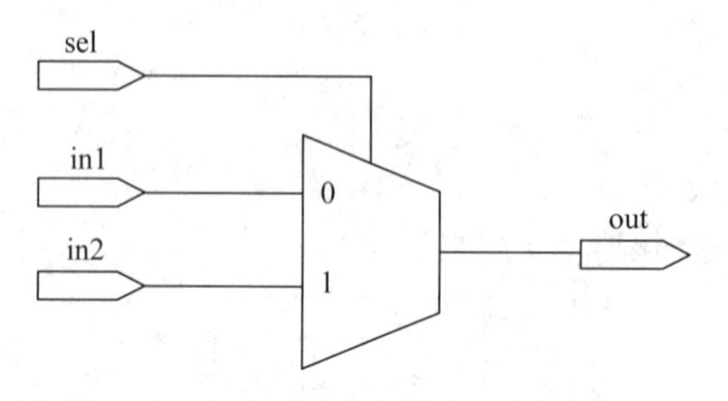

图 3.2-8　2 选 1 数据选择器

例 3.2-12　三态驱动电路。

利用 Verilog HDL 数据流描述可以生成三态驱动电路。三态电路一个常见的应用是用于实现双向的总线收发器。

```
module tri_bus_interface(write_en, data_out, data_in, bus_data);
    parameter width = 8;
    input write_en;
    input [1:0] data_out;
    output [1:0] data_in;
    inout [1:0] bus_data;
    assign bus_data = write_en?data_out:2'bz;      //“z”为高阻，即断开
    assign data_in = bus_data;
endmodule
```

图 3.2-9 为简单的双向总线功能原理图。

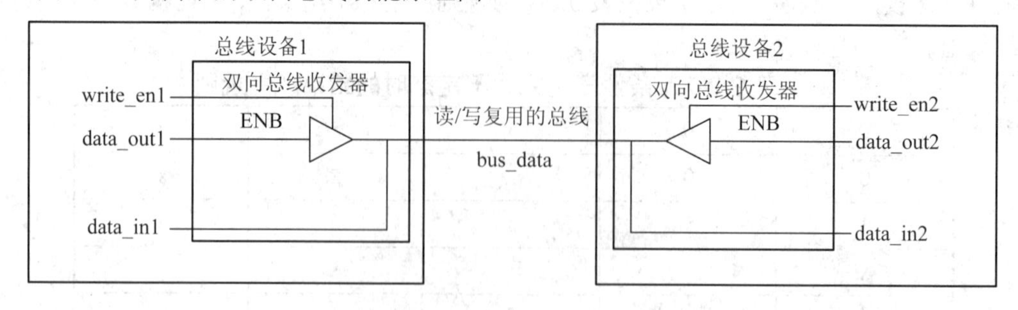

图 3.2-9　双向总线功能原理图

总线设备 1 和总线设备 2 必须轮流驱动总线。当总线设备 1 的输出三态门打开时，即 wirte_en1 有效时，总线设备 2 的三态门必须关闭，即 wirte_en2 必须无效，以避免 data_out1 和 data_out2 同时用相反的逻辑值驱动总线，造成电源和地短路，烧毁芯片。

例 3.2-13　数据比较器。

```
module datacompare(dataa, datab, eqo, neqo, bigo, smallo, nbigo, nsmallo);
    input [7:0] dataa;
    input [7:0] datab;
    output eqo;
    output neqo;
    output bigo;
    output nbigo;
    output smallo;
    output nsmallo;
    assign eqo = (dataa == datab) ? 1'b1 : 1'b0;
    assign neqo = (dataa != datab) ? 1'b1 : 1'b0;
    assign bigo = (dataa>datab) ?1'b1 : 1'b0;
    assign nbigo = (dataa<= datab) ? 1'b1: 1'b0;
    assign smallo = (dataa<datab) ? 1'b1 : 1'b0;
    assign nsmallo = (dataa>= datab) ? 1'b1 : 1'b0;
endmodule
```

3.2.8　连接和复制运算符

Verilog HDL 语言中还有两个特殊的运算符：连接运算符({ })和复制运算符({{ }})，它们又称为拼接运算符。

连接运算符是把位于大括号({ })中的两个或两个以上信号或数值用逗号(,)分隔的小表达式按位连接在一起，最后用大括号括起来表示一个整体的信号，形成一个大的表达式。其格式如下：

{信号 1 的某几位, 信号 2 的某几位, …, 信号 n 的某几位}

重复运算符({{ }})将一个表达式放入双重括号中，复制因子放在第一层括号中。它为复制一个常量或变量提供了一种简便方法。

例 3.2-14　利用 Verilog HDL 连接和复制运算符描述 8 位串入串出移位寄存器。

```
module shift_register8(din, clk, rst_n, dout);
    input din;
    input clk;
    input rst_n;
    output dout;
    wire din;
    wire clk;
    wire rst_n;
    wire dout;
    //内部寄存器
```

```
    reg [7:0] shift_register;
    always @(posedge clk or negedge rst_n)
    begin
      if(rst_n == 1'b0)
        shift_register = 8'b00000000;
      else
        shift_register = {shift_register[6:0], din};
    end
    assigndout = shift_register[7];
endmodule
```

例 3.2-15 同步清零 4 位移位寄存器。

```
module shift_register(q, in, clk, rst_n);
    input in;
    input clk, rst_n;
    output q;
    reg [3:0] q;
    always@(posedge clk)
    if(!rst_n) q<=4'b0000;
    else   q<={q[3:0], in};
endmodule
```

例 3.2-15 是一个同步清零 4 位移位寄存器，通过移位操作符移动操作数，再使用拼接符实现输入写入功能。

3.3 Verilog HDL 数据流建模例程

例 3.3-1 数据流建模方式描述 1 位数值比较器。

```
module compare_1(out, a, b);
    input a, b;
    output out;
    assign out=(a>b)? 1'b1:1'b0;
endmodule
```

例 3.3-1 是一个 1 位数值比较器。使用的是数据流建模方式，通过条件操作符实现功能。当 a > b 的时候，输出为 1'b1，否则为 1'b0。

例 3.3-2 通过归约运算符^实现奇偶校验器。

```
module ecc_8(even_bit, odd_bit, data);
    input [7:0] data;
    output even_bit, odd_bit;
    assign even_bit=^data;
```

```
    assign odd_bit=~even_bit;
endmodule
```

例 3.3-2 是一个奇偶校验器，通过归约运算符 ^ 实现功能。当输入数据有偶数个 1，则输出结果 odd 为 1'b1，even 为 1'b0；若输入数据有奇数个 1，则输出结果 odd 为 1'b0，even 为 1'b1。

例 3.3-3　带超前进位的 4 位全加器。

```
module fulladd4(sum, c_out, a, b, c_in);
    output [3:0] sum;
    output c_out;
    input [3:0] a, b;
    input c_in;
    //内部连线
    wire p0, g0, p1, g1, p2, g2, p3, g3;
    wire c4, c3, c2, c1;
    //计算每一级的 p
    assign p0 = a[0]^b[0],
           p1 = a[1]^b[1],
           p2 = a[2]^b[2],
           p3 = a[3]^b[3];
    //计算每一级的 g
    assign g0 = a[0]&b[0],
            g1 = a[1]&b[1],
            g2 = a[2]&b[2],
            g3 = a[3]&b[3];
    //计算每一级的进位
    //注意：在计算超前进位的算术方程中 c_in 等于 c0
    assign c1 = g0 | (p0&c_in),
           c2 = g1 | (p1&g0) | (p1&p0&c_in),
           c3 = g2 | (p2&g1) | (p2&p1&g0) | (p3&p1&p0&c_in),
           c4 = g3|(p3&g2)| (p3&p2&g1) | (p3&p2&p1&g0) | (p3&p2&p1&p0&c_in);
    //计算加法的总和
    assign sum[0] = p0^c_in,
            sum[1] = p1^c1,
            sum[2] = p2^c2,
            sum[3] = p3^c3;
    // 进位输出赋值
    assign c_out = c4;
endmodule
```

例 3.3-4 用 Verilog HDL 设计一个 4 位输入、2 位输出的 4-2 二进制编码器。当输入编码不是 4 中取 1 码时，输出编码全为 x。

```
module binary_encoder_4_2;
    input [3:0] i_dec;
    output [3:0] o_dec;
    assign o_dec = (i_dec == 4'b0001) ? 2'b00 :
                   (i_dec == 4'b0010) ? 2'b01 :
                   (i_dec == 4'b0100) ? 2'b10 :
                   (i_dec == 4'b1000) ?2'b11 : 2'bxx;
endmodule
```

本章小结

本章通过连续赋值语句、Verilog HDL 中的运算符和 Verilog HDL 数据流建模及其例程这三个部分介绍了 Verilog HDL 数据流建模。Verilog HDL 数据流建模是一种使用 Verilog HDL 连续赋值语句，利用运算符表达式形式，对组合电路进行 Verilog HDL 程序设计的方式。与其他设计方式相比较，其设计效率更高，直观性更强。

思考题和习题

1. 逻辑运算符和按位运算符有什么不同，各自在什么场合下使用？
2. 在 Verilog HDL 的运算符中，哪些运算符的结果是 1bit 的？
3. 归约运算符和按位运算符有什么不同？
4. 拼接运算符的作用是什么？其物理意义是什么？
5. 移位运算符的作用是什么？
6. 相等运算符(==)和全等运算符(===)有什么不同，各自在什么场合下使用？
7. 在 Verilog HDL 语言中，“a=1'b1; b=3'b011; ”，那么{a, b}是多少？
8. 在 Verilog HDL 语言中，a=8'b10010111，那么!a=_______，~a=_______，a<<2=_______，&a=_______。
9. 在 Verilog HDL 语言中，“a[7:0] =8'b11001111; b[5:0]=6'b010100;”，那么{2{a[6:4]}, b[3:1]}=_______。
10. 在 Verilog HDL 语言中，“a =8'b10011010; b=3b'101;” 那么{a[7:3], b}=_______。
11. 在 Verilog HDL 语言中，“a[7:0] =8'b11011011; b[5:0]=6'b010001;”，那么{a[7:4], b[3:1]}=_______。
12. 在 Verilog HDL 语言中，“a=4'b10x1; b=4'b10x1; ”，那么逻辑表达式 a==b 为_______；a===b 为_______。
13. 在 Verilog HDL 语言中，“a=4'b1010;”，那么 a<<1=_______。

14. 试用 Verilog HDL 连续赋值语句描述一个 4 选 1 数据选择器。

15. 试用 Verilog HDL 连续赋值语句设计一个 1bit 全加器电路。

16. 试用 Verilog HDL 连续赋值语句和运算符，采用数据流描述方式生成如图 T3-1 所示的电路。

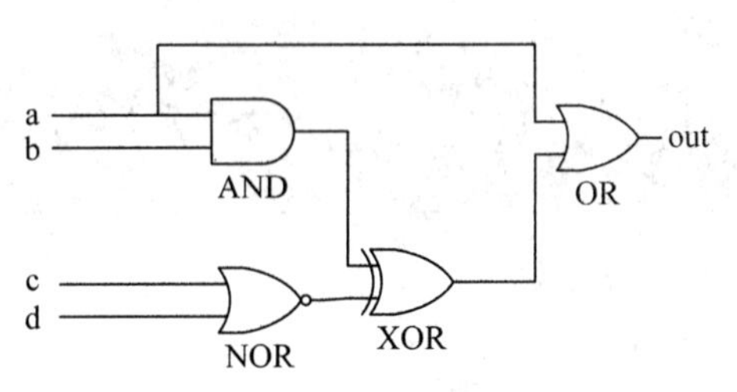

图 T3-1　习题 16 电路图

第4章　Verilog HDL 行为级描述

行为级描述是 HDL 语言特有的一种对于电路的描述方式，通过对于电路行为的计算机程序语言设计，综合工具可以生成相应的由基本单元构成的数字电路。

Verilog HDL 支持设计者从电路外部行为的角度对其进行描述，因此行为级建模是从一个层次很高的抽象角度来表示电路的。其目标不是对电路的具体硬件结构进行说明，而是为了综合以及仿真的目的而进行的。

Verilog HDL 提供了许多行为级建模语法结构，为设计者的使用提供了很大的灵活性。

行为描述常用于复杂数字逻辑系统的某种特定功能电路的设计中，例如计数器、移位寄存器、序列产生器等。同时行为建模可以用来生成仿真测试信号，对已设计的模块进行检测。

应该指出的是，在 Verilog HDL 行为级描述中，行为级代码经过综合后生成电路，这与传统的 C 语言程序是不同的。衡量 Verilog HDL 行为级描述是否正确的唯一标准是综合后生成的电路是否正确。由于目前 EDA 综合工具能力有限，Verilog HDL 行为级描述方式有很大的局限性，并不是可以随意按照设计者的思路编写代码，就能得到所希望的电路。

行为级描述更像是固定模板的代码对应某个特性电路的形式，设计者通过改变模板的参数和内容从而实现电路的行为级描述，对于综合工具而言，生成的电路准确性也较高。例如对于 D 触发器而言，其模板如例 4-1 所示，计数器(模 10)模板如例 4-2 所示，综合工具遇到此代码的时候，会直接生成 D 触发器或者计数器电路。

例 4-1　1 位 D 触发器和 8 位 D 触发器。

(1) Verilog HDL 行为级建模设计 1 位 D 触发器。

```
module flipflop_d (data, clk, q);
    input data;
    input clk;
    output q;
    wire data;
    wire clk;
    reg q;
    always@(posedge clk)
    q=data;
endmodule
```

(2) Verilog HDL 行为级建模设计 8 位 D 触发器。

```
module flipflop_d (data, clk, q);
    input [7:0] data;
    input clk;
    output [7:0] q;
    reg q;
    always@(posedge clk)
    q=data;
endmodule
```

例 4-1 电路图如图 4-1 和图 4-2 所示。

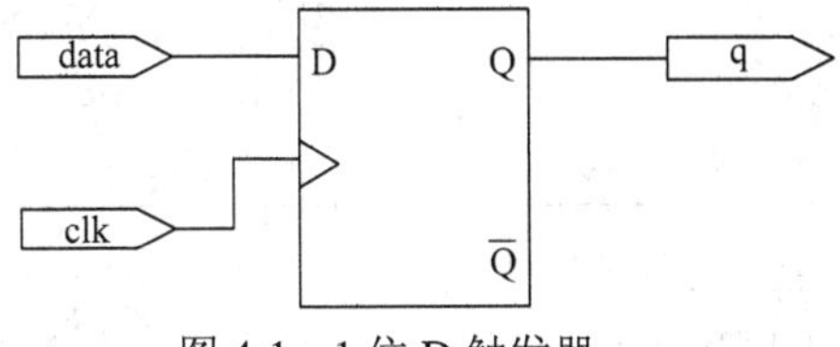

图 4-1　1 位 D 触发器

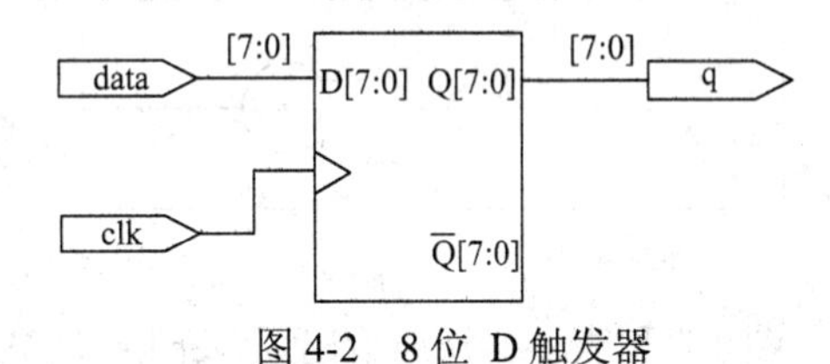

图 4-2　8 位 D 触发器

例 4-2　带同步清零置位的模 10 的加法计数器。

```
module counter_10 (clk, rst_n, load, d, q7);
   input clk, rst_n, load;
   input [3:0] d;
   output [3:0] q7;
   reg [3:0] q7;
   always@(posedge clk)
      begin
         if(!rst_n)
            q7 <= 4'b0000;
         else if(! load)
            q7 <= d;
         else if(q7 == 4'b1001);
            q7 <= 4'b0000;
         else
            q7 <= q7+1;
   end
endmodule
```

此模块是一个模 10 的加法计数器，并且它带有同步置位和清零信号，其综合后得到的 RTL 电路如图 4-3 所示。

简单而言，初学者在学习 Verilog HDL 行为级描述时更多的工作应该花费在掌握基本电路的行为级描述模板，这样虽然笨拙一些，但是可以保证所设计电路的正确性，同时形成良好的程序代码风格。

本节将详细介绍行为级建模以及各种高级语句的语法格式和用法。

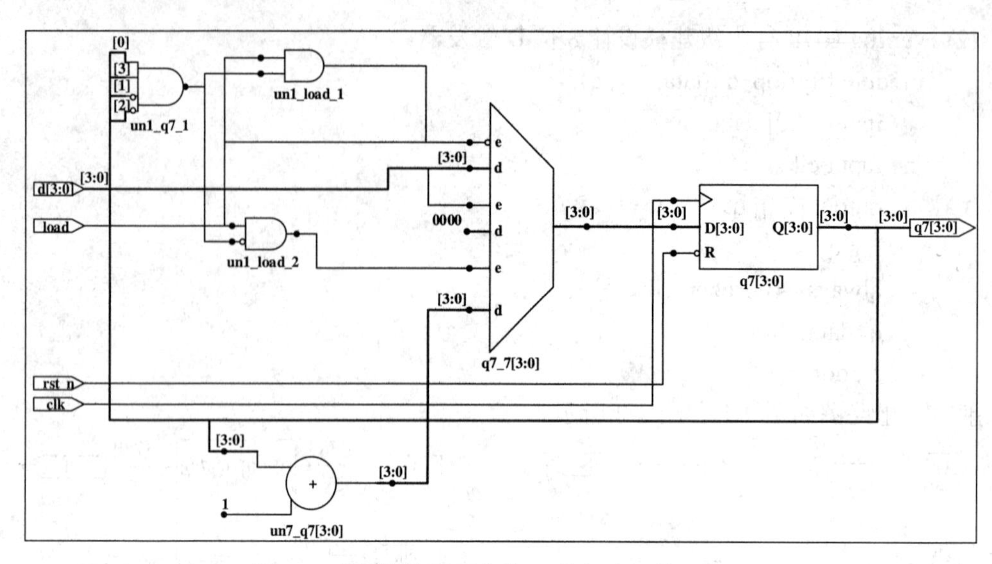

图 4-3　带同步清零置位模 10 的加法计数器模块

图 4-4 和表 4-1 分别给出了 Verilog HDL 行为级描述中模块的构成框架和行为描述语句及其可综合性。

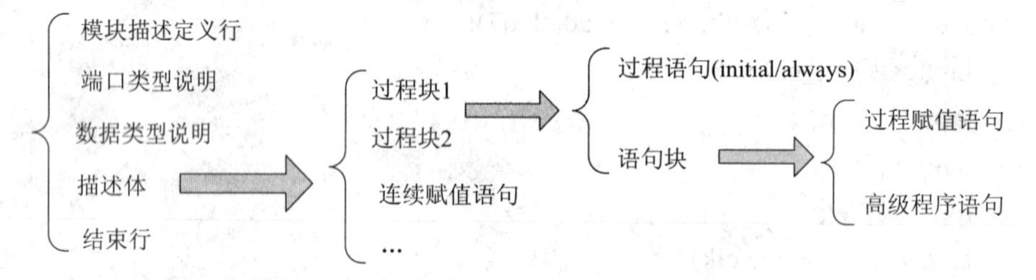

图 4-4　Verilog HDL 行为级描述中模块的构成框架

表 4-1　Verilog HDL 行为描述语句及其可综合性

类　别	语　句	可综合性
过程语句	initial	
	always	√
语句块	串行语句块 begin-end	√
	并行语句块 fork-join	
赋值语句	连续赋值语句 assign	√
	过程赋值语句=、<=	√
条件语句	if-else	√
	case, casez, casex	√
循环语句	forever	
	repeat	
	while	
	for	√
编译向导语句	`define	√
	`include	√
	`ifdef, `else, `endif	√

4.1 过程语句

Verilog HDL 中过程块是由过程语句所组成的。过程语句有两种，分别是 initial 过程语句和 always 过程语句。

4.1.1 initial 过程语句

initial 过程语句的语法格式如下：

```
initial
  begin
    语句 1;
    语句 2;
    ⋮
    语句 n;
end
```

intial 过程语句通常用于仿真模块中对激励向量的描述、赋初值、信号监视或用于给寄存器变量赋初值。

例 4.1-1　Verilog HDL 用 initial 语句给 D 触发器赋初值。

```
module d_ff(in, clk, q);
    input in;
    input clk;
    output q;
    reg q;
    initial q = 1'b0;
    always@(posedge clk)
      q<=in;
endmodule
```

应该指出的是，initial 语句实际上在信号初始化时是没有任何意义的。在数字集成电路和 FPGA 中，实现初始化的是全局复位信号。系统上电工作后的初始状态是由复位信号决定的，与初始状态没有关系。如果想控制例 4.1-1 中 D 触发器的初始化，正确的设计方式如例 4.1-2 所示。

例 4.1-2　Verilog HDL 行为级描述异步清 0、异步置 1 的 D 触发器。

```
module DFF1( d, clk, set, rst_n, q);
    input d, clk, set, rst_n;
    output q;
    reg q;
    always @(posedge clk or posedge set or negedge rst_n)
```

```
        begin
            if (!rst_n)
                q = 1'b0;          //异步清 0，低电平有效
            else if (set)
                q = 1'b1;          //异步置 1，高电平有效
            else
                q = d;
        end
    endmodule
```

图 4.1-1 所示为异步清 0、异步置 1 的 D 触发器电路。

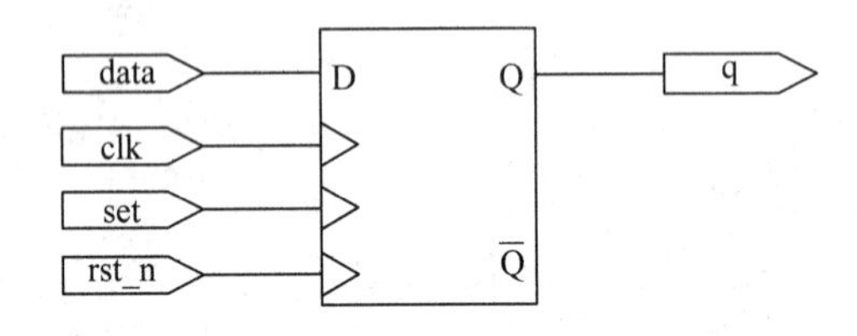

图 4.1-1　异步清 0、异步置 1 的 D 触发器

4.1.2　always 过程语句和敏感事件表

从语法描述角度而言，相对于 initial 过程语句，always 过程语句的触发状态是一直存在的，只要满足 always 后面的敏感事件列表，就执行语句块。其语法格式是

```
always@(<敏感事件列表>)
语句块;
```

其中，敏感事件列表就是触发条件，只有当触发条件满足时，其后的语句块才能被执行。即当该列表中变量的值改变时，就会引发块内语句的执行。因此，敏感信号列表中应列出影响块内取值的所有信号。若有两个或两个以上信号，则它们之间可以用“or”连接，也可以用逗号“,”连接。

敏感信号可以分为两种类型：一种是电平敏感型，一种是边沿敏感型。

(1) @(a)。

在电平敏感事件控制方式下启动语句块执行的触发条件是某一个指定的条件表达式为真或信号 a 发生变化。“@(a)”即“@(posedge a or negedge a)”，表示当信号 a 从高电平向低电平跳变或从低电平向高电平跳变时都会触发执行其后的语句块。在图 4.1-2 中，①和②这两段时间内触发执行“@(a)”之后的语句块。

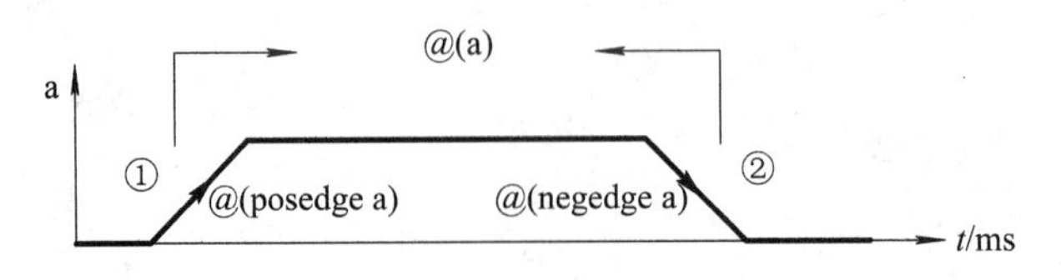

图 4.1-2　信号 a 电平敏感型信号图

(2) @(posedge a)。

边沿触发控制方式是指在指定的信号变化时刻，即在指定的信号跳变边沿才触发语句块的执行；而当信号处于稳定状态时不会触发语句块的执行。上升沿触发“@(posedge a)”表示在信号 a 由低电平向高电平跳变的时刻触发其后的语句块，即图 4.1-2 中①时段，触发“@(posedge a)”之后的语句块。

(3) @(negedge a)。

下降沿触发“@(negedge a)”表示在信号 a 由高电平向低电平跳变的时刻触发其后的语句块，即图 4.1-2 中②时段，触发“@(negedge a)”之后的语句块。

电平敏感时序控制是当信号发生变化时电路工作，在可综合电路中电平敏感型事件主要用于组合电路的行为级建模。

例 4.1-3　利用敏感事件列表来对组合逻辑建模。

```
module sel_adder_and_multiplier(y, a, b, sel);
    input a, b, sel;
    output y;
    wire [3:0] a, b;
    reg [7:0] y;
    always @(a or b or sel)
    begin
      if (sel == 1'b0)    y = a+b;
      else if (sel == 1'b1) y = a*b;
    end
endmodule
```

例 4.1-3 中所示模块有三个输入，分别是 a、b 和 sel。当控制信号 sel 为高电平时模块实现乘法功能，而当 sel 为低电平时模块实现加法功能，如图 4.1-3 所示。

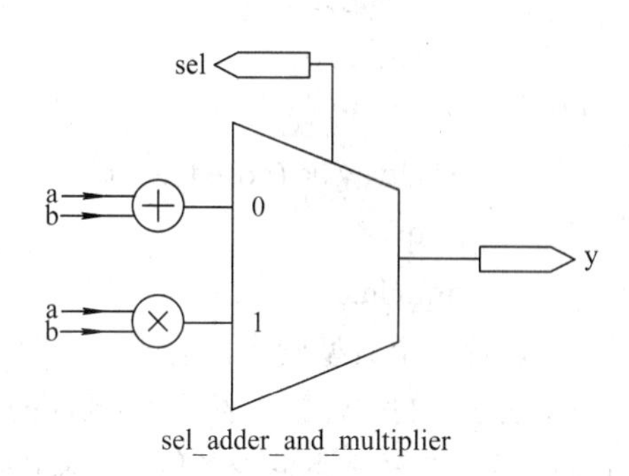

图 4.1-3　sel 信号控制运算模块

例 4.1-4　3 线-8 线译码器。

```
module decoder(din, dout);
    input [2:0] din;
    input [7:0] dout;
    reg [7:0] dout;
    always @(din)
    begin
       case (din)
           3'b000:dout = 8'b00000001;
           3'b001:dout = 8'b00000010;
           3'b010:dout = 8'b00000100;
           3'b011:dout = 8'b00001000;
           3'b100:dout = 8'b00010000;
```

```
            3'b101:dout = 8'b00100000;
            3'b110:dout = 8'b01000000;
            3'b111:dout = 8'b10000000;
            default:dout = 8'b00000000;
        endcase
    end
endmodule
```

对于时序电路，触发器是由时钟边沿控制的，在采用行为级方法描述时序电路时，敏感事件表必须要包含时钟边沿触发条件。

对于一个简单D触发器(例 4.1-5)而言，输入信号的存储是由时钟边沿(本例中为时钟上升沿)触发，而与输入信号 in 没有关系，因此其敏感事件表仅有 posedge clk。

例 4.1-5 D 触发器。

本例是一个简单的D触发器，在时钟上升沿来到时，将输入D传输到输出Q。

```
module D_ff1 (q, in, clk);
    input in;
    input clk;
    output q;
    reg q;
    always@(posedge clk)
    q=in;
endmodule
```

再来看一个典型例子，对于一个具有复位功能的 D 触发器，下文例 4.1-6 程序(1)中 always 过程中的敏感事件表只有 posedge clk，因此是一个同步复位、置位的D触发器，而在 4.1-6 程序(2)中敏感事件表中包括 posedge clk 和 negedge reset 信号，也就是说在 clear 信号由 1 到 0 变化时，电路也要工作，那么这个代码描述的是一个具有异步复位、置位的D触发器。

例 4.1-6 Verilog HDL 用 always 过程语句描述带有同步复位的D触发器。

程序(1)：

```
module flipflop_d1(data, clk, rst_n, q);
  input data, clk, rst_n;
  output q;
  wire data, clk, rst_n;
  reg q;
  always@(posedge clk)
  begin
     if (rst_n == 1'b0)
          q <= 1'b0;
     else
          q <= data;
```

```
    end
  endmodule
```

程序(2)：

```
  module flipflop_d2(data, clk, rst_n, q);
    input data, clk, rst_n;
    output q;
    wire data, clk, rst_n;
    reg q;
    always@(posedge clk or negedge rst_n)
    begin
      if (rst_n == 1'b0)
        q <= 1'b0;
      else
        q <= data;
    end
  endmodule
```

应该特别说明的是，在对时序电路进行行为级描述时，always 语句敏感事件表只能采用边沿触发形式，而不允许电平信号和边沿信号在敏感事件表中的混合使用。例如在例 4.1-6 中，如果使用“always@(posedge clk or rst_n)”，综合工具将会报错。这也是 Verilog HDL 语法趋于严谨化的一个表现。

4.1.3　过程语句使用中信号类型的定义

过程语句具有很强的功能，Verilog HDL 大多数高级程序语句都是在过程中使用。它既可以描述时序逻辑电路也可以描述组合逻辑电路。采用过程语句进行程序设计时，Verilog HDL 有一定的设计要求和规范。

在信号的定义形式方面，无论是对时序逻辑电路还是对组合逻辑电路进行描述，Verilog HDL 要求在过程语句(initial 和 always)中，被赋值信号必须定义为“reg”类型。如例 4.1-7 中“reg out;”。

例 4.1-7　Verilog HDL 用 always 描述 2 输入异或门。

```
module xor2(a, b, out);
    input a, b;
    output out;
    wire a, b;
    reg out;
    always @( a or b)
    out = a^b;
endmodule
```

4.1.4 awlays 过程语句中敏感事件的形式

敏感事件列表是 Verilog HDL 语言中的一个关键性设计，如何选取敏感事件作为过程的触发事件，在 Verilog HDL 程序中有一定的设计要求：

(1) 采用过程语句对组合电路进行描述时，需要把全部的输入信号列入敏感信号列表，且敏感信号列表不允许存在边沿信号。

(2) 采用过程语句对时序电路进行描述时，需要把时间信号和部分输入信号列入敏感信号列表。

应当注意的是，不同的敏感事件列表会产生不同的电路形式。

例 4.1-8 描述的是典型的组合电路 4 选 1 数据选择器，采用 always 语句进行行为级建模。其敏感事件表为所有输入信号的电平信号，没有边沿信号。这种规定方式与组合电路输出信号完全取决于输入信号的基本特点是相对应的。

例 4.1-8 Verilog HDL 用 always 语句描述 4 选 1 数据选择器。

```
module mux4_1(out, in0, in1, in2, in3, sel);
    input in0, in1, in2, in3;
    output out;
    input [1:0] sel;
    reg out;                                    //被赋值信号定义为“reg”类型
    always@(in0 or in1 or in2 or in3 or sel)    //敏感信号列表
      case(sel)
        2'b00:     out=in0;
        2'b01:     out=in1;
        2'b10:     out=in2;
        2'b11:     out=in3;
        default:   out=2'bxx;
     endcase
endmodule
```

对于时序电路而言，时钟的边沿信号(上升沿或下降沿)必须包括在敏感事件表中，其他信号可以在敏感事件表中，也可以不在敏感事件表中，不同的敏感事件列表会产生不同的电路形式。

4.2 语 句 块

在 Verilog HDL 过程语句的使用中，当语句数超过一条时，需要采用语句块。语句块就是以块标识符 begin-end 或 fork-join 界定的一组行为描述语句。语句块就相当于给块中的这组行为描述语句进行打包处理，使之在形式上与一条语句相一致。语句块的具体功能是通过语句块中所包含的描述语句的执行而得以实现的。当语句块中只包含一条语句时，可以直接写这条语句，此时块标识符可以缺省。

语句块包括串行语句块(begin-end)和并行语句块(fork-join)两种。

4.2.1 串行语句块

串行语句块采用的是关键字“begin”和“end”，其中的语句按串行方式顺序执行，可以用于可综合电路程序和仿真测试程序。其语法格式如下：

```
begin: 块名
  块内声明语句;
  语句 1;
  语句 2;
  ⋮
  语句 n;
end
```

其中，块名即该块的名字，当块内有变量时必须有块名，否则在编译时将出现语法错误。

块内声明语句是可选的，可以是参数说明语句、integer 型变量声明语句、reg 型信号声明语句、time 型变量声明语句和事件(event)说明语句。

串行语句块的特点：

(1) 串行语句块中的每条语句依据块中的排列次序逐条执行。块中每条语句给出的延迟时间都是相对于前一条语句执行结束的相对时间。

(2) 串行语句块的起始执行时间就是串行语句块中第一条语句开始执行的时间；串行语句块的结束时间就是串行语句块中最后一条语句执行结束的时间。

4.2.2 并行语句块

并行语句块采用的是关键字“fork”和“join”，其中的语句按并行方式执行，只能用于仿真测试程序，不能用于可综合电路程序。其语法格式如下：

```
fork: 块名
  块内声明语句;
  语句 1;
  语句 2;
  ⋮
  语句 n;
join
```

并行语句块的特点：

(1) 块内语句是同时执行的，即程序流控制一进入到该并行语句块，块内语句同时开始执行。

(2) 块内每条语句的延迟时间是相对于程序流程控制进入到块内的仿真时间。

4.2.3 语句块的使用

表 4.2-1 给出了串行语句块和并行语句块的对比，用以理解二者的区别和联系。

表 4.2-1　串行语句块和并行语句块的对比

语句块	串行语句块(begin-end)	并行语句块(fork-join)
执行顺序	按照语句顺序执行	所有语句均在同一时刻执行
语句前面延迟时间的意义	相对于前一条语句执行结束的相对时间	相对于并行语句块启动的时间
起始时间	首句开始执行的时间	并行语句块开始执行的时间
结束时间	最后一条语句执行结束的时间	执行时间最长的那条语句执行结束的时间
行为描述的意义	电路中的数据在时钟及控制信号的作用下，沿数据通道中各寄存器之间的传送过程	电路上电后，各电路模块同时开始工作的过程

应该指出的是，目前 Verilog HDL 综合工具只支持串行语句块的使用，并行语句块主要用于测试和仿真中。对于在测试和仿真中，串行语句块和并行语句块的使用将在第 5 章给出典型例程进行分析。

例 4.2-1 是采用串行语句块进行设计的一个例子。在这个例子中，使用了串行语句块，在时钟的上升沿到来时，内部信号 temp 被赋值给输出信号 q，然后输入信号 in_1 被赋值给内部信号 temp。在串行语句块中，采用阻塞赋值语句，赋值语句按顺序进行赋值，综合后产生两个级联的 D 触发器，如图 4.2-1 所示。

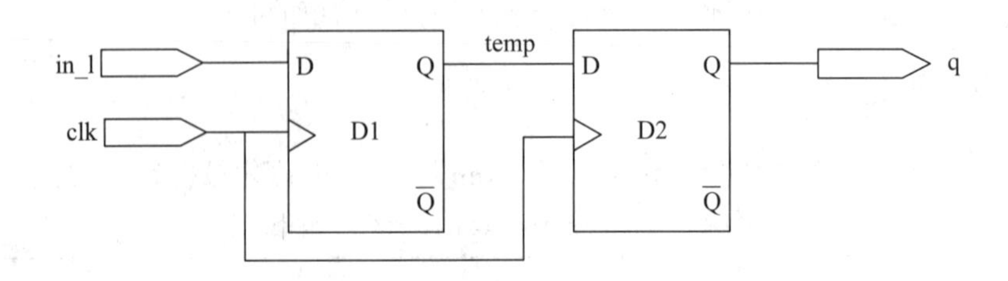

图 4.2-1　两个级联 D 触发器

例 4.2-1　串行语句块的使用。

```
module DFF_C(clk, q, in_1);
  input clk, in_1;
  output q;
  reg q;
  reg temp;
  always@(posedge clk)
  begin
    q =temp;
    temp = in_1;
  end
endmodule
```

4.3　过程赋值语句

过程块中的赋值语句被称为过程赋值语句。过程性赋值是在 initial 语句或 always 语句内的赋值。过程赋值语句有阻塞赋值语句和非阻塞赋值语句两种。

4.3.1　阻塞赋值语句

阻塞赋值语句的操作符号为“=”，其语法格式如下：

```
变量 = 表达式;
```

例如：

b = a;

当一个语句块中有多条阻塞赋值语句时，如果前面的赋值语句没有完成，则后面的语句就不能执行，就像被阻塞了一样，因此称为阻塞赋值方式。例 4.2-1 使用的就是阻塞赋值语句。

阻塞赋值语句的特点：

(1) 在串行语句块中，各条阻塞赋值语句将按照排列顺序依次执行；在并行语句块中的各条阻塞赋值语句则同时执行，没有先后之分。

(2) 执行阻塞赋值语句的顺序是，先计算等号右端表达式的值，然后立刻将计算的值赋给左边的变量，与仿真时间无关。

4.3.2　非阻塞赋值语句

非阻塞赋值语句的操作符号为“<=”，其语法格式如下：

```
变量 <= 表达式;
```

例如：

b <= a;

如果在一个语句块中有多条非阻塞赋值语句，则后面语句的执行不会受到前面语句的限制，因此称为非阻塞赋值方式。非阻塞赋值语句的特点：

(1) 在串行语句块中，各条非阻塞语句的执行没有先后之分，排在前面的语句不会影响到后面语句的执行，各条语句并行执行。

(2) 执行非阻塞赋值语句的顺序是，先计算右端表达式的值，然后等待延迟时间的结束，再将计算的值赋给左边的变量。

阻塞赋值语句和非阻塞赋值语句可以用于数字逻辑电路综合设计和测试仿真程序中。如何正确使用阻塞赋值语句和非阻塞赋值语句是 Verilog HDL 语言学习的一个重点和难点。

通过典型例程来进行分析。例 4.3-1 和例 4.3-2 分别是采用阻塞赋值语句和非阻塞赋值语句的例程。其主要代码基本相同，不同之处在于例 4.3-1 程序(1)使用的是阻塞赋值语句，而例 4.3-2 使用的是非阻塞赋值语句，所对应的电路分别如图 4.3-1 和图 4.3-2 所示。

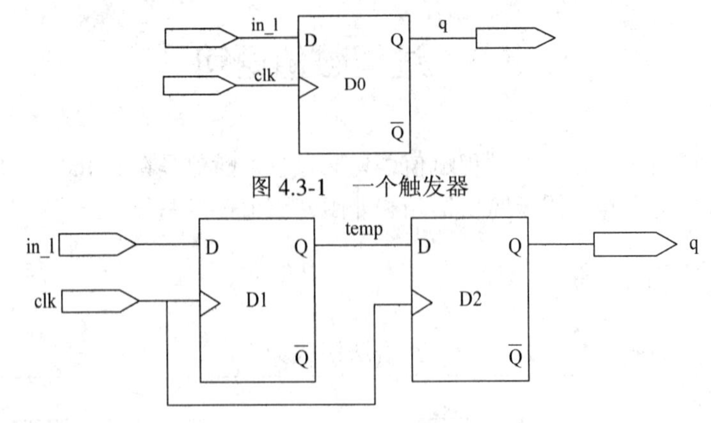

图 4.3-1　一个触发器

图 4.3-2　两个级联 D 触发器

例 4.3-1　阻塞赋值语句例程。

程序(1)：

```
module DFF_C1(clk, q, in_1);
   input clk, in_1;
   output q;
   reg q;
   reg temp;
   always@(posedge clk)
         begin
               temp=in_1;
               q=temp;
         end
endmodule
```

程序(2)：

```
module DFF_C2(clk, q, in_1);
   input clk, in_1;
   output q;
   reg q;
   reg temp;
   always@(posedge clk) q=in_1;
endmodule
```

例 4.3-2　非阻塞赋值语句例程。

```
module DFF_C3(clk, q, in_1);
      input clk, in_1;
      output q;
      reg q;
      reg temp;
```

```
    always@(posedge clk)
    begin
        temp<=in_1;
        q<=temp;
    end
endmodule
```

例 4.3-1 程序(1)中，输入信号 in_1 先赋值给内部信号 temp，然后再将 temp 赋值给输出信号 q，实际上该程序等价于例 4.3-1 程序(2)。该程序只能综合出一个 D 触发器。

例 4.3-2 中，采用非阻塞赋值语句，两条语句没有前后顺序，表述的是输入信号 in_1 赋值给内部信号 temp，同时 temp 赋值给输出信号 q。这两条语句没有前后关系，综合后会产生两个 D 触发器。

应该指出的是，如果采用阻塞赋值语句产生与例 4.3-2 所描述相同的电路也是可以的，可以采用例 4.2-1 的程序代码。

例 4.3-3　阻塞赋值语句和非阻塞赋值语句对比例程。

(1) 阻塞赋值语句。

```
module block(a, b, c, clk, sel, out);
    input a, b, c, clk, sel;
    output out;
    reg out, temp;
    always @(posedge clk)
        begin
            temp = a&b;
            if (sel) out = temp|c;
            else out = c;
        end
endmodule
```

(2) 非阻塞赋值语句。

```
module non_block(a, b, c, clk, sel, out);
    input a, b, c, clk, sel;
    output out;
    reg out, temp;
    always @(posedge clk)
      begin
          temp <= a&b;
          if (sel) out <= temp|c;
          else out <= c;
      end
endmodule
```

例 4.3-3 程序(1)、(2)分别采用了阻塞赋值语句和非阻塞赋值语句，所对应的电路分别如图 4.3-3 和图 4.3-4 所示。例 4.3-3 程序(2)采用非阻塞赋值语句，实际上产生的是两级流水线的设计。虽然这两种语句的逻辑功能相同，但是电路的时序和形式差异很大。

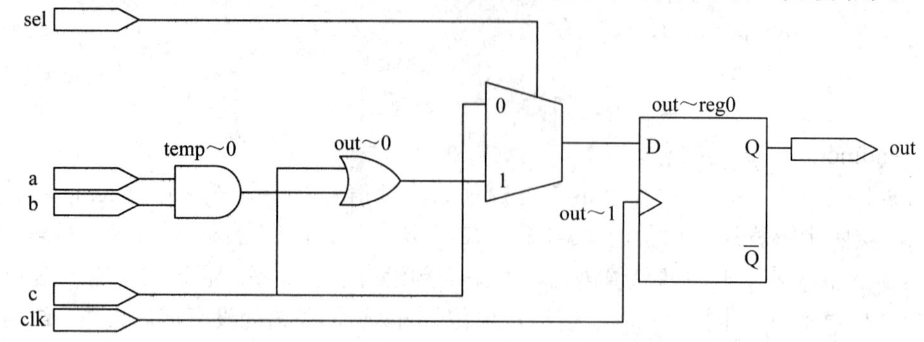

图 4.3-3　例 4.3-3 程序(1)的电路结构

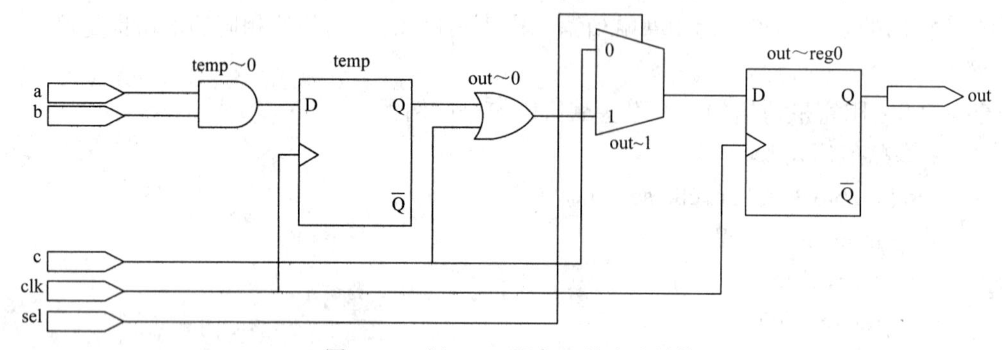

图 4.3-4　例 4.3-3 程序(2)的电路结构

例 4.3-4　阻塞赋值语句和非阻塞赋值语句对比例程。

(1) 阻塞赋值语句，对应电路如图 4.3-5 所示。

```
module fsm(cS1, cS0, in, clk);
  input in, clk;
  output cS1, cS0;
  reg cS1, cS0;
  always @(posedge clk)
  begin
      cS1 = in & cS0;        //同步复位
      cS0 = in | cS1;        // cS0 = in
  end
endmodule
```

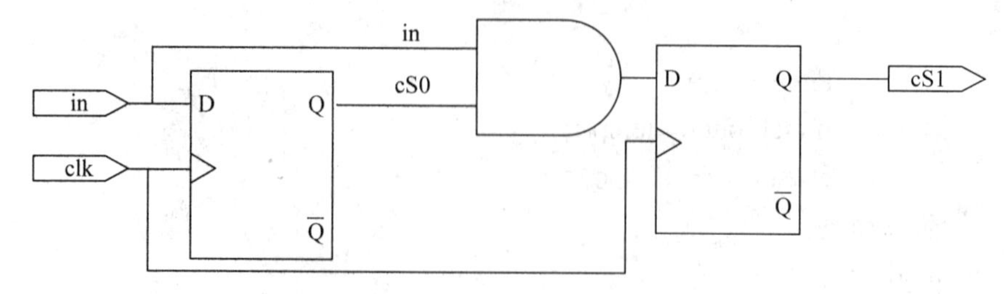

图 4.3-5　例 4.3-4 程序(1)的电路结构

(2) 非阻塞赋值语句，对应电路如图 4.3-6 所示。

```
module non_fsm(cS1, cS0, in, clk);
  input in, clk;
  output cS1, cS0;
  reg cS1, cS0;
  always @(posedge clk)
  begin
    cS1 <= in & cS0;         //同步复位
    cS0 <= in | cS1;         //同步置位
  end
endmodule
```

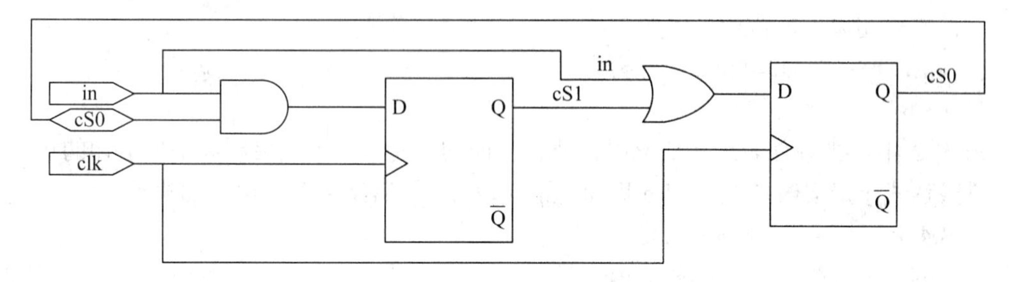

图 4.3-6 例 4.3-4 程序(2)的电路结构

4.4 条件分支语句

Verilog HDL 的条件分支语句有两种：if 条件分支语句和 case 条件分支语句。这两种条件分支语句可以用于综合电路设计和测试仿真程序。

4.4.1 if 条件分支语句

if 条件分支语句首先判断所给的条件是否满足，然后根据判断的结果来确定下一步的操作。条件语句只能在 initial 和 always 语句引导的语句块(begin-end)中使用，模块的其他部分都不能使用。if 条件分支语句有以下三种形式。

形式 1：

```
if(条件表达式)语句块;
```

形式 2：

```
if(条件表达式)
  语句块 1;
else
  语句块 2;
```

形式 3：

```
if(条件表达式 1)
    语句块 1;
else if
    语句块 2;
    ⋮
else if(条件表达式 i)
    语句块 i;
else
    语句块 n;
```

形式 1 中，当条件表达式成立(逻辑值为 1)时，执行后面的语句块；当条件表达式不成立时后面的语句块不被执行。例如：

```
if(a>b)    out=din;
```

表示当 a > b 时，out 为 din。

形式 2 中，当条件表达式成立时，执行后面的语句块 1，然后结束条件语句的执行；当条件表达式不成立时，执行 else 后面的语句块 2，然后结束条件语句的执行。

例 4.4-1 if-else 使用例程(1)。

```
module mux2_1(a, b, sel, out);
    input a, b, sel;
    output out;
    reg out;
    always@(a, b, sel)
    begin
      if(sel)    out=a;
      else       out=b;
    end
endmodule
```

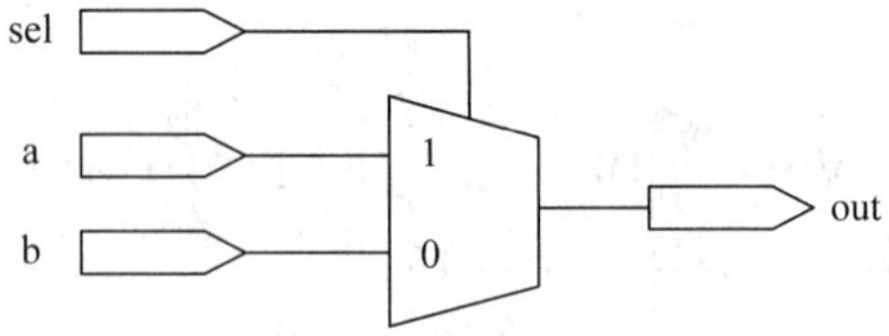

图 4.4-1 2 选 1 数据选择器电路结构图

例 4.4-1 电路如图 4.4-1 所示。当 sel 为真(1)时，输出端 out 得到 a 的值；当 sel 为假(0)时，输出端 out 得到 b 的值。这是一个典型的 2 选 1 的数据选择器。

形式 3 是多路选择控制，执行的过程是：首先判断条件表达式 1，若为真则执行语句块 1，若为假则继续判断条件表达式 2；然后再选择是否执行语句块 2，依此类推。从条件表达式 1 到条件表达式 n 的排列顺序，可以看出这种形式的条件语句是分先后次序的，本身隐含着一种优先级关系。在实际使用中，有时就需要利用这一特性来实现优先级控制，但有时则要注意避免它给不需要优先级的电路设计带来的影响。

例 4.4-2 if-else 使用例程(2)。

```
module compare_a_b(a, b, out);
    input a, b;
    output [1:0] out;
    reg [1:0] out;
```

```
  always@(a, b)
      begin
          if(a>b) out=2'b01;
          else if(a==b) out=2'b10;
          else out=2'b11;
      end
endmodule
```

例 4.4-2 中，首先判断 a 是否大于 b，然后判断 a 是否等于 b，蕴含了优先级的特性，这种特性会在综合后的电路中体现出来。

在 if 语句中允许一个或多个 if 语句的嵌套使用，其语法格式如下：

```
if(条件表达式 1)
   if(条件表达式 2)          //内嵌的 if 语句
      语句块 1;
   else
      语句块 2;
   else
   if(条件表达式 3)          //内嵌的 if 语句
      语句块 3;
   else
      语句块 4;
```

应该注意，三种形式的 if 语句在 if 后面都有“表达式”，一般为逻辑表达式或关系表达式。系统对表达式的值进行判断，若为 0、x、z，则按“假”处理；若为 1，则按“真”处理，执行指定的语句块。例如：

```
if(a)        等价于     if(a==1)
if(!a)       等价于     if(a!=1)
```

4.4.2　case 条件分支语句

if 语句只有两个分支，对于较多条件分支时使用不方便。case 语句是一种可以实现多路分支选择控制的语句，比 if-else 条件语句更为方便和直观。一般来说，case 语句多用于多条件译码电路设计，如描述译码器、数据选择器、状态机及微处理器的指令译码等。case 语句的语法格式如下：

```
case(控制表达式)
    值 1: 语句块 1;
    值 2: 语句块 2;
    ⋮
    值 n: 语句块 n;
    default:  语句块 n+1;
endcase
```

case 语句的执行过程是：当 case 语句中控制表达式的值与值 1 相同时，执行语句块 1；当控制表达式的值与值 2 相同时，执行语句块 2；依此类推，如果控制表达式的值与上面列出的值 1 到值 *n* 都不相同，则执行 default 后面的语句块 *n*+1。

例 4.4-3 多条件相同取值的例程。

```
module non_latch_case(a, b, sel, out);
    input a, b;
    input [1:0] sel;
    output out;
    reg out;
    always@(a, b, sel)
      case(sel)
          2'b00:out=a;
          2'b01:out=a;
          2'b10:out=b;
          2'b11:out=b;
          default:out=0;
      endcase
endmodule
```

例 4.4-3 中，控制表达式的值等于“2'b00”和“2'b01”时均执行“out=a”；当控制表达式的值为“2'b10”和“2'b11”时均执行“out=b”。

应当注意，当用 case 语句对控制表达式和其后的值进行比较时，必须是一种全等比较，必须保证两者的对应位全等。case 分支语句的真值表如表 4.4-1 所示。

表 4.4-1 case 分支语句的真值表

case	0	1	x	z
0	1	0	0	0
1	0	1	0	0
x	0	0	1	0
z	0	0	0	1

应当注意：

(1) 值 1 到值 *n* 必须各不相同，一旦判断到与某值相同并执行相应语句块后，case 语句的执行便结束。

(2) 如果某几个连续排列的值项执行的是同一条语句，则这几个值项间可用逗号间隔，而将语句放在这几个值项的最后一项中。

(3) default 选项相当于 if-else 语句中的 else 部分，可依据需要决定用或者不用，当前面已经列出了控制表达式的所有可能值时，default 可以省略。

(4) case 语句的所有表达式的值的位宽必须相等，因为只有这样，控制表达式和分支表达式才能进行对应位的比较。

(5) 使用 case 语句必须要写全所有状态，如果状态没有写全，要用 default 语句把其他状态统一赋值。

例 4.4-4　4 选 1 数据选择器。

```
module mux4(out, sel, a, b, c, d);
    input a, b, c, d;
    input [1:0] sel;
    output out;
    wire [1:0] sel;
    wire a, b, c, d;
    reg out;
    always @(sel, a, b, c, d)
    begin
        case(sel)
            2'b00: out=a;
            2'b01: out=b;
            2'b10: out=c;
            2'b11: out=d;
            default: out=1'b0;
        endcase
    end
endmodule
```

例 4.4-4 是一个 4 选 1 数据选择器，使用 case 语句实现功能。根据使能信号 sel 来选择输出通路。

例 4.4-5　用 case 语句描述 BCD 数码管译码。

```
module BCD_decoder(in, out);
  input [3:0] in;
  output [6:0] out;
  reg [6:0] out;
  always @(in)
  begin
    case(in)
        4'd0: out = 7'b1111110;
        4'd1: out = 7'b0110000;
        4'd2: out = 7'b1101101;
        4'd3: out = 7'b1111001;
        4'd4: out = 7'b0110011;
        4'd5: out = 7'b1011011;
        4'd6: out = 7'b1011111;
        4'd7: out = 7'b1110000;
        4'd8: out = 7'b1111111;
```

```
            4'd9: out = 7'b1111011;
            default: out = 7'bxxxxxxx;
            endcase
        end
    endmodule
```

例 4.4-5 的 BCD 数码管及其真值表如图 4.4-2 所示。

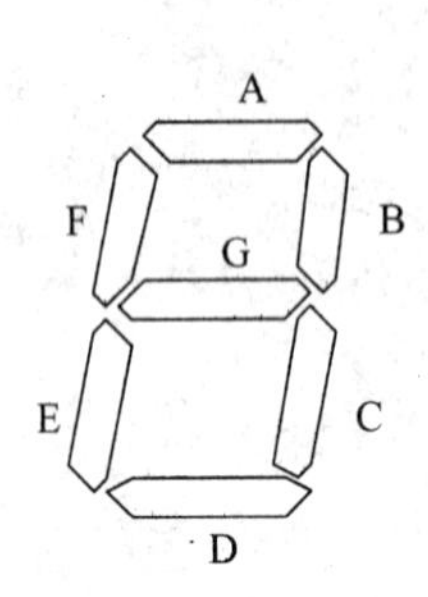

(a) BCD 数码管

字形	输 入	输 出
	in	ABCDEFG
0	0000	1111110
1	0001	0110000
2	0010	1101101
3	0011	1111001
4	0100	0110011
5	0101	1011011
6	0110	1011111
7	0111	1110000
8	1000	1111111
9	1001	1111011

(b) 真值表

图 4.4-2 BCD 数码管及其真值表

例 4.4-6 查找表。

```
module lookup_lnx(out, clk, in);
   input [2:0] in;
   input clk;
   output[5:0] out;
   reg out;
   always@(posedge clk)
        case(in)
              3'b001:out<=6'b000000;
              3'b010:out<=6'b010110;
              3'b011:out<=6'b100011;
              3'b100:out<=6'b101100;
              3'b101:out<=6'b110011;
              3'b110:out<=6'b111001;
              3'b111:out<=6'b111110;
              default: out<=6'bxxxxxx;
        endcase
endmodule
```

例 4.4-6 是一个计算 ln*X* 函数的程序，通过查找表的方式实现功能。使用 case 语句，在没有完全列出 case 对应的所有情况时，要使用 default。

例 4.4-7 带优先级的 8-3 编码器。

```
module coder8_3(out, in);
  input [7:0] in;
  output [2:0] out;
  reg [2:0] out;
  always@(in)
      begin
          if(!in[7]) out=3'b000;
          else if(!in[6]) out=3'b001;
          else if(!in[5]) out=3'b010;
          else if(!in[4]) out=3'b011;
          else if(!in[3]) out=3'b100;
          else if(!in[2]) out=3'b101;
          else if(!in[1]) out=3'b110;
          else if(!in[0]) out=3'b111;
      end
endmodule
```

例 4.4-8　带使能端 2-4 译码器。

```
module decode2_4(out, sel, a);
    output out;
    input sel;
    input [1:0] a;
    reg [3:0] out;
    always@(sel or a)
    casex({sel, a})
        3'b1??: out=4'b0000;
        3'b000: out=4'b0001;
        3'b001: out=4'b0010;
        3'b010: out=4'b0100;
        3'b011: out=4'b1000;
        default: out=4'b0000;
    endcase
endmodule
```

例 4.4-8 是一个带使能端 2-4 译码器，使用 casex 语句体现出使能端 sel 的优先级别最高。

casez 与 casex 语句是 case 语句的两种特殊形式，三者的表示形式完全相同，唯一的差别是三个关键词 case、casez、casex 的不同。在 casez 语句中，如果比较的双方(控制表达式与值项)有一边的某一位的值是 z，那么这一位的比较就不予考虑，即认为这一位的比较结果永远是真，因此只需要关注其他位的比较结果。而在 casex 语句中，则把这种处理方式进一步扩展到对 x 的处理，即如果比较的双方(控制表达式与值项)有一边的某一位值是 z 或 x，那么这一位的比较就不予考虑。casez 与 casex 语句的真值表分别如表 4.4-2 和表 4.4-3 所示。

表 4.4-2　casez 分支语句的真值表

casez	0	1	x	z
0	1	0	0	1
1	0	1	0	1
x	0	0	1	1
z	1	1	1	1

表 4.4-3　casex 分支语句的真值表

casex	0	1	x	z
0	1	0	1	1
1	0	1	1	1
x	1	1	1	1
z	1	1	1	1

例 4.4-9　case 语句使用例程。

(1) 会产生锁存器的 case 语句。

```
module latch_case(a, b, sel, out);
    input a, b;
    input [1:0] sel;
    output out;
    reg out;
    always@(a, b, sel)
    case(sel)
        2'b00:out=a;
        2'b11:out=b;
    endcase
endmodule
```

(2) 不会产生锁存器的 case 语句。

```
module non_latch_case1(a, b, sel, out);
    input a, b;
    input [1:0] sel;
    output out;
    reg out;
    always@(a, b, sel)
        case(sel)
            2'b00:out=a;
            2'b11:out=b;
            default:out=1'b0;
        endcase
endmodule
```

4.4.3　条件分支语句的特点和隐藏锁存器的产生

条件分支语句是 Verilog HDL 语言中非常重要的描述方式，主要有两个原因：

(1) if 条件分支语句本身就是一个 2 选 1 选择器结构(参见例 4.4-1)。

(2) case 语句是对于组合电路真值表的直接性描述，综合工具很成熟，设计的一致性很高。

例 4.4-10　用 case 语句描述真值表。

```
module truth_table(A, B, C, Y);
  input A, B, C;
  output Y;
  reg Y;
  always@(A or B or C)
    case({A, B, C})
        3'b000:   Y <= 1'b0;
        3'b001:   Y <= 1'b0;
        3'b010:   Y <= 1'b0;
        3'b011:   Y <= 1'b0;
        3'b100:   Y <= 1'b0;
        3'b101:   Y <= 1'b1;
        3'b110:   Y <= 1'b1;
        3'b111:   Y <= 1'b1;
        default:  Y <= 1'b0;
   endcase
endmodule
```

例 4.4-10 通过 case 语句直观地描述了真值表，真值表及其描述的电路结构如图 4.4-3 所示，仿真波形如图 4.4-4 所示。

输　入			输 出
A	B	C	Y
0	0	0	0
0	0	1	0
0	1	0	0
0	1	1	0
1	0	0	0
1	0	1	1
1	1	0	1
1	1	1	1

(a) 真值表

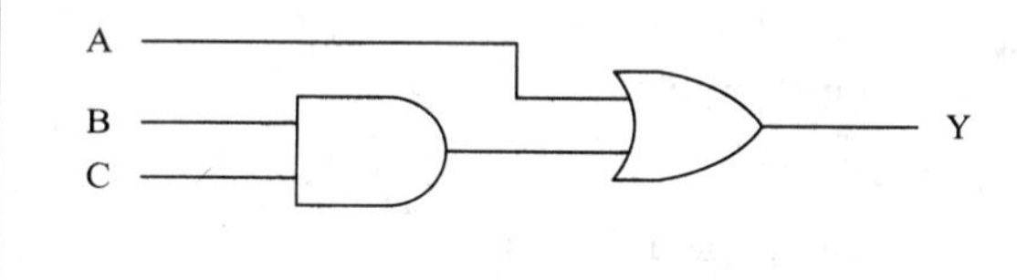

(b) 电路结构

图 4.4-3　真值表及其描述的电路结构

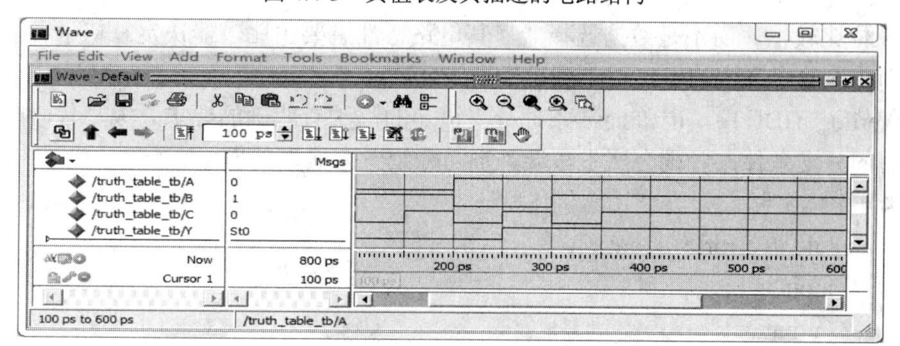

图 4.4-4　仿真波形

在使用条件分支语句时需要注意两个问题：

(1) if 条件分支语句中条件表达式的使用。

(2) 使用条件分支语句时必须写全所有状态，否则会产生隐藏的锁存器，导致电路错误。

if 条件分支语句的条件表达式是一个 1bit 逻辑信息，当条件表达式为 1b'0 时表示“假”；其他情况表示“真”。条件表达式代表的是逻辑电路，这个概念对于深入掌握 Verilog HDL 可综合设计非常重要，通过以下实例说明这一问题。

例 4.4-11 用 if 语句描述 2 选 1 选择器。

```
module mux(a, b, sel, out);
    input a, b;
    input [3:0] sel;
    output out;
    reg out;
    always@(a, b, sel)
    if(sel) out=a;
    else out=b;
endmodule
```

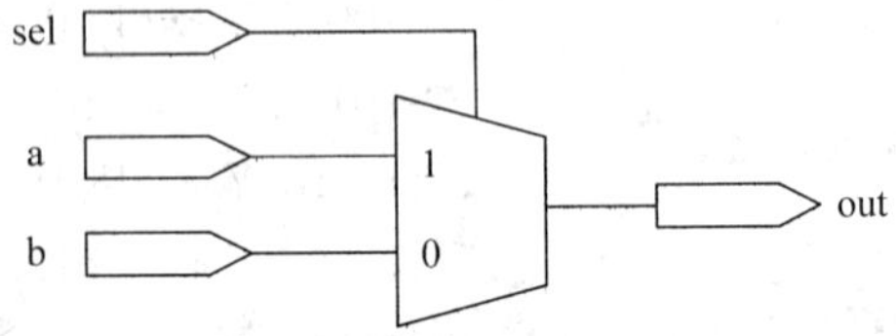

图 4.4-5 2 选 1 选择器电路图

这是经常遇到的一种 Verilog HDL 程序示例，首先明确的是该电路是可以综合的，本例程产生的 2 选 1 选择器实际电路如图 4.4-5 所示。

例 4.4-12 用 if 语句描述 8 位比较器。

```
module comparator2(a, b, out);
    input [7:0] a, b;
    output out;
    reg out;
    always @(a, b)
      if (a>b)    out=1'b1;
      else        out=1'b0;
endmodule
```

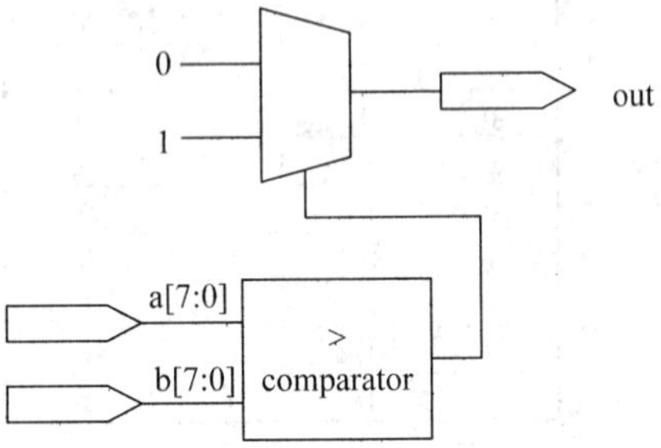

图 4.4-6 8 位比较器

在例 4.4-12 中，综合后的电路如图 4.4-6 所示，可以看到这种方式会产生额外电路。实际上该电路主要是 8 位比较器，而不是数据选择器，其电路特性主要由比较器决定。初学者往往忽视这个问题，导致所产生的电路达不到设计要求。

在 Verilog HDL 中，if 和 case 条件分支语句的写法有明确的要求。编写代码时必须要写全所有的分支条件，否则会产生错误。下面介绍一个典型的例子。

例 4.4-13 if 语句错误使用示例。

```
module if_error(a, b, out);
    input a, b;
    output out;
    reg out;
```

```
    always @(a, b)
    if (a) out=b;
endmodule
```

例 4.4-13 希望描述的是 a=1'b1 时给 out 信号赋值 b。从语法角度这个程序是符合规则要求的，但是从电路描述角度，它是不完全的。它没有描述 a=1'b0 时的处理情况，那么综合工具会认为在 a=1'b0 时 out 保持当前值，因此产生如图 4.4-7 所示电路。这个电路中数据选择器的输出直接反馈接到了信号输入端，形成了锁存器电路(latch)，这在数字电路中是不允许的，会产生错误。

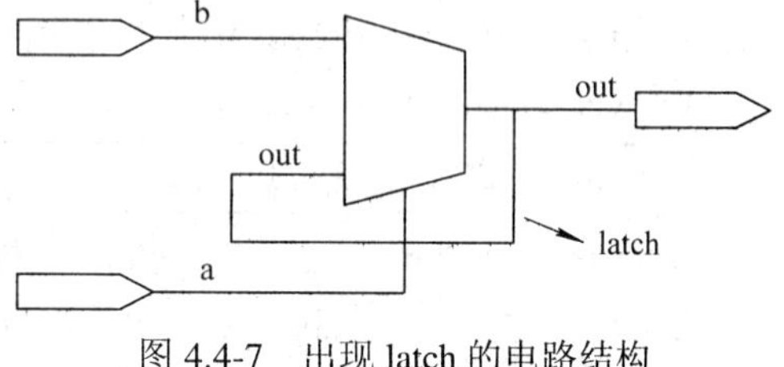

图 4.4-7　出现 latch 的电路结构

如何解决这一问题？对于这种描述，设计者可能认为只有在 a=1'b1 情况下 out 的输出是有效的，而在其他情况下是不需要考虑的，那么这个电路可以改写为例 4.4-14 的代码。

例 4.4-14　if 语句正确使用示例。

程序(1)：

```
module if_right1(a, b, out);
    input a, b;
    output out;
    reg out;
    always @(a, b)
    if (a) out=b;
    else out=1'b0;
endmodule
```

程序(2)：

```
module if_right2(a, b, out);
    input a, b;
    output out;
    assign out=a&b;
endmodule
```

例 4.4-14 程序(1)和例 4.4-14 程序(2)是一样的，感兴趣的读者可以仔细分析一下。

与 if 条件分支语句相同，case 也需要写全所有的分支条件，否则也会产生锁存器电路，导致电路错误。当没有写全所有条件分支语句时，必须使用 default 语句进行描述。

4.5　循 环 语 句

Verilog HDL 中规定了四种循环语句，分别是 forever、repeat、while 和 for 循环语句。循环语句也是一种高级程序语句，多用于测试仿真程序设计。但是在可综合设计中，循环语句使用有限制，并且可以用其他语句进行设计，因此很少使用。

4.5.1 forever 循环语句

关键字“forever”所引导的循环语句表示永久循环。在永久循环中不包含任何条件表达式，只执行无限循环，直至遇到系统任务 $finish。如果需要从 forever 循环中退出，则可以使用 disable 语句。forever 语句只能用于仿真和测试程序，可综合设计禁止使用。

forever 语句的语法格式是

```
forever  语句或语句块;
```

forever 循环语句连续不断地执行后面的语句或语句块，常用来产生周期性的波形，作为仿真激励信号。它与 always 语句的不同之处在于不能独立写在程序中。forever 语句一般用在 intial 过程语句之中，如果在 forever 语句之中没有加入时延控制，forever 将在 0 时延后无限循环下去。

例 4.5-1 用 forever 语句产生时钟信号。

```
module forever_tb;
    reg clock;
    initial
        begin
            clock=0;
            forever #50     clock=~clock;
        end
endmodule
```

4.5.2 repeat 循环语句

关键字“repeat”所引导的循环语句表示执行固定次数的循环，其语法格式是

```
repeat(循环次数表达式)
语句或语句块(循环体);
```

其中，“循环次数表达式”用于指定循环次数，它必须是一个常数、一个变量或者一个信号。如果循环次数是变量或者信号，则循环次数是循环开始执行时变量或者信号的值，而不是循环执行期间的值。

repeat 循环语句的执行过程为：先计算出循环次数表达式的值，并将它作为循环次数保存起来；接着执行后面的语句块(循环体)，语句块执行结束后，将重复执行次数减去一次，再接着重新执行下一次的语句块操作，如此重复，直至循环次数被减为 0 时，结束整个循环过程。

例 4.5-2 使用 repeat 循环语句产生固定周期数的时钟信号。

```
module repeat_tb;
    reg clock;
    initial
        begin
```

```
            clock=1'b0;
            repeat(8)     clock=~clock;
        end
endmodule
```

例 4.5-2 中，循环体所预先制定的循环次数为 8 次，相应产生 4 个时钟周期信号。

4.5.3 while 循环语句

关键字“while”所引导的循环语句表示的是一种“条件循环”。while 语句根据条件表达式的真假来确定循环体的执行，当指定的条件表达式取值为真时才会重复执行循环体，否则就不执行循环体，其语法格式是

while(条件表达)　　语句或语句块;

其中，“条件表达式”表示循环体得以继续重复执行时必须满足的条件，它常常是一个逻辑表达式。在每一次执行循环体之前都要对这个条件表达式是否成立进行判断。

while 循环语句的执行过程可以描述为：先判断条件表达式是否为真，只要是真，再执行语句，直至某一次执行完语句后，判断出条件表达式的值为非真时，结束循环过程。为保证循环过程的正常结束，通常在循环体内部必定有一条语句用以改变条件表达式的值。

例 4.5-3　使用 while 语句产生时钟信号。

```
module while_tb;
    reg clock;
    initial
        begin
            clock=1'b0;
            while(1)
            #50 clock=~clock;
        end
endmodule
```

4.5.4 for 循环语句

关键字“for”所引导的循环语句也是一种“条件循环”，只有在指定的条件表达式成立时才进行循环，其语法格式是

for(循环变量赋初值；循环结束条件；循环变量增值)　语句块;

for 语句的执行过程是：先给“循环变量赋初值”，然后判断“循环结束条件”，若其值为真，则执行 for 循环语句中指定的语句块，然后进行“循环变量增值”操作，这一过程进行到循环结束条件满足时，for 循环语句结束。

例 4.5-4　使用 for 语句产生时钟信号。

```
module for_clk;
    reg clk;
    integer i;
```

```
    initial
      begin
        clk=1'b0;
        for(i=0; i>=8; i=i+1)
        #50 clk=~clk;
      end
endmodule
```

4.5.5　循环语句的可综合性

循环语句也可以用于可综合电路的设计，当采用循环语句进行计算和赋值的描述时，可以综合得到逻辑电路。

例 4.5-5　用 Verilog HDL 语言设计一个 8 位移位寄存器。

(1) 采用 for 循环语句实现。

```
module shift_regist1(Q, D, rst_n, clk);
  output [7:0] Q;
  input D, rst_n, clk;
  reg [7:0] Q;
  integer i;
  always@(posedge clk)
      if(!rst_n) Q <= 8'b00000000;
      else
          for(i=7; i>0; i=i-1)
          begin
              Q[i] <= Q[i-1];
              Q[0] <= D;
          end
endmodule
```

(2) 采用赋值语句实现。

```
module shift_regist2(Q, D, rst_n, clk);
  output [7:0] Q;
  input D, rst_n, clk;
  reg [7:0] Q;
  always@(posedge clk)
  if(!rst_n) Q <= 8'b00000000;
  else       Q <= {Q[6:0], D};
endmodule
```

这两种描述方式相同，因此产生的电路也完全相同，综合后结果如图 4.5-1 所示。

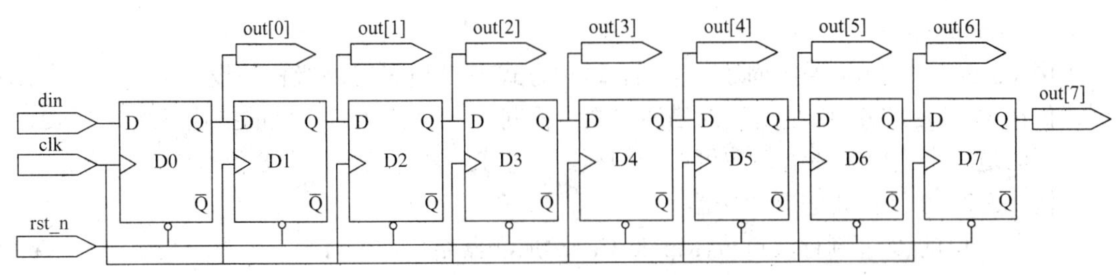

图 4.5-1　8 位移位寄存器电路图

在例 4.5-5(1)中，i 是一个变量，没有实际的物理意义，用来标识程序描述的过程，这种方式是可以用在可综合设计中的。类似的方式也可以用于 while 和 repeat 语句，但是 forever 是不能用于可综合设计的。

例 4.5-5(2)是 Verilog HDL 典型的设计方式，可以看到采用链接操作符“{}”和赋值语句就可以简单明了地得到所要求的设计。这个例子说明全部 Verilog HDL 设计不需要用循环语句，可以用其他语法来描述。

例 4.5-6　用 Verilog HDL 语言设计模 256(8 位)计数器。

(1) 常见的错误描述方式。

```
module counter(count, clk, rst_n);
  output count;
  input rst_n, clk;
  reg [7:0] count;
  reg out;
  integer i;
      always @(posedge clk or negedge rst_n)
          begin
              if (!rst_n)   count <= 8'b00000000;
              else
                  for (i=0; i <= 255; i=i+1)
                      count <= count+1;
          end
endmodule
```

(2) 可综合程序描述方式。

```
module counter(count, clk, rst_n);
  output count;
  input rst_n, clk;
  reg [7:0] count;
  reg out;
  always @(posedge clk)
  if (!rst_n)      count <= 8'b00000000;
  else if(count ==8'b11111111 )      count <= 8'b00000000;
  else                 count <= count+1;
```

```
endmodule
```

例 4.5-6(1)采用 for 语句描述计数器，这种方式在 C 语言等高级程序设计语言中经常使用，但在 Verilog HDL 中是错误的描述方式。而对于一个计数器正确的描述是例 4.5-6(2)。

下面是一个使用循环语句的可综合例程，采用 for 语句设计一个 8 位行波加法器。

例 4.5-7 8 位行波进位加法器。

一个 n 位的 B 进制行波进位(Ripple-Carry)加法器结构如图 4.5-2 所示。其中，FA(Full Adder)表示 1 位全加器。

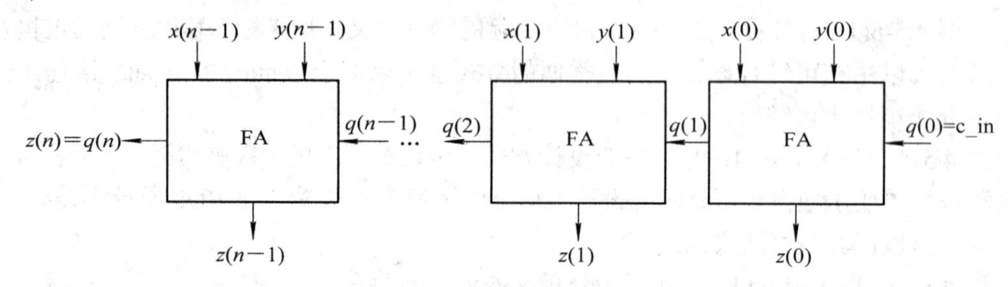

图 4.5-2 行波进位加法器结构

全加器的迭代公式为

$$q(i+1) = \begin{cases} 1，如果\ x(i) + y(i) + q(i) > B - 1 \\ 0，其余 \end{cases} \tag{4-1}$$

$$z(i) = (x(i) + y(i) + q(i)) \bmod B$$

令 CFA 和 TFA 分别表示全加器单元所需的硬件资源和计算时间，则 n 位行波进位加法器总的硬件资源和计算时间为

$$C_{\text{basic-adder}}(n) = n \cdot C_{\text{FA}}$$

$$T_{\text{basic-adder}}(\text{n}) = n \cdot T_{\text{FA}} \tag{4-2}$$

根据式(4-1)，二进制全加器迭代公式可以写为

$$q(i+1) = x(i) \cdot y(i) \vee x(i) \cdot q(i) \vee y(i) \cdot q(i) \tag{4-3}$$

$$z(i) = x(i) \oplus y(i) \oplus q(i)$$

其中，∨表示逻辑或运算；⊕表示异或运算。

又例如，十进制全加器公式为

$$q(i+1)= \begin{cases} 1，如果\ x(i) + y(i) + q(i) > 9 \\ 0，其余 \end{cases} \tag{4-4}$$

$$z(i) = (x(i) + y(i) + q(i)) \bmod 10$$

一个通用的二进制行波进位加法器程序代码如下：

```
module ripple_carry_adder(x, y, cin, sum, cout);
    parameter N = 8;
    input cin;
    input [N-1:0] x, y;
    output [N-1:0] sum;
```

```
    output cout;
    reg cout;
    reg [N-1:0] sum;
    reg q [N:0];
    always @(x or y or cin)
      begin:ADDER
        integer i;
        q[0] = cin;
        for(i = 0; i <= N-1; i= i+1)
            begin
              q[i+1] = (x[ i ]&y[ I ]) | (x[ i ]&q[ i ]) | (y[ i ]&q[ i ]);
              sum[ i ] = x[ i ] ^ y[ i ] ^ q[ i ];
            end
        cout = q[N];
      end
  endmodule
```

应该说明的是，部分循环语句用于可综合设计是需要一定的设计经验的，初学者掌握会有一定困难。在很多集成电路设计公司的设计准则中明确规定禁止使用循环语句，以保证程序设计的可靠性。

本 章 小 结

本章通过过程语句、语句块、过程赋值语句、条件分支语句和循环语句介绍了 Verilog HDL 行为级建模设计数字电路的方法。行为级建模是从一个层次很高的抽象角度来表示电路的。其目标不是对电路的具体硬件结构进行说明，而是采用电路行为描述设计方法，通过综合工具生成目标电路，其可综合特性对于电路设计至关重要。行为描述常常用于复杂数字逻辑系统的某种特定功能电路的设计中，例如计数器、移位寄存器、序列产生器等。该方法设计灵活、效率高，但是初学者对于其可综合性设计的体会往往不够深入。本章通过实用例程初步建立行为级可综合设计的基本概念，为后续章节中涉及的多种电路设计方式打下基础。

思考题和习题

1. 举例说明 always 过程块和 initial 过程块的区别。
2. 结构化描述、数据流描述和行为级描述能混合使用吗？
3. Verilog HDL 的触发事件可以分为哪几类？如何在 Verilog HDL 语言中表示？

4. 简述 begin-end 语句块和 fork-join 语句块的区别，并写出图 T4-1 信号对应的程序代码。

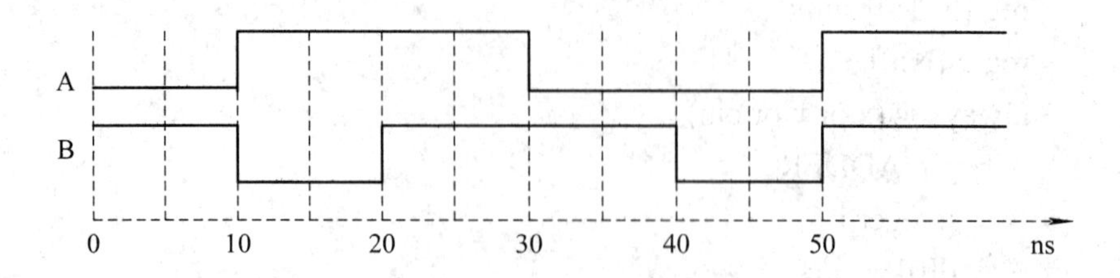

图 T4-1 习题 4 波形图

5. 简述阻塞赋值语句和非阻塞赋值语句的区别。

6. 在 Verilog HDL 语言中，wire 和 register 类型的主要区别是什么？

7. 请分析以下两段 Verilog HDL 程序所描述电路的区别。

代码(1)：

```
module block (clk, a, b);
   input clk, a;
   output b;
   reg y;
   reg b;
   always @(posedge clk)
   begin
      y =a;
      b =y;
   end
endmodule
```

代码(2)：

```
module nonblock (clk, a, b);
   input clk, a;
   output b;
   reg y;
   reg b;
   always @(posedge clk)
   begin
      y <= a;
      b <= y;
   end
endmodule
```

8. 根据以下两段 Verilog HDL 程序，分析所描述的电路。

代码(1)：

```
1   module exam1(clk, din, dout);
2   input clk, din;
3   output dout;
4   reg [3:0] d_shift;
5   always@ {posedge clk}
6   begin
7      d_shift [0] = din;
8      d_shift [1] = d_shift [0];
9      d_shift [2] = d_shift [1];
10     d_shift [3] = d_shift [2];
11  end
12  assign dout = d_shift [3];
13  endmodule
```

代码(2)：

```
1   module exam2(clk, din, dout);
2   input clk, din;
3   output dout;
4   reg [3:0] d_shift;
5   always@ {posedge clk}
6   begin
7      d_shift [0] <= din;
8      d_shift [1] <= d_shift [0];
9      d_shift [2] <= d_shift [1];
10     d_shift [3] <= d_shift [2];
11  end
12  assign dout = d_shift [3];
13  endmodule
```

9. 分别用阻塞赋值语句和非阻塞赋值语句描述图 T4-2 所示移位寄存器电路。

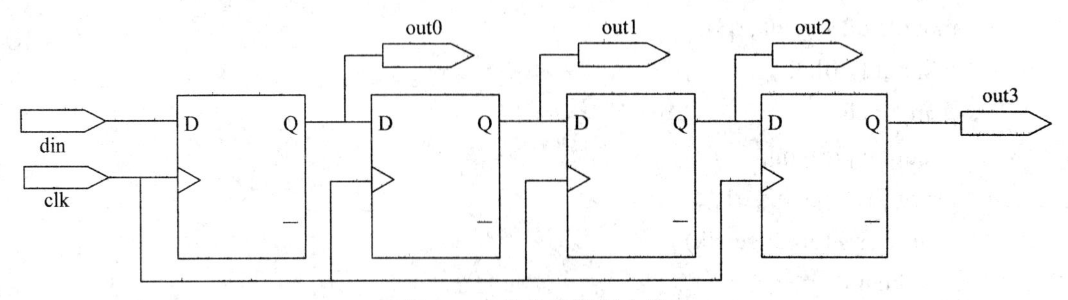

图 T4-2 移位寄存器电路

10. 在 Verilog HDL 中循环语句有哪些？

11. 在 Verilog HDL 中条件分支语句有哪些？

12. 在 Verilog HDL 中，case、casex 和 casez 语句有何区别？

13. 对比分析以下四段程序，画出各自的电路图。

程序(1)：

```
module dff1(d, clk, q3);
   input [7:0] d;
   input clk;
   output [7:0] q3;
   reg [7:0] q3, q2, q1;
   always@(posedge clk)
      begin
            q1 = d;
            q2 = q1;
            q3 = q2;
      end
endmodule
```

程序(2)：

```
module dff2(d, clk, q3);
   input [7:0] d;
   input clk;
   output [7:0] q3;
   reg [7:0] q3, q2, q1;
   always@(posedgeclk)
      begin
            q3 = q2;
            q2 = q1;
            q1 = d;
      end
endmodule
```

程序(3)：

```
module dff3(d, clk, q3);
  input [7:0] d;
  input clk;
  output [7:0] q3;
  reg [7:0] q3, q2, q1;
  always@(posedge clk)
    begin
        q1 <= d;
        q2 <= q1;
        q3 <= q2;
    end
endmodule
```

程序(4)：

```
module dff4(d, clk, q3);
  input [7:0] d;
  input clk;
  output [7:0] q3;
  reg [7:0] q3, q2, q1;
  always@(posedge clk)
    begin
        q3 <= q2;
        q2 <= q1;
        q1 <= d;
    end
endmodule
```

14. if 语句有什么特点？其与 case 语句有什么区别和联系？

15. 什么是锁存器？为什么在设计中要避免综合出锁存器。试分析下面两个实例，指出(1)、(2)两段程序中分别采取什么措施避免综合出锁存器。

程序(1)：

```
module InitBeforeCase(A, B, state, q);
  input A, B;
  input [2:0] state;
  output q;
  reg q;
  always @(state or A or B)
    begin
      q = 0;
```

```
        case (state)
            3'b000: q = A & B;
            3'b001: q = A | B;
            3'b010: q = A ^ B;
         endcase
    end
endmodule
```

程序(2)：

```
module DefaultBeforeCase(A, B, state, q);
  input A, B;
  input [2:0] state;
  output q;
  reg q;
  always @(state or A or B)
    begin
      case (state)
          3'b000: q = A & B;
          3'b001: q = A | B;
          3'b010: q = A ^ B;
          default: q = 0;
      endcase
    end
endmodule
```

16. 画出以下 Verilog HDL 程序所描述的电路，并分析电路结构。

```
module program_if(a, b, c, d, sel, z);
  input a, b, c, d;
  input [3:0] sel;
  output z;
  reg z;
  always @(a or b or c or d or sel)
    begin
        if (sel[3])            z = d;
        else if (sel[2])        z = c;
        else if (sel[1])        z = b;
        else if (sel[0])        z = a;
        else                    z = 1'b0;
    end
endmodule
```

17. 分析下面的 Verilog HDL 源程序。说明程序描述的电路功能。

```
module mux4to1(d_in, d_out, sel);
  input [3:0] d_in;
  input [1:0] sel;
  output d_out;
  reg d_out;
  always@(d_in or sel)
    begin
      if(sel[1]==1)
      begin
      if(sel[0]==1)
        d_out=d_in[3];
      else
        d_out=d_in[2];
      end
    else
      begin
        if(sel[0]==1)
            d_out=d_in[1];
        else
            d_out=d_in[0];
        end
      end
endmodule
```

第 5 章 Verilog HDL 测试和仿真

5.1　Verilog HDL 测试仿真结构

Verilog HDL 仿真是对设计电路的仿真和模拟，通过输入测试信号，然后观察所设计电路和系统输出信号是否与期望值吻合，从而验证设计正确与否。在大规模集成电路设计中，设计的仿真验证所需时间长、工作量大，通常占整个设计 70% 以上的工作量。为了完整高效率地对电路系统进行测试，仿真测试程序和数据量很大，而其设计方式也是 Verilog HDL 程序设计的一个重要方面。

在语法方面，Verilog HDL 语言分为可综合设计代码和不可综合设计代码两类。对于实际的电路系统设计，需要采用可综合代码设计，如何使用可综合代码会在本书第 6～10 章详细说明。而在测试仿真电路中，由于测试仿真是在计算机中完成，不针对电路形式，因此设计方法更接近于传统的软件设计，可以灵活使用 Verilog HDL 语言中的所有语法和代码，包括可综合设计代码和不可综合设计代码。

通常可综合的电路设计会形成一个顶层模块，被称为目标电路。在顶层模块中，对系统中所有的外部接口进行定义，各底层模块采用时被其调用实例化，完成正确的连接，从而实现硬件模块结构的层次化开发。

在 Verilog HDL 语言中，为了对所设计的硬件进行功能验证，往往要建立一个测试平台(Testbench)，以提供符合设计规范要求的测试激励给所设计硬件顶层模块的各个外部接口，并实例化待测试设计(DUV，Design Under Verification)，监视输出结果，观察其输出和中间结构是否满足设计规范的要求。图 5.1-1 给出了 Testbench 的概貌。

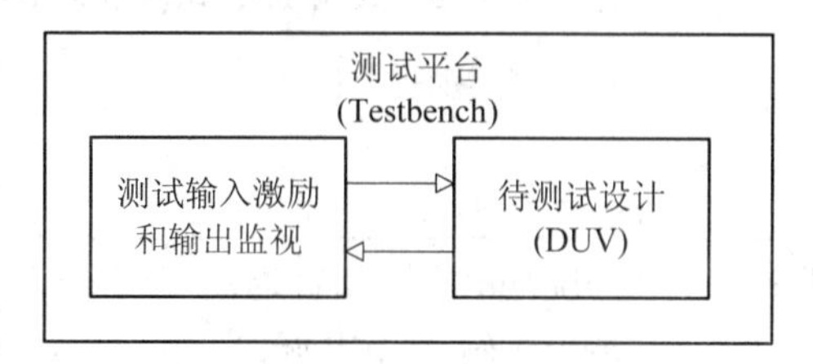

图 5.1-1　Testbench 示意图

Testbench 是用 HDL 编写的仿真测试程序，在程序中用语句为所设计电路或系统生成测试信号，如输入信号的高低电平、时钟信号、复位信号等，在 EDA 工具如 Modelsim 的支持下，直接运行测试程序就可以得到仿真结果。Testbench 概念的提出将设计与验证进行区分，采用模块化的方法完成代码验证，建立了一个围绕在设计周围的能够对设计进行仿真的工作环境，却不改变所设计的硬件系统的内部模块。

对于数字集成电路和 FPGA 设计，用 Verilog HDL 语言编写 Testbench，通过波形或软件工具比较结果，分析设计的正确性以及 Testbench 测试信号的覆盖率，发现存在的问题并及时对硬件电路进行修正。基于 Testbench 的仿真流程如图 5.1-2 所示。

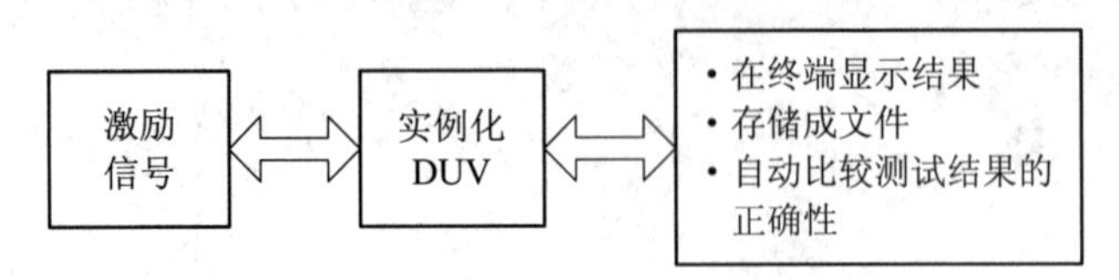

图 5.1-2 Testbench 的仿真流程

从图 5.1-2 中可以清晰地看出 Testbench 的主要功能：

(1) 提供激励信号。

(2) 正确实例化 DUV。

(3) 将仿真数据显示在终端或者存为文件，也可以显示在波形窗口中以供分析检查。

(4) 复杂设计可以使用 EDA 工具，或者通过用户接口自动比较仿真结果与理想值，实现结果的自动检查。

搭建这样一个仿真环境有基本的程序架构，Testbench 没有输入输出，在模块的内部集成信号，实例化待测试模块，编写测试行为的代码。此模块负责对待测系统接口提供激励、监控输出。激励和控制可以用初始化语句产生，设计者可以用 Verilog 编写代码把发生变化的或想要观察的被测设计响应数据记录下来，以便用于分析验证。下面给出一个基本的 Testbench 结构模板。

```
module 仿真模块名;    //无端口列表
  //数据类型声明
  激励信号定义为 reg 型，显示信号定义为 wire 型

  //实例化待测试模块
  <模块名><实例名><(端口列表)>


  //测试激励定义
   always 和 initial 过程块，function 和 task 结构，if-else 和 case 等控制语句


  //输出响应
endmodule
```

可以看出，在语法形式上，Testbench 模块和普通的 Verilog HDL 模块几乎没有区别，都是以关键字 module 开头的，只是少了输入输出端口。由于 Testbench 是最顶层模块，不会再被其他模块调用，因此没有端口列表，不需要进行端口声明。

Testbench 模块非常简单，且待测模块和测试模块的区分非常明显，这是模块化开发的

典型范例，并且对今后的综合流程也非常有益。

为了对功能模块的输入信号进行赋值，测试模块需要对信号的数据类型进行声明定义。一般来讲，在数据类型声明时，为了便于在 initial 语句块和 always 语句块中对测试激励信号进行赋值产生测试条件，将与被测模块的输入端口相连的信号定义为 reg 类型；为了便于对测量结果进行观察检测，将与被测模块输出端口相连的信号定义为 wire 类型，产生与输入变化相应的输出结果。以模 8 计数器为例，编写测试平台并给出进一步的分析。

例 5.1-1 模 8 计数器的设计。

用 Verilog HDL 语言编写的源程序代码如下：

```
module count8(clk, rst_n, cnt);
    input clk, rst_n;
    output [3:0] cnt;
    reg [3:0] cnt;
    always@(posedge clk or negedge rst_n)
        begin
          if(!rst_n)
              cnt<=4'b0000;
          else if(cnt[3])
              cnt<=4'b0000;
          else
              cnt<=cnt+1'b1;
        end
endmodule
```

用 Verilog HDL 语言编写的测试程序代码如下：

```
`timescale 1ns/1ns
module count8_tb;        //无端口列表
    //数据类型声明
    reg clk;
    reg rst_n;
    wire [3:0] cnt;
    //实例化待测试模块
    count8 U1(clk, rst_n, cnt);
    //测试激励定义
    always
        #50 clk=~clk;
    initial
        begin
            clk=1'b0;
            rst_n=1'b1;
            #20 rst_n=1'b0;
```

```
            #200 rst_n=1'b1;
        end
    //输出响应
    initial
        begin
            wait(cnt==4'b1000)
            $display($time, , , "cnt=%b", cnt);
        end
endmodule
```

其他模块可以通过模块名及端口说明使用该计数器。实例化计数器时不需要知道其实现细节。这正是自上而下设计方法的一个重要特点。模块的实现可以是行为级也可以是门级，但并不影响高层次模块对它的使用。

在测试程序中，把计数器的输入时钟信号 clk 和复位信号 rst_n 定义为 reg 型变量；把输出 cnt 定义为 wire 型变量；用模块例化语句“count8 U1(clk, rst_n, cnt);”把计数器设计电路实例化到测试仿真环境中；用 always 块语句“#50 clk=~clk;”产生周期为 100 ns 的时钟方波；用 initial 块语句初始化，生成复位信号，并对输出结果进行显示。

在 Modelsim 软件中对该例程进行仿真，仿真波形如图 5.1-3 所示。

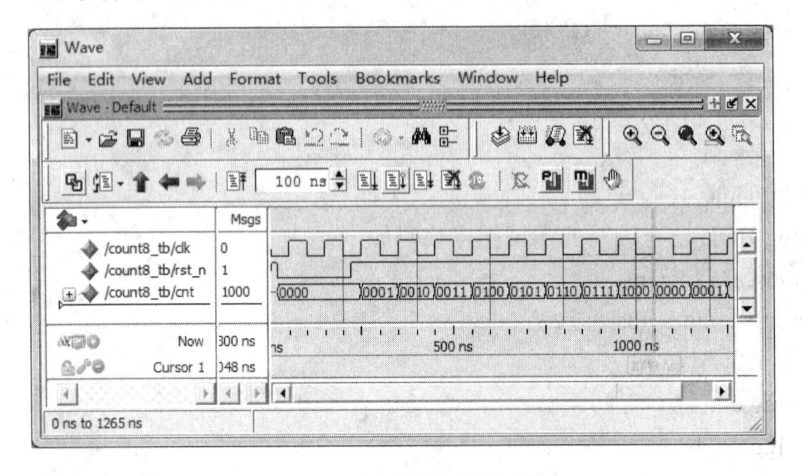

图 5.1-3　计数器仿真波形图

在设计工作中，测试模块的设计是与电路模块设计同样重要的设计环节，仿真测试是否严密和完整决定了系统设计的成败。一个 Testbench 设计好以后，可以为芯片设计的各个阶段服务。比如在对 RTL 代码、综合网表和布线之后的网表进行仿真的时候，都可以采用同一个 Testbench。要充分验证一个设计，需要模拟各种外部的可能情况，特别是一些边界情况，因为这些边界情况往往最容易出现问题。

下面给出编写 Testbench 搭建仿真环境时需要注意的问题：

(1) Testbench 代码不需要可综合，因为它只用于计算机模拟硬件功能，不需要被实现成电路。

(2) 由于行为级描述代码优势显著，所以优先使用。

(3) 掌握结构化、程序化的描述方式，有利于设计和维护。

5.2　测试激励描述方式

Testbench 最基本的功能是负责提供符合设计规范要求的测试激励给所设计的硬件顶层模块的各个外部接口。测试模块与普通的 Verilog HDL 模块没有本质区别，重要的一点就是如何产生适当的测试激励以完成对待测设计的测试，并达到覆盖率要求，以保证待测设计的正确性。对于复杂的设计来说，代码覆盖率检查是检查仿真工作是否完全的一种重要方法。代码覆盖率可以指示 Verilog HDL 代码描述的功能有多少在仿真过程中被验证过了。

目前，主要有以下三种产生测试激励的方法：

(1) 直接编辑测试激励波形。

(2) 用 Verilog HDL 语言的时序控制功能产生测试激励。

(3) 利用 Verilog HDL 语言的读文件功能，从文本文件中读取数据。

在编写 Testbench 的过程中，普遍需要用到各类的波形信号来作为输入的激励信号。本节主要介绍用方法(2)产生测试激励。

5.2.1　信号的初始化

无论产生哪种类型的波形信号，要想通过验证代码完成设计的功能测试，必须首先完成信号的初始化。Verilog HDL 语言规定了 0、1、x 以及 z 四种逻辑数值，未初始化的信号会按照不定态 x 来对待，这样基于未初始化信号的累加以及各类判断全部以 x 来完成，会导致仿真错误，因此必须完成信号的初始化。

信号初始化的方法有两种：

(1) initial 初始化。在大多数情况下，Testbench 中信号初始化的工作通过 initial 过程块来完成，例如：

```
initial temp=0;
```

(2) 定义信号时初始化。Verilog HDL 也支持在信号定义时进行初始化，例如：

```
reg[3:0] cnt=4'b0000;
```

5.2.2　延迟控制

在用 Verilog HDL 语言的时序控制功能产生任意波形信号之前，先对时序控制进行简要说明。在仿真时，主要通过以下三种方法来进行时序控制，即延时语句“#”、事件语句“@”和等待语句。

1. 延时语句

语句块中过程赋值语句都可以带有时间控制，根据过程赋值语句中时间控制部分出现的位置，可将时间控制方式分为外部时间控制方式和内部时间控制方式两类。

(1) 外部时间控制方式。

时间控制部分如果出现在赋值语句的最左端，则为外部时间控制方式。其语法格式如下：

```
#<延迟时间>行为语句;
```

仿真进程中遇到此类带有外部时间控制的过程赋值语句时，首先延时等待由时间控制部分指定的延时时间量，或者是等待指定的触发事件发生之后，再开始计算右端的赋值表达式，并将其取值赋给左端的被赋值变量。

例如语句：

```
initial #5 a=b;
```

在仿真时相当于执行如下几条语句：

```
initial
    begin
      #5;
      a=b;
    end
```

(2) 内部时间控制方式。

时间控制部分如果出现在赋值操作符和赋值表达式之间，则为内部时间控制方式。

仿真进程中遇到此类带有内部时间控制的过程赋值语句时，立即计算右端的赋值表达式的值，然后延时等待由时间控制部分指定的延时时间量，或者是等待指定的触发事件发生之后，再将赋值表达式的取值赋给左端的被赋值变量。

例如语句：

```
initial a=#5 b;
```

在仿真时相当于执行如下几条语句：

```
initial
    begin
      temp=b;
      #5;
      a=temp;
    end
```

2. 事件语句

事件语句的语法格式如下：

```
@(<事件表达式>);
@(<事件表达式>)行为语句;
```

例如：

```
initial
    begin
      #10;
      @(posedge en)    in=~in;      // en 的上升沿来到时，in 取反
    end
```

事件语句“@”必须等到指定事件发生才执行，在上例中，若在 en 信号上出现了正跳变沿(从低电平变为高电平)，就执行赋值语句，将 in 值取反；否则赋值语句的执行被挂起，直到 en 信号出现了正跳变沿。

3. 等待语句

等待语句的语法格式如下：

```
wait(<条件表达式>)行为语句;
```

等待语句只有在条件为真时才执行，否则过程行为语句会一直等待直到条件变为真。若执行到该语句时条件已经变为真，则过程性语句立即执行。例如：

```
always
    #5 cnt=cnt+1'b1;
initial
    wait(cnt==4'b1111) $display($time, , , "cnt=%b", cnt);
```

例子中不断对 cnt 进行加 1 操作，只有 cnt 的值为 4'b1111 时，才把结果显示出来，否则一直等待不显示。

5.2.3 initial 和 always 过程块的使用

Verilog HDL 可以通过 initial 过程块和 always 过程块定义和描述测试激励信号。initial 模块只执行一次，而 always 模块则是不断循环地执行。在一个模块中可以有多个 initial 过程和 always 过程，不同过程都是并行的、同时执行的。

1. initial 过程块

在进行仿真时，一个 initial 模块从模拟 0 时刻开始执行，且在仿真过程中只执行一次，在执行完一次后，该 initial 就被挂起，不再执行。一个 Testbench 可以包含多个 initial 过程语句块，所有的过程块都在模拟 0 时刻同时启动，它们是并行执行的，在模块中不分前后。需要注意的是，initial 语句中的信号必须为寄存器类型。initial 是面向模拟仿真的，通常不能被逻辑综合工具所接受，主要用于设计电路的仿真建立测试模块和信号的初始化。

例 5.2-1　用 initial 过程块设计图 5.2-1 所示的波形信号。

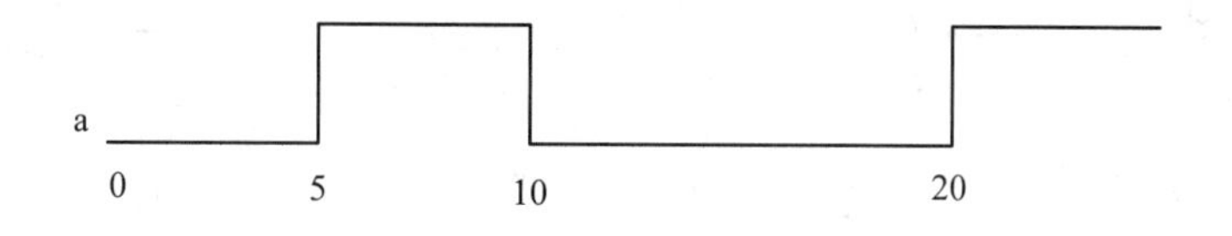

图 5.2-1　例 5.2-1 波形信号

用 Verilog HDL 编写的仿真程序代码如下：

```
`timescale 1ns/1ns
module wave_initial;
    reg a;
    initial
        begin
```

```
        a=1'b0;
        #5 a=1'b1;
        #5 a=1'b0;
        #10 a=1'b1;
    end
endmodule
```

在描述波形信号 a 时，先将 a 定义为寄存器类型，过程块中行为语句前用延时语句“#”进行时序控制。在模拟 0 ns 时刻开始顺序执行 initial 过程块内的语句，在 $t=0$ ns 时将 a 赋值为 0。在块内第一条语句结束后执行第二条语句，延时 5 个 ns 即在 $t=5$ ns 时将 a 赋值为 1。依此类推，在 $t=10$ ns 时将 a 赋值为 0，在 $t=20$ ns 时将 a 赋值为 1，仿真得到图 5.2-2 所示的波形信号。

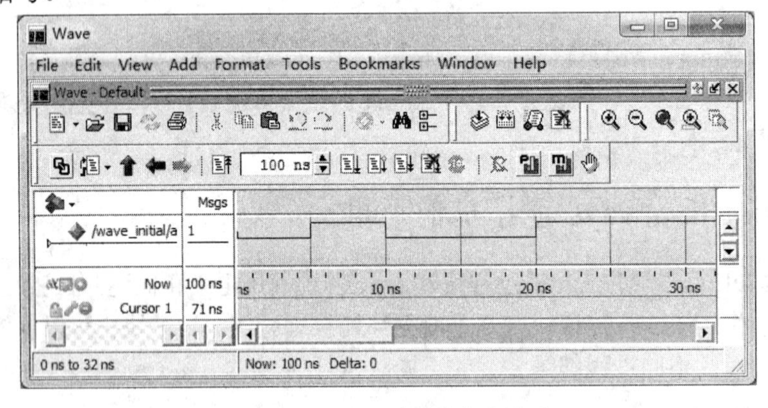

图 5.2-2　initial 过程块产生波形

2. always 过程块

与 initial 块不同，always 块内的语句是由敏感事件表控制的，可以一直重复地运行。always 过程块由 always 过程语句和语句块组成。

例 5.2-2　用 always 过程块设计图 5.2-3 所示的周期变化的时钟信号。

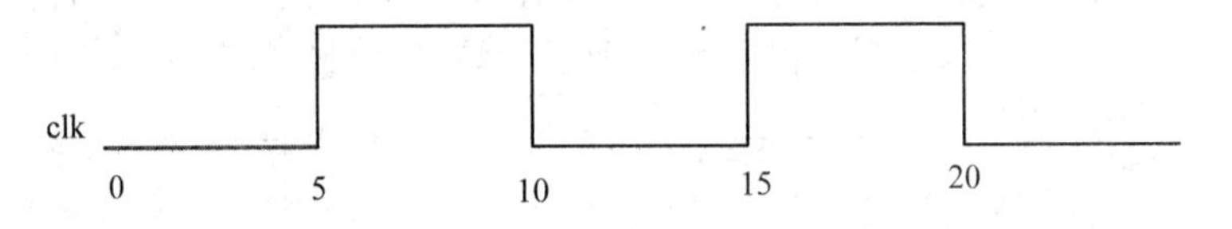

图 5.2-3　周期变化的时钟信号

用 Verilog HDL 编写的仿真程序代码如下：

```
`timescale 1ns/1ns
module wave_always;
    reg clk;
    always
        #5 clk=~clk;
    initial
        clk=1'b0;
```

```
endmodule
```

在 always 过程块中，每经过 5 ns 将 clk 取反，得到周期为 10 ns 的时钟信号，时钟频率为 100 MHz。为了保证信号反转的有效性，需要在 initial 过程块内将 clk 信号进行初始化赋值，仿真得到图 5.2-4 所示的波形信号。

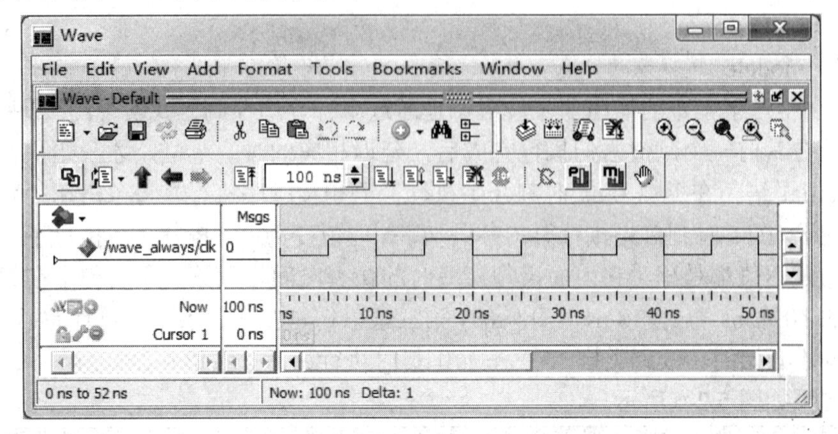

图 5.2-4　always 过程块产生波形

5.2.4　串行与并行语句块产生测试信号

initial、always 过程块是由过程语句和块语句组成的，块语句是一种把语句打包在一起的方法。在 Verilog HDL 语言中，块语句又分为串行块和并行块。

1. 串行语句块产生测试信号

串行语句块采用关键字“begin”和“end”，其中的语句按串行方式顺序执行，块中每条语句给出的延时都是相对于前一条语句执行结束的相对时间，可以用于可综合电路程序和仿真测试程序。

例 5.2-3　在 Verilog HDL 串行语句块中设计图 5.2-5 所示的波形信号。

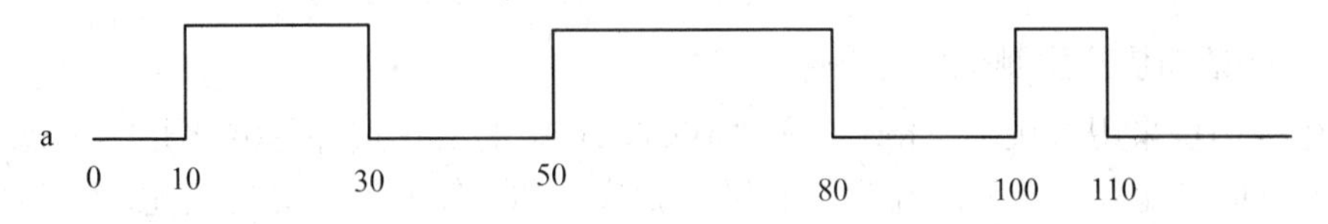

图 5.2-5　例 5.2-3 波形信号

用 Verilog HDL 编写的仿真程序代码如下：

```
`timescale 1ns/1ns
module serial_wave;
    reg a;
    initial
    begin
            a=1'b0;
        #10 a=1'b1;
        #20 a=1'b0;
```

```
        #20 a=1'b1;
        #30 a=1'b0;
        #20 a=1'b1;
        #10 a=1'b0;
    end
endmodule
```

例 5.2-3 中产生指定的输出信号波形 a 是通过串行延迟控制方式实现的。即每一个延迟赋值语句是在其前一个赋值语句执行完成后，延迟相应的时间单位，才开始执行当前的赋值语句。initial 语句在模拟 0 ns 时刻开始执行，语句按顺序执行，每条语句的延迟是累积的，因此在 $t = 0$ ns 时刻首先执行第一条语句，a 取值变为 0，执行完才执行下一条语句。每条语句的延迟值都是相对它前面语句完成时的仿真时间，故第二条语句是在第一条语句执行完后的 10 个 ns 即 $t = 10$ ns 才开始的，第三条语句是在第二条语句执行完后的 20 个 ns 即 $t = 30$ ns 才开始的。依此类推，在 $t = 110$ ns 时执行最后一条语句。

仿真结果如图 5.2-6 所示。

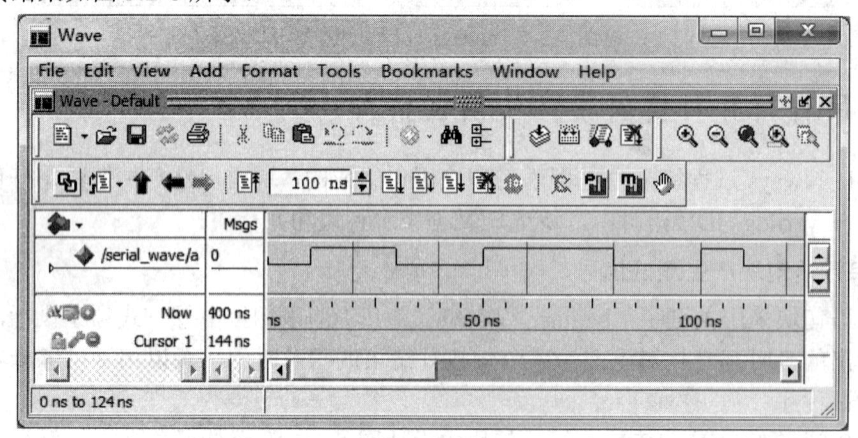

图 5.2-6　串行语句块产生波形

2. 并行语句块产生测试信号

并行语句块采用关键字“fork”和“join”，其中的语句按并行方式并发执行，块内每条语句的延时都是相对于程序流程控制进入到块内的仿真时间。并行语句块只能用于仿真测试程序，不能用于可综合电路程序。

例 5.2-4　在 Verilog HDL 并行语句块中设计图 5.2-5 所示的波形信号。

用 Verilog HDL 编写的仿真程序代码如下：

```
`timescale 1ns/1ns
module parallel_wave;
    reg a;
    initial
        fork
                a=1'b0;
            #10 a=1'b1;
```

```
            #30 a=1'b0;
            #50 a=1'b1;
            #80 a=1'b0;
            #100 a=1'b1;
            #110 a=1'b0;
        join
    endmodule
```

例 5.2-4 中，产生指定的输出信号波形 a 是通过并行延迟控制方式实现的。即所有语句都是并发执行的，每一个延迟赋值语句不用等待前一个延迟赋值语句执行完成后才开始执行，所有语句的延迟值都是相对于进入并行块时的仿真时间。initial 语句是从模拟 0 ns 时刻开始执行的，则在 $t = 0$ ns 时刻，a 被赋值为 0，在 $t = 10$ ns 时刻，a 被赋值为 1，在 $t = 30$ ns 时刻，a 被赋值为 0，依此类推，当延迟值最大的语句执行完后，即 $t = 110$ ns 时刻，控制就从该并行块离开。

仿真结果如图 5.2-7 所示。

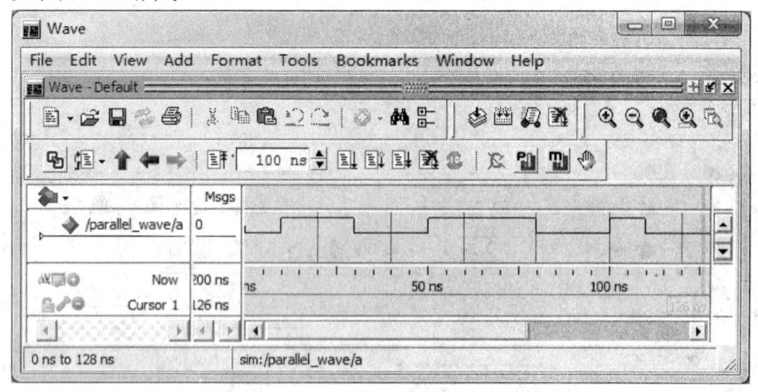

图 5.2-7　并行语句块产生波形

从例 5.2-3 和例 5.2-4 可以看出，采用串行语句块和并行语句块都可以产生相同的测试信号，具体采用哪种语句进行设计主要取决于设计的习惯和风格。在电路描述性设计中，部分综合工具不支持并行语句块，因此主要采用串行语句块进行设计。

下面再举实例分析语句块中不同时间控制方式是如何产生信号的。

例 5.2-5　外部时间控制方式产生信号。

```
`timescale 1ns/1ns
module ctrl_out;
    reg a, b, c;
    initial
        begin
            a=1'b0;        //语句 s1
            b=1'b0;        //语句 s2
            c=1'b0;        //语句 s3
        end
    initial
```

```
        fork
          #30 a=~a;            //语句 s4
          #50 b=~b;            //语句 s5
          wait(a) c=~c;        //语句 s6
        join
    endmodule
```

仿真进程同时进入两个 initial 过程块。

在第一个 initial 过程块中，仿真进程依次顺序执行三条赋值语句 s1、s2、s3，在 $t=0$ ns 时刻依次将信号 a、b、c 赋初值 0。

在第二个 initial 过程块中，仿真进程将同时进入三条赋值语句 s4、s5、s6，这三条赋值语句同时在 $t=0$ ns 时刻开始得到执行，但是由各条语句中的时间控制部分决定赋值操作在什么时刻真正得到执行。对于语句 s4，仿真进程在 $t=30$ ns 时刻计算“~a”的值，并将其结果赋给 a。对于语句 s5，仿真进程在 $t=50$ ns 时刻计算“~b”的值，并将其结果赋给 b。对于语句 s6，仿真进程要在 a 为高电平时即 $t=30$ ns 时刻才计算“~c”的值，并将其结果赋给 c。

仿真结果如图 5.2-8 所示。

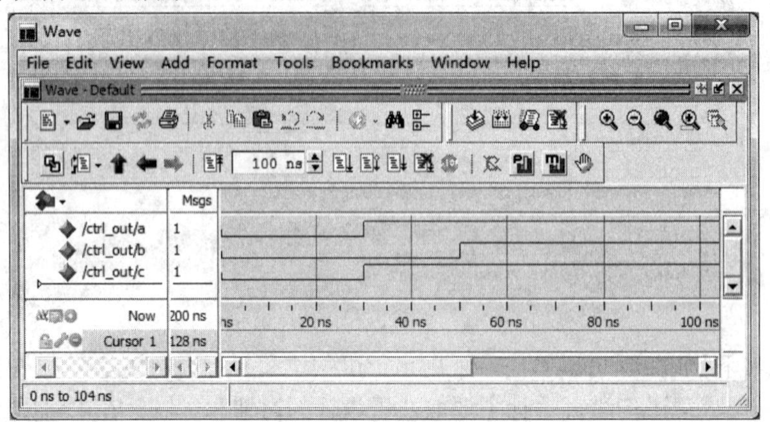

图 5.2-8　外部时间控制方式

例 5.2-6　内部时间控制方式产生信号。

```
`timescale 1ns/1ns
module ctrl_inner;
    reg a, b;
    initial
        begin
            a=1'b1;             //语句 s1
            b=1'b0;             //语句 s2
            a=#10 1'b0;         //语句 s3
            b=#10 1'b1;         //语句 s4
        end
    initial
```

```
    fork
        a=#15 a;            //语句 s5
        b=#12 ~b;           //语句 s6
    join
endmodule
```

仿真进程同时进入两个 initial 过程块。

在第一个 initial 过程块中，仿真进程依次顺序执行四条赋值语句 s1、s2、s3、s4，在 $t=0$ ns 时刻依次将信号 a 赋初值 1、b 赋初值 0，在 $t=10$ ns 时刻将信号 a 赋值为 0，在 $t=20$ ns 时刻将信号 b 赋值为 1。

在第二个 initial 过程块中，仿真进程将同时进入两条赋值语句 s5、s6，这两条赋值语句同时在 $t=0$ ns 时刻开始得到执行。当仿真进程遇到语句 s5，先计算赋值表达式“a”，在指定的延时量过去之后即 $t=15$ ns 时刻，执行赋值操作将计算结果赋给 a。由于赋值表达式“a”的计算是在 $t=0$ ns 时刻进行的，所以经过赋值操作后 a 的值等于它在 $t=0$ ns 时刻的取值“1”而不是它在赋值操作前的值“0”。同样，当仿真进程遇到语句 s6，先计算赋值表达式“~b”，在指定的延时量过去之后即 $t=12$ ns 时刻，执行赋值操作将计算结果赋给 b。由于赋值表达式“~b”的计算是在 $t=0$ ns 时刻进行的，所以计算结果为“1”，因此在 $t=12$ ns 时刻，信号 b 就被赋值为 1。

仿真结果如图 5.2-9 所示。

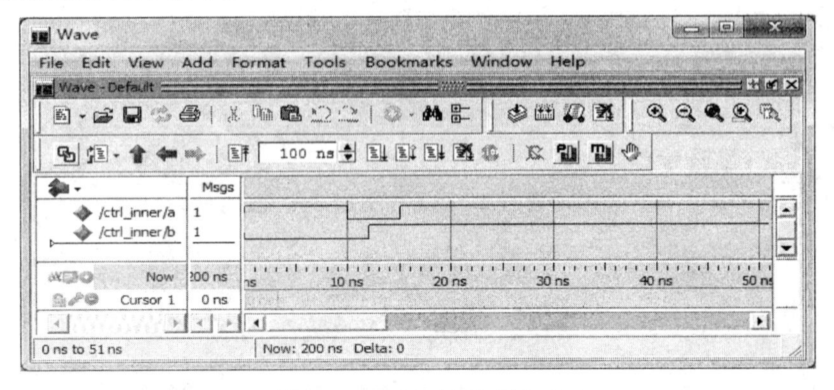

图 5.2-9　内部时间控制方式

5.2.5　阻塞与非阻塞描述方式产生测试信号

过程块中的赋值语句称为过程赋值语句。Verilog HDL 语言中包含了两种类型的过程赋值语句，即阻塞赋值语句和非阻塞赋值语句。

通过两个例子说明阻塞赋值语句和非阻塞赋值语句在测试向量产生程序中的使用。

例 5.2-7　由外部时间控制的阻塞方式设计图 5.2-10 所示的波形信号。

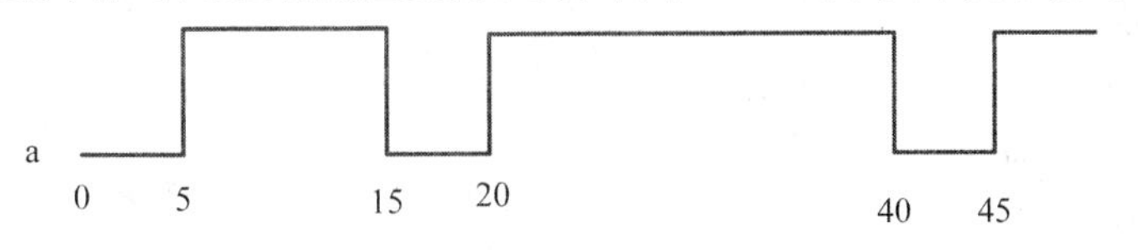

图 5.2-10　例 5.2-7 波形信号

```
`timescale 1ns/1ns
module blocking_out;
    reg a;
    initial
        begin
            a= 1'b0;
            #5 a=1'b1;
            #10 a=1'b0;
            #5 a=1'b1;
            #20 a=1'b0;
            #5 a=1'b1;
        end
endmodule
```

仿真进程依次顺序执行这类带有外部时间控制的阻塞赋值语句，先延时等待指定的延时时间量，再计算等号右边的值并同时赋给左边变量。在 $t = 0$ ns 时刻首先执行第一条语句，a 被赋值为 0；然后执行第二条语句，先延时 5 个 ns 后，在 $t = 5$ ns 时刻才计算等式右边的值并把数值 1 赋给 a；再执行第三条语句，先延时 10 个 ns 后，在 $t = 15$ ns 时刻才计算等式右边的值并把数值 0 赋给 a；依此类推。

仿真结果如图 5.2-11 所示。

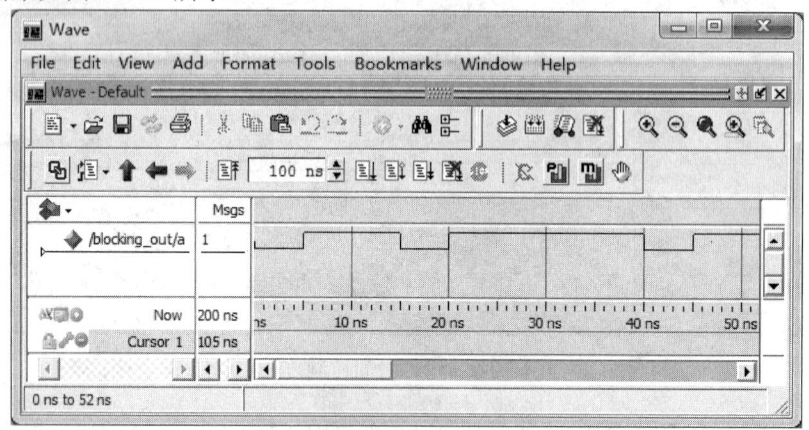

图 5.2-11 外部时间控制阻塞方式产生波形

例 5.2-8 由内部时间控制的阻塞方式设计图 5.2-10 所示的波形信号。

```
`timescale 1ns/1ns
module blocking_inner;
    reg a;
    initial
      begin
        a= 1'b0;
        a=#5 1'b1;
        a=#10 1'b0;
```

```
        a=#5 1'b1;
        a=#20 1'b0;
        a=#5 1'b1;
    end
endmodule
```

仿真进程依次顺序执行这类带有内部时间控制的阻塞赋值语句，先计算等号右边的值，经过指定的延时时间量后，再将数值赋给左边变量。在 $t=0$ ns 时刻首先执行第一条语句，a 被赋值为 0；然后执行第二条语句，先计算等式右边的值，延时 5 个 ns 后即 $t=5$ ns 时刻把数值 1 赋给 a；执行第三条语句，先计算等式右边的值，延时 10 个 ns 后即 $t=15$ ns 时刻把数值 0 赋给 a；依此类推。

仿真结果如图 5.2-12 所示。

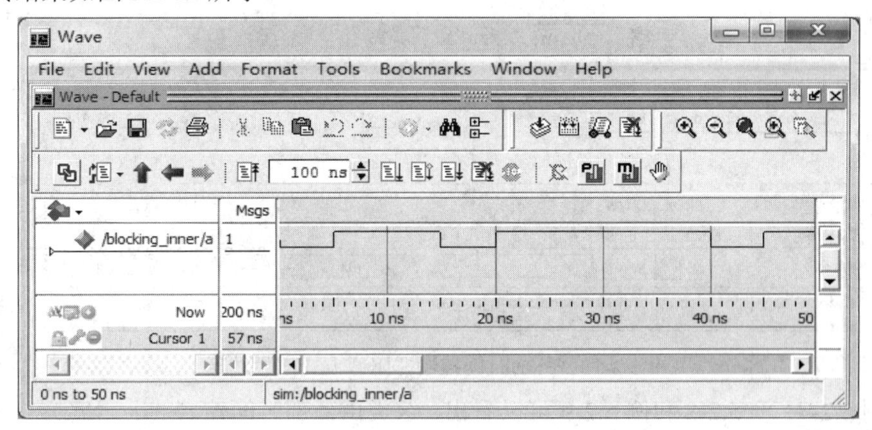

图 5.2-12　内部时间控制阻塞方式产生波形

从例 5.2-7 和例 5.2-8 可以看出，对于用阻塞描述方式产生波形，无论延时时间量是用外部时间控制还是内部时间控制，每条语句的延时都是相对于前一条语句执行结束的相对时间，产生的信号波形都是一致的。

例 5.2-9　由外部时间控制的非阻塞方式设计图 5.2-10 所示的波形信号。

```
`timescale 1ns/1ns
module nonblocking_out;
  reg a;
  initial
    begin
        a<=1'b0;
        #5 a<=1'b1;
        #10 a<=1'b0;
        #5 a<=1'b1;
        #20 a<=1'b0;
        #5 a<=1'b1;
    end
endmodule
```

尽管非阻塞赋值语句在串行语句块中的执行没有先后顺序之分，但是由于时间控制部分在非阻塞赋值语句之前，仿真进程遇到这类语句，需要先延时等待指定的延时时间量，才开始执行非阻塞赋值操作，各条语句是顺序执行的。在 $t = 0$ ns 时刻首先执行第一条语句，a 被赋值为 0；然后执行第二条语句，先延时 5 个 ns 后，在 $t = 5$ ns 时刻才计算等式右边的值，在本条赋值语句结束时把数值 1 赋给 a；再执行第三条语句，先延时 10 个 ns 后，在 $t = 20$ ns 时刻才计算等式右边的值，在本条赋值语句结束时把数值 0 赋给 a；依此类推。

仿真结果如图 5.2-13 所示。

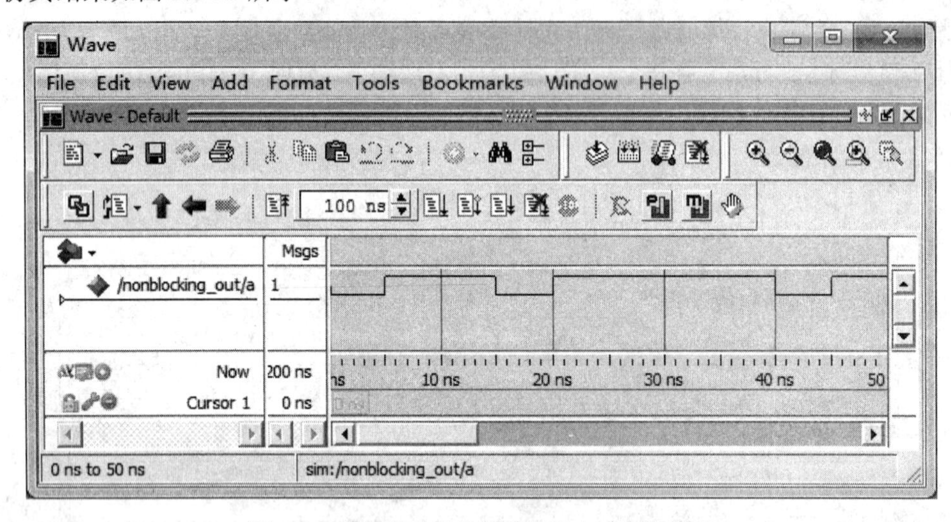

图 5.2-13　外部时间控制非阻塞方式产生波形

由例 5.2-7、例 5.2-8 和例 5.2-9 可以看出，这类由外部时间控制的非阻塞方式和阻塞方式语句中的延迟都是相对延迟。即每条语句的延时都是相对于前一条语句执行结束的相对时间，在产生信号波形时效果是一致的。在有延时控制的情况下，若要使非阻塞赋值语句有“非阻塞”的效果，则需要用内部时间控制方式，当前的赋值语句才不会阻断其后的语句，语句中的延迟都是绝对延迟，即所有的延迟值都是相对于进入过程块的时刻。

例 5.2-10　由内部时间控制的非阻塞方式设计图 5.2-10 所示的波形信号。

```
`timescale 1ns/1ns
module non_blocking_inner;
    reg a;
    initial
      begin
        a<=1'b0;
        a<=#5 1'b1;
        a<=#15 1'b0;
        a<=#20 1'b1;
        a<=#40 1'b0;
        a<=#45 1'b1;
      end
endmodule
```

仿真进程并行执行这类带有内部时间控制的非阻塞赋值语句，当前的语句的执行并不会影响其他语句的执行。假定 initial 语句是从 0 ns 时刻开始执行的，则所有的延迟值都是相对于第 0 个单位时刻的。由于各条语句的延迟值不一样，所以完成时刻不一样，在延迟值最大的语句执行完之后才结束该语句块。第二条语句延迟值为 5，则先计算赋值表达式的值，延时等待 5 个 ns，在 $t = 5$ ns 本条赋值语句要结束时将 1 赋给 a；第四条语句延迟值为 20，在 $t = 20$ ns 本条赋值语句要结束时将 1 赋给 a。

仿真结果如图 5.2-14 所示。

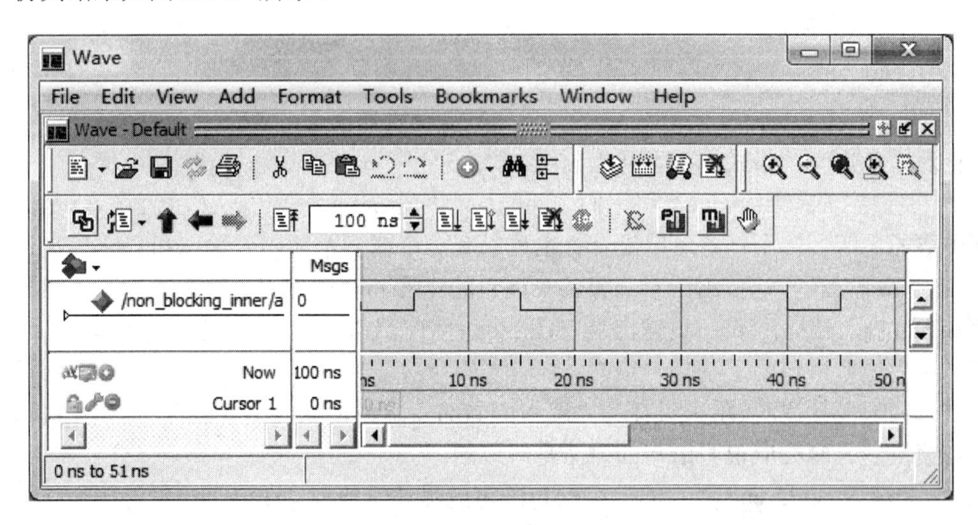

图 5.2-14　内部时间控制非阻塞方式产生波形

5.3 任务和函数

Verilog HDL 中提供了两种功能封装的方法，即任务和函数。与 C 语言类似，在编写 Testbench 的时候，可以将一些固定的操作封装成任务或者函数。

任务和函数是存在于模块中的一种“子程序结构”，在行为描述模块中都是可选项。任务和函数都可以用来描述相对独立的电路功能。引入任务和函数的目的是为了对需要多次执行的语句进行描述，便于理解和调试，同时还可以增强代码的可读性，简化程序结构。在 Testbench 中，任务和函数发挥了最大优势，可以将固定操作封装起来，配合延时控制语句，可以精确模拟大多数常用的功能模块，具备良好的可重用性。

应该指出的是，在 C 语言等高级程序语言中，程序代码的重复使用是通过函数实现的，而在 Verilog HDL 语言中电路重复使用是通过模块完成的，任务和函数更多是用在测试程序中，提高测试代码效率。

5.3.1 任务(Task)

任务类似于其他编程语言中的“过程”，包括任务的定义和任务的调用。

任务的定义格式如下：

```
task<任务名>;
        <端口类型声明>;
        <局部变量声明>;
    begin
        <语句 1>;
        <语句 2>;
        ⋮
        <语句 n>;
    end
endtask
```

针对任务定义的格式作以下几点说明。

(1) 关键字 task 和 endtask 将它们之间的内容标志成一个任务定义，<任务名>是给所定义任务取的名字。一个任务可以没有、也可以有一个或多个输入、输出和双向端口。

(2) <端口类型声明>用于对任务各个端口的宽度和类型进行说明，其中端口类型由关键字 input(输入端口)、output(输出端口)、inout(双向端口)指定，该说明语句的语法与模块定义时相应说明语句的语法是一致的。

(3) <局部变量说明>用来对任务内用到的局部变量进行宽度和类型说明，该说明语句的语法与模块定义时相应说明语句的语法是一致的。

(4) 关键字 begin-end 界定的一组行为语句指明了任务被调用时需要进行的操作，在任务被调用时，这些行为语句按顺序方式执行。

(5) 任务定义与过程块、连续赋值语句及函数定义这四种成分以并列的方式存在于行为描述模块中，它们属于同一层次级别。任务定义结构不能再出现在任何一个过程块的内部。

任务的调用是通过任务调用语句来实现的，任务调用语句的语法格式如下：

```
<任务名>(端口 1, 端口 2, …, 端口 n);
```

任务的定义和调用过程中需要注意以下几点：

(1) 任务的定义和调用必须在一个 module 模块内。任务是通过调用来执行的，而且只有在调用时才执行，如果定义了任务，但是在整个过程中都没有调用它，那么这个任务是不会执行的。

(2) 当任务被调用时任务被激活，任务调用语句中的参数列表必须与任务定义时的输入、输出及输入输出参数说明的顺序相匹配。

(3) 任务可以在 always 语句或 initial 语句中被调用，也可以进行任务之间的相互调用，但不能被函数调用。

(4) 任务不返回任何值，且任务是不可综合的，它只能用于仿真。

例 5.3-1 任务举例。

```
`timescale 1ns/1ns
module task_en_ctrl;
    reg sig1, sig2, en;
    initial
```

```
        begin
            sig1=1'b0;
            #5 sig1=1'b1;
            #5 sig1=1'b0;
            sig2=1'b0;
            #5 sig2=1'b1;
            #5 sig2=1'b0;
        end
    always@(sig1 or sig2)
        begin
          en_ctrl(en, sig1, sig2);
        end
    task en_ctrl;
        output en;
        input in1, in2;
        begin
        if(in1) en=1'b0;
        if(in2) en=1'b1;
        end
    endtask
endmodule
```

例 5.3-1 中采用任务定义和任务调用，实现当“sig1”高电平脉冲到来时拉低使能信号“en”,；当“sig2”高电平脉冲到来时拉高使能信号。仿真结果如图 5.3-1 所示。

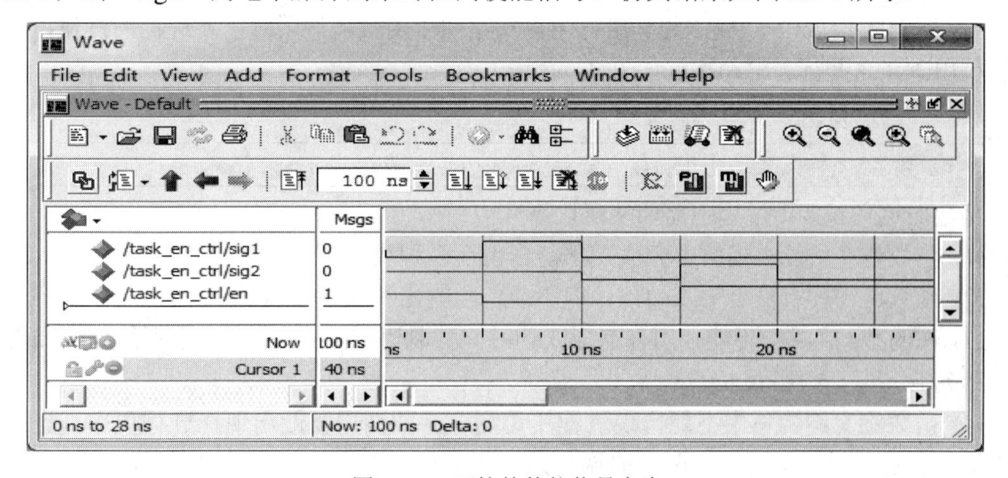

图 5.3-1　可控的使能信号产生

5.3.2　函数(Function)

函数类似于其他编程语言中函数的概念，与任务一样，Verilog HDL 中的函数使用包括了函数的定义和调用。

函数的定义格式如下：

```
function<返回值类型或位宽><函数名>;
   <输入变量及类型声明语句>;
   <局部变量声明>;
      begin
         行为语句 1;
         行为语句 2;
            ⋮
         行为语句 n;
      end
endfunction
```

针对函数定义的格式作以下几点说明。

(1) 关键字 function 和 endfunction 将它们之间的内容标志成一个函数定义。

(2) <函数名>是被定义函数所取的名字，对被定义函数的调用是通过该函数名进行的。该函数名在函数定义结构的内部还代表着一个内部变量，函数调用后的返回值是通过该函数名变量传递给调用语句的。

(3) <返回值类型或位宽>是可选项，用来对函数调用返回数据进行宽度和类型说明。

(4) <输入变量及类型声明语句>用于对函数各个输入端口的宽度和类型进行说明，一个函数至少必须有一个输入端口，不能有任何类型的输出端口和双向端口。该说明语句的语法与模块定义时相应说明语句的语法是一致的。

(5) <局部变量说明>用来对函数内用到的局部变量进行宽度和类型说明，该说明语句的语法与模块定义时相应说明语句的语法是一致的。

(6) 关键字 begin-end 界定的一组行为语句指明了函数被调用时需要进行的操作，在函数被调用时，这些行为语句按顺序方式执行。

函数的调用格式如下：

```
<函数名><(输入表达式 1), (输入表达式 2)…(输入表达式 n)>;
```

函数的定义和调用过程中需要注意以下几点：

(1) 函数定义只能在模块中完成，不能出现在过程块中。

(2) 函数至少要有一个输入端口，但不能包含输出和双向端口。

(3) 在函数结构中，不能使用任何形式的时间控制语句(#、wait 等)，也不能使用 disable 中止语句。

(4) 函数定义结构体中不能出现过程块语句，函数调用既能出现在过程块中，也能出现在 assign 连续赋值语句中，函数的调用只能作为一个操作数出现在调用语句中。

(5) 函数内部可以调用函数，但不能调用过程。

例 5.3-2 函数举例。

```
`timescale 1ns/1ns
module function_and;
```

```
    reg a, b, c;
    initial
        begin
            a=1'b1;
            b=1'b0;
            c=and_out(a, b);
            #20;
            a=1'b1;
            b=1'b1;
            c=and_out(a, b);
            #20;
            a=1'b0;
            b=1'b0;
            c=and_out(a, b);
        end
    function and_out;
        input in1, in2;
        begin
            and_out=in1&in2;
        end
    endfunction
endmodule
```

例 5.3-2 中定义函数实现信号 a、b 相与运算，通过函数名返回运算结果，调用函数时把返回值赋给信号 c。仿真结果如图 5.3-2 所示。

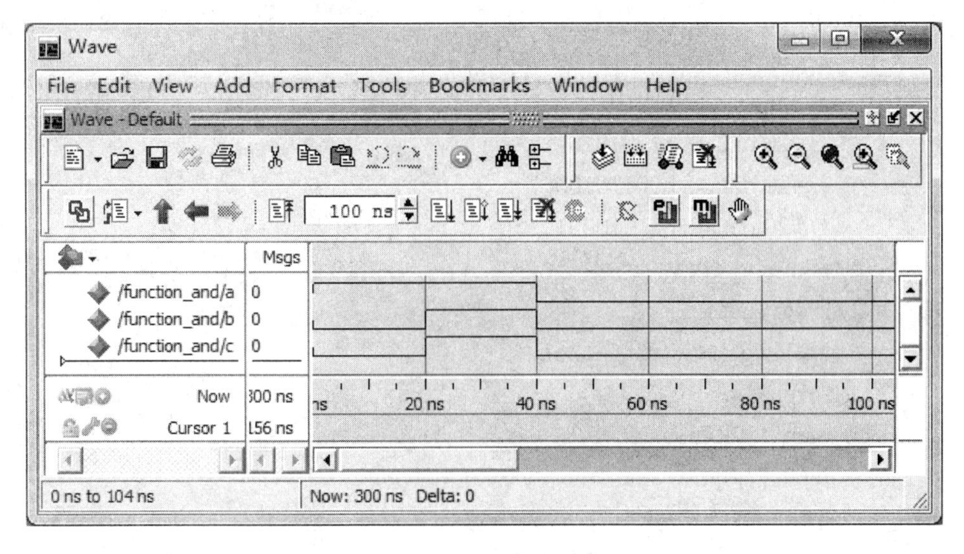

图 5.3-2　与运算波形

通过表 5.3-1 对比任务函数的异同。

表 5.3-1　任务函数比较

比较点	任　　务	函　　数
输入输出	可以有任意多个输入输出	至少一输入不能有输出和双向端口
触发事件控制	任务不能出现 always 语句；可以包含延时控制语句(#)，但只能面向仿真，不能综合	函数中不能出现 always、#这样的语句，要保证函数执行在零时间内完成
返回值	通过输出端口传递返回值	通过函数名返回，只有一个返回值
中断	可以由 disable 中断	不允许由 disable 中断
调用	任务只能在过程语句中调用，而不能在连续赋值语句中调用	函数可作为赋值操作的表达式，用于过程赋值和连续赋值语句
调用其他	可以调用其他任务和函数	只能调用函数，不能调用任务
其他说明	任务调用语句可以作为一条完整的语句出现	函数调用语句不能单独作为一条语句，只能作为赋值语句的右端操作数

例 5-3.3　产生多组 8 位数据，分别利用任务和函数实现数据高四位和低四位的交换，在数据产生的同时给出交换后的值。

(1) 用任务设计进行高低位字节交换的功能模块，用 Verilog HDL 语言编写的程序代码如下：

```
`timescale 1ns/1ns
module task_exchange;
    reg [7:0] data;
    reg [7:0] new_data;
    initial
        begin
            data=8'b00010101;
          #20 data=8'b11010101;
          #20 data=8'b00110100;
          #20 data=8'b11010001;
        end
    always@(data)
        exchange(new_data, data);
    task exchange;
        output [7:0]new_d;
        input [7:0]d;
        begin
            new_d={d[3:0], d[7:4]};
        end
```

```
    endtask
  endmodule
```

仿真结果如图 5.3-3 所示。

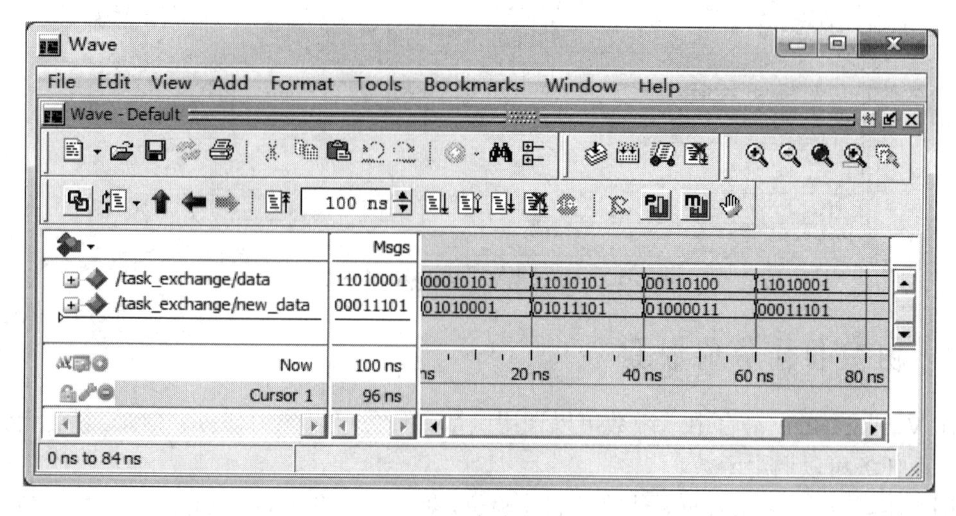

图 5.3-3　用任务实现高低位字节交换

(2) 用函数设计进行高低位字节交换的功能模块，用 Verilog HDL 语言编写的程序代码如下：

```
`timescale 1ns/1ns
module function_exchange;
    reg [7:0] data;
    reg [7:0] new_data;
    initial
        begin
          data=8'b00010101;
          #20 data=8'b11010101;
          #20 data=8'b00110100;
          #20 data=8'b11010001;
        end
    always@(data)
        new_data=exchange(data);
    function [7:0] exchange;
        input [7:0] d;
        begin
          exchange={d[3:0], d[7:4]};
        end
    endfunction
endmodule
```

仿真结果如图 5.3-4 所示。

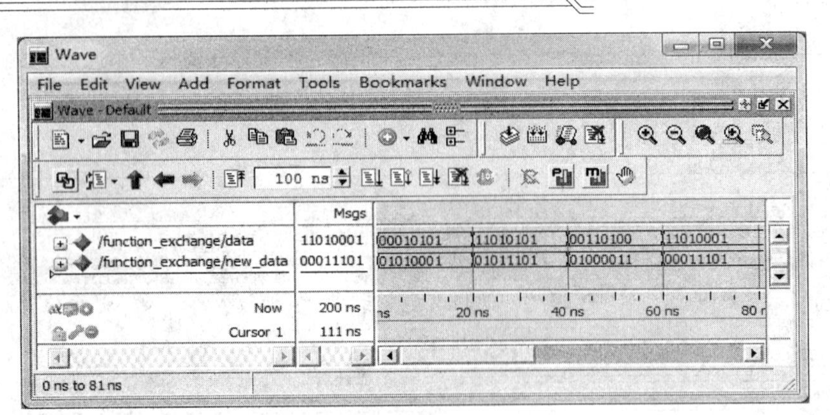

图 5.3-4 用函数实现高低位字节交换

5.3.3 函数和任务的嵌套

在 Verilog HDL 语言中，函数可以调用函数，任务可以调用任务。但是函数不能调用任务，而任务可以调用函数。

例 5.3-4 产生多组数据，计算其偶检验位，在数据产生同时输出加上偶检验位后的新数据。

```
`timescale 1ns/1ns
module oper_parity1;
    reg [7:0] in;
    reg [8:0] result;
    initial
        begin
            in=8'b00010101;
            #20 in=8'b11010101;
            #20 in=8'b00110100;
            #20 in=8'b11010001;
        end
    always@(in)
        result=oper_parity(in);
    function [8:0] oper_parity;
        input [7:0] din;
        begin
            oper_parity={din, parity(in)};
        end
    endfunction
    function parity;
        input [7:0] din;
        begin
```

```
            parity=^din;
        end
    endfunction
endmodule
```

例 5.3-4 中定义了两个函数，其中函数“parity”计算所有数据位的异或值，得出数据的偶检验位；而函数“oper_parity”调用函数“parity”，得到数据的偶检验位，并将数据和偶检验位进行拼接运算得到新数据。用语句“result=oper_parity(in); ”调用函数“oper_parity”，将加上偶检验位后的新数据赋给 result。仿真结果如图 5.3-5 所示。

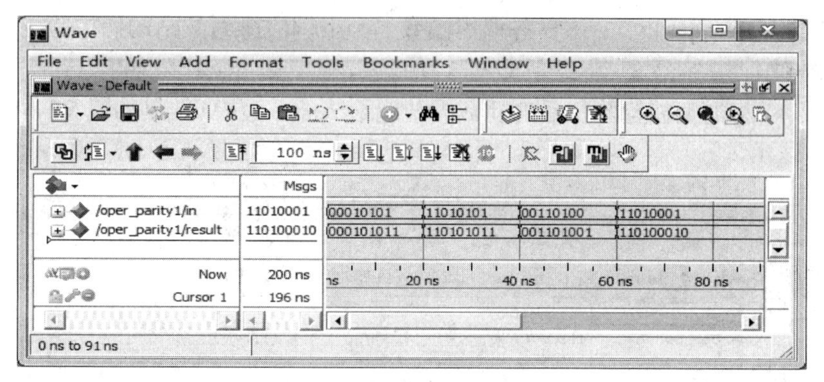

图 5.3-5　例 5.3-4 偶校验结果

例 5.3-5　用任务调用函数的方式完成例 5.3-4。

```
`timescale 1ns/1ns
module oper_parity2;
    reg [7:0] in;
    reg [8:0] result;
    initial
        begin
            in=8'b00010101;
            #20 in=8'b11010101;
            #20 in=8'b00110100;
            #20 in=8'b11010001;
        end
    always@(in)
        oper_parity(result, in);
    task oper_parity;
        output [8:0] result;
        input [7:0] data;
        begin
            result={data, parity(in)};
        end
    endtask
```

```
    function parity;
        input [7:0] data;
        begin
            parity=^data;
        end
    endfunction
endmodule
```

例 5.3-5 中定义了一个函数“parity”计算所有数据位的异或值，得出数据的偶检验位；定义一个任务“oper_parity”，该任务调用函数“parity”，得到数据的偶检验位，并将数据和偶检验位进行拼接运算得到新数据。用语句“oper_parity(result, in); ”调用任务“oper_parity”，将加上偶检验位后的新数据传递给 result。仿真结果如图 5.3-6 所示。

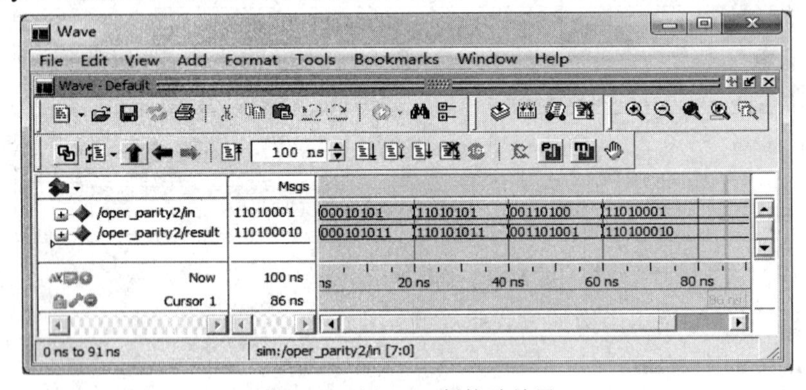

图 5.3-6 例 5.3-5 偶校验结果

例 5.3-6 设计进行延迟的任务，控制数据延迟指定个时钟周期后输出。

```
`timescale 1ns/1ns
module task_delay;
    reg clk;
    reg [3:0] data;
    always #10 clk=~clk;
    initial clk=1'b1;
    initial #2000 $finish;
    initial
        begin
            data=4'b0101;
            delay_n(5);
            data=4'b1100;
            delay_10n(2);
            data=4'b1110;
        end
    task delay_n;
        input [31:0]n;
```

```
        begin
            repeat(n) @ (posedge clk);
        end
    endtask
    task delay_10n;
        input [31:0]n;
        begin
            repeat(10)
                begin
                    delay_n(n);
                end
        end
    endtask
endmodule
```

例 5.3-6 中定义了两个任务，任务“delay_n”接收一个指定参数 n，该参数指定延迟多少个时钟周期。程序中调用 delay 是给定的参数 5，因此该任务等待 5 个时钟周期后返回。任务“delay_10n”接收一个指定参数 n，该任务调用 10 次任务“delay_n”，每次调用都会延迟 n 个时钟周期，因此任务“delay_10n”将延迟 10n 个时钟周期。

图 5.3-7 为仿真波形图，可以看出，调用 delay 相关任务，数据“data”在延迟 5 个时钟周期后才由“0101”更新为“1100”，延迟 20 个时钟周期后才由“1100”更新为“1110”，因此这些任务都可以实现延迟的功能。

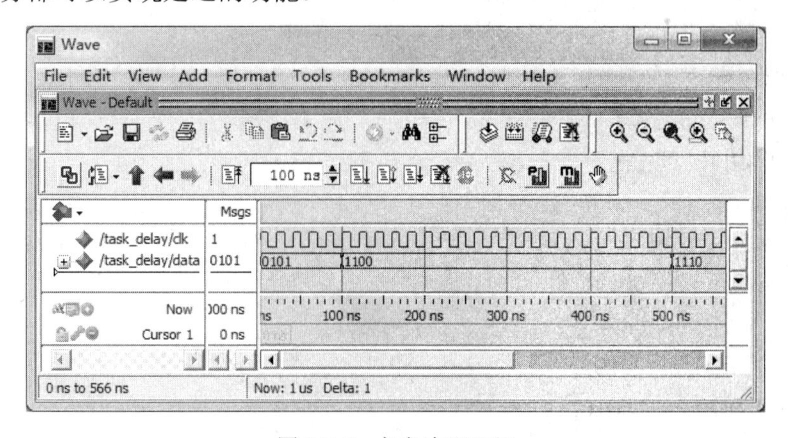

图 5.3-7　任务实现延迟

5.4　典型测试向量的产生方式

测试工作主要分为两部分：一是激励信号输入，二是输出信号分析。不同的语言和不同的仿真工具都有不同的机制来输入激励信号，产生典型测试向量。为了在测试一些复杂模型时做到全面验证，使用 Verilog HDL 语言是一种很好的方法。Verilog HDL 语言本身可以描述输入信号，为被测试模块提供激励，然后取得输出。用 Verilog HDL 语言编写的测试程序可以灵活地设置多种输入组合，随时添加测试数据。通过精心设计测试程序，即使是功能复杂的被测试模块，也能够实现完整的功能验证。

5.4.1 任意波形信号的产生

在对测试向量描述方式有了初步了解后，用 Verilog HDL 语言可以自由控制信号的形式，通过时序控制功能可以轻松实现任意波形信号，提供测试激励给 Testbench。

在测试中通常需要的波形有两种类型。一种是由一组特定值的序列形成的波形，一般是不规则且长度较短的。大多数输入都属于这种值序列类型，例如某个位宽为 4 的输入端口，它的取值可能是 0～15 中的任意一个数，为了产生完备的测试向量，需要提供 0～15 之间的所有值作为测试激励，因此输入信号应该是由一组特定值的序列形成的波形。另外一种是多个或无限个相同值序列组成的具有重复模式的波形，具有一定的规律性。

测试向量的产生有两种方式，一种是初始化和产生都在单个 initial 过程块中进行；另一种是初始化在 initial 语句中完成，而产生在 always 过程块中完成。前者适合不规则数据序列，并且要求长度较短；后者适合具有一定规律的数据序列，长度不限，更多地用于产生周期性的时钟信号。

生成图 5.4-1 中的单一值序列，最佳方法是使用 initial 语句。

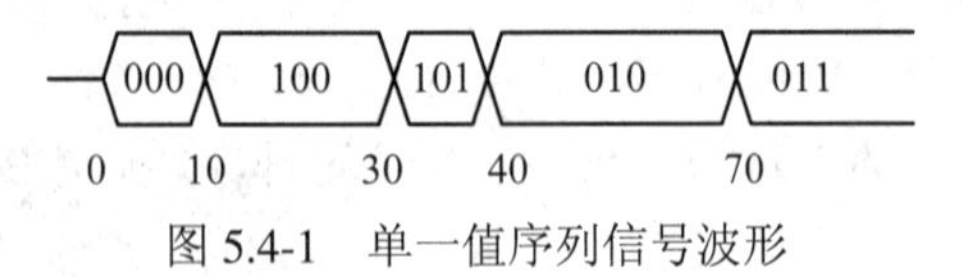

图 5.4-1 单一值序列信号波形

例 5.4-1 在 initial 过程块中生成图 5.4-1 所示的单一值序列。

```
`timescale 1ns/1ns
module single_seq;
reg [2:0] in;
initial
    begin
        in=3'b000;
       #10 in=3'b100;
       #20 in=3'b101;
       #10 in=3'b010;
       #30 in=3'b011;
    end
endmodule
```

例 5.4-1 中用 initial 过程块来生成特定的电路仿真激励信号，initial 语句中包含了一个 begin-end 串行块，通过在赋值语句前使用延迟控制可以在信号 in 上产生特定的值序列。假定 initial 语句是从 0 ns 时刻开始执行的，在 $t = 0$ ns 时刻首先执行第一条语句，in 的值变为 3'b000；由于带有延时控制语句“#10”，第二条语句在第一条语句执行完后的 10 个 ns 即 $t = 10$ ns 时刻开始，此时 in 的值变为 3'b100；依此类推可得 in 取值的变化情况。在 $t = 70$

ns 时刻第五条语句执行完毕后，initial 所有语句已经全部执行完，仿真程序跳出 initial 过程块，initial 语句被永远挂起。如例 5.4-1 中所示，initial 语句块主要用于初始化和波形生成。仿真结果如图 5.4-2 所示。

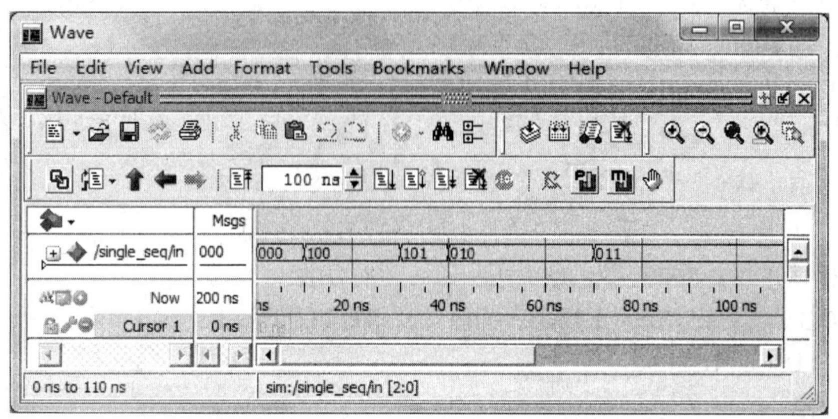

图 5.4-2 单一值序列生成仿真结果

应该指出的是，采用延迟赋值语句可以产生任意波形信号，在语法上可以用串行语句、并行语句、阻塞赋值语句、非阻塞赋值语句、内部时间控制、外部时间控制等多种方式。这些方法都可以产生任意波形信号，设计方法很灵活，选取何种方式是由设计风格和设计习惯所决定的。

为了实现如图 5.4-3 所示的重复值序列，可以使用 always 过程块代替 initial 过程块，因为 initial 过程块只执行一次而 always 过程块会重复执行。

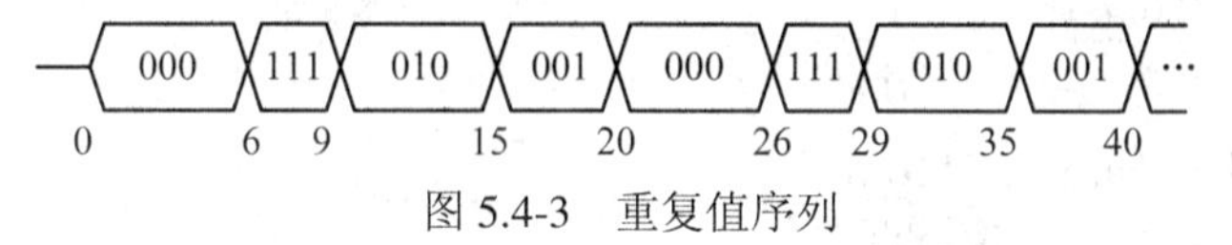

图 5.4-3 重复值序列

例 5.4-2 在 always 过程块中生成图 5.4-3 所示的重复值序列。

```
`timescale 1ns/1ns
module mult_seq;
    reg [2:0] in;
    always
        begin
            in=0;
            #6 in=3'b111;
            #3 in=3'b010;
            #6 in=3'b001;
            #5;
        end
endmodule
```

例 5.4-2 的 always 语句所产生的值序列每经过 20 个单位时间就重复一次。仿真结果如图 5.4-4 所示。

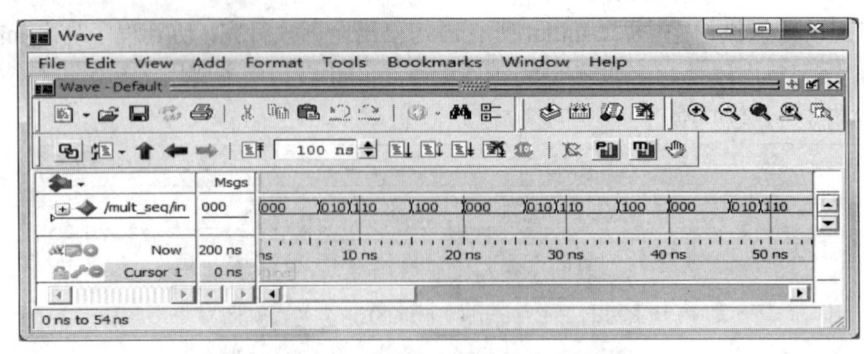

图 5.4-4　重复值序列生成仿真结果

下面通过几个实例进一步熟悉生成测试激励的方法。

例 5.4-3　重复 5 次产生不规则序列{1、3、4、13、15、16、22}。

```
`timescale 1ns/1ns
module data_signal;
    reg [4:0] data;
    initial
    begin
    data=5'b00000;
    repeat(5)
        begin
          #10 data=5'b00001;
          #10 data=5'b00011;
          #10 data=5'b00100;
          #10 data=5'b01101;
          #10 data=5'b01111;
          #10 data=5'b10000;
          #10 data=5'b10110;
        end
    end
endmodule
```

例 5.4-3 中在 initial 中初始化数据 data，并产生不规则序列{1、3、4、13、15、16、22}，用“repeat(5)”语句重复产生 5 次。仿真结果如图 5.4-5 所示。

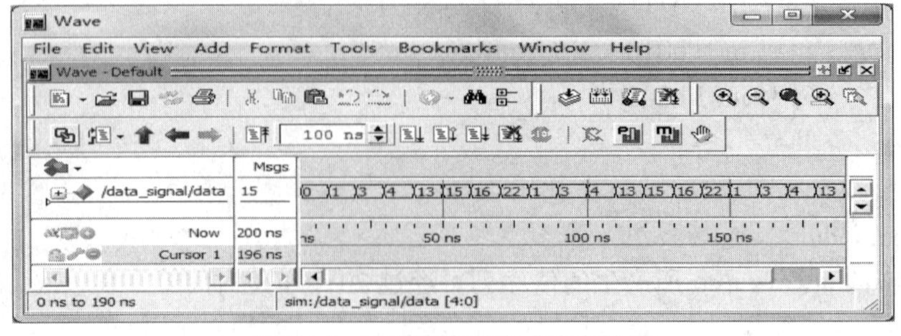

图 5.4-5　不规则序列生成仿真结果

例 5.4-4　重复产生位宽为 4 的偶数序列。

由于该序列规律明显，因此利用 always 语句最为便捷，用 Verilog HDL 编写的仿真程序代码如下：

```
`timescale 1ns/1ns
module odd_signal;
    reg [4:0] data;
    initial   data=5'b00000;
    always #10 data=data+2'b10;
endmodule
```

例 5.4-4 中先用 initial 语句进行数据的初始化，赋初值为 0，用 always 语句循环执行加 2 操作，上述程序的仿真波形如图 5.4-6 所示，符合设计要求。

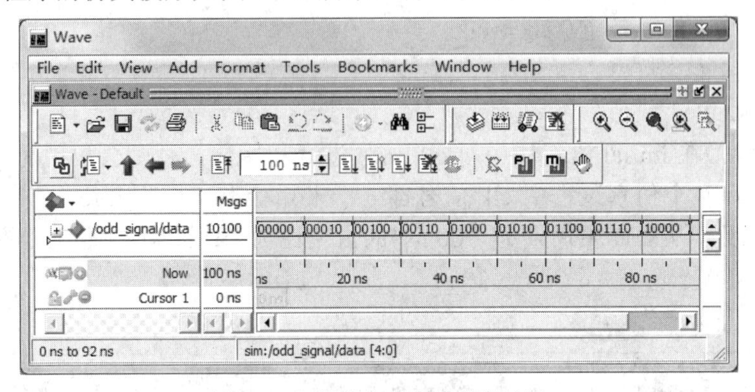

图 5.4-6　偶数序列生成仿真结果

5.4.2　时钟信号

时钟信号是时序逻辑的基础，它用于决定逻辑单元中的状态何时更新。时钟信号是指有固定周期并与运行无关的信号量，时钟频率是时钟周期的倒数。使用系统时钟控制逻辑工作的时序逻辑设计必然需要一个时钟。时钟信号不同于任意波形信号，它是一种规律变化的信号。

时序电路应用广泛，而时钟是时序电路设计最关键的参数之一。时序电路会受到时钟偏差和时钟抖动的影响，由于布线长度不同，驱动单元的负载也不同，导致同一个时钟信号到达相邻两个时序单元的时间也不同，这就是时序偏差。时钟偏差的后果很严重，它会导致建立时间和保持时间无法满足，容易出现竞争冒险。由于不确定因素的影响，导致某一给定点上时钟边沿发生暂时的变化，时钟周期缩短或加长，这就是时钟抖动。这些都会对系统的正常工作带来不好的影响，因此设计一个好的时钟生成模块产生精确稳定的时钟信号非常关键。时钟生成模块是整个系统的心脏，整个系统就是在时钟的控制下有序协调地工作。下面是设计时钟生成模块时需要遵循的一些原则。

(1) 时钟生成模块要独立于其他模块，其他模块所用时钟都要从时钟生成模块引出。在 Testbench 中产生时钟信号，将作为系统时钟控制整个电路，若电路需要用到其他频率的时钟，则在系统时钟的基础上进行分频得到。

(2) 时钟生成模块要有很好的层次结构，便于前端定义时钟和分析时序，便于后端进行时钟树综合。

下面再举实例介绍产生不同类型的时钟信号。

例 5.4-5 initial 语句产生普通时钟信号。

所谓普通时钟信号是指占空比为 50% 的时钟信号，其波形如图 5.4-7 所示。

```
`timescale 1ns/1ns
module clk1;
    reg clk;
    initial
        begin
            clk=1'b0;
            forever #50 clk=~clk;
        end
endmodule
```

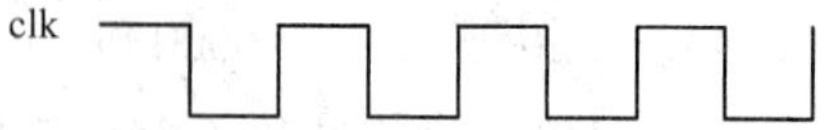

clk

图 5.4-7 占空比为 50%的时钟信号

例 5.4-5 中，在 initial 语句块中对 clk 信号进行初始化，否则会出现对未知信号取反的情况，导致在整个仿真过程中 clk 信号都处于未知状态，再用 forever 对 clk 信号每隔一段延时就取反，从而产生周期为 100 ns 的占空比为 50%的时钟信号。仿真结果如图 5.4-8 所示。

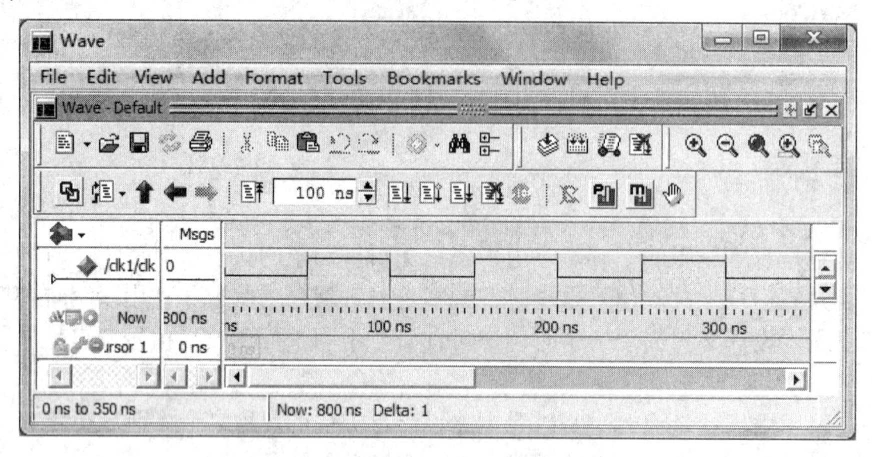

图 5.4-8 initial 语句产生普通时钟信号

例 5.4-6 always 语句产生普通时钟信号。

```
`timescale 1ns/1ns
module clk2;
    reg clk;
    initial clk=1'b0;
    always #50 clk=~clk;
endmodule
```

例 5.4-6 中，initial 语句用于对 clk 信号进行初始化，并在 always 语句块中不断对 clk 信号每隔 1/2 个时钟周期就取反。仿真结果如图 5.4-9 所示。

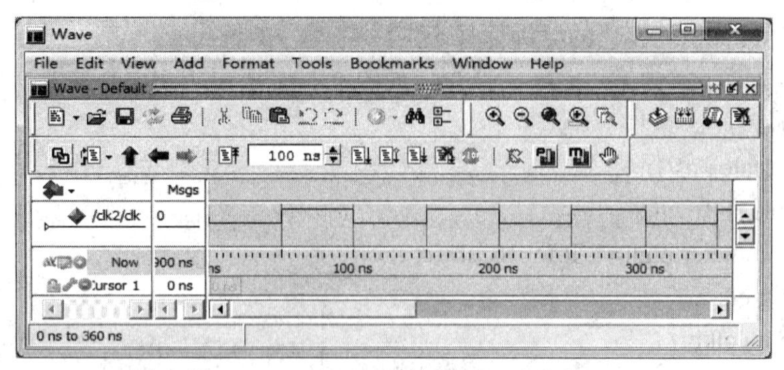

图 5.4-9　always 语句产生普通时钟信号

例 5.4-7　自定义占空比的时钟信号产生。

若需要生成高/低电平持续时间不同的时钟波形，可以用 always 语句按如下所示建立模型。

```
`timescale 1ns/1ns
module duty_cycle_clk;
    parameter high=4, low=16;
    reg clk;
    always
        begin
            clk=1'b0;
            #low;
            clk=1'b1;
            #high;
        end
endmodule
```

例 5.4-7 中，因为值 0、1 被显式地赋给 clk，所以在这种情况下不必使用 initial 语句。在 always 语句块中，令 clk 为 0，延时“low”后令 clk 为 1，再延时“high”。即 clk 高电平保持时间为“high”，低电平保持时间为“low”，则占空比为“high/(high+low)”。仿真结果如图 5.4-10 所示。

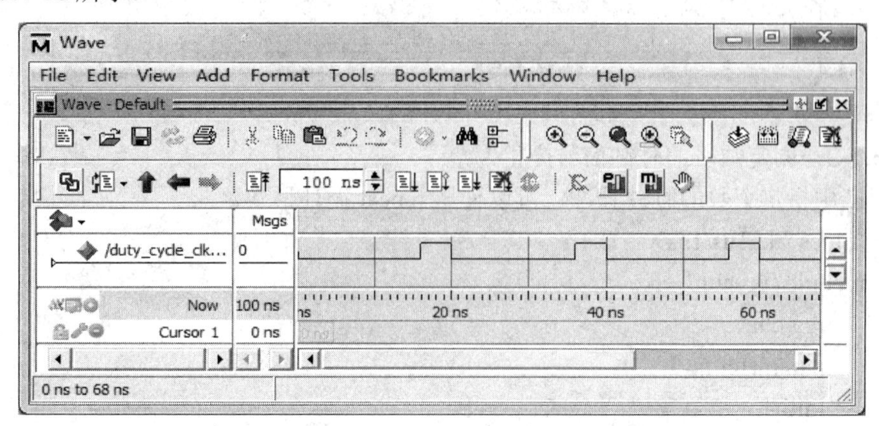

图 5.4-10　自定义占空比的时钟信号

例 5.4-8 具有相位偏移的时钟信号产生。

相位偏移是两个时钟信号之间的概念，如图 5.4-11 所示，clka 是参考信号，clkb 是具有相位偏移的信号。

```
`timescale 1ns/1ns
module shift_clk;
    parameter high=4, low=16, shift=2;
    reg clka;
    wire clkb;
    always
        begin
            clka=1'b0;
            #low;
            clka=1'b1;
            #high;
        end
    assign #shift clkb=clka;
endmodule
```

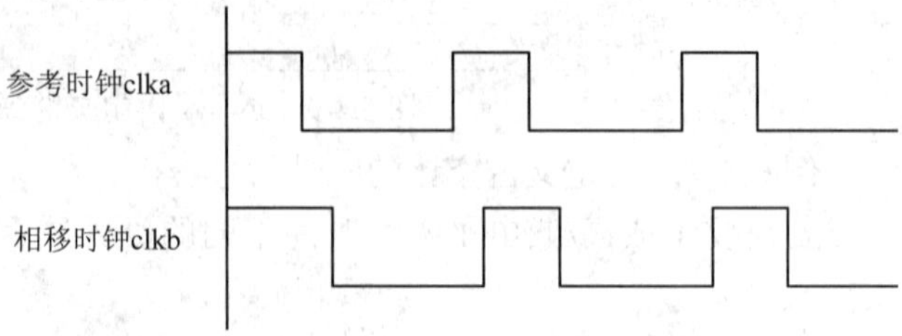

参考时钟clka

相移时钟clkb

图 5.4-11 相位偏移时钟示意图

例 5.4-8 中，首先通过 always 语句块产生占空比为“high/(high+low)”的时钟信号 clka 作为参考时钟，然后通过延迟赋值得到 clkb 信号，延迟时间为“shift”，偏移的相位为“360*shift/(high+low)”度，本例中占空比为 20%，相位偏移为 36°。仿真结果如图 5.4-12 所示。

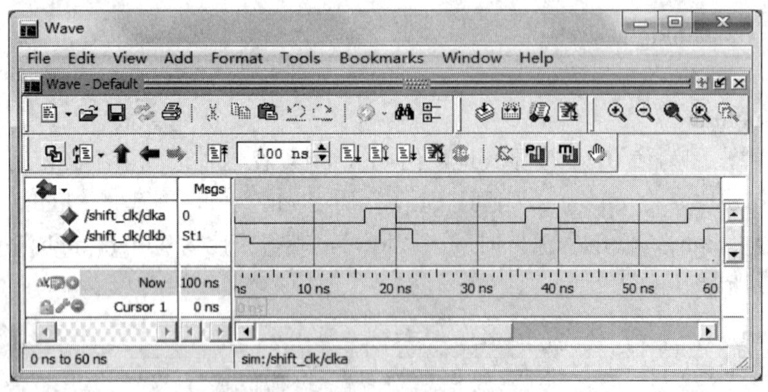

图 5.4-12 具有相位偏移的时钟信号

例 5.4-9 固定数目的时钟信号产生。

为了产生指定个数的时钟脉冲，可以使用 repeat 循环语句。

```
`timescale 1ns/1ns
module fix_num_clk;
    reg clk;
    parameter n=5;
    initial
        begin
```

```
        clk=1'b0;
        repeat(2n) #5 clk=~clk;
    end
endmodule
```

在 initial 语句块中对 clk 进行初始化，每隔一段时间对 clk 取反，用 repeat(2n)语句控制取反的次数，从而产生固定数目 n 的时钟信号。仿真结果如图 5.4-13 所示。

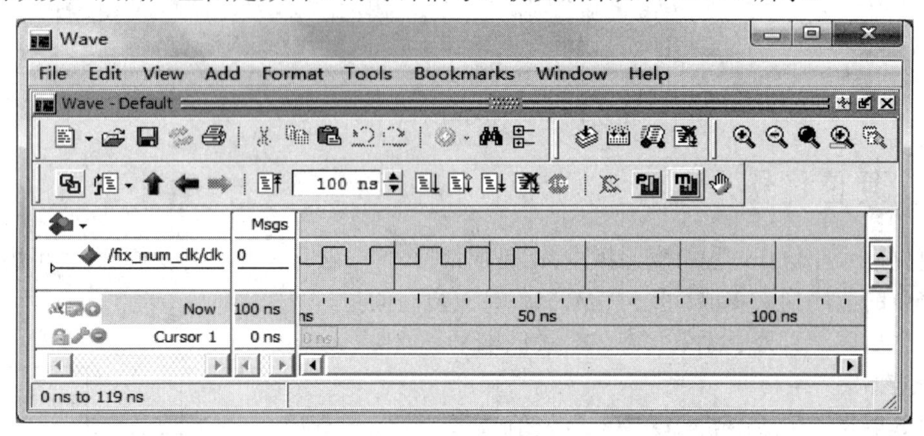

图 5.4-13　固定数目的时钟信号

5.4.3　用函数和电路产生测试信号

Verilog HDL 测试程序可以全部采用语法进行设计，也可以用电路产生测试信号。

例 5.4-10　产生与时钟同步的“10010111”循环序列测试信号。

```
`timescale 1ns/1ns
module tb_circuit;
    reg clk;
    reg [7:0] q;
    wire signal_tb;
    initial
        begin
            clk=1'b0;
            q=8'b10010111;
        end
    always #5 clk=~clk;
    always @(posedge clk) q<={q[6:0], q[7]};
    assign signal_tb=q[7];
endmodule
```

在例 5.4-10 中，利用时钟控制的移位寄存器产生与时钟同步的“10010111”循环序列。在 Verilog HDL 语言中，一些由电路产生的复杂信号用电路方式模拟其测试信号产生，是比较合适的。仿真结果如图 5.4-14 所示。

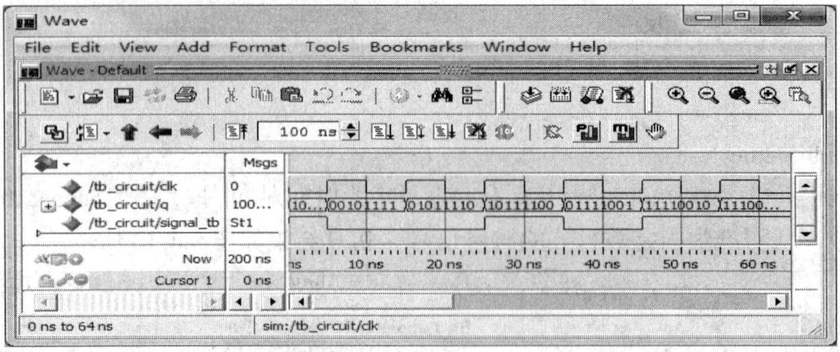

图 5.4-14 “10010111”循环序列

5.4.4 复位信号

复位信号在仿真过程中变化极少，不是周期信号，一般只在开始时复位一次，可用 initial 语句产生的值序列来实现。复位信号只保持一段时间有效，之后就一直处于无效状态。假设低电平复位，复位信号如图 5.4-15 所示。

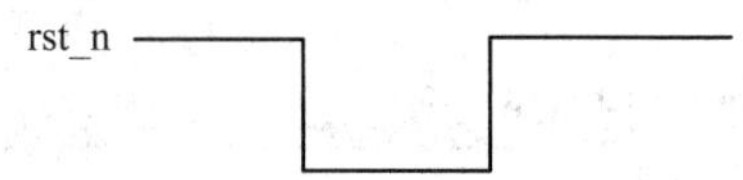

图 5.4-15 复位信号波形

例 5.4-11 生成图 5.4-15 中的复位信号。

用 Verilog HDL 编写的复位信号程序代码如下：

```
`timescale 1ns/1ns
module rst_n;
    reg rst_n;
    initial
        begin
            rst_n=1'b1;
            #20 rst_n=1'b0;
            #50 rst_n=1'b1;
        end
endmodule
```

在实际的设计中，还需要对复位时间的长短加以考虑，必须保持复位的有效电平时间足够长，以保证所有需要复位的电路都能够被复位。仿真结果如图 5.4-16 所示。

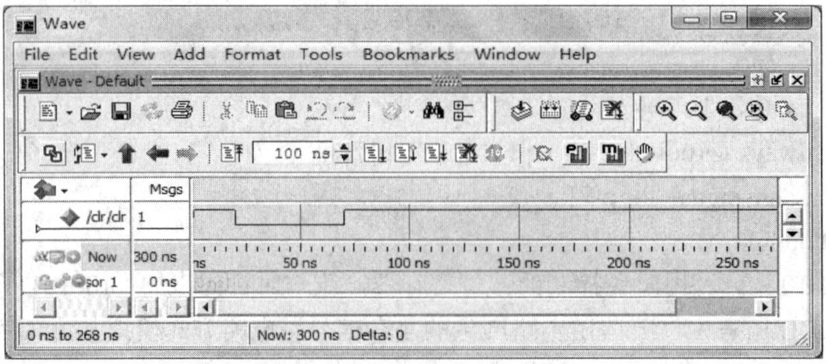

图 5.4-16 复位信号生成仿真波形

5.4.5　总线信号产生

前面章节介绍了 Verilog HDL 中的两种功能封装方法，即任务和函数，这里介绍的总线信号的产生，正是利用了这种功能封装的概念。

总线是计算机各种功能部件之间进行数据传输的公共通信干线。按照所传输信息种类的不同，可以将总线划分为数据总线、地址总线和控制总线三种，分别用来传输数据、数据地址和控制信号。按照传输数据方式的不同，可以将总线划分为串行总线和并行总线两种。串行总线中，二进制数据通过一根数据线逐位发送到目的器件；并行总线的数据线通常超过两根。常见的串行总线有 UART、SPI、I^2C 及 USB 等。按照时钟信号是否独立，可以将总线划分为同步总线和异步总线。同步总线的时钟信号独立于数据，而异步总线的时钟信号是从数据中提取出来的。UART 是异步串行总线，SPI、I^2C 是同步串行总线。

总线上带有多个设备，多个设备拥有共同的地址线和数据线。当一个总线设备希望占据总线进行数据的收发操作时，需要先向总线发出请求，只有得到许可的总线设备才能进行数据收发操作，没有得到许可不能发起数据操作。一次只能允许一个请求设备，否则会发生总线冲突，将会出现多个设备同时驱动总线的错误。

在 RTL 级描述中，总线指的是由逻辑单元、存储器、寄存器、电路输入和其他总线驱动的一个共享向量。而总线功能模型(BFM，Bus Functional Model)是一种将物理的接口时序操作转化为更高抽象层次接口的总线模型。BFM 最大的特点就是带有时序的模块。

说到 BFM，就不得不说仿真验证，也只有在仿真验证的前提下 BFM 才有意义。前文已经介绍了 Testbench 的作用就是产生激励信号提供给 DUV，然后 Testbench 对 DUV 输出的信号进行接收分析。写 BFM 就类似于编写 Testbench，它可以用来产生激励，也可以监视设计的响应。通常，一个总线功能模型实现这两个操作。BFM 里面有需要主动触发的动作以及被动接受的动作，分为发送 BFM 和接收 BFM。对于发送 BFM，将产生好的激励。在时钟的控制下提供给 DUV。这里的激励，是通过没有时钟的模块产生的。对于接收 BFM，将来自 DUV 的数据事先存放在存储器或寄存器中，然后在某个时刻触发分析数据的事件，调用“分析信号”模块，从而达到分析 DUV 输出数据的目的。

BFM 将产生读写操作的时序功能模块作为一种标准功能模块，这样无论进行怎样的读写操作，只要调用这种通用的总线模块，同时将要操作的地址和数据等作为参数代入即可，操作简单，代码容易维护，读与写的功能也得到了重用，减少了工作量，这也是要结构化 Testbench 的原因。总线功能模型如图 5.4-17 所示。

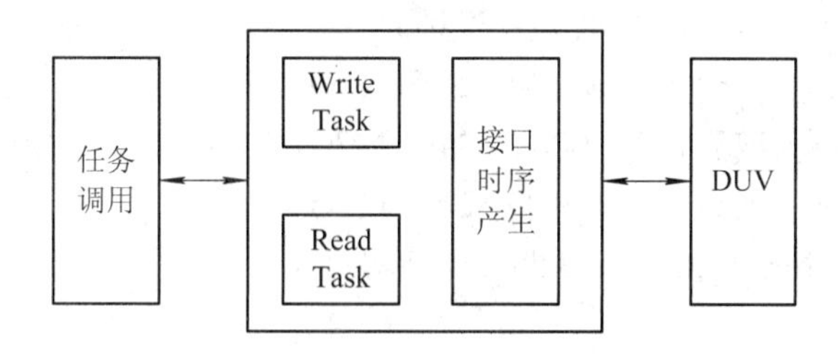

图 5.4-17　总线功能模型

从图 5.4-17 中可以看出，在该模型的内部有两个用户定义的任务，即 write 和 read，供其他模块如测试模块调用。这样，测试激励就不需要关心接口时序，只需要对 write 和 read 两个任务进行调用即可，而无需关心底层细节，提高了测试激励的抽象程度。

在 Verilog HDL 测试中，总线测试信号通常是将片选信号、读写使能信号、地址信号以及数据信号封装起来以 task 任务的形式描述，并通过调用 task 形式的总线测试向量来完成相应的总线功能。

下面以工作频率为 100 MHz 的 AHB 总线写操作为例，说明以 task 形式产生总线信号测试向量的方法。图 5.4-18 是写操作的时序图，其中，在完成数据的写操作后将片选和写使能信号置为无效(低电平有效)。

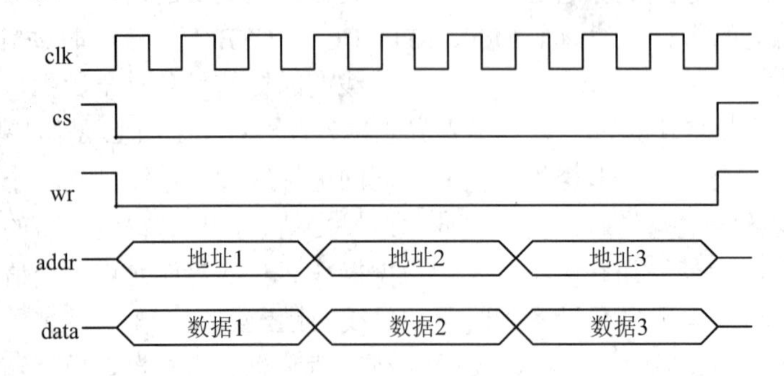

图 5.4-18　AHB 总线写操作时序图

例 5.4-12　产生一组可实现写操作的 AHB 总线功能模型。

```
`timescale 1ns/1ns
module bus_wr_tb;
    reg clk;
    reg cs;
    reg wr;
    reg [31:0] addr;
    reg [31:0] data;
    initial
        begin
            cs=1'b1; wr=1'b1;
            #30;
            bus_wr(32'h1100008a, 32'h11113000);
            bus_wr(32'h1100009a, 32'h11113001);
            bus_wr(32'h110000aa, 32'h11113002);
            bus_wr(32'h110000ba, 32'h11113003);
            bus_wr(32'h110000ca, 32'h11113004);
            addr=32'bx; data=32'bx;
        end
    initial clk=1;
    always #5 clk=~clk;
    task bus_wr;
```

```
        input [31:0] ADDR;
        input [31:0] DATA;
        begin
          cs=1'b0; wr=1'b0;
          addr=ADDR;
          data=DATA;
          #30 cs=1'b1; wr=1'b1;
        end
    endtask
endmodule
```

输出波形如图 5.4-19 所示，可以看出在片选信号和写使能信号均有效时，每三个时钟周期输出一组地址和数据，当完成地址和数据的输出，则将片选信号和写使能信号置为无效。

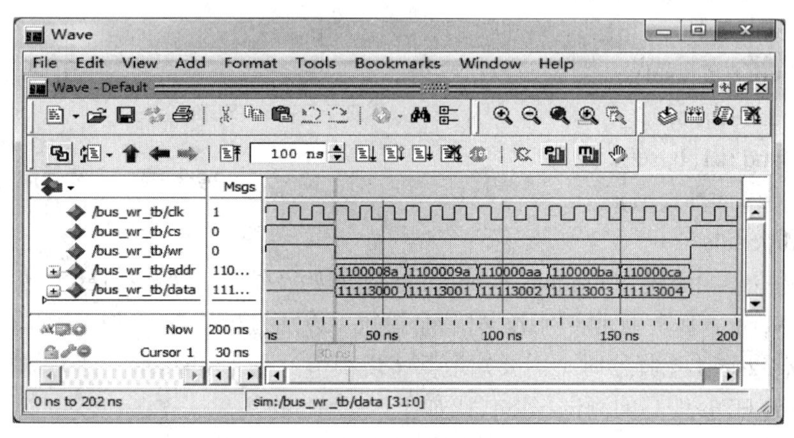

图 5.4-19　总线信号功能测试波形

5.5　组合逻辑电路仿真环境的搭建

组合逻辑电路的设计验证，主要是检查设计结果是否符合该电路真值表的功能。因此在搭建组合逻辑电路仿真环境时，必须先对组合电路进行分析，根据给定的逻辑图，找出它的输入和输出之间的关系，了解掌握电路的真值表，按照真值表提供的数据变化用 initial 块把被测电路的输入作为测试条件。

组合逻辑电路的输出仅取决于该时刻输入信号的组合，而与电路原状态无关，并没有存储和记忆的作用，这一特点决定了仿真中只需对输入信号进行设计即可，没有时序、定时信息和全局复位、置位等信号要求。仿真结束后，将输出结果与真值表进行对照分析，从而判断设计是否正确。

若激励向量的组合情况较少，可以将输入变化情况全部在 initial 块中编写成激励信号。但是如例 5.5-2 中的 4 选 1 多路选择器，输入信号总共有 64 种组合情况，不适合全部编写成激励信号。更多情况下，我们需要考虑代码编写的高效性、完备性，保证达到一定的代码覆盖率下对设计进行仿真验证。

组合逻辑电路的仿真模块中通常用 initial 过程语句对激励向量进行描述。initial 过程块在仿真过程中只执行一次，执行完后该 initial 过程块就被挂起，专门用于对输入信号进行初始化和产生特定的信号波形。initial 过程块的使用主要是面向功能模拟，它通常不具有可综合性，initial 过程块通常用来描述测试模块的初始化、监视、波形生成等功能；而对硬件功能模块的行为描述中，initial 过程块常常用来对只需执行一次的进程进行描述。

例 5.5-1 搭建 2 选 1 选择器的仿真环境。

2 选 1 选择器如图 5.5-1 所示，其中 a、b、sel 是输入端口，out 是输出端口。所有信号通过这些端口从模块输入/输出。用 Verilog HDL 编写的源程序代码如下：

```
module mux2_1 (out, a, b, sel);
    output out;
    input a, b, sel;
    wire out, a, b, sel;
    wire sel_, a1, b1;
    not (sel_, sel);
    and (a1, a, sel_);
    and (b1, b, sel);
    or (out, a1, b1);
endmodule
```

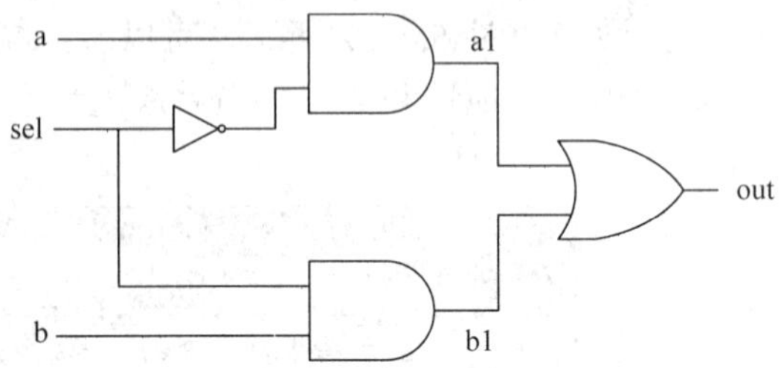

图 5.5-1 2 选 1 选择器

2 选 1 选择器由关键词 module 和 endmodule 开始及结束。“not (sel_, sel);”这类语句对已定义的 Verilog 基本单元实例化。另一个模块可以通过模块名及端口说明使用 2 选 1 选择器。实例化 2 选 1 选择器时不需要知道其实现细节。在 Testbench 中进行激励描述。

用 Verilog HDL 编写的测试程序代码如下：

```
`timescale 1ns/1ns
module mux2_1_tb;
    reg a, b, sel;
    wire out;
    mux2_1 U1(out, a, b, sel);
    initial
        begin
            a=1'b0; b=1'b1; sel=1'b0;
            #5 b=1'b0;
            #5 b=1'b1; sel=1'b1;
            #5 a=1'b1;
        end
endmodule
```

initial 过程块中对 2 选 1 选择器进行激励描述。其中，a、b、sel 信号为 reg 型变量。在重新赋值前一直保持当前数据。#5 用于指示等待 5 ns。$finish 是结束仿真的系统任务。所描述的激励如图 5.5-2 所示，仿真结果如图 5.5-3 所示。

时间	激励		
	a	b	sel
0	0	1	0
5	0	0	0
10	0	1	1
15	1	1	1

图 5.5-2　测试激励

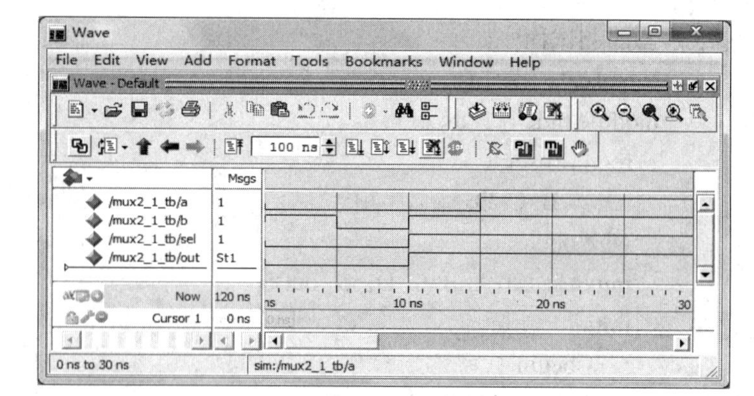

图 5.5-3　2 选 1 选择器仿真图

例 5.5-2　搭建多路选择器的仿真环境。

4 选 1 多路选择器如图 5.5-4 所示，其真值表见表 5.5-1。

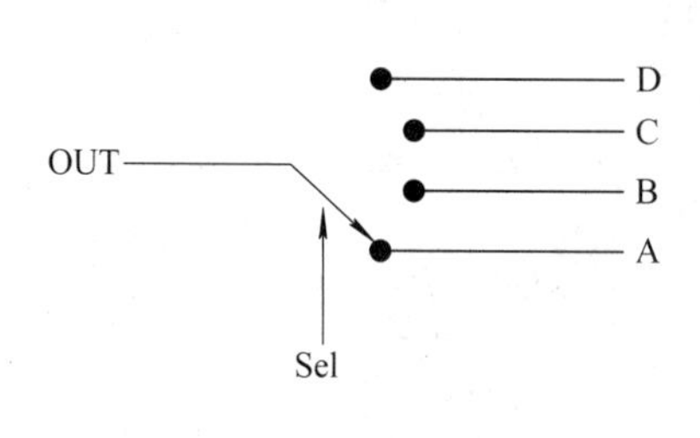

图 5.5-4　多路选择器

表 5.5-1　多路选择器真值表

sel	ABCD	out
00	0xxx	0
	1xxx	1
01	x0xx	0
	x1xx	1
10	xx0x	0
	xx1x	1
11	xxx0	0
	xxx1	1

用 Verilog HDL 编写的 4 选 1 选择器源程序代码如下：

```
module mux4_1(A, B, C, D, sel, out);
    input A, B, C, D;
    input [1:0] sel;
    output out;
    reg out;
    always@(A or B or C or D or sel)
        case(sel)
            2'b00:out=A;
            2'b01:out=B;
            2'b10:out=C;
            2'b11:out=D;
            default:out=1'bz;
        endcase
endmodule
```

编写测试平台时根据全加器的真值表，对输入信号进行设计即可。根据多路选择器的真值表编写的测试程序如下：

```
`timescale 1ns/1ns
module mux4_1_tb;
  reg [1:0]sel;
  reg A, B, C, D;
  wire out;
  mux4_1 U1(A, B, C, D, sel, out);
  initial
      begin
        sel=2'b00;
        {A, B, C, D}=4'b0xxx;
        #20 {A, B, C, D}=4'b1xxx;
        #20 sel=2'b01;
        {A, B, C, D}=4'bx0xx;
        #20 {A, B, C, D}=4'bx1xx;
        #20 sel=2'b10;
        {A, B, C, D}=4'bxx0x;
        #20 {A, B, C, D}=4'bxx1x;
        #20 sel=2'b11;
        {A, B, C, D}=4'bxxx0;
        #20 {A, B, C, D}=4'bxxx1;
      end
endmodule
```

在测试程序中，把 4 选 1 选择器的输入数据信号 A、B、C、D 和选择信号 sel 定义为 reg 型变量；把输出 out 定义为 wire 型变量；用模块实现例化语句“mux4_1 U1(A, B, C, D, sel, out);”把选择器设计电路实例化到测试仿真环境中；根据真值表用 initial 块语句改变输入的变化并生成测试条件。仿真结果如图 5.5-5 所示，与真值表相符合。

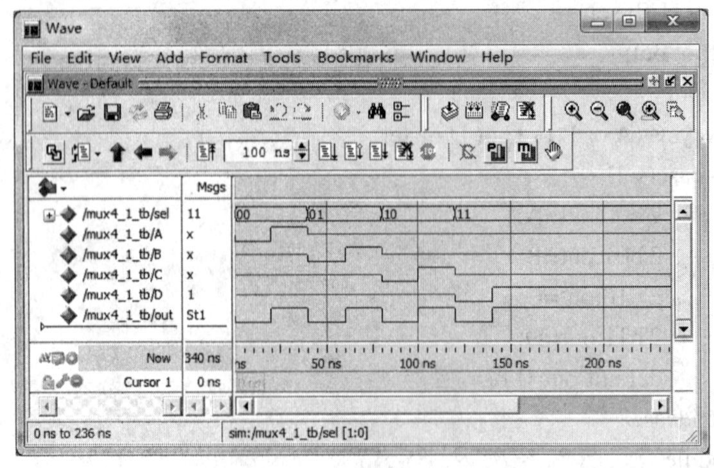

图 5.5-5 选择器仿真结果

例 5.5-3　搭建 8421BCD 码转余 3 码编码器的仿真环境。

8421BCD 码转余 3 码编码器的编码表如表 5.5-2 所示。

表 5.5-2　编　码　表

十进制数	8421BCD 码	余 3 码
0	0000	0011
1	0001	0100
2	0010	0101
3	0011	0110
4	0100	0111
5	0101	1000
6	0110	1001
7	0111	1010
8	1000	1011
9	1001	1100

用 Verilog HDL 编写的 8421BCD 码转余 3 码编码器源程序代码如下：

```
module encoder(bin, bout);
    input [3:0] bin;
    output [3:0] bout;
    wire [3:0] bout;
    assign bout=bin+2'b11;
endmodule
```

根据 8421BCD 码与余 3 码的真值表，对输入信号进行设计，编写的测试程序如下：

```
`timescale 1ns/1ns
module encoder_tb;
    reg [3:0] bin;
    wire [3:0] bout;
    encoder U1(bin, bout);
    initial
        begin
                bin=4'b0000;
          #50 bin=4'b0001;
          #50 bin=4'b0010;
          #50 bin=4'b0011;
          #50 bin=4'b0100;
          #50 bin=4'b0101;
          #50 bin=4'b0110;
          #50 bin=4'b0111;
          #50 bin=4'b1000;
```

```
        #50 bin=4'b1001;
    end
endmodule
```

仿真结果如图 5.5-6 所示，与编码表相符合。

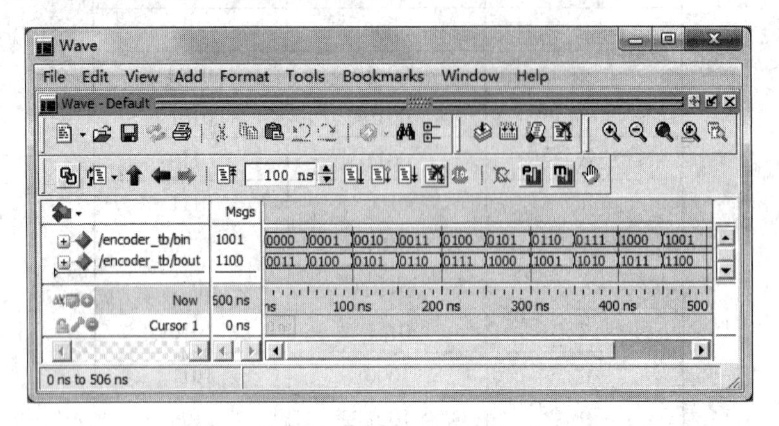

图 5.5-6 编码器的仿真结果

5.6 时序逻辑电路仿真环境的搭建

时序逻辑电路由组合逻辑电路和存储电路两部分组成，任一时刻的输出信号不仅取决于当时的输入信号，而且还取决于电路原来的状态。时序逻辑电路仿真环境的搭建要求与组合逻辑电路基本相同，主要区别在于对于组合逻辑电路，只需要把输入变化情况在 initial 语句块中编写成激励信号；对于时序逻辑电路，需要考虑时序、全局复位、置位和定时信息等信号要求，并定义这些信号，具体如下：

(1) 用 always 语句块产生周期性的方波信号作为系统时钟信号。在 always 语句块中生成时钟信号，需要在 initial 语句块中对其进行初始化，如果不设置时钟信号的初始值，则仿真时在时钟输出端只能得到未知值 x 这样一个结果。

(2) 用 initial 语句块生成复位信号和使能信号等控制信号，复位信号的有效是暂时的，否则电路无法处于正常工作状态。

(3) 生成与时钟同步的数据信号，这类数据信号的产生时间不是任意的，而是由时钟控制的，在时钟的有效边沿数据信号才更新。

例 5.6-1 搭建模 12 减法计数器的仿真环境。

用 Verilog HDL 编写的源程序代码如下：

```
module counter(clk, rst_n, en, cnt);
   input clk, rst_n, en;
   output [3:0] cnt;
   reg [3:0] cnt;
   always@(posedge clk)
       begin
```

```
        if(!rst_n) cnt<=4'b1011;
        else if(en)
          begin
            if(cnt==4'b0000) cnt<=4'b1011;
            else cnt<=cnt-4'b0001;
          end
      end
    endmodule
```

用 Verilog HDL 编写的测试程序代码如下：

```
`timescale 1ns/1ns
module counter_tb;
  reg clk, rst_n, en;
  wire[3:0]cnt;
  counter U1(clk, rst_n, en, cnt);
  always
    #50 clk=~clk;
  initial
    begin
      clk=1'b0; rst_n=1'b1; en=1'b0;
      #220 rst_n=1'b0;
      #200 en=1'b1;
      #200 rst_n=1'b1;
    end
endmodule
```

在例 5.6-1 的测试程序中，用模块实例化语句把计数模块例化到仿真环境中；用 always 语句产生周期为 100 ns 的时钟方波；用 initial 语句块对时钟信号进行初始化，生成复位信号和使能信号的测试条件并加入结束仿真的语句。复位信号只在一段时间内有效，使能到后来一直保持有效，这样电路就能处于正常工作状态。仿真结果如图 5.6-1 所示。当复位有

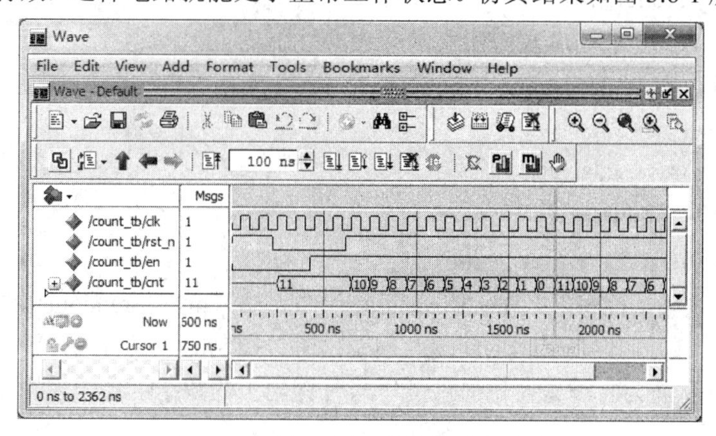

图 5.6-1　模 12 减法计数器仿真结果

效时计数器开始复位变为设置值 1011，当复位无效使能有效时，计数器在每个时钟上升沿开始进行减法计数，计数到 0000 之后又回到 1011 开始计数。

例 5-6.2　设计一个数据检测器，当检测到数据由 1 变为 0 时输出一个高脉冲，并搭建其仿真环境。

用 Verilog HDL 编写的源程序代码如下：

```
module detect(clk, rst_n, in, H2L_sig);
    input clk, rst_n, in;
    output H2L_sig;
    reg temp1;
    assign H2L_sig=temp1&(~in);
    always@(posedge clk or negedge rst_n)
        if(!rst_n)
            temp1<=1'b1;
        else
            temp1<=in;
endmodule
```

用 Verilog HDL 编写的测试程序代码如下：

```
`timescale 1ns/1ns
module detect_tb;
    reg clk, rst_n, in;
    wire H2L_sig;
    detect U1(clk, rst_n, in, H2L_sig);
    initial
        begin
            clk=1'b1;
            rst_n=1'b1;
            #10 rst_n=1'b0;
            #50 rst_n=1'b1;
        end
    always #10 clk=~clk;
    always @(posedge clk)
        in<={$random}%2;
endmodule
```

在例 5.6-2 的测试程序中，在 always 语句块中，用“in<={$random}%2;”语句重复产生随机的数据 0 或 1，但是数据的间隔时间是由时钟控制的，只有当时钟上升沿来到时，数据才被更新，从而为待测试模块提供一串与时钟同步的数据信号作为测试激励。仿真结果如图 5.6-2 所示。

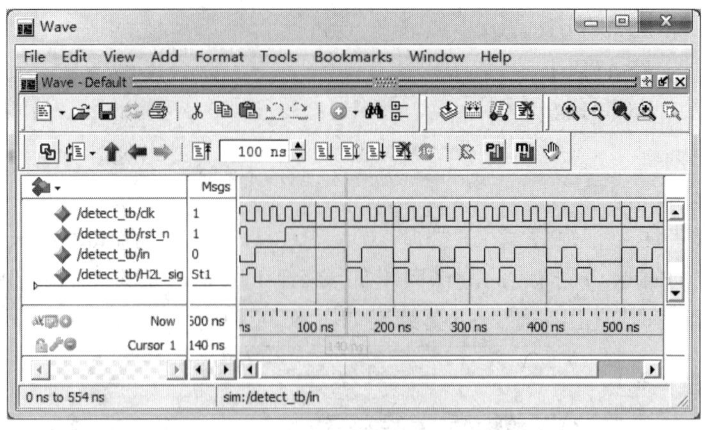

图 5.6-2　数据检测器仿真结果

5.7　测试向量的选择和覆盖率

测试向量的产生是测试问题中的一个重要的部分，只有测试向量产生得具有完备性，分析测试结果才有意义。如果有方法产生期望的结果，可以用 Verilog HDL 语言或者其他工具自动地比较期望值和实际值；如果没有简易的方法产生期望的结果，那么明智地选择测试向量，可以简化仿真的结果。当然，测试向量的产生是个在繁琐中追求特殊的情况，所以需要根据实际情况来选择测试向量。

对于输入变化较少的情况，以 2 输入与门为例进行说明。

例 5.7-1　用 Verilog HDL 语言实现 2 输入与门的设计和验证。

2 输入与门电路如图 5.7-1 所示。用 Verilog HDL 语言编写的 2 输入与门源程序代码如下：

```
module and2 (out, a, b);
    output out;
    input a, b;
    wire out, a, b;
    and (out, a, b);
endmodule
```

图 5.7-1　2 输入与门

用 Verilog HDL 语言编写的测试程序代码如下：

```
`timescale 1ns/1ns
module and2_tb;
   reg a, b;
   wire out;
   and2 U1(out, a, b);
   initial
      begin
         a=1'b0;
         b=1'b0;
```

```
        #5 b=1'b1;
        #5 a=1'b1;
        #5 b=1'b0;
    end
endmodule
```

输入信号总共有 4 种组合情况：“00、01、10、11”，可以在 initial 块中把输入变化情况全部编写成激励信号。所描述的测试向量如表 5.7-1 所示，可以看出这次的测试向量将输入的所有变化情况都描述出来了。仿真结果如图 5.7-2 所示。

表 5.7-1 测试向量

时间	激励 a	激励 b
0	0	0
5	0	1
10	1	1
15	1	0

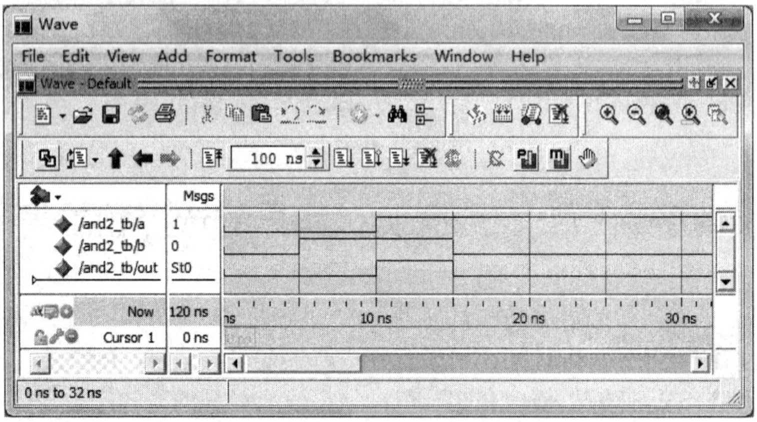

图 5.7-2 与门仿真结果

需要注意的是，不能单纯说出于完全性的考虑而简单地把所有的数据变化都作为测试条件，这样做一方面会加大工作量，费时费力，另一方面并没有实际意义。更多情况下，我们需要考虑产生典型的测试向量，使得测试向量的描述具备高效性和完备性，达到一定的代码覆盖率下完成对设计的仿真验证工作。例如对一个模 16 计数器，在进行测试向量描述时，考虑产生时钟信号和复位信号即可。

例 5.7-2 用 Verilog HDL 语言实现模 16 计数器的设计和验证。

用 Verilog HDL 语言编写的模 16 计数器源程序代码如下：

```
module count16(clk, rst_n, cnt);
  input clk, rst_n;
  output[3:0] cnt;
  reg[3:0] cnt;
  always@(posedge clk or negedge rst_n)
      if(!rst_n) cnt<=4'b0000;
      else cnt<=cnt+1'b1;
 endmodule
```

可用以下代码产生普通的时钟信号和异步复位信号作为测试激励提供给模 16 计数器：

```
`timescale 1ns/1ns
module count16_tb;
   reg clk, rst_n;
   wire [3:0]cnt;
```

```
    count16 U1(clk, rst_n, cnt);
    always #10 clk=~clk;
    initial
        begin
            clk=1'b0;
            rst_n=1'b1;
            #10 rst_n=1'b0;
            #50 rst_n=1'b1;
        end
endmodule
```

仿真结果如图 5.7-3 所示。

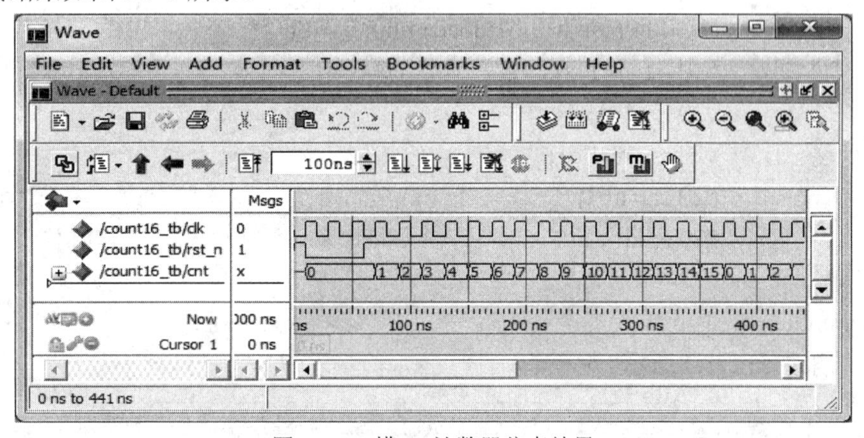

图 5.7-3　模 16 计数器仿真结果

再一种情况，在对测试向量进行描述时，只需随机给出几个数值验证设计的基本功能就可以。例如对一个 8 位的循环移位寄存器，Testbench 中是不需要把所有的 8 位数据都作为测试向量提供给移位寄存器的。

例 5.7-3　用 Verilog HDL 语言实现 8 位循环移位寄存器设计和验证。

用 Verilog HDL 编写的源程序代码如下：

```
module cycle_shifter(clk, rst_n, load, en, d, q);
   input clk, rst_n, load, en;
   input [7:0] d;
   output [7:0] q;
   reg [7:0] q;
   always@(posedge clk)
       if(!rst_n) q<=8'b00000000;
       else if(load) q<=d;
       else if(en) q<={q[6:0], q[7]};
 endmodule
```

对于移位数据的激励描述，只需要在 Testbench 中随机给出一组 8 位数据，观察移位的情况即可。用 Verilog HDL 编写的测试程序代码如下：

```
`timescale 1ns/1ns
module cycle_shifter_tb;
    reg clk, rst_n, load, en;
    reg [7:0] d;
    wire [7:0] q;
    cycle_shifterU1(clk, rst_n, load, en, d, q);
        always
            #10 clk=~clk;
        initial
            begin
                d=8'b11110000;
                clk=1'b0; rst_n=1'b1; load=1'b0; en=1'b0;
                #10 rst_n=1'b0;
                #20 load=1'b1;
                #20 rst_n=1'b1;
                #20 en=1'b1;
                #20 load=1'b0;
            end
endmodule
```

仿真结果如图 5.7-4 所示。

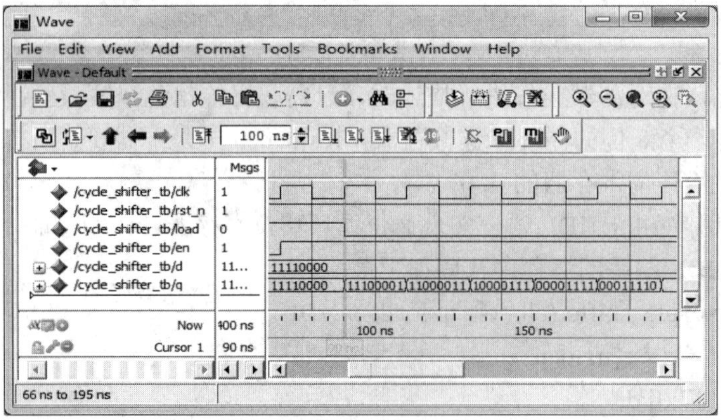

图 5.7-4　循环移位寄存器仿真结果

5.8　系统任务和函数的使用

为了便于设计者控制仿真过程以及分析、比较仿真结果，Verilog HDL 提供了内建的系统功能调用，用于将仿真结果以文本方式输出到显示器或文件中。一种是任务型的功能调用，称为系统任务；一种是函数型的功能调用，称为系统函数。这些系统任务和系统函数提供了较为广泛的使用性能，通用的 Verilog HDL 仿真工具都支持这些标准的系统任务和系统函数，加以灵活应用对于实现高效的仿真和有效的仿真分析有很大帮助。在 Verilog HDL 语言中，系统任务或系统函数是以“$”开头的标志符，它们是在语言中预先定义的任务和函数。系统任务可以没有返回值或者有多个返回值，且可以带有延迟；而系统函数只有一个返回值，在 0 时刻开始执行，不允许带有延迟。

根据实现功能的不同，在下面的若干小节中我们将描述以下几类系统任务和系统函数的具体工作行为：① 显示任务；② 文件管理任务；③ 仿真控制任务；④ 时间函数；⑤ 随机函数。

5.8.1　显示任务

显示系统任务用于信息显示和打印，这些系统任务被进一步分为显示和写任务、选通监控任务、连续监控任务。

1. 显示和写任务

$display 和$write 即显示和写任务，它们都能将仿真结果按照用户指定的格式显示出来，两者的区别在于$display 是将特定信息输出到标准输出设备，并且带有行结束符，自动换行；而$write 输出特定信息时不自动换行。

两者的语法格式如下：

```
$display("<显示格式控制>", <输出变量列表>);
$write("<显示格式控制>", <输出变量列表>);
```

显示和写任务语句可以有多个参变量，还可以分为多行。

表 5.8-1 给出了常用的显示格式控制符，表 5.8-2 给出了一些常用的转义标识符，使用这些字符可以显示输出特殊字符。

表 5.8-1　常用的显示格式控制符

输出格式	格式说明
%h 或 %H	十六进制
%d 或 %D	十进制
%o 或 %O	八进制
%b 或 %B	二进制
%c 或 %C	ASCII 码字符
%v 或 %V	线网信号强度
%m 或 %M	层次名字
%s 或 %S	字符串
%t 或 %T	当前时间格式

表 5.8-2　常用转义符

转义符	功能
\n	换行
\t	TAB 键
\\	反斜杠字符 \
\"	双引号字符 "
%%	字符 %

例 5.8-1　产生 0～15 的重复序列。

```
`timescale 1ns/1ns
module signal1;
  reg[3:0] data;
```

```
    always #10 data=data+1'b1;
    initial
        data=4'b0000;
    initial
     begin
        wait(data==4'b1111)
        $display("display: simulation time is %t", $time, "the value is %d", data);
        $write("write: simulation time is ");
        $write("%t\n", $time);
     end
endmodule
```

例 5.8-1 中重复产生 0～15 的序列 data，用$display 和$write 任务将信号 data 值为 15 时对应的仿真时间和数值输出。

由图 5.8-1 的输出结果可以看出，任务$display 和$write 在事件“data==4'b1111”第一次为真时将对应的信息输出；任务 $display 可以自动换行，而任务 $write 不能自动换行。

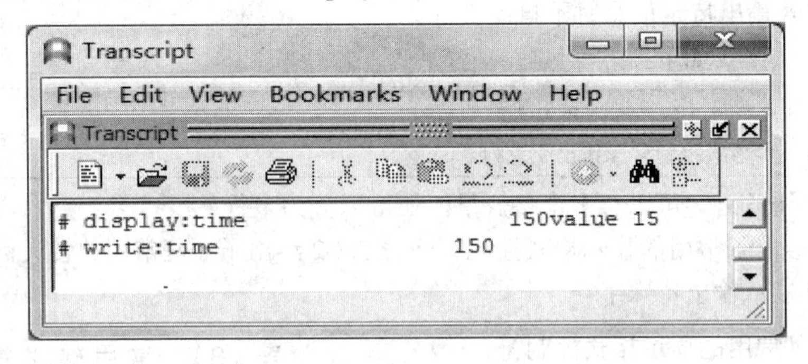

图 5.8-1 数据的显示和写

2. 选通监控任务

选通监控任务$strobe 是在指定时刻显示仿真数据，具体用于某时刻所有事件处理完后，在这个时间的结尾输出一行格式化的文本，即打印的信号的数值是当前时间点结束时的数值。其语法格式如下：

```
$strobe(<函数或信号>);
$strobe("<字符串>", <函数或信号>);
```

例 5.8-2 随机产生多组 10 位数据。

```
`timescale 1ns/1ns
module signal2;
   reg[9:0] data;
   always
     begin
        data={$random}%1024;
        #10;
```

```
    end
  always@(data)
    $strobe("the value is %b at time %t", data, $time);
endmodule
```

例 5.8-2 中每隔 10 ns 用$random 函数随机产生一组 10 位数据 data，在每次 data 发生变化时，$strobe 任务都打印 data 的值和当前仿真时间。图 5.8-2 是 data 和$time 的一些值的输出。

选通监控任务与显示任务的不同之处在于：显示任务在执行到该语句时立即执行，显示任务打印信号的数值为信号即时的数值。而选通任务的执行要推迟到当前时阶结束时进行。下面的例子有助于进一步比较这两种任务之间的不同之处。

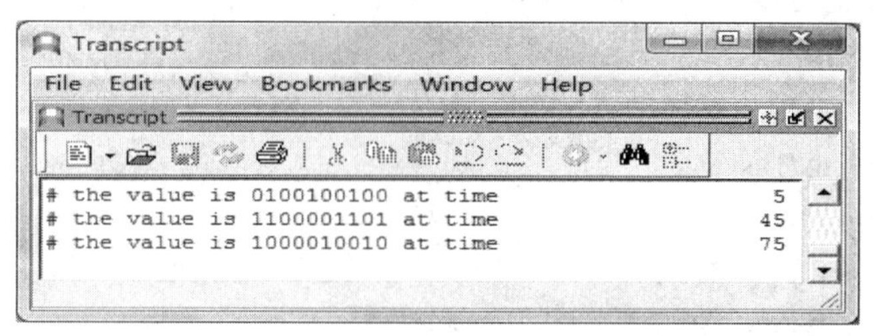

图 5.8-2　监控数据的输出结果

例 5.8-3　比较选通任务和显示任务的不同。

```
`timescale 1ns/1ns
module signal3;
  reg [3:0]a, b;
  initial
    begin
      a=4'b0000;
      $display("time %d, display:a %b, b %b", $time, a, b);
      $strobe("time %d, strobe:a %b, b %b", $time, a, b);
      a=4'b0001;
      b=4'b1001;
    end
endmodule
```

输出结果如图 5.8-3 所示。

图 5.8-3　数据的监控和显示

3. 连续监控任务

任务 $monitor 对其参数列表中的信号值进行不间断的动态监视，当其中的任何一个发生变化时，显示所有参数的数值。与$display 不同，$monitor 只需调用一次即可在整个仿真过程生效。若源程序中多次调用 $monitor，则前面的调用会被覆盖，只有最后一次调用生效。其语法格式如下：

```
$monitor("<格式控制>", <输出变量列表>);
```

可以看出，$monitor 和 $display 的语法格式相同，因而其参数列表中输出控制格式字符串和输出列表的规则可参照 $display 部分。任务 $monitor 提供了监控和输出参数列表中的表达式或变量值的功能。在 $monitor 中，参数可以是 $time 系统函数。这样参数列表中变量或表达式的值同时发生变化的时刻可以通过标明同一时刻的多行输出来显示。如：

```
$monitor($time, , "rxd=%b txd=%b", rxd, txd);
```

在 $display 中也可以这样使用。注意在上面的语句中，“, , ”代表一个空参数。空参数在输出时显示为空格。

例 5.8-4 监控时钟和复位信号的变化情况。

```
`timescale 1ns/1ns
module signal4;
   reg clk, rst_n;
   always #10 clk=~clk;
   initial
     begin
       clk=1'b0;
       rst_n=1'b1;
       #20 rst_n=0;
       #50 rst_n=1'b1;
     end
   initial $monitor($time, , "value of clk=%d rst_n=%d", clk, rst_n);
endmodule
```

程序中任务 $monitor 对时钟信号和复位信号都进行不间断的动态监视，信号的每次变化都会被监视并加以输出显示，而且只要任何一个发生变化，就会显示两个信号的数值。

图 5.8-4 是 clk、rst_n 发生变化时的一些输出结果显示。

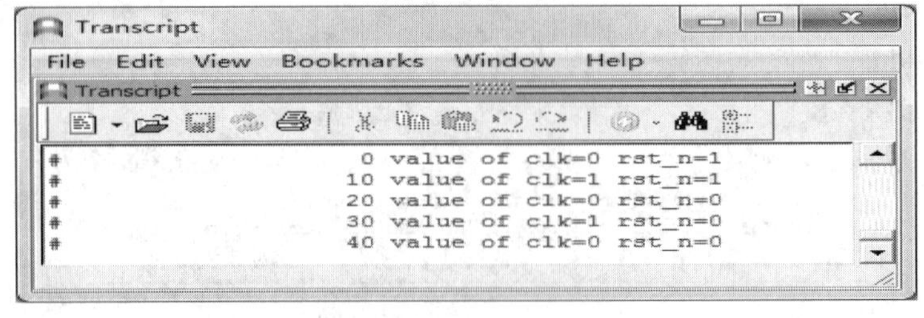

图 5.8-4 监控信号的输出结果

5.8.2 文件管理任务

系统任务 $readmemb 和 $readmemh 用来从文件中读取数据到指定的存储器中，可以在仿真的任何时刻执行。被读取的文件中只能包含空白位置、注释行、二进制或十六进制的数字。其区别在于，对于 $readmemb 任务，每个数字必须是二进制数字，对于 $readmemh 任务，每个数字必须是十六进制数字。

其语法格式如下：

```
$readmemb("<数据文件名>", <存储器名>);
$readmemb("<数据文件名>", <存储器名>, <起始地址>);
$readmemb("<数据文件名>", <存储器名>, <起始地址>, <结束地址>);
```

$readmemh 的语法格式与$readmemb 相同。

```
$readmemh("<数据文件名>", <存储器名>);
$readmemh("<数据文件名>", <存储器名>, <起始地址>);
$readmemh("<数据文件名>", <存储器名>, <起始地址>, <结束地址>);
```

当执行系统任务时，读取的每个数字都被分配到存储器的相应地址中。开始地址对应于存储器最左边的索引。

现有一数据文件 test.txt，可通过这类系统任务将其读入到存储器中：

```
reg [7:0] mem[127:0];          //定义一个有 128 个 8 位寄存器的存储器 men
initial
    $readmemb("test.txt", mem);  //读取的每个数字都被分配到从 0 开始到 127 的存储单元
```

在系统任务的调用中也可以明确指定地址，例如：

```
$readmemb("test.txt", mem, 20, 50); //从文件中读取的第 1 个数字被存储在地址 20 中，下一
                                    //个数字存储在地址 21 中，依此类推，后续的数字从
                                    //指定地址开始向后加载，直到地址 50。
```

例 5.8-5　读取数据文件 exb.txt 和 exh.txt。

用 @<address> 在数据文件 exb.txt 和 exh.txt 中指定十六进制地址，exb.txt 中的数据用二进制表示，exh.txt 中的数据用十六进制表示。

exb.txt 文件：

```
@0 1010_1111
   1011_0000
   0000_1100
@F 1010_1110
@8 0000_1100
   0100_1100
```

在第 0、1、2、15、8、9 位地址存放有二进制数据。

exb.txt 文件：

```
@2   1A
@3   11
DD
@A   FF
 00
```

在第 2、3、4、10、11 位地址存放有十六进制数据。

用 Verilog HDL 语言调用系统任务$readmemb 和$readmemh 读取文件中的数据，可用以下代码实现：

```
`timescale 1ns/1ns
module readmem_tb;
  reg clk;
  reg [3:0] raddr;
  reg [7:0] rdatab;
  reg [7:0] rdatah;
  reg [7:0] memb[15:0];
  reg [7:0] memh[15:0];
  initial
      begin
          clk=1'b0;
          raddr=4'b0000;
          rdatab=8'b0000_0000;
          rdatah=8'b0000_0000;
          $readmemb("exb.txt", memb);
          $readmemh("exh.txt", memh);
        end
    always #10 clk=~clk;
    always@(posedge clk)
      begin
        rdatab<=memb[raddr];
        rdatah<=memh[raddr];
        raddr<=#3 raddr+1'b1;
      end
endmodule
```

仿真结果如图 5.8-5 所示。

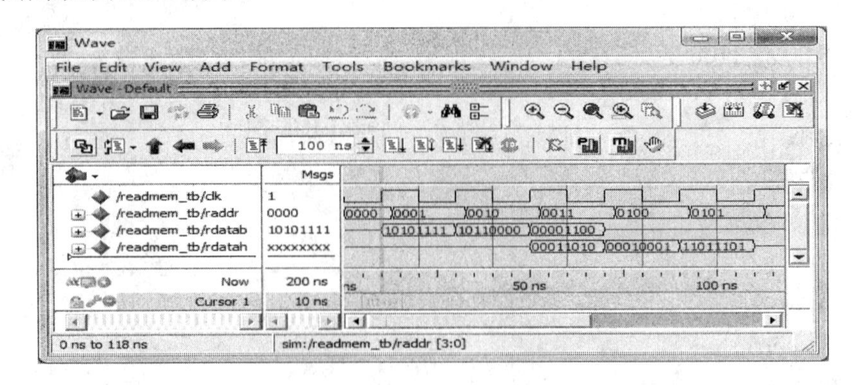

图 5.8-5　数据文件读取结果

5.8.3　仿真控制任务

系统任务 $finish 和 $stop 用于对仿真过程进行控制。

任务$finish 的作用是退出仿真器，回到主操作系统，也就是结束仿真过程，将控制权返回给操作系统。$finish 可以带参数，根据参数值(0、1 或 2)的不同，输出不同的特征信息，含义如下：

0：不输出任何信息；

1：输出当前仿真时刻和位置；

2：输出当前仿真时刻、位置和在仿真过程中所用的 Memory 及 CPU 时间的统计。

如果不带参数则默认 $finish 的参数值为 1。

其语法格式如下：

```
$finish;
$finish(n);
```

其中，n 是参数，可以取 0、1 或 2。

任务$stop 的作用是中断仿真过程，把 EDA 工具置为暂停模式，在仿真环境下给出一个交互式的命令提示符。$stop 可以带参数表达式，根据参数值(0、1 或 2)的不同，输出不同的特征信息，其语法格式如下：

```
$stop;
$stop(n);
```

其中，n 是参数，可以取 0、1 或 2。

例 5.8-6　$finish 语句应用实例。

```
`timescale 1ns/1ns
module finish_tb;
   reg clk;
   always
   #5 clk=~clk;
   initial
     begin
       clk=1'b0;
       #21 $finish;
     end
endmodule
```

例 5.8-6 中，程序执行到 21 ns 时刻处退出仿真器。

例 5.8-7　$stop 语句应用实例。

```
`timescale 1ns/1ns
module stop_tb;
   reg clk;
```

```
    always
    #5 clk=~clk;
    initial
     begin
        clk=1'b0;
        #21 $stop;
     end
endmodule
```

例 5.8-7 中，程序执行到 21 ns 时刻处暂停仿真。

5.8.4 时间函数

在 Verilog HDL 中有两种类型的时间系统函数：$time 和 $realtime。

利用 $time 和 $realtime 可以得到当前的仿真时刻，这两个函数被调用时，都返回当前仿真时刻值。只是 $time 返回一个 64 位的整数来表示当前仿真时刻值，该时刻是以模块的开始仿真时间为基准的。$realtime 返回的时间数字是一个实型数，该数字也是以时间尺度为基准的。

1. 系统任务 $time

$time 任务返回一个 64 位的整型模拟时间值，其数值由调用模块中的 `timescale 语句指定，下面给出一个 $time 任务应用实例。

例 5.8-8 $time 任务应用实例。

```
`timescale 10ns/1ns
module time_tb;
   reg a;
   parameter delay=1.3;
   initial
      begin
         # delay a=1'b1;
         # delay a=1'b0;
         # delay a=1'b1;
      end
   initial $monitor($time, , "time, a=%b", a);
endmodule
```

在模块中，“`timescale 10ns/1ns”语句定义了时间单位是 10 ns，并且时间精度是 1 ns。在 initial 过程块内的赋值语句原本是在 13 ns 时刻处将寄存器 a 的数值设置为 1，在 26 ns 时刻处将寄存器 a 的数值修改为 0，在 39 ns 时刻处再将寄存器 a 的数值设置为 1。由图 5.8-6 的仿真结果可以看出，$time 任务返回的时间值与预想的存在差异，这是因为 $time 输出的时刻总是仿真时间单位的整数倍，所有的小数都需要进行四舍五入的取整操作，而仿真时间精度并不影响输出时刻的取整操作，图中的时间以 10 ns 为单位。

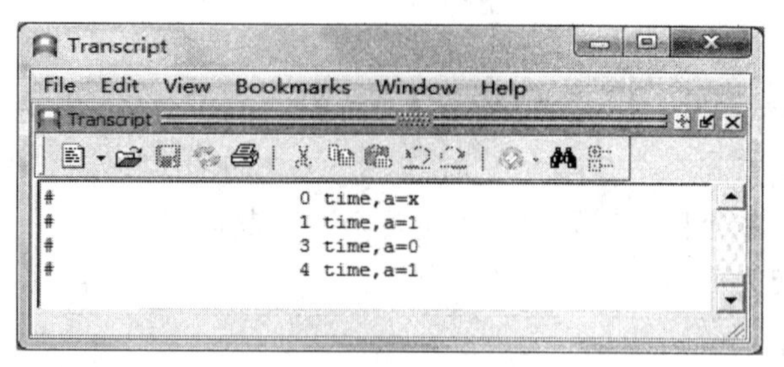

图 5.8-6 $time 系统任务仿真结果

2. 系统任务$realtime

$realtime 和 $time 的作用相同，只是 $realtime 返回的时间数字是一个实型数，其数值也是由调用模块中的 `timescale 语句指定，下面给出一个 $realtime 任务应用实例。

例 5.8-9 $realtime 任务应用实例。

```
`timescale 10ns/1ns
module realtime_tb;
  reg a;
  parameter delay=1.3;
  initial
    begin
      # delay a=1'b1;
      # delay a=1'b0;
      # delay a=1'b1;
    end
  initial $monitor($realtime, , "time, a=%b", a);
endmodule
```

例 5.8-9 和例 5.8-8 类似，只是用 $realtime 替换掉 $time，仿真结果如图 5.8-7 所示，可以看出，$realtime 将仿真时间经过尺度变换后输出，返回的是一个实数，没有进行取整操作，图中的时间以 10 ns 为单位。

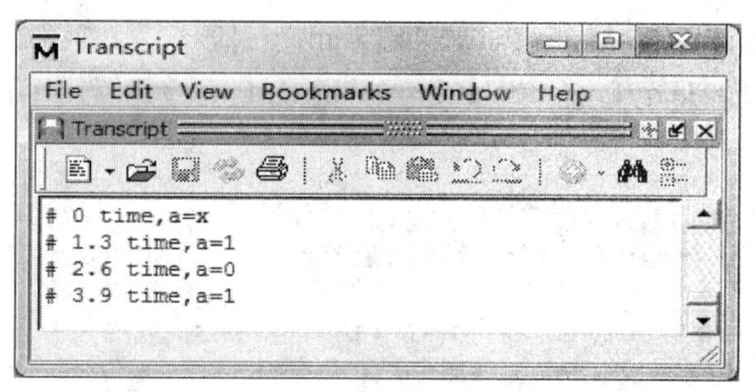

图 5.8-7 $realtime 系统任务仿真结果

5.8.5 随机函数

系统函数$random 提供了一个产生随机数的手段，当函数被调用时返回一个 32 位的有符号整数形式的随机数。其语法如下：

```
$random%b
```

其中 b > 0。如果省略数值，则执行该任务将返回一个 32 位的等概率有符号随机数，如果给出具体的数值，则返回一个范围在 1 – b 到 b – 1 之间的等概率随机数。

由于位拼接操作符“{}”返回的是无符号数，因此可以利用这一点将函数 $random 返回的有符号整数变换为无符号数。其语法如下：

```
{$random}%b
```

其中 b > 0。通过位拼接操作产生范围在 0 到 b – 1 之间的随机数。

例 5.8-10 通过$random 生成宽度随机的脉冲序列。

```
`timescale 1ns/1ns
module random_tb;
    reg clk;
    integer delay1, delay2;
    initial
        begin
            clk=1'b0;
            repeat(10)
            begin
              delay1=10*({$random}%5);
              delay2=10*(1+{$random}%3);
              #delay1 clk=1'b1;
              #delay2 clk=1'b0;
            end
        end
endmodule
```

例 5.8-10 中，$random 语句有效产生了宽度随机的脉冲序列的测试信号，达到了设计要求，仿真结果如图 5.8-8 所示。程序中 num 为循环的次数，每次循环产生随机脉冲信号的高电平持续时间 delay2 由“delay2=10*(1+{$random}%3);”语句确定，在 10～30 ns 间变化，低电平的持续时间 delay1 由“delay1=10*({$random}%5);”语句确定，在 0～40 ns 间变化。

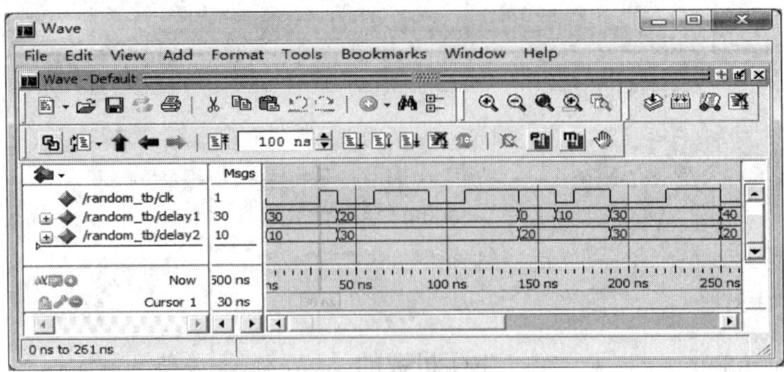

图 5.8-8 宽度随机的脉冲序列

5.9　编译预处理语句

编译预处理是 Verilog HDL 编译系统的一个组成部分，指编译系统会对一些特殊命令进行预处理，然后将预处理结果和源程序一起再进行通常的编译处理。以“ ` ”(反引号)开始的某些标识符是编译预处理语句。在 Verilog HDL 语言编译时，特定的编译器指令在整个编译过程中有效(编译过程可跨越多个文件)，直到遇到其他的不同编译程序指令。常用的编译预处理命令如下：

(1) `define，`undef；

(2) `include；

(3) `timescale；

(4) `ifdef，`else，`endif；

(5) `default_nettype；

(6) `resetall；

(7) `unconnect_drive，`nounconnected_drive；

(8) `celldefine，`endcelldefine。

5.9.1　宏定义

`define 指令是一个宏定义命令，通过一个指定的标识符来代表一个字符串，可以增加 Verilog HDL 代码的可读性和可维护性，找出参数或函数不正确或不允许的地方。

`define 指令如同 C 语言中的 #define 指令，可以在模块的内部或外部定义，编译器在编译过程中，遇到该语句将把宏文本替换为宏的名字。`define 的声明语法格式如下：

```
`define<macro_name><Text>
```

对于已声明的语法，在代码中的应用格式如下(不要漏掉宏名称前的“ ` ”)：

```
`macro_name
```

例如：

```
`define MAX_BUS_SIZE 32
⋮
reg [`MAX_BUS_SIZE – 1:0] AddReg;
```

一旦`define 指令被编译，其在整个编译过程中都有效。例如，通过另一个文件中的`define 指令 MAX_BUS_SIZE 能被多个文件使用。

`undef 指令取消前面定义的宏。例如：

```
`define    WORD 16        //建立一个文本宏替代
⋮
wire [`WORD : 1]Bus;
⋮
`undef    WORD            //在`undef 编译指令后，WORD 的宏定义不再有效
```

宏定义指令的注意事项：

(1) 宏定义的名称可以是大写，也可以是小写，但要注意不要和变量名重复。

(2) 和所有编译器伪指令一样，宏定义在超过单个文件边界时仍有效(对工程中的其他源文件)，除非被后面的 `define，`undef 或 `resetall 伪指令覆盖，否则 `define 不受范围限制。

(3) 当用变量定义宏时，变量可以在宏正文使用，并且在使用宏的时候可以用实际的变量表达式代替。

(4) 通过用反斜杠"\"转义中间换行符，宏定义可以跨越，新的行是宏正文的一部分。

(5) 宏定义行末不需要添加分号表示结束。

(6) 宏正文不能分离的语言记号包括注释、数字、字符串、保留的关键字、运算符。

(7) 编译器伪指令不允许作为宏的名字。

(8) 宏定义中的文本也可以是一个表达式，并不仅用于变量名称替换。

`define 和 parameter 是有区别的，`define 和 parameter 都可以用于完成文本替换，但其存在本质上的不同，前者是编译之前就预处理，而后者是在正常编译过程中完成替换的。此外，`define 和 parameter 存在下列两点不同之处：

(1) 作用域不同。parameter 作用于声明的那个文件；`define 从编译器读到这条指令开始到编译结束都有效，或者遇到 `undef 命令使之失效，可以应用于整个工程。如果要让 parameter 作用于整个项目，可以将声明语句写于单独文件，并用 `include 让每个文件都包含声明文件。

`define 也可以写在代码的任何位置，而 parameter 则必须在应用之前定义。通常编译器都可以定义编译顺序，或者从最底层模块开始编译，因此 `define 写在最底层就可以了。

(2) 传递功能不同。parameter 可以用作模块例化时的参数传递，实现参数化调用；`define 语句则没有此作用。`define 语句可以定义表达式，而 parameter 只能用于定义变量。

例 5.9-1 `define 使用例程。

```
module define_demo(clk, a, b, c, d, q);
    `define bsize 9
    `define c a+b
    input clk;
    input [`bsize:0] a, b, c, d;
    output [`bsize:0] q;
    reg [`bsize:0] q;
    always @(posedge clk)
        begin
            q<=`c+d;
        end
endmodule
```

5.9.2 文件包含处理

所谓"文件包含处理"是一个源文件可以将另外一个源文件的全部内容包含进来，

即将另外的文件包含到本文件之中。Verilog HDL 语言提供了 `include 命令用来实现“文件包含处理”的操作。其一般形式如下：

```
include "文件名"
```

图 5.9-1 表示“文件包含”的含意，图(a)为文件 File1.v，它有一个 `include "File2.v" 命令，然后还有其他的内容(以 A 表示)；图(b)为另一个文件 File2.v，文件的内容以 B 表示。在编译预处理时，要对 `include 命令进行“文件包含”预处理：将 File2.v 的全部内容复制插入到 `include "File2.v" 命令出现的地方，即 File2.v 被包含到 File1.v 中，得到图(c)所示的结果。再接着往下进行的编译中，将“包含”以后的 File1.v 作为一个源文件单位进行编译。

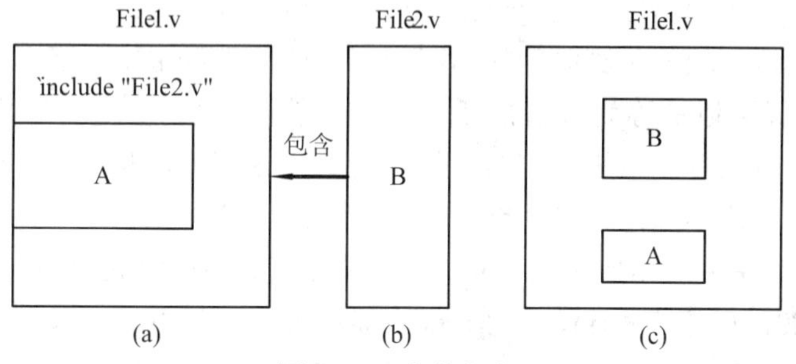

图 5.9-1　文件包含

“文件包含”命令是很有用的，它可以节省程序设计人员的重复劳动。可以将一些常用的宏定义命令或任务(task)组成一个文件，然后用 `include 命令将这些宏定义包含到自己所写的源文件中，相当于工业上的标准元件拿来使用。另外在编写 Verilog HDL 源文件时，一个源文件可能经常要用到另外几个源文件中的模块，遇到这种情况即可用 `include 命令将所需模块的源文件包含进来。

例 5.9-2　“文件包含”使用例程。

文件 a1.v：

```
module aaa(a, b, out);
   input a, b;
   output out;
   wire out;
   assign out = a^b;
endmodule
```

文件 b1.v：

```
include "a1.v"
module b1(c, d, e, out);
   input c, d, e;
   output out;
   wire out_a;
   wire out;
   a1 U1(.a(c), .b(d), .out(out_a));
   assign out=e&out_a;
endmodule
```

在例 5.9-2 中，文件 b1.v 用到了文件 a1.v 中的模块 a1 的实例器件，通过“文件包含”处理来调用。模块 a1 实际上是作为模块 b1 的子模块被调用的。

5.9.3 仿真时间标度

`timescale 命令用来说明跟在该命令后的模块的时间单位和时间精度。`timescale 命令的格式如下：

```
`timescale<时间单位>/<时间精度>
```

在这条命令中，时间单位参量用来定义模块中仿真时间和延迟时间的基准单位；时间精度参量用来声明该模块的仿真时间的精确程度，该参量被用来对延迟时间值进行取整操作(仿真前)，因此又可以被称为取整精度。如果在同一个程序设计里，存在多个`timescale 命令，则用最小的时间精度值来决定仿真的时间单位。另外，时间精度至少要和时间单位一样精确，时间精度值不能大于时间单位值。

在 `timescale 命令中，用于说明时间单位和时间精度参量值的数字必须是整数，其有效数字为 1、10、100，单位为秒(s)、毫秒(ms)、微秒(μs)、纳秒(ns)、皮秒(ps)、飞秒(fs)。下面举例说明 `timescale 命令的用法。

例 5.9-3 仿真时间标度举例。

(1) `timescale 1ns/1ps

表示模块中所有的时间值均为 1 ns 的整数倍。这是因为在 `timescale 命令中，定义了时间单位是 1 ns，定义时间精度为 1 ps，块中的延迟时间可表达为带三位小数的实型数。

(2) `timescale 10μs/100ns

表示模块中的时间值均为 10 μs 的整数倍。`timesacle 命令定义的时间单位是 10 μs。延迟时间的最小分辨度为十分之一微秒(100 ns)，即延迟时间可表达为带一位小数的实型数。

(3)

```
`timescale 10ns/1ns
module  delay_tb;
    reg   set;
    parameter   d=1.55;
    initial
        begin
            #d set=0;
            #d set=1;
        end
endmodule
```

该例中，`timescale 命令定义了模块 delay_tb 的时间单位为 10 ns、时间精度为 1 ns。因此在此测试模块中，所有的时间值应为 10 ns 的整数倍，且以 1 ns 为时间精度。这样经过取整操作，存在参数 d 中的延迟时间实际是 16 ns(即 1.6 × 10 ns)，这意味着在仿真时刻为 16 ns 时寄存器 set 被赋值 0，在仿真时刻为 32 ns 时寄存器 set 被赋值 1。

5.9.4　条件编译

一般情况下，Verilog HDL 源程序中所有的行都将参加编译。但有时希望对其中的一部分内容只有在满足条件时才进行编译，也就是对一部分内容指定编译的条件，这就是“条件编译”。也就是说，当满足条件时对一组语句进行编译，而当条件不满足时则编译另一部分。

条件编译命令有以下几种形式。

形式 1：

```
`ifdef 宏名 (标识符)
程序段 1
`else
程序段 2
`endif
```

作用：若“宏名”已经被定义过(用 `define 命令定义)，则对程序段 1 进行编译，程序段 2 将被忽略；否则编译程序段 2，程序段 1 被忽略。其中 `else 部分可以没有，即成为形式 2。

形式 2：

```
`ifdef 宏名 (标识符)
程序段 1
`endif
```

这里，“宏名”是一个 Verilog HDL 的标识符，“程序段”可以是 Verilog HDL 语句组，也可以是命令行，这些命令可以出现在源程序的任何地方。

注意：被忽略掉不进行编译的程序段部分也要符合 Verilog HDL 程序的语法规则。

通常在 Verilog HDL 程序中用到 `ifdef、`else、`endif 编译命令的情况有以下几种：

(1) 选择一个模块的不同代表部分。

(2) 选择不同的时序或结构信息。

(3) 对不同的 EDA 工具，选择不同的激励。

5.9.5　其他语句

除了上述常用的编译预处理语句外，Verilog HDL 语言还包括其他的预处理语句，但由于其应用范围并不广泛，因此这里只进行简单介绍。

(1) `default_nettype 语句。

`default_nettype 为隐式线网类型，也就是将那些未被说明的连线类型定义为线网类型。例如：

```
`default_nettype wand
```

该例定义的默认的线网为线与类型。因此，如果在此指令后面的任何模块中有未说明的连线，那么该线网被假定为线与类型。

(2) `resetall 语句。

`resetall 编译器指令将所有的编译指令重新设置为默认值。

(3) `unconnected_drive 语句。

在模块实例化中，将出现在`unconnected_drive 和`nounconnected_drive 两个编译器指令间的任何未连接的输入端口设置为正偏电路状态或反偏电路状态。例如：

```
`unconnect_drive pull1
//这两个程序指令间所有未连接的输入端口为正偏电路状态(连接到高电平)
`nounconnected_drive
`unconnected_drive pull0
//这两个程序指令间所有未连接的输入端口为反偏电路状态(连接到低电平)
`nounconected_drive
```

(4) `celldefine 语句。

`celldefine 和`endcelldefine 这两个程序指令用于将模块标记为单元模块，表示包含模块定义。例如：

```
`celldefine
module FD1S3AX(D, CK, Z);
⋮
endmodule
`endcelldefine
```

5.10 路径延迟和参数

在数字集成电路中存在信号的传播延迟，由于逻辑门的容性负载特性，输入信号发生变化后要经过一段延迟，输出信号才会响应，这个时延就是传播延迟，它决定了数字电路的最高工作频率。

与之相应，在 Verilog HDL 中可对模块中的某一指定的路径进行延迟定义，将该延迟称为模块路径延迟，这一路径连接模块输入和输出引脚。在调用基本门级元件时，可以在调用语句中加入“门级延时说明”，实现对元件实例输入输出端口之间的传输延时量的说明。但是对于由用户自己定义设计的模块，如果要对模块的输入输出端口的延时关系进行说明，则需要利用延迟说明块在一个独立的块结构中定义模块的延时。

5.10.1 门级元器件延迟说明

信号从逻辑门的输入到输出的传输延迟可以通过门延迟来定义，实例引用带延迟参数的门级元件的语法格式为

```
<门级元件名> #<门级延时量><实例名>(<端口连接表>);
```

其中，#<门级延时量>这一项规定了门的延迟，说明了信号从门级元件的输入端流动到输出端所经历的时间长度。若这一项缺省，则默认延迟量为 0。

例 5.10-1 图 5.10-1 为基于门级元件的 1 位全加器，用 Verilog HDL 语言编码实现。

```
`timescale 1ns/1ns
```

```
module adder(a, b, c, so, co);
    input a, b, c;
    output so, co;
    wire w1, w2, w3;
    xor #4(w1, a, b);
    xor #4(so, w1, c);
    and #2(w2, a, b);
    and #2(w3, w1, c);
    or #2(co, w2, w3);
endmodule
```

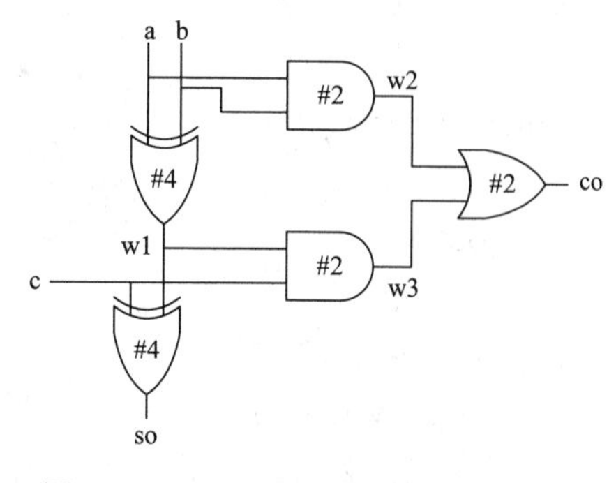

图 5.10-1　基于门级元件的 1 位全加器

例 5.10-1 描述的 1 位全加器模块中，异或门的延时量为 4 ns，与门的延时量为 2 ns，或门的延时量为 2 ns，各个实例之间的连接关系由各条门级元件实例化语句内的端口连接共同决定。仿真结果如图 5.10-2 所示。

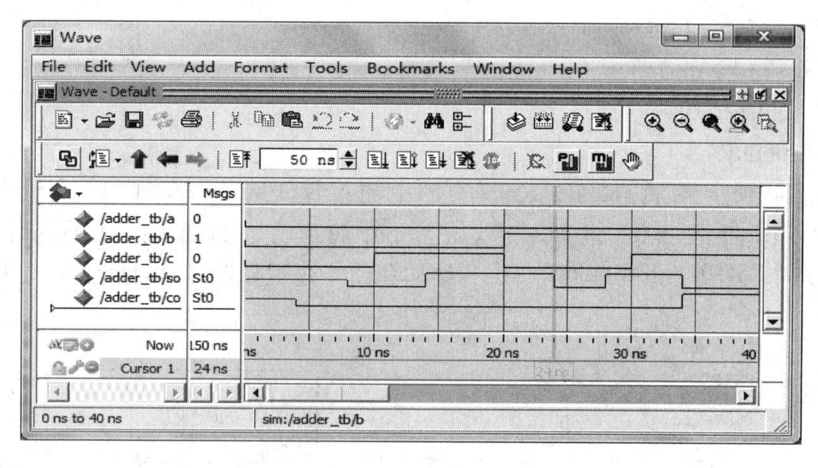

图 5.10-2　带门延时的全加器仿真结果

5.10.2　延迟说明块

对模块的输入输出端口的延时关系进行说明，则需要利用延迟说明块在一个独立的块结构中定义模块的延时。

延迟说明块在关键字 specify 和 endspecify 之间描述模块中的不同路径并给这些路径延迟赋值，关键字之间的语句组成 specify 块，即指定块。注意，延迟说明块既可以出现在行为描述模块内，也可以出现在结构描述模块内。延迟说明块是模块内部的一个独立结构成分，它与过程块、任务、函数、连续赋值语句、模块实例语句、基本元件实例语句这些结构成分是并列的。

specify 块包含以下内容：

(1) 描述模块路径，把延迟赋给这些路径。

(2) 在电路中进行时序检查，确保模块输入端口上发生的事件满足模块的时序约束。

(3) 用 specparam 语句对一些代表延迟量的延迟参数进行定义。

例 5.10-2 包含延迟说明块的模块。

```
`timescale 1ns/1ns
module specify1(a, b, c, d, out);
    input a, b, c, d;
    output out;
    wire out;
    wire w1, w2;
    or U1(w1, a, b);
    or U2(w2, c, d);
    and U3(out, w1, w2);
    specify
        (a=>out)=3;
        (b=>out)=2;
        (c=>out)=1;
        (d=>out)=3;
    endspecify
endmodule
```

在例 5.10-2 中，模块 specify_block 有四个输入端口 a、b、c、d 和一个输出端口 out，实现的是“out=(a|b)&(c|d)”运算，定义 a 到 out 的延迟为 3，b 到 out 的延迟为 2，c 到 out 的延迟为 1，d 到 out 的延迟为 3。其结构和路径延迟如图 5.10-3 所示，仿真结果如图 5.10-4 所示。

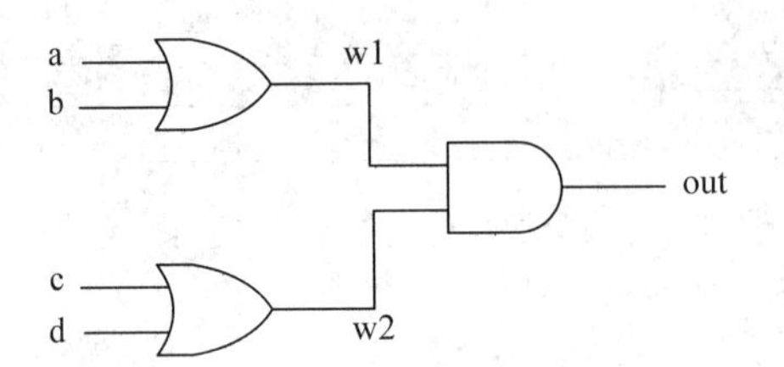

路径	延迟
a-w1-out	3
b-w1-out	2
c-w2-out	1
d-w2-out	3

图 5.10-3 模块路径延迟

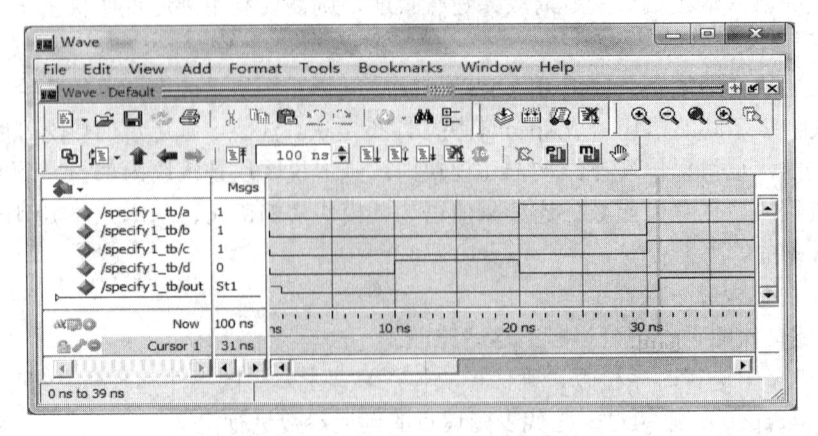

图 5.10-4 带路径延迟的电路仿真结果

5.10.3　延迟参数的定义

specparam 声明语句可以在 specify 块中对一些代表延时量的延迟参数进行定义。一般情况下，不直接使用数值定义引脚到引脚之间的延迟，而是使用 specparam 语句定义延迟参数，然后在 specify 块中使用这些参数。因此，就算电路的时序说明改变了，用户只需要对 specify 参数值进行改变，而不需要逐个修改每条路径的延迟值。

specparam 语句只能在 specify 块中出现，只能定义延迟参数，定义的延迟参数只能在 specify 块中使用。

例 5.10-1 中的延迟说明块可以用 specparam 语句重新编写：

```
specify
specparam a_out=3, b_out=2, c_out=1, d_out=3;
    (a=>out)=a_out;
    (b=>out)=b_out;
    (c=>out)=c_out;
    (d=>out)=d_out;
endspecify
```

specparam 语句的格式和作用都类似于 parameter 参数说明语句，但两者又有不同：

(1) specparam 语句只能在延迟说明块(specify 块)中出现；而 parameter 语句则不能在延迟说明块内出现。

(2) 由 specparam 语句进行定义的参数只能是延迟参数；而由 parameter 语句定义的参数可以是任何数据类型的常数参数。

(3) 由 specparam 语句定义的延迟参数只能在延迟说明块内使用；而 parameter 语句定义的参数则可以在模块内的任意位置处使用。

5.10.4　路径延迟的设置

设置模块路径延迟需要两步，首先描述模块路径，然后把延迟赋给这些路径。

模块路径的描述有如下要求：

(1) 源信号应该是模块的输入或输入/输出端口，可以是标量和矢量的任意组合。

(2) 目的信号应该是模块的输出或输入/输出端口，可以是标量和矢量的任意组合。

(3) 目的信号应该只能被一个驱动源驱动。

模块路径的延迟赋值原则如下：

(1) 左侧是模块路径描述，右侧是一个或多个延迟值。

(2) 延迟值可以放在一个括号内。

(3) 延迟值可以是常数，也可以是 specparam 参数；可以是一个数值，也可以是表示“min:typ:max”的三元组。

(4) 路径延迟与信号转换的关系，可以指定 1、2、3、6 或 12 个延迟值。

模块路径延迟的描述方式有并行连接和全连接两种。并行连接和全连接的区别如图 5.10-5 所示。

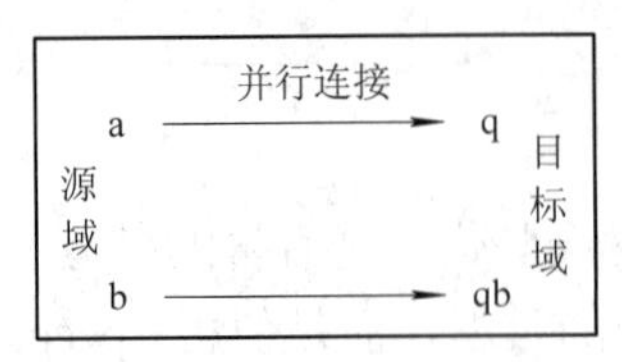

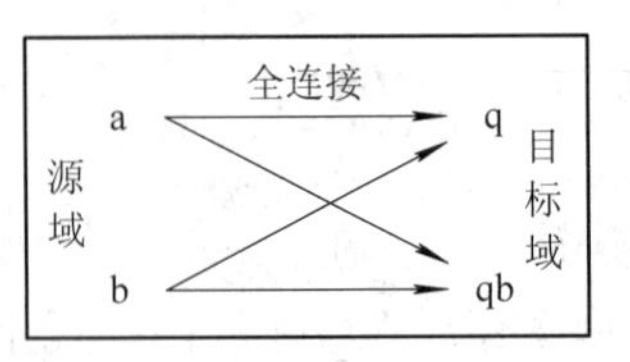

图 5.10-5　并行连接和全连接的区别

1. 并行连接

在 specify 块中，用“=>”表示并行连接，其语法格式如下：

```
(<source_field>=><destination_field>)=<delay_value>;
```

在并行连接中，源域中的每一位与目标域中相应的位连接。如果源域和目标域是向量，必须有相同的位数，否则会出现不匹配的问题。并行连接描述了源域的每一位到目标域的每一位之间的延迟。

例 5.10-3　并行连接定义延迟示例。

```
`timescale 1ns/1ns
module parllel(a, b, c, co, sum);
   input a, b, c;
   output co, sum;
   wire co, sum;
   assign {co, sum}=a+b+c;
   specify
         (a=>sum)=5;
         (b=>sum)=5;
         (c=>sum)=3;
         (a=>co)=5;
         (b=>co)=5;
         (c=>co)=3;
   endspecify
endmodule
```

本例中实现的是 1 位全加器，加数 a、被加数 b、进位输入 c、进位输出 co 和 sum，定义 a、b 到 co、sum 的延迟都为 5，c 到 co、sum 的延迟都为 3。仿真结果如图 5.10-6 所示。

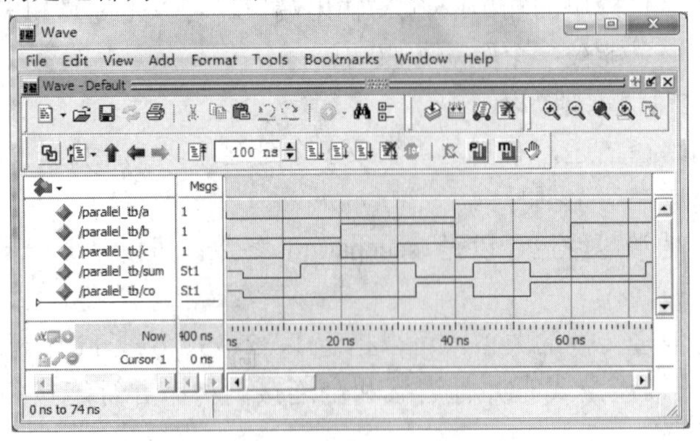

图 5.10-6　并行连接方式下带路径延迟的全加器仿真结果

2. 全连接

在 specify 块中，用“*>”表示并行连接，其语法格式如下：

```
(<source_field>*><destination_field>)=<delay_value>;
```

在连接中，源域中的每一位与目标域中每一位相连接。如果源域和目标域是向量，它们的位数不必相同。全连接描述了源域中的每一位和目标域中的每一位之间的延迟。

例如：

```
(a, b, c*>q1, q2)=10;
```

实际等价于

```
(a=>q1)=10;
(b=>q1)=10;
(c=>q1)=10;
(a=>q2)=10;
(b=>q2)=10;
(c=>q2)=10;
```

例 5.10-4　全连接定义延迟示例。

```
`timescale 1ns/1ns
module full(a, b, c, co, sum);
   input a, b, c;
   output co, sum;
   wire co, sum;
   assign {co, sum}=a+b+c;
   specify
         (a, b*>sum, co)=5;
         (c*>sum, co)=3;
   endspecify
endmodule
```

本例中实现的是 1 位全加器，加数 a、被加数 b、进位输入 c、进位输出 co 和 sum，定义 a、b 到 co、sum 的延迟都为 5，c 到 co、sum 的延迟都为 3。仿真结果如图 5.10-7 所示。

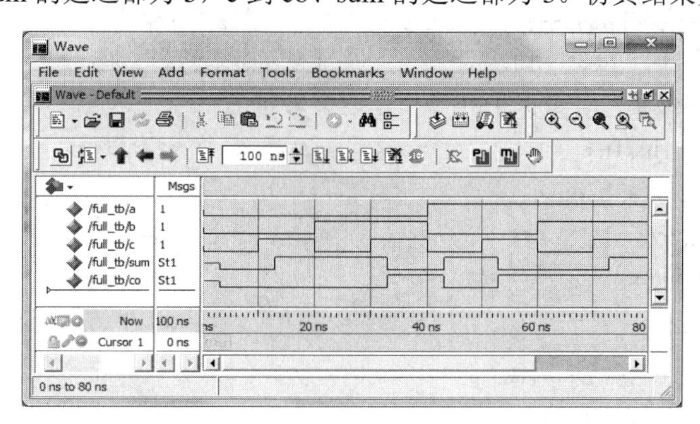

图 5.10-7　全连接方式下带路径延迟的全加器仿真结果

5.10.5　延迟值类型

可以通过指定上升、下降和关断延迟值来更详细地表示引脚到引脚的时序，但是必须严格按照顺序定义这些延迟。三种延迟值用“t_rise, t_fall, t_off”形式表示。

最小值、最大值和延迟值也可以用于表示引脚到引脚的延迟。上升、下降和关断等延迟值都可以用最小、最大和典型延迟形式表示。每个延迟都用“min:typ:max”形式表示。

例 5.10-5　用上升、下降和关断值指定的路径延迟。

```
`timescale 1ns/1ns
module and1(a, b, out);
  input a, b;
  output out;
  wire out;
  and   U1(out, a, b);
  specify
     specparam a_rise=9, a_fall=12, a_off=11, b_rise=9, b_fall=10, b_off=11;
     (a=>out)=(a_rise, a_fall, a_off);
     (b=>out)=(b_rise, b_fall, b_off);
  endspecify
endmodule
```

例 5.10-5 中，实现的是“out=a&b”运算，定义 a 到 out 的上升、下降和关断延迟分别为 9、12、11，b 到 out 的延迟为 9、10、11。仿真结果如图 5.10-8 所示。

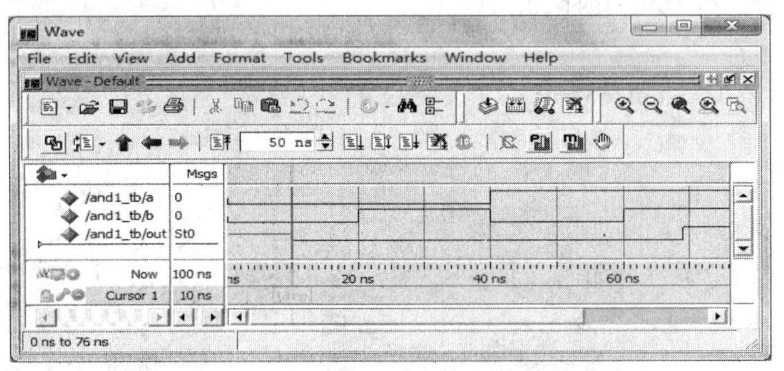

图 5.10-8　用上升、下降和关断值表示带路径延迟的与运算

例 5.10-6　用最小值、最大值和典型延迟值表示的路径延迟。

```
`timescale 1ns/1ns
module and2(a, b, out);
  input a, b;
  output out;
  wire out;
  and U1(out, a, b);
  specify
     specparam a_rise=8:9:10, a_fall=11:12:13, a_off=10:11:12,
```

```
        b_rise=8:9:10, b_fall=9:10:11, b_off=10:11:12;
    (a=>out)=(a_rise, a_fall, a_off);
    (b=>out)=(b_rise, b_fall, b_off);
  endspecify
endmodule
```

例 5.10-6 中，实现的是“out=a&b”运算，指定三个延迟参数：上升、下降和关断，每个延迟都用 min:typ:max 形式表示。仿真结果如图 5.10-9 所示。

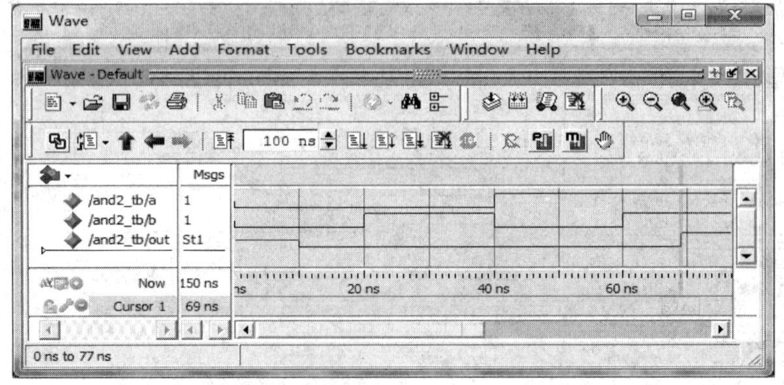

图 5.10-9　用最小值、最大值和典型延迟值表示带路径延迟的与运算

例 5.10-7　设计图 5.10-10 所示电路，其延迟时间如表 5.10-1 所示。

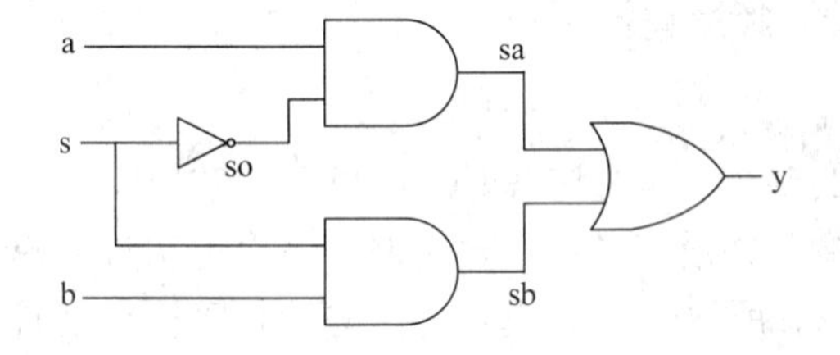

图 5.10-10　电路结构

表 5.10-1　延 迟 时 间

路 径	最小值 min	典型值 type	最大值 max
a_sa_y	10	12	14
s_so_sa_y	15	17	19
s_sb_y	11	13	15
b_sb_y	10	12	14

由表 5.10-1 可得 s 到 so 的非门的延迟为 4，在模块中加以定义即“not#4 U1(so, s)”，so 到 y 的路径延迟为“11:13:15”，在 specify 块中分别按图 5.10-10 中所示定义 a、b、s、so 到 y 的路径延迟，且“y=(so&a)|(s&b)”。

```
`timescale 1ns/1ns
module specify2(a, b, s, so, y);
  input a, b, s, so;
  output y;
  wire y;
  not #4 U1(so, s);
  assign y=(so&a)|(s&b);
  specify
    (a=>y)=(10:12:14);
    (b=>y)=(10:12:14);
```

```
        (s=>y)=(11:13:15);
        (so=>y)=(11:13:15);
    endspecify
endmodule
```

仿真结果如图 5.10-11 所示。

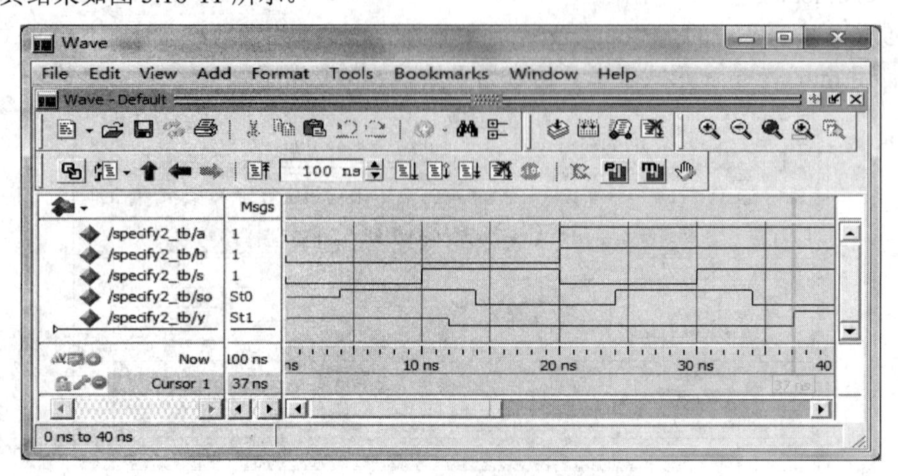

图 5.10-11　带路径延迟的电路仿真结果

5.11 时序检查

实际电路对输入/输出定时关系都有着明确的要求，违背这些时序约束会导致电路不稳定甚至无法正常工作。由于 RTL 模型的功能性检查并没有考虑传输延时，因而无法验证模型是否满足定时条件和输入/输出定时特性的要求，所以综合后定时验证进行时序检查是必不可少的。Verilog HDL 提供了多个功能用于时序检查，这些时序检查可以自动显示仿真动作，在整个仿真过程中随时计算观察对象的时序关系，检查并报告违规的定时行为，一旦违背了时序约束就会输出相关的报错信息。

时序检查利用器件的模型和电路的互连关系来分析电路的时序，判断在实际设计中是否能够满足硬件定时约束和输入/输出定时的特性指标。时序检查必须考虑时钟的不对称性、输入/输出定时约束条件、逻辑门电路的传输延时和门与门之间的互连延时。为了便于描述，时序检查分为如下两类：

(1) 第一类时序检查根据稳定时间窗口描述，包括$setup、$hold、$setuphold、$recrem、$removal、$recovery。

(2) 第二类时序检查根据两个事件的差值描述，用于检查时钟和控制信号，包括$width、$period、$nochange、$skew、$timeskew、$fullskew。

虽然这些时序检查以“$”标识符开头，但并不是系统任务，这是由历史原因造成的，不能与系统任务混淆。系统任务不能出现在specify块里，而所有的时序检查只能用在specify块里。specify 块由关键字“specify”和“endspecify”定义，可以用于描述一个模块的建立时间、保持时间等与定时相关的设计要求，其结构如下：

```
specify
    $setup…        //定时检查任务
    $hold…         //定时检查任务
      ⋮
endspecify
```

所有的时序检查都有一个 data_event 和一个 reference_event。其中数据事件 data_event 是被检查的信号，检查它是否违反建立约束；参考事件 reference_event 是用于检查 data_event 信号的参考信号。有些时序检查直接给出这两个信号，有些时序检查只给出一个信号，另一个信号则从这个信号中派生出来。这两个事件可以和条件表达式相关联，只有该条件表达式为真时，才检查 data_event 和 reference_event。

时序检查的限制值 limit 要使用常数。时序检查需要注意以下几点：

(1) 时序检查是针对电路模块的输入、输出或输入/输出端口进行的。

(2) 时序检查只能在 specify 中应用。

(3) 时序检查伴随整个仿真过程。

(4) 时序检查出现了错误并不会影响功能仿真的结果，但在实际应用时电路会存在工作不稳定的问题。

5.11.1 使用稳定窗口的时序检查

使用稳定窗口的时序检查包括$setup、$hold、$setuphold、$recrem、$removal、$recovery。这些时序检查都有 data_event 和 reference_event，检查过程分为两步：

(1) 使用一个事件和限制值建立一个时序违反窗口。

(2) 检查另一个事件是否在这个窗口内，若在这个窗口内，则报告违反时序约束。

下面介绍几个常用的时序检查。

1. 建立时间检测

要想正确采样数据，必须使数据在时钟有效边沿到来前准备好。这里面就用到了建立时间的概念。在时序元件中，建立时间指的是时钟有效边沿到来之前，输入数据保持有效且稳定不变化的最小时间间隔。

$setup 任务可以用来检查设计中时序元件的建立约束。其语法格式如下：

```
$setup(data_event, reference_event, limit);
```

limit 是 data_event 需要的最小建立时间。如果 limit 为 0，就不做时序检查。当 data_event 发生在与 reference_event 相关的指定时间 limit 内，即 T_reference_event-limit<T_data_event<T_reference_event，则报告违反建立时间约束。“T_reference_event-limit，T_reference_event”就是时间窗口。

违反建立时间的原因是：通路的延时相对于时钟周期而言比较长。可以通过减小后到达的数据延时，或者降低时钟频率从而增大周期来解决。

2. 保持时间检测

在时序元件中，保持时间是时钟有效边沿之后输入数据保持有效且稳定不变化的时间。

$hold 任务可以用来检查设计中时序元件的保持约束。其语法格式如下：

```
$hold(reference_event, data_event, limit);
```

limit 是 data_event 需要的最小保持时间。如果 limit 为 0，就不做时序检查。当 data_event 发生在与 reference_event 相关的指定时间 limit 内，即 T_reference_event<= T_data_event < T_reference_event + limit，则报告数据时序冲突。“T_reference_event，T_reference_event + limit”就是时间窗口。

违反保持时间的原因是：触发器的数据通路过短，即在通路起始端的触发器输出端的数据变化传输到通路末端的触发器输入端的速度过快。可以通过延长组合逻辑的较短通路来解决。

3. 建立时间和保持时间检测

$setuphold 任务是$setup 和$hold 的联合，包含了$setup 和$hold 的功能，可以用来检查设计中时序元件的建立约束和保持约束。其语法格式如下：

```
$setuphold(reference_event, data_event, setup_limit, hold_limit);
```

setup_limit 是 data_event 需要的最小建立时间，hold_limit 是 data_event 需要的最小保持时间。对于$setuphold，如果 setup_limit 和 hold_limit 都为 0，就不做时序检查。如果 T_data_event–T_reference_event<setup_limit(或 hold_limit)，则报告违反约束。

例 5.11-1 T 触发器建立时间和保持时间检查。

```
`timescale 1ns/1ns
module tff_setup_hold(clk, rst_n, t, q);
   input clk, rst_n, t;
   output q;
   reg q;
   always@(posedge clk)
        if(!rst_n) q<=1'b0;
        else if(t)q<=~q;
   specify
        $setup(t, posedge clk, 2);
        $hold(posedge clk, t, 3);
   endspecify
endmodule
```

下面是对应的测试代码：

```
module tff_setup_hold_tb;
   reg clk, rst_n, t;
   tff_setup_holdU1(clk, rst_n, t, q);
   always
      #15 clk=~clk;
   initial
      begin
```

```
        clk=1'b0;
        rst_n=1'b1;
        t=1'b0;
        #10 rst_n=1'b0;
        #40 rst_n=1'b1;
        repeat (1)@(posedge clk);
        #29 t=1'b1;
        repeat (1)@(posedge clk);
        #1 t=1'b0;
    end
endmodule
```

例 5.11-1 中，用 $setup 和 $hold 任务分别检查 T 触发器的输入数据的建立时间和保持时间约束，在输入数据不满足时序约束要求时，系统报告违反时序约束，如图 5.11-1 所示。

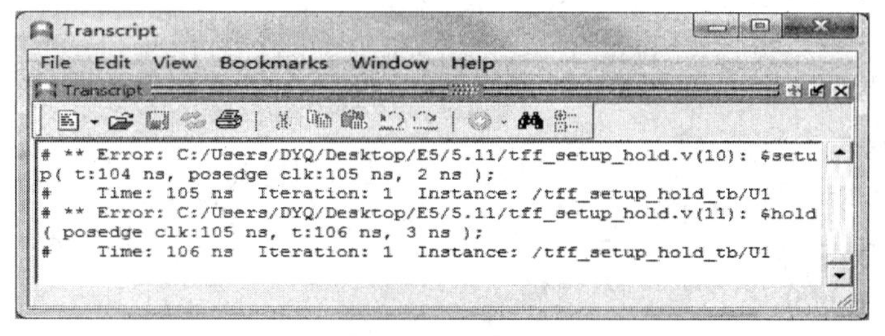

图 5.11-1　系统报告违反约束

通过图 5.11-1 仿真器给出的信息可以看出，在仿真过程中，在 105 ns 处出现了建立时间错误，在 106 ns 处出现了保持时间错误。

图 5.11-2 是电路仿真的信号波形，可以看出电路功能仿真结果并不受时序检查错误的影响，仍然是正确的，但是在实际应用工作中，由于电路不满足寄存器建立时间和保持时间的要求，因而有可能导致电路无法正常稳定工作。

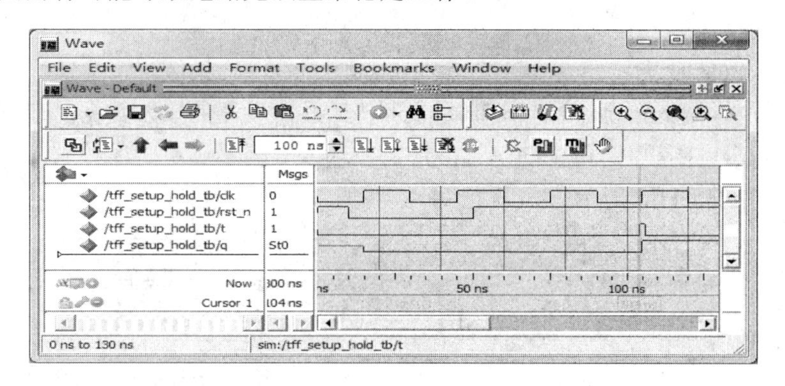

图 5.11-2　T 触发器仿真波形

例 5.11-2　用$setuphold 联合检查 D 触发器建立时间和保持时间。

```
`timescale 1ns/1ns
module dff_setuphold(clk, rst_n, d, q);
  input clk, rst_n, d;
```

```
    output q;
    reg q;
    always@(posedge clk)
        if(!rst_n) q<=1'b0;
        else q<=d;
    specify
        $setuphold(posedge clk, d, 2, 3);
    endspecify
endmodule
module dff_setuphold_tb;
    reg clk, rst_n, d;
    dff_setuphold U1(clk, rst_n, d, q);
    always
      #15 clk=~clk;
    initial
      begin
        clk=1'b0;
        rst_n=1'b1;
        d=1'b0;
        #20 rst_n=1'b0;
        #30 rst_n=1'b1;
        #24 d=1'b1;
        #19 d=1'b0;
        #14 d=1'b1;
        #14 d=1'b0;
      end
endmodule
```

例 5.11-2 中，用$setuphold 任务可以同时检查 D 触发器的输入数据的建立时间和保持时间约束。图 5.11-3 是电路仿真的信号波形，在输入数据不满足时序要求时，系统报告违反时序约束，如图 5.11-4 所示。

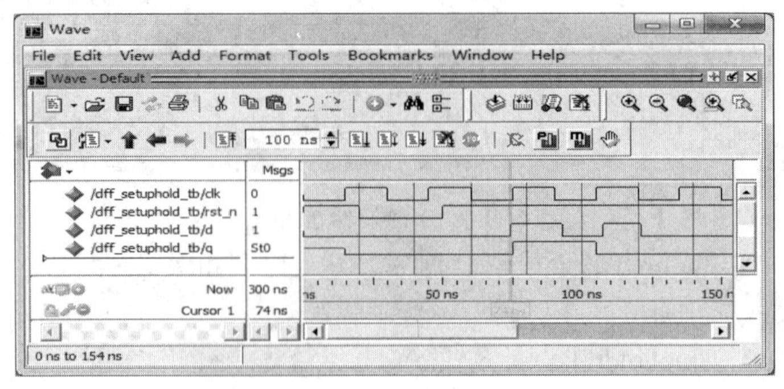

图 5.11-3 D 触发器仿真波形

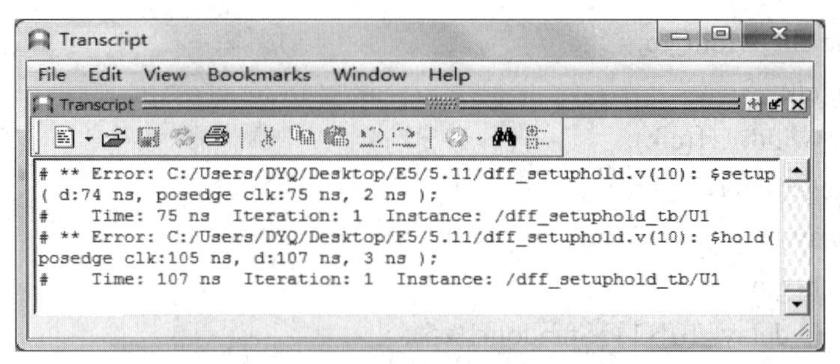

图 5.11-4　系统报告违反约束

通过图 5.11-4 仿真器给出的错误信息可以看出，在仿真过程中，在 75 ns 处出现了建立时间错误，在 107 ns 处出现了保持时间错误。

5.11.2　时钟和控制信号的时序检查

时钟和控制信号的时序检查包括 $width、$period、$nochange、$skew、$timeskew、$fullskew。

这些时序检查接收一个或两个信号，确保它们的转换不会违反 limit 的要求。对于只声明一个信号的检查，另一个信号要从它派生出来。检查过程分为三步：

(1) 确定两个事件之间的经过时间。

(2) 将该经过时间与指定的 limit 相比较。

(3) 如果该经过时间违反了指定的 limit，则报告违反时序约束。

下面介绍几个常用的时序检查。

1. 脉冲宽度限制

时钟设备的脉冲宽度是有限制的，通常由器件的速度等级决定。边沿触发器件的时钟必须保证有足够的脉冲宽度进行触发。$width 任务可以用来检查脉冲宽度是否满足最小宽度要求。其语法格式如下：

```
$width(reference_event, limit);
```

其中，reference_event 必须是边沿触发事件，否则编译报错。这里不给任务$width 显示指定的数据事件 data_event，它是由 reference_event 派生出来的，用 reference_event 信号的下一个反向跳变沿作为 data_event。limit 是脉冲的最小宽度。任务$width 用于检查信号值从一个跳变到下一个反向跳变之间所用的时间。如果表达式(T_data_event-T_reference_event) <limit 为真，则报告信号上出现脉冲宽度不够宽的时序错误。

例 5.11-3　检查宽度随机的脉冲序列。

```
`timescale 1ns/1ns
module clk_width(clk);
  input clk;
  specify
    $width(posedge clk, 25);
  endspecify
endmodule
```

```
module clk_width_tb;
    reg clk;
    clk_width U1(clk);
    integer delay;
    always
        begin
          delay=10*(1+{$random}%5);
          #delay clk=~clk;
        end
    initial clk=1'b0;
endmodule
```

例 5.11-3 中，用 $width 任务检查宽度随机的脉冲序列。先用函数 $random 产生一个随机数，控制脉冲信号的电平宽度在 10～50 ns 间变化，定义最小宽度为 25 ns。图 5.11-5 是电路仿真的信号波形，在脉冲宽度不满足最小宽度要求时，系统报告违反时序约束，如图 5.11-6 所示。

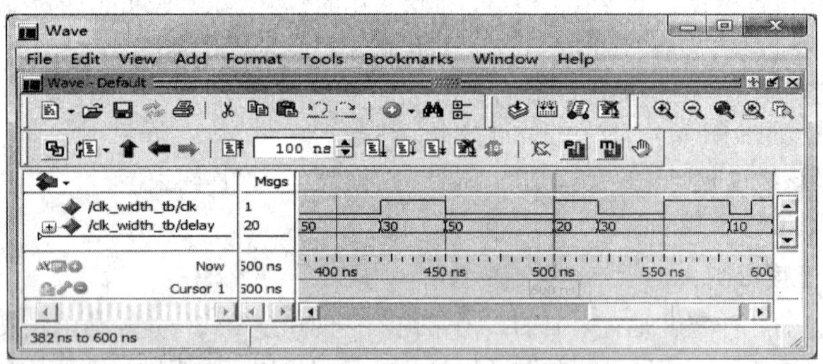

图 5.11-5　宽度随机的脉冲序列仿真波形

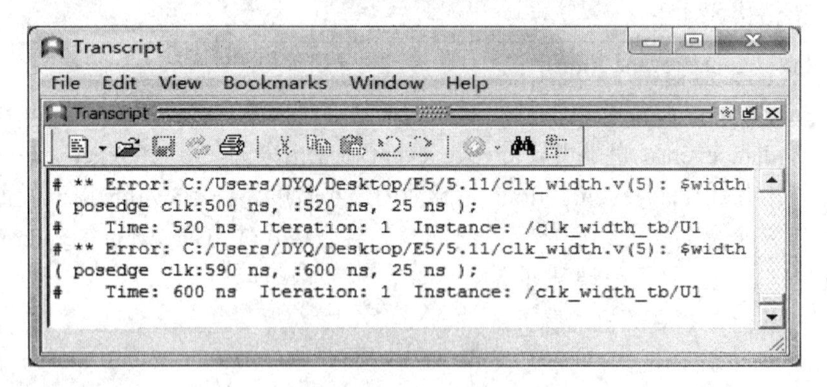

图 5.11-6　系统报告违反约束

2. 时钟周期检测

周期的概念是时序概念中最重要的，是 FPGA/ASIC 时序定义的基础。最小时钟周期决定了最高时钟频率，决定了电路的工作速度。$period 任务可以检查时钟周期是否满足最小周期要求。该任务将显示边沿触发 reference_event 的连续触发边沿，并会在连续时间间隔小于 limit 时检测时钟周期定时错误。其语法格式如下：

```
$period(reference_event, limit);
```

reference_event 必须是边沿触发事件，否则编译报错。这里的数据事件 data_event 是隐含的，是从 reference_event 派生出来的，它等于 reference_event 信号的相同边沿。limit 是限制的最小时钟周期。$period 任务可以限制最小时钟周期，如果表达式(T_data_event-T_reference_event) <limit 为真，则报告违反约束。

例 5.11-4　检查周期随机的脉冲序列。

```
`timescale 1ns/1ns
module clk_period(clk);
   input clk;
   specify
      $period(posedge clk, 100);
   endspecify
endmodule
module clk_period_tb;
   reg clk;
   clk_period U1(clk);
   integer delay;
   always
       begin
          delay=10*(1+{$random}%6); //10~60
          #delay clk=~clk;
       end
   initial clk=1'b0;
endmodule
```

例 5.11-4 中，用 $period 任务检查周期随机的脉冲序列。用函数 $random 产生一个在 10～60 ns 之间的随机数，控制脉冲信号的周期在 20～120 ns 之间变化，定义最小周期为 100 ns。图 5.11-7 是电路仿真的信号波形，在信号周期不满足最小周期要求时，系统报告违反时序约束，如图 5.11-8 所示。

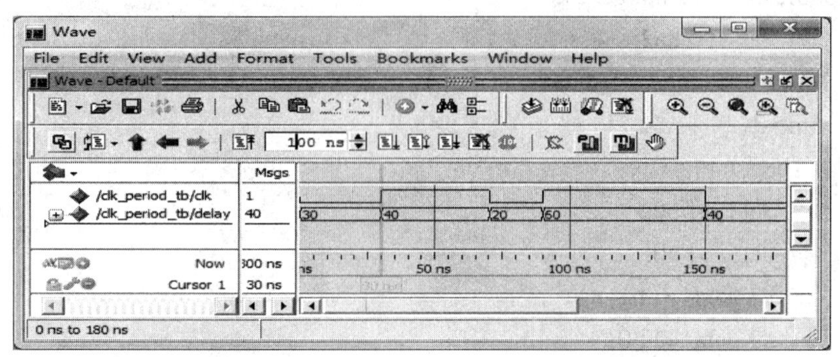

图 5.11-7　周期随机的脉冲序列仿真波形

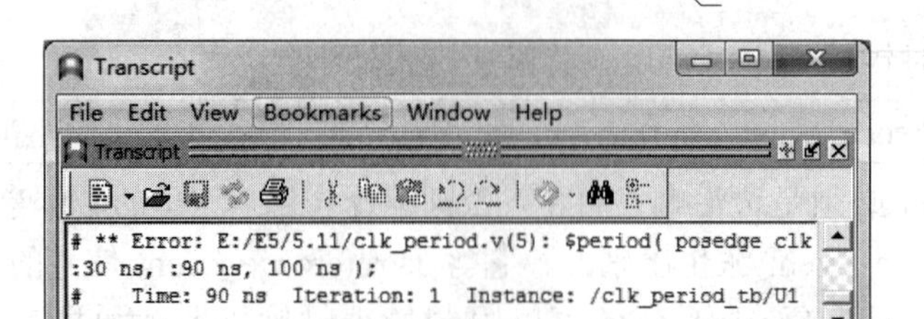

图 5.11-8　系统报告违反约束

3. 数据变化检测

$nochange 任务可以用来检查设计中数据是否在指定的边沿触发基准事件区间发生变化。其语法格式如下：

```
$nochange(reference_event, data_event, start_edge_offset, end_edge_offset);
```

reference_event 必须是边沿触发事件，否则编译报错。在 reference_event 的指定电平中，检查 data_event。由 posedge 或 negedge 指定电平。start_edge_offset 和 end_edge_offset 用于扩大或缩小检查时间的范围。当表达式 leading reference event time - start_edge_offset < data_event < trailing reference event + end_edge_offset 为真时，则报告时序冲突错误。

例如，若 data 在 clk 高电平时发生变化，就报告违反时序约束，但是如果 posedge clk 和 data 变化同时发生，就不能报告违反时序约束：

```
$nochange(posedge data2, data, 0, 0);
```

例 5.11-5　检查数据的变化。

```
module data_nochange(data1, data2, q);
   input data1, data2;
   output q;
   and (q, data1, data2);
   specify
       $nochange(posedge data2, data1, 0, 0);
     endspecify
  endmodule
`timescale 1ns/1ns
module data_nochange_tb;
     reg data1, data2;
     data_nochange U1(data1, data2, q);
     initial
        begin
          data1=1'b0;
          data2=1'b0;
          #3 data1=1'b1;
          #3 data1=1'b0;
          #3 data2=1'b1;
```

```
    #3 data1=1'b1;
    #3 data2=1'b0;
    #3 data1=1'b0;
  end
endmodule
```

例 5.11-5 中，用 $nochange 任务检查与门输入数据的变化。若 data1 在 data2 高电平时发生变化，就报告违反时序约束。图 5.11-9 是电路仿真的信号波形，时序发生冲突时，系统报告违反时序约束，如图 5.11-10 所示。

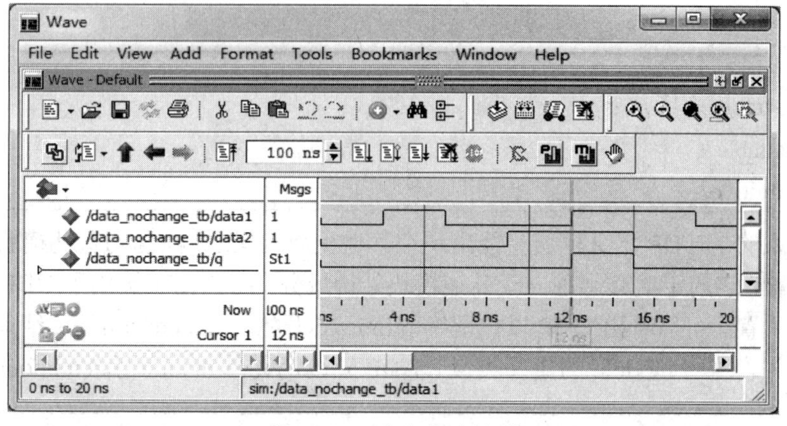

图 5.11-9　与门仿真波形

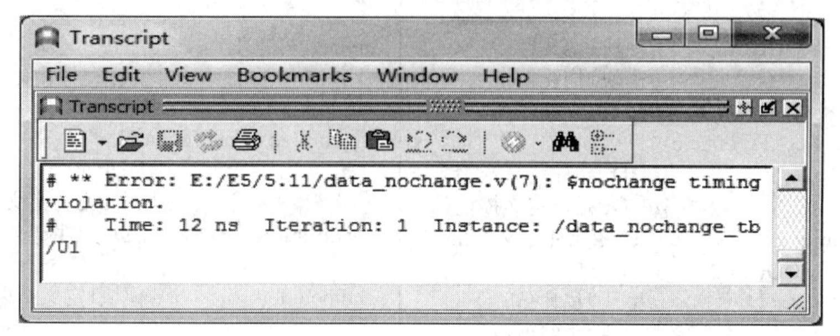

图 5.11-10　系统报告违反约束

5.12　用户自定义元件(UDP)

Verilog HDL 语言提供了一些常用的基本元件和逻辑门，这些都是相当小的原语，如果我们需要更为复杂的原语，它还允许用户自己定义元件(User Defined Primitives，UDP)。UDP 的定义是通过真值表的形式来进行的，可以用真值表来描述组合逻辑 UDP 和时序逻辑 UDP 的逻辑功能。

用户自定义的元件可以描述下面两类行为:

(1) 组合电路：根据用户自定义的组合元件来模拟。

(2) 时序电路：根据用户自定义的时序元件来模拟。

UDP 定义的语法形式如下：

```
primitive<元件名称>(<输出端口名>, <输入端口名 1>, <输入端口名 2>, ……,
<输入端口名 n>);
输出端口类型声明(output);
输入端口类型声明(input);
输出端口寄存器变量说明(reg);
元件初始状态说明(initial);
    table
        <table 表项 1>;
        <table 表项 2>;
                ⋮
        <table 表项 n>;
    endtable
endprimitive
```

需要注意的是 UDP 定义模块不能出现在其他模块定义之内，它与其他模块具有相同的语法结构位置，它的定义必须独立于其他模块结构成分。图 5.12-1 给出了 UDP 定义模块的正确和错误位置。可以看出 UDP 以保留字 primitive 开始，以 endprimitive 结束，并紧接着原语的描述体。这与 module 的定义类似。UDP 应该定义在 module 和 endmoudle 外面。

正确位置

```
module MODULE1;          //模块1定义开始
⋮                        //模块1描述体
endmodule                //模块1定义结束
primitive GATE(out,a,b);
                         //UDP元件定义开始
⋮                        //UDP元件定义描述体
endprimitive             //UDP元件定义结束
module MODULE2;          //模块2定义开始
⋮                        //模块2描述体
endmodule                //模块2定义结束
```

错误位置

```
module MODULE1;   //模块1定义开始
⋮                 //模块1描述体

  primitive GATE(out,a,b);
                  //UDP元件定义开始
   ⋮              //UDP元件定义描述体
 endprimitive     //UDP元件定义结束

endmodule         //模块1定义结束
```

图 5.12-1　UDP 定义模块位置

出于完整性，表 5.12-1 列出了可用于 UDP 原语 table 表项中的值。

表 5.12-1　UDP 状态表格

符号	意　义	注　释	符号	意　义	注　释
0	逻辑 0		(AB)	值由 A 变为 B	可以是 0、1、x 或?
1	逻辑 1		*	与(??)相同	输入的任何变化
x	未知值		r	上跳变沿，同(01)	输入上升沿
?	逻辑 0、1 或 x	不能用于输出	f	下跳变沿，同(10)	输入下降沿
b	逻辑 0 或 1	不能用于输出	p	(01)(0x)(x1)中的任一种	含 x 的上升沿
–	不变	只用于时序基元	n	(10)(1x)(x0)中的任一种	含 x 的下降沿

对于数字系统设计人员来说，不必深入了解 UDP。在设计中，由于 UDP 的定义使用不便等诸多原因，所以使用受到了如下限制：

(1) UDP 的输出端口只能有一个。

(2) UDP 不支持 inout 端口。

(3) UDP 中不能描述高阻状态 z。

(4) 所有端口变量的位宽必须是 1 bit，无法满足多位宽的要求。

(5) UDP 的定义是通过真值表的形式来描述，形式较为复杂，灵活性不高，尤其是在描述时序电路时，考虑边沿跳变的情况就更加繁琐。

(6) UDP 不可综合。

(7) 在 FPGA 设计中，每个公司的器件都有自己定义的原语，如 Xilinx 的 DCM(Digital Clock Manager，数字时钟管理电路)和 Altera 的 PLL(Phase Locked Loop：锁相环)等。它们都是可综合、可实现的，在设计时可根据需要直接调用。

下面对组合和时序电路的 UDP 作简要的介绍。

5.12.1　组合电路的 UDP

表示组合逻辑的 UDP，输出仅取决于输入信号的组合逻辑。组合逻辑电路的功能列表类似真值表，即规定了不同的输入值和对应的输出值，表中每一行的形式是“output, input1, input2, …”，排列顺序和端口列表中的顺序相同，组合电路 UDP 的输入端口可多至 10 个。如果某个输入、输出组合没有定义输出，那么就把这种情况的输出置为 x。

使用 Verilog 内部原语异或门 xor，调用前面定义的用户自定义元件与门 and_udp、或门 or_udp，设计一个 1 位的全加器。UDP 的调用方式和门级原语的调用方式完全相同。其中，加数 a、被加数 b、进位输入 c、进位输出 co 和 sum 实现“sum=a^b^c”和“co=(a&b) | (c&(a^b))”运算。

例 5.12-1　设计一个 1 位的全加器。

用 Verilog HDL 实现的程序代码如下：

```
primitive and_udp(out, a, b);              //定义了一个表示与门的元件
    output out;
    input a, b;
    table
    // a b :out;
       0 0 :0;
       0 1 :0;
       1 0 :0;
       1 1 :1;
    endtable
endprimitive
primitive or_udp(out, a, b);           //定义了一个表示或门的元件
    output out;
```

```
    input a, b;
    table
    // a b :out;
        0 0 :0;
        0 1 :1;
        1 0 :1;
        1 1 :1;
    endtable
endprimitive
module adder_udp(sum, co, a, b, c);        //设计 1 位全加器
    output sum, co;
    input a, b, c;
    wire w1, w2, w3;
    xor(w1, a, b),                          //调用内部元件异或门
        (sum, w1, c);
    and_udp(w2, a, b),                      //调用定义元件的与门
            (w3, c, w1);
    or_udp(co, w2, w3);                     //调用定义元件的或门
endmodule
```

5.12.2 时序电路的 UDP

表示时序逻辑的 UDP，下一个输出值不但取决于当前的输入值，还取决于当前的内部状态。通常的时序 UDP 分为两类：电平敏感的时序 UDP 和边沿敏感的时序 UDP。时序电路拥有内部状态序列，其内部状态必须用寄存器变量进行建模，该寄存器的值就是时序电路的当前状态，它的下一个状态是由放在元件功能列表中的状态转换表决定的，而且寄存器的下一个状态就是这个时序电路 UDP 的输出值。所以，时序电路 UDP 由两部分组成——状态寄存器和状态列表。定义时序 UDP 的工作也分为两部分——初始化状态寄存器和描述状态列表。

在时序电路的 UDP 描述中，01、0x、x1 代表着信号的上升沿。

电平敏感的时序逻辑电路 UDP 的特点是其内部状态的改变是由某一输入信号电平触发的。锁存器是最典型的电平敏感 UDP 的例子。规定“?”代表任意态，并引进一个标记“-”表示 UDP 内部的输出端状态将保持原有状态不变。

例 5.12-2 锁存器的 UDP 描述。

```
primitive latch_level_udp(q, clk, d);
    output q;
    reg q;
    input clk, d;
    initial q=1'b0;
        table
```

```
    // clk d :current_state:q(next_state);
        0  0 :     ?     :    0     ;
        0  1 :     ?     :    1     ;
        1  ? :     ?     :    -     ;
    endtable
endprimitive
module latch(Q, CLK, D);
  input CLK, D;
  output Q;
  wire Q;
  latch_level_udp U1(Q, CLK, D);
endmodule
```

例 5.12-2 中根据电平触发锁存器的逻辑真值表给出它的 UDP 描述，并将其实例化。

边沿敏感的时序电路 UDP 的特点是其内部状态的改变是由输入时钟的有效边沿触发的，而与时钟信号稳定时的输入状况无关。因此对边沿触发时序电路的描述中就需要考虑输入信号的变化和变化方式。在 Verilog HDL 中，用“(vw)”形式表示从一个状态跳变到另一个状态，其中 v、w 可以是 0、1、x 或?。

例 5.12-3　T 触发器的 UDP 描述。

```
primitive t_edge_udp(q, clk, t);
  output q;
  reg q;
  input clk, t;
    table
   // clk    t :current_state:q(next_state);
      (01)  0 :     ?     :    -     ;
      (01)  1 :     0     :    1     ;
      (01)  1 :     1     :    0     ;
      (10)  ? :     ?     :    -     ;
      (0x)  0 :     ?     :    -     ;
      (1x)  0 :     ?     :    -     ;
       ?  (??):     ?     :    -     ;
    endtable
endprimitive
module tff(Q, CLK, T);
  input CLK, T;
  output Q;
  wire Q;
  t_edge_udp U1(Q, CLK, T);
endmodule
```

例 5.12-3 中设计的是一个上升沿 T 触发器，将其逻辑真值表中的各种情况加以简化并移植到 UDP 描述的 table 表中可以得到它的 UDP 描述，并将其实例化。

本 章 小 结

在 Verilog HDL 集成电路设计中，验证任务与电路设计一样是设计流程中非常重要的环节，通过测试仿真可以发现设计电路中存在的问题，仿真验证是否严密和完整决定了系统设计的成败。本章主要介绍了如何运用 Verilog HDL 语言建立 Testbench，以对目标模块完成仿真验证。Testbench 的建立分为测试激励的产生、仿真环境的搭建、仿真结果的确认三个步骤。Testbench 概念的提出分离了目标模块和测试模块，对测试模块的更改不需要改变目标模块，这是模块化的测试风格在测试过程中的具体体现。

如何编写高效、完备的测试代码来实现验证任务，从而确保设计的完整性及可靠性，是验证这一关键环节的重要手段。对于初学者来说，为了完整、高效率地对电路系统进行测试，系统学习其设计方式，迅速掌握一些电路的 Testbench 的编写方法是非常重要的。本章从仿真结构、任务和函数、信号激励产生、电路仿真环境、系统任务和函数、编译指令、电路延迟模型设计等方面对其设计方法给出了深入介绍，通过具体的实例帮助读者理解掌握，有效提高代码的质量。

思考题和习题

1. 什么是 Verilog HDL 验证？其作用是什么？
2. 简述 Testbench 基本架构。
3. 测试激励有哪些描述方式？
4. 如何提高仿真效率，并举例说明。
5. 什么是 Verilog HDL 中的任务？如何定义和调用任务？
6. 什么是 Verilog HDL 中的函数？如何定义和调用函数？
7. 在 $finish(n)和 $stop(n)中的参数 n 取不同的值分别表示什么含义？
8. Verilog HDL 语言中，integer(整型数据类型)与______位寄存器数据类型在实际意义上相同，time 是______位的无符号数。
9. 在 Verilog HDL 硬件描述语言中，`timescale 1ns/100ps 的仿真时间精度是______，仿真时间单位是______。
10. 在 Verilog HDL 硬件描述语言中，`timescale 10μs/100ns 的仿真时间精度是______，仿真时间单位是______。
11. 元件实例语句“bufif1 #(1:3:4, 2:3:4, 1:2:4) U1(out, in, ctrl);”中到不定态延迟的典型值为______，下降沿的最大延迟值是______。
12. Verilog HDL 中，时序电路的 UDP 最多允许_______个输入端，组合电路最多允许有______个输入端。

13. 分析以下两段代码，并画出测试的信号波形。

代码(1)：

```
`timescale 1ns/1ns
modulewave1;
    reg a;
    initial
        begin
          a=1'b1;
          #10 a=1'b0;
          #10 a=1'b1;
          #20 a=1'b0;
          #20 a=1'b1;
        end
endmodule
```

代码(2)：

```
`timescale 1ns/1ns
modulewave2;
    reg a;
    initial
        begin
          a<=1'b1;
          a<=#101'b0;
          a<=#10 1'b1;
          a<=#20 1'b0;
          a<=#20 1'b1;
        end
endmodule
```

14. 根据下面的 Verilog HDL 程序，画出产生的信号波形。

```
module signal_gen(d_out1，d_out2);
    output d_out_1, dout_2;
    reg d_out_1, dout_2;
    initial
        fork
          d_out_1=0;
          #10 d_out_1=1;
          #30 d_out_1=0;
          #30 d_out_1=1;
          #40 d_out_1=0;
        join
```

```
    initial
        begin
            d_out_2=0;
            #10 d_out_2=1;
            #20 d_out_2=0;
            #30 d_out_2=1;
            #40 d_out_2=0;
        end
endmodule
```

15. 根据下面的程序，画出产生的信号波形。

```
module signal_gen4(flag1, flag2);
    output flag1, flag2;
    reg enable, flag1, flag2;
    initial
        begin
            flag1=1;
            flag2=1;
            enable=1;
            #10 enable=0;
            #20 enable=1;
            #10 $finish;
        end
    initial
        begin
            #10;
            wait(enable==1) flag1=~flag1;
        end
    initial
        begin
            #10;
            @(posedge enable) flag2=~flag2;
        end
endmodule
```

16. 试用 Verilog HDL 语言，分别用 begin-end 和 fork-join 方式产生图 T5-1 所示的测试信号。

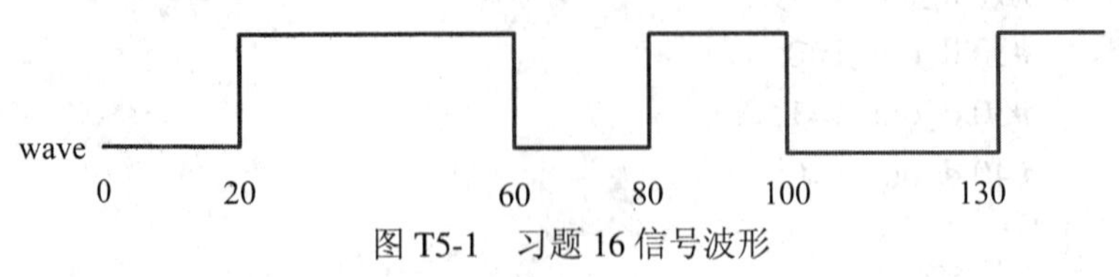

图 T5-1　习题 16 信号波形

17. 试用 Verilog HDL 语言，采用 begin-end 块，分别使用内部时间控制和外部时间控制方式产生图 T5-2 所示的测试信号。

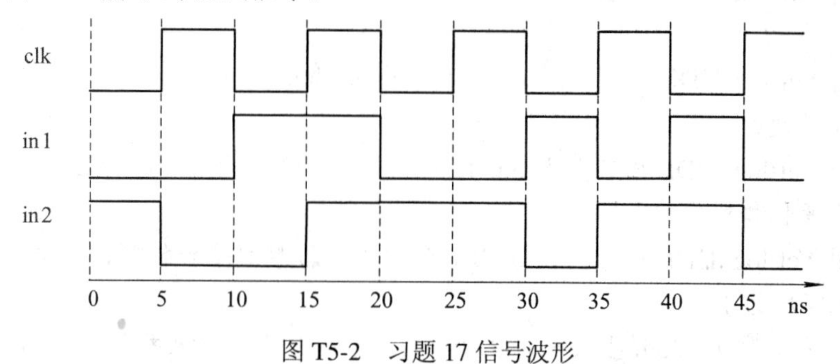

图 T5-2　习题 17 信号波形

18. 试用 Verilog HDL 语言产生重复且不规则序列{3、5、1、13、45、11}，每个信号值保持时间为 10 ns。

19. 试用 Verilog HDL 语言产生占空比为 40%、频率 100 MHz 的时钟信号。

20. 试用 Verilog HDL 语言设计一个 8 个时钟的信号，时钟信号频率 100 MHz。

21. 试用 Verilog HDL 语言产生时钟信号，要求时钟信号具有 50 ns 延迟(低电平)，时钟频率为 200 MHz，占空比为 60%。

22. 试用 Verilog HDL 语言，对例 2.2-3：采用 Verilog HDL 结构建模方式用 1 位半加器构成 1 位全加器进行测试程序设计。

23. 试用 Verilog HDL 语言，对例 2.2-7：Verilog HDL 结构建模方式设计移位寄存器进行测试程序设计。

24. 试用 Verilog HDL 语言，对例 2.3-2：Verilog HDL 门级建模方式设计 1 位全加器进行测试程序设计。

25. 试用 Verilog HDL 语言，对例 2.3-4：Verilog HDL 门级建模方式设计 4 选 1 多路选择器进行测试程序设计。

26. 试用 Verilog HDL 语言，对例 2.4-2：Verilog HDL 开关级建模方式设计与门进行测试程序设计。

27. 试用 Verilog HDL 语言，对例 3.1-5：Verilog HDL 数据流描述设计 16 位全加器进行测试程序设计。

28. 试用 Verilog HDL 语言，对例 3.2-5：比较器中关系运算符的运用进行测试程序设计。

29. 试用 Verilog HDL 语言，对例 3.3-2：通过归约运算符^实现奇偶校验器进行测试程序设计。

30. 试用 Verilog HDL 语言，对例 4-1：1 位 D 触发器和 8 位 D 触发器进行测试程序设计。

31. 试用 Verilog HDL 语言，对例 4-2：带同步清零置位的模为 10 的加法计数器进行测试程序设计。

32. 试用 Verilog HDL 语言，对例 4.1-8：Verilog HDL 用 always 语句描述 4 选 1 数据选择器进行测试程序设计。

33. 试用 Verilog HDL 语言，对例 4.3-1：阻塞赋值语句例程进行测试程序设计。

34. 试用 Verilog HDL 语言，对例 4.4-5：用 case 语句描述 BCD 数码管译码进行测试程序设计。

35. 试用 Verilog HDL 语言，对例 4.5-5：用 Verilog HDL 语言设计一个 8 位移位寄存器进行测试程序设计。

36. 试用 Verilog HDL 语言为例 5.6-1 模 12 减法计数器重新编写测试平台，用系统任务显示数据的变化和对应的时间。

37. 试用 Verilog HDL 语言为例 5.10-1 全加器编写测试平台程序，要求仿真时间单位为 1 ns、时间精度为 1 ps。

38. 用系统函数$random 生成一串在 10 ~ 70 之间随机变化的序列。

39. 用 specparam 声明语句定义延迟参数的方式实现例 5.10-3 的全加器。

40. 用并行连接的方式规划图 T5-3，再依表 T5-1 设计电路。

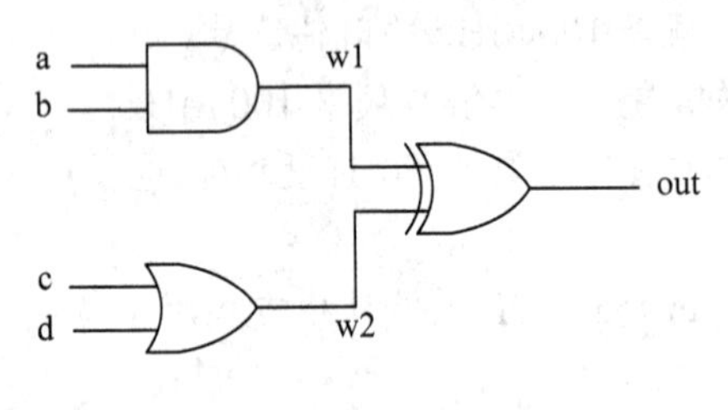

图 T5-3 习题 40 电路图

表 T5-1 延迟时间表

输入	输出	上升延迟	下降延迟	关断延迟
a	out	8	11	10
b	out	8	11	10
c	out	9	6	7
d	out	9	6	7

41. 用全连接的方式重新设计习题 5-40。

42. 如图 T5-4 所示，若其延迟时间如表 T5-2 所列，用并行连接方式设计该电路。

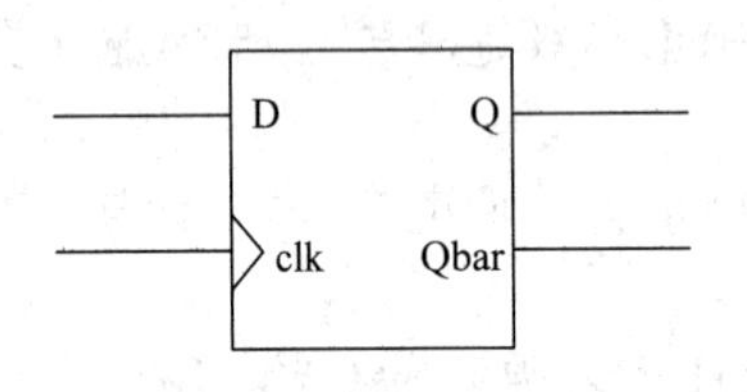

图 T5-4 习题 42 电路图

表 T5-2 延迟时间表

输入	输出	延迟时间
D	Q	4
D	Qbar	4
clk	Q	6
clk	Qbar	7

43. 利用 $setuphold 完成例 5.11-1 中 T 触发器建立时间和保持时间检查。

44. 用函数编写图 T5-5 所示的 2 位 2-1 多路输入选择器，再调用此函数完成 2 位 4-1 选择器。

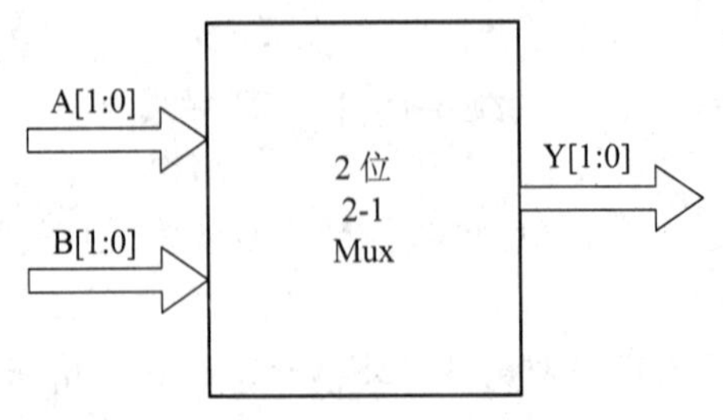

图 T5-5 习题 44 电路图

第 6 章 Verilog HDL 组合电路设计

6.1 组合逻辑电路的特点

在组合电路中，任意时刻的输出只取决于该时刻的输入变量的状态，而与以前各时刻的输入状态无关。

根据电路功能的要求，组合逻辑电路的设计流程如图 6.1-1 所示，一般通过五个步骤进行设计：

(1) 首先对电路的要求进行分析，确定哪些变量是原因变量，哪些变量是结果变量以及它们之间的相互关系；然后对它们进行逻辑赋值，确定在什么状态下输出逻辑为 1，什么状态下输出逻辑为 0。这是设计组合电路最关键的步骤。

(2) 根据第一步逻辑功能分析列出真值表。

(3) 画出卡诺图，然后进行卡诺图简化。

(4) 写出电路的逻辑函数，根据卡诺图简化结果写出命题所要求的逻辑函数表达式。

(5) 画逻辑图，利用逻辑代数中与门、或门和非门三种基本逻辑门画出逻辑电路图。

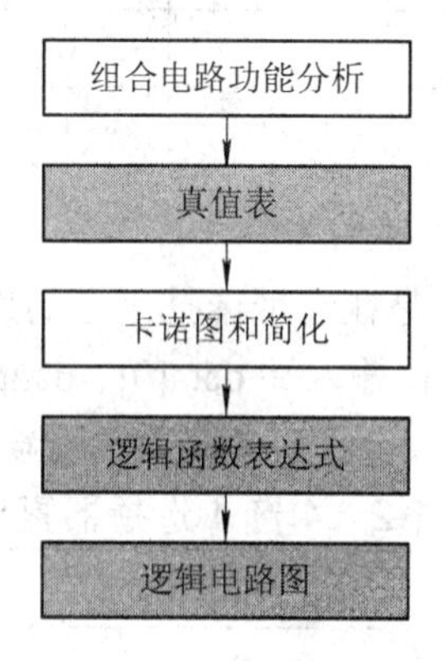

图 6.1-1　组合电路设计流程

6.1.1 真值表

真值表是描述逻辑函数输入变量取值变化时，输出变量对应取值的关系表格。它列出命题公式所有真假值，常用 1 表示真，用 0 表示假。因为组合逻辑有 0 和 1 两种取值可能，所以对于 n 个输入变量的取值为 2^n。所谓真值表，就是将自变量的各种可能的取值组合与其因变量的值一一列出的表格形式。

例 6.1-1 设计一个四名裁判 A、B、C、D 的表决电路，其权重分别为 3、2、1、1。当裁判的投票结果为同意时，输出结果为“1”，否则输出“0”。

电路有四个输入变量 A、B、C、D，代表四名裁判，一个输出变量 OUT，代表四名裁判投票的结果。根据题目的要求得出表决电路的真值表如表 6.1-1 所示。

表 6.1-1 表决电路真值表

A	B	C	D	OUT
0	0	0	0	0
0	0	0	1	0
0	0	1	0	0
0	0	1	1	0
0	1	0	0	0
0	1	0	1	0
0	1	1	0	0
0	1	1	1	1
1	0	0	0	0
1	0	0	1	1
1	0	1	0	1
1	0	1	1	1
1	1	0	0	1
1	1	0	1	1
1	1	1	0	1
1	1	1	1	1

例 6.1-2 设计一个 4 选 1 多路选择器。

4 选 1 多路选择器的逻辑功能是在地址选择信号的作用下，从 4 路输入数据中选择 1 路数据作为输出。电路包括 4 个数据输入端 data[0]、data[1]、data[2]、data[3]；两个控制信号 sel[0]、sel[1]和一个数据输出端 out。其真值表由表 6.1-2 所示。

表 6.1-2 4 选 1 选择器真值表

sel[1]	sel[0]	out
0	0	data[0]
0	1	data[1]
1	0	data[2]
1	1	data[3]

6.1.2 卡诺图简化和逻辑函数表达式

卡诺图是一种平面方格图，每一个小方格代表一个最小项，所以也称为最小项方格图。

实际上卡诺图是真值表的另一种表示形式。是根据真值表的取值按一定规律画出的一种图形，其中真值表中的每一行对应为卡诺图中的一个方格。例 6.1-1 和例 6.1-2 的卡诺图以及简化图如图 6.1-2 和图 6.1-3 所示。

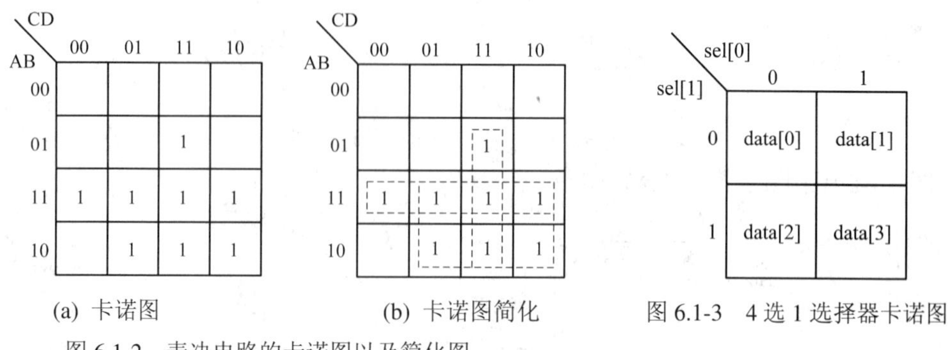

(a) 卡诺图　　(b) 卡诺图简化

图 6.1-2　表决电路的卡诺图以及简化图

图 6.1-3　4 选 1 选择器卡诺图

卡诺图化简的基本原理是通过将卡诺图中具有相邻性的最小项合并的方法消除多余的因子，使逻辑函数为最简。

卡诺图化简方法包括四个步骤：

(1) 将逻辑函数变换成最小项之和的表达式。

(2) 画出该逻辑函数的卡诺图。

(3) 根据合并规律，用圈将这些最小项合并，并找出相同的变量。

(4) 将相同的因子写成一个乘积项，然后将所有乘积项相加就得到最简的逻辑函数。

卡诺图化简的目的是使得到的逻辑函数表达式最简，函数中与项的数量最少，与项中输入变量的数量最少，使得电路需要使用的门数量及连接线都减少。

逻辑函数表达式又称为逻辑表达式或函数式，使用与、或和非等各种逻辑运算的组合表示逻辑函数输入和输出之间的逻辑关系。

将真值表中每个输出变量值为 1 时对应的一组输入变量组合以逻辑乘形式表示，其中原变量表示变量取值 1，反变量表示变量取值 0，然后将所有乘项相加即得到逻辑函数表达式，或者根据卡诺图简化得出最简的逻辑函数表达式。

从图 6.1-2 可以得出例 6.1-1 的逻辑表达式为

$$\mathrm{OUT} = \mathrm{AB} + \mathrm{AC} + \mathrm{AD} + \mathrm{BCD}$$

从图 6.1-3 可以得出例 6.1-2 的逻辑表达式为

$$\mathrm{out} = \overline{\mathrm{sel[1]}} \cdot \overline{\mathrm{sel[0]}} \cdot \mathrm{data[0]} + \overline{\mathrm{sel[1]}} \cdot \mathrm{sel[0]} \cdot \mathrm{data[1]} + \mathrm{sel[1]} \cdot \overline{\mathrm{sel[0]}} \cdot \mathrm{data[2]} + \mathrm{sel[1]} \cdot \mathrm{sel[0]} \cdot \mathrm{data[3]}$$

6.1.3 电路逻辑图

电路逻辑图是根据逻辑函数的表达式，通过规定的逻辑符号连接构成的图来表示输入和输出变量的逻辑关系。

例 6.1-1 的电路逻辑图如图 6.1-4 所示。

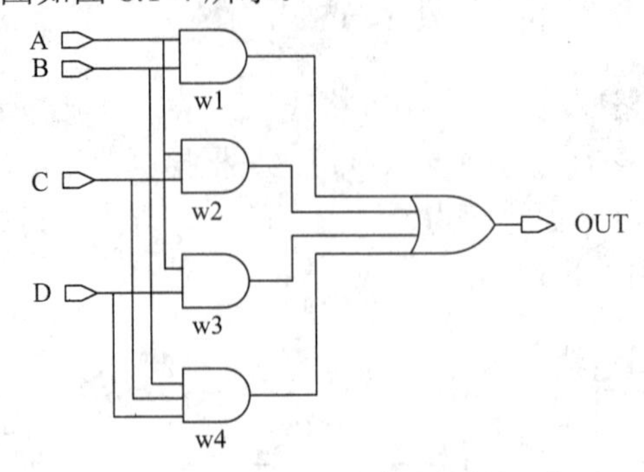

图 6.1-4　四位表决电路的逻辑图

图 6.1-5 是例 6.1-2 的电路逻辑图。

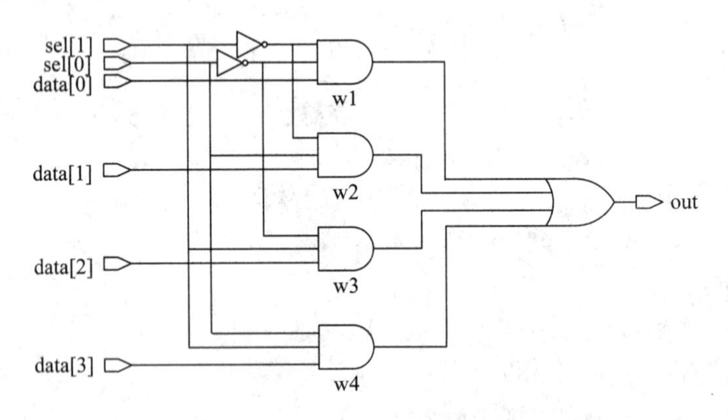

图 6.1-5　4 选 1 选择器的逻辑图

6.2　Verilog HDL 组合电路设计方法

组合电路的设计需要从以下几个方面考虑：首先，所用的逻辑器件数目最少，器件的种类最少且器件之间的连线最简单。这样的电路称为“最小化”电路；其次，为了满足速度要求，应使级数尽量少，以减少门电路的延迟；电路的功耗应尽可能小，工作时稳定可靠。

使用 Verilog HDL 描述组合电路主要有真值表、逻辑表达式、结构化描述以及抽象描述四种方式。设计者可以通过这些方式进行 Verilog HDL 电路描述，这与数字电路的基本原理是一致的。

6.2.1　真值表方式

真值表是一种最直接和简单的描述方式。根据电路的功能，可以通过真值表直接建立输出与输入之间的逻辑关系。在这种方式中，Verilog HDL 通常使用“case”语句描述电路的功能。

例 6.2-1　用真值表方式设计组合电路。

表决电路的真值表如例 6.1-1 中的表 6.1-1 所示。其 Verilog HDL 程序代码如下：

```
module decision(A, B, C, D, OUT);
    input A, B, C, D;
    output OUT;
    reg OUT;
    always @(A or B or C or D)
      case ({A, B, C, D})
        4'b0000 : OUT<=0;
        4'b0001 : OUT<=0;
        4'b0010 : OUT<=0;
        4'b0011 : OUT<=0;
        4'b0100 : OUT<=0;
        4'b0101 : OUT<=0;
        4'b0110 : OUT<=0;
        4'b0111 : OUT<=1;
        4'b1000 : OUT<=0;
        4'b1001 : OUT<=1;
        4'b1010 : OUT<=1;
        4'b1011 : OUT<=1;
        4'b1100 : OUT<=1;
        4'b1101 : OUT<=1;
        4'b1110 : OUT<=1;
        4'b1111 : OUT<=1;
      endcase
endmodule
```

例 6.2-2　用真值表方式设计 4 选 1 数据选择电路。

4 选 1 数据选择电路的 Verilog HDL 程序如下：

```
module MUX (out, data, sel);
    output out;
    input [3:0] data;
    input [1:0] sel;
    reg out;
    always @(data or sel)
      case (sel)
        2'b00 : out<=data[0];
        2'b01 : out<=data[1];
        2'b10 : out<=data[2];
        2'b11 : out<=data[3];
      endcase
endmodule
```

6.2.2 逻辑表达式方式

Verilog HDL 语言通过连续赋值语句“assign”直接描述组合电路的逻辑函数表达式来进行电路设计。

例 6.2-3 用逻辑表达式方式设计组合电路。

例 6.1-1 的逻辑表达式为：OUT = AB + AC + AD + BCD，采用逻辑表达式方式设计的 Verilog HDL 代码如下：

```
module decision (A, B, C, D, OUT);
    input A, B, C, D;
    output OUT;
        assign OUT=(A&B) | (A&C) | (A&D) | ((B&C)&D);
endmodule
```

例 6.2-4 用逻辑表达式方式设计 4 选 1 数据选择器。

4 选 1 数据选择器的逻辑表达式为

$$out = \overline{sel[1]} \cdot \overline{sel[0]} \cdot data[0] + \overline{sel[1]} \cdot sel[0] \cdot data[1] + sel[1] \cdot \overline{sel[0]} \cdot data[2] + sel[1] \cdot sel[0] \cdot data[3]$$

所以，它采用逻辑表达式方式设计的 Verilog HDL 程序代码如下：

```
module MUX (out, data, sel);
    output out;
    input [3:0] data;
    input [1:0] sel;
    wire w1, w2, w3, w4;
        assign w1=(~sel[1])&(~sel[0])&data[0];
        assign w2=(~sel[1])&sel[0]&data[1];
        assign w3=sel[1]&(~sel[0])&data[2];
        assign w4=sel[1]&sel[0]&data[3];
        assign out=w1|w2|w3|w4;
endmodule
```

6.2.3 结构描述方式

早期的数字电路设计通常采用的原理图设计方式实际上就是结构描述方式。根据逻辑函数表达式画出组合电路的结构图，然后 Verilog HDL 通过使用“门运算”语句将逻辑单元互连在一起进行电路设计。

例 6.2-5 用结构描述方式设计组合电路。

例 6.1-1 的逻辑电路图如图 6.1-4 所示。该电路的 Verilog HDL 程序代码如下：

```
module decision(A, B, C, D, OUT);
    input A, B, C, D;
    output OUT;
```

```
    and U1 (w1, A, B);
    and U2 (w2, A, C);
    and U3 (w3, A, D);
    and U4 (w4, B, C, D);
    or U5 (OUT, w1, w2, w3, w4);
endmodule
```

例 6.2-6　用结构描述方式设计 4 选 1 数据选择器。

图 6.1-5 是 4 选 1 数据选择器的逻辑电路图，使用 Verilog HDL 进行描述的代码如下：

```
module MUX (out, data, sel);
    output out;
    input [3:0] data;
    input [1:0] sel;
    wire w1, w2, w3, w4;
        not     U1 (w1, sel[1]);
                U2 (w2, sel[0]);
        and     U3 (w3, w1, w2, data[0]);
                U4 (w4, w1, sel[0], data[1]);
                U5 (w5, sel[1], w2, data[2]);
                U6 (w6, sel[1], sel[0], data[3]);
        or      U7 (out, w3, w4, w5, w6);
endmodule
```

6.2.4　抽象描述方式

除了以上三种传统的描述方法，Verilog HDL 还可以用抽象的描述方式来描述组合逻辑电路。这种方法直接从电路功能出发编写代码。

例 6.2-7　用抽象描述方式设计组合电路。

对于例 6.1-1，采用抽象方式时，将四个输入变量相加，当相加器的结果大于等于 4 时表示判决成功，即表示投票成功。抽象描述方式的 Verilog HDL 代码如下：

```
module decision(A, B, C, D, OUT);
    input A, B, C, D;
    output OUT;
    reg OUT;
    wire [2:0] SUM;
        assign SUM= 3*A + 2*B + C + D;
        assign OUT=(SUM>4)?1:0;
endmodule
```

测试代码：

```
module decision_tb;
    reg A, B, C, D;
```

```
        wire OUT;
        decision U0(.A(A), .B(B), .C(C), .D(D), .OUT(OUT));
        initial
        begin
            A=1'b0; B=1'b1; C=1'b0; D=1'b0;
            #100 A=1'b1; D=1'b1;
            #100 A=1'b0; C=1'b1;
            #100 B=1'b0; D=1'b0;
            #100 A=1'b1;
            #100 C=1'b0; D=1'b1;
            #100 A=1'b0; D=1'b0;
            #100 C=1'b1; D=1'b1;
            #100 A=1'b1; B=1'b1;
            #200 $finish;
        end
    endmodule
```

例 6.1-1 的仿真测试结果如图 6.2-1 所示。

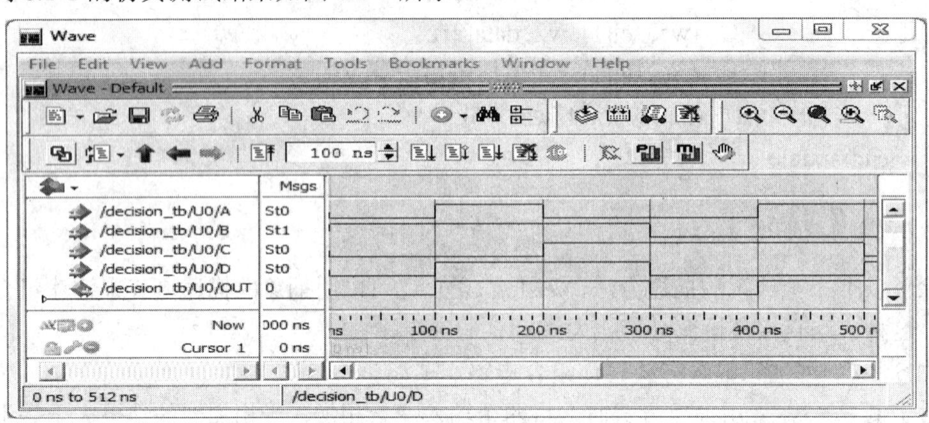

图 6.2-1 表决电路的仿真波形

例 6.2-8 用抽象描述方式设计 4 选 1 数据选择器。

4 选 1 数据选择器采用抽象形式进行电路设计的 Verilog HDL 程序代码如下：

```
    module MUX(data, out, sel);
    input [3:0] data;
    input [1:0] sel;
    output out;
    wire out;
    wire [1:0] w1;
        assign w1= sel[0]? {data[3], data[1]}:{data[2], data[0]};
        assign out= sel[1]? {w1[1]}:{w1[0]};
    endmodule
```

组合电路的种类很多，最常见的有比较器(comparator)、数据选择器(multiplexer，简称 MUX)、编码器(encoder)、译码器(decoder)、数据分配器(demultiplexer)等。为了有效学习 Verilog HDL 组合电路设计，下面的章节结合数字逻辑电路中基本的组合电路对其设计方法进行说明。

6.3　数字加法器

数字加法器是最为常用的一种数字运算逻辑，被广泛用于计算机、通信和多媒体数字集成电路中。广义的加法器包括加法器和减法器，在实际系统中加法器输入通常采用补码形式，因此从电路结构上加法和减法电路是一样的，只不过输入信号采用补码输入即可。

6.3.1　2 输入 1 位信号全加器

如果运算考虑了来自低位的进位，那么该运算就为全加运算，实现全加运算的电路称为全加器。2 输入 1 位信号全加器的真值表如表 6.3-1 所示。

代数逻辑表示为

$$SUM = A \oplus B \oplus C\_IN \tag{6.3-1}$$

$$C\_OUT = AB + (A \oplus B)C\_IN \tag{6.3-2}$$

对应的电路如图 6.3-1 所示。

表 6.3-1　2 输入 1 位全加器真值表

A	B	C_IN	SUM	C_OUT
0	0	0	0	0
0	0	1	1	0
0	1	0	1	0
0	1	1	0	1
1	0	0	1	0
1	0	1	0	1
1	1	0	0	1
1	1	1	1	1

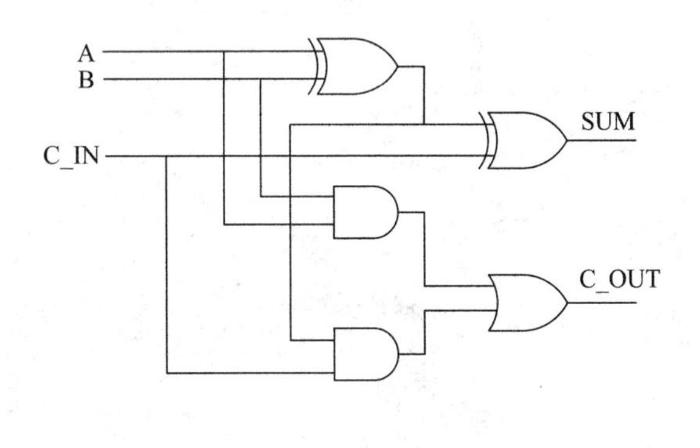

图 6.3-1　2 输入 1 位全加器电路

Verilog HDL 可以用不同的描述方式写出 1 位全加器，其综合电路是相同的，仅仅是描述风格不同。在此给出两种不同的风格：利用连续赋值语句实现和用行为描述方式实现。

例 6.3-1　用连续赋值语句设计 2 输入 1 位全加器电路。

```
module fulladder_1  ( SUM, C_OUT, A, B, C_IN );
    input A, B, C_IN;
    output SUM, C_OUT;
        assign  SUM=(A^B)^C_IN;
```

```
        assign    C_OUT=(A&B)|((A^B)&C_IN);          // function of output
    endmodule
```

例 6.3-2　用行为描述设计 2 输入 1 位全加器电路。

```
    module adder_1 ( SUM, C_OUT, A, B, C_IN );
        output SUM, C_OUT;
        input A, B, C_IN;
            assign    {C_OUT, SUM}=A+B+C_IN;
    endmodule
```

测试代码：

```
    module adder_1_tb;
        reg A, B, C_IN;
        wire SUM, C_OUT;
        adder_1 U1(.A(A), .B(B), .C_IN(C_IN), .SUM(SUM), .C_OUT(C_OUT));
        initial
          begin
            A=1'b0; B=1'b0; C_IN=1'b0;
            #100 A=1'b1; B=1'b1;
            #100 A=1'b0; B=1'b1;
            #100 C_IN=1'b1;
            #100 A=1'b1;
            #100 B=1'b0;
            #100 C_IN=1'b0;
            #200 $finish;
          end
    endmodule
```

2 输入 1 位全加器的仿真测试结果如图 6.3-2 所示。

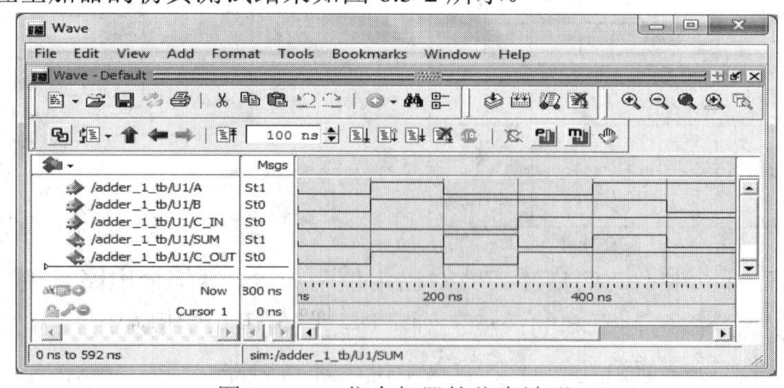

图 6.3-2　1 位全加器的仿真波形

采用行为描述可以提高设计的效率，对于一个典型的多位加法器的行为描述设计，仅需改变代码中输入和输出信号的位宽即可。

例 6.3-3　设计一个 2 输入 8 位加法器。

2 输入 8 位加法器可以采用下面的 Verilog HDL 程序代码实现。

```
module adder_8 ( SUM, C_OUT, A, B, C_IN );
    output [7:0]    SUM;
    output      C_OUT;
    input [7:0] A, B;
    input C_IN;
        assign {C_OUT, SUM}=A+B+C_IN;
endmodule
```

测试代码：

```
module adder_8_tb;
    reg [7:0]A, B;
    reg C_IN;
    wire [7:0]SUM;
    wire C_OUT;
    adder_8 U2(.A(A), .B(B), .C_IN(C_IN), .SUM(SUM), .C_OUT(C_OUT));
    initial
      begin
        A=8'b00000000; B=8'b00000000; C_IN=1'b0;
        #100 A=8'b00000011; B=8'b00111000;
        #100 A=8'b00011010; B=8'b11100110;
        #100 C_IN=1'b1;
        #100 A=8'b00001001;
        #100 C_IN=1'b0;
        #100 A=8'b11000100; B=8'b01011001;
        #200 $finish;
      end
endmodule
```

2 输入 8 位加法器的仿真测试结果如图 6.3-3 所示。

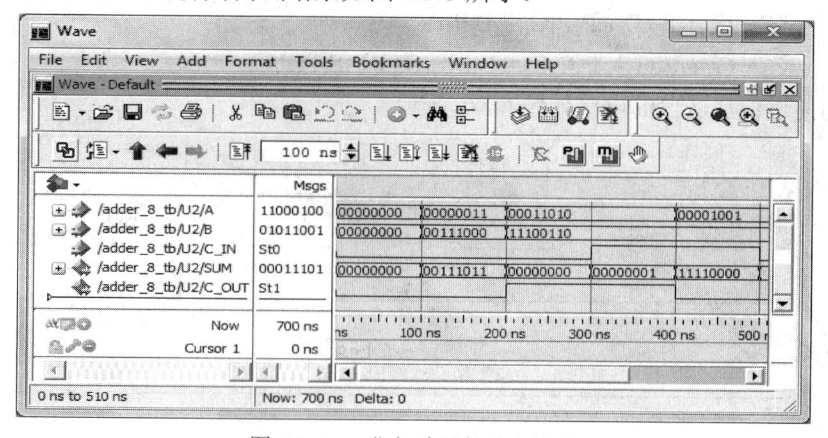

图 6.3-3　8 位加法器的仿真波形

综合后的 2 输入 8 位加法器的电路图如图 6.3-4 所示。

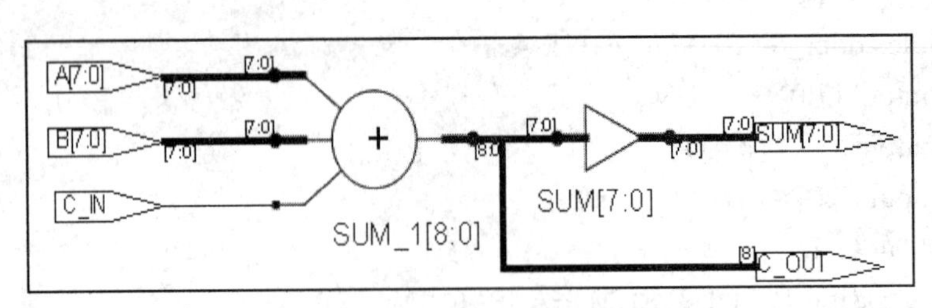

图 6.3-4　综合后 8 位加法器电路图

6.3.2　4 位超前进位加法器

超前进位加法器是一种高速加法器，每级进位由附加的组合电路产生，高位的运算不需等待低位运算完成，因此可以提高运算速度。

对于输入信号位宽为 N 的全加器，其进位信号是

$$\mathrm{C\_OUT} = \mathrm{C}_N \tag{6.3-3}$$

输出的加法结果是

$$\mathrm{SUM\_OUT}_{n-1} = \mathrm{P}_{n-1} \oplus \mathrm{C}_{n-1} \quad n \in [N,\ 1] \tag{6.3-4}$$

超前进位标志信号是

$$\mathrm{C}_n = \mathrm{G}_{n-1} + \mathrm{P}_{n-1}\mathrm{C}_{n-1} \qquad n \in [N,\ 1]$$
$$\mathrm{C}_0 = \mathrm{C - IN} \tag{6.3-5}$$

进位产生函数是

$$\mathrm{G}_{n-1} = \mathrm{A}_{n-1}\mathrm{B}_{n-1} \qquad n \in [N,\ 1] \tag{6.3-6}$$

进位传输函数是

$$\mathrm{P}_{n-1} = \mathrm{A}_{n-1} \oplus \mathrm{B}_{n-1} \qquad n \in [1,\ N] \tag{6.3-7}$$

上述公式中 N 为加法器位数，在 4 位加法器中，$N = 4$。由式(6.3-5)可以推出各级进位信号表达式，并构成快速进位逻辑电路。

$$\mathrm{C}_1 = \mathrm{G}_0 + \mathrm{P}_0\mathrm{C}_0$$
$$\mathrm{C}_2 = \mathrm{G}_1 + \mathrm{P}_1\mathrm{G}_0 + \mathrm{P}_1\mathrm{P}_0\mathrm{C}_0$$
$$\mathrm{C}_3 = \mathrm{G}_2 + \mathrm{P}_2\mathrm{G}_1 + \mathrm{P}_2\mathrm{P}_1\mathrm{G}_0 + \mathrm{P}_2\mathrm{P}_1\mathrm{P}_0\mathrm{C}_0$$
$$\mathrm{C}_4 = \mathrm{G}_3 + \mathrm{P}_3\mathrm{G}_2 + \mathrm{P}_3\mathrm{P}_2\mathrm{G}_1 + \mathrm{P}_3\mathrm{P}_2\mathrm{P}_1\mathrm{G}_0 + \mathrm{P}_3\mathrm{P}_2\mathrm{P}_1\mathrm{P}_0\mathrm{C}_0 \tag{6.3-8}$$

4 位超前进位加法器的电路如图 6.3-5 所示。

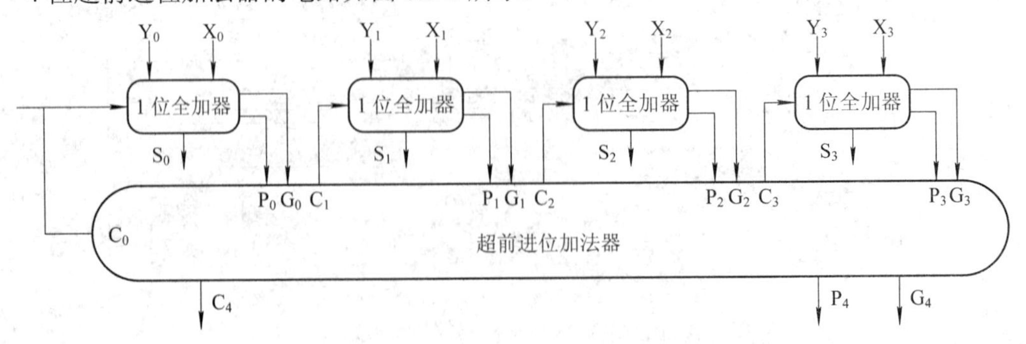

图 6.3-5　4 位超前进位加法器的电路图

例 6.3-4 设计一个 4 位超前进位加法器。

4 位超前进位加法器对应的 Verilog HDL 代码是：

```
module fastaddder_4 (sum, c_out, a, b, c_in);
    input [3:0]      a, b;          // the other of add number
    input            c_in;          // carry in from before level
    output [3:0]     sum;           // the add of two input
    output            c_out;        // carry out to next level
    wire [4:0]  g, p, c;        // wire between every c_out and c_in
        assign c[0]=c_in;
        assign p=a^b;
        assign g=a&b;
        assign c[1]=g[0]|(p[0]&c[0]);
        assign c[2]=g[1]|(p[1]&(g[0]|(p[0]&c[0])));
        assign c[3]=g[2]|(p[2]&(g[1]|(p[1]&(g[0]|(p[0]&c[0])))));
        assign c[4]=g[3]|(p[3]&(g[2]|(p[2]&(g[1]|(p[1]&(g[0]|(p[0]&c[0])))))));
        assign sum=p^c[3:0];
        assign c_out=c[4];
endmodule
```

测试代码：

```
module fastadder_4_tb;
    reg [3:0] a, b;
    reg c_in;
    wire [3:0] sum;
    wire c_out;
    fastaddder_4   U3(.a(a), .b(b), .c_in(c_in), .sum(sum), .c_out(c_out));
    initial
      begin
        a=4'b0001; b=4'b0101; c_in=1'b0;
        #100 a=4'b0001; b=4'b0111;
        #100 a=4'b0111; b=4'b1100;
        #100 b=4'b1111; c_in=1'b1;
        #100 a=4'b1101; b=4'b0100;
        #100 a=4'b0000; b=4'b1001; c_in=1'b0;
        #100 a=4'b1000; b=4'b0110;
        #200 $finish;
      end
endmodule
```

4 位超前进位加法器的仿真测试结果如图 6.3-6 所示。

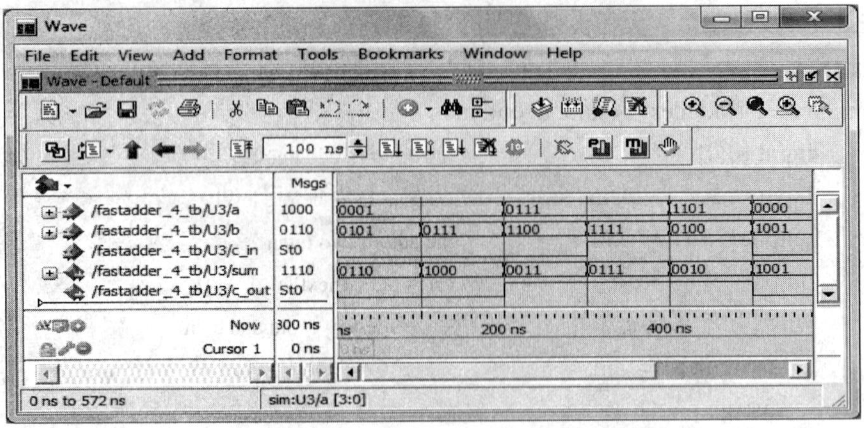

图 6.3-6　4 位超前进位加法器的仿真波形

6.4　数据比较器

数据比较器在计算逻辑中是一种常用的逻辑电路。它用来对两组或者多组同位数的二进制数或二-十进制编码的数进行大小比较或检测逻辑电路是否相等。数据比较器分成两类：一是等值比较器，只能检验两个数是否一致；二是量值比较器，能比较两个数的大小。

例 6.4-1　1 位数据比较器。

1 位数据比较器的功能是将两个 1 位二进制数 a 和 b 进行比较。逻辑电路图如图 6.4-1 所示。

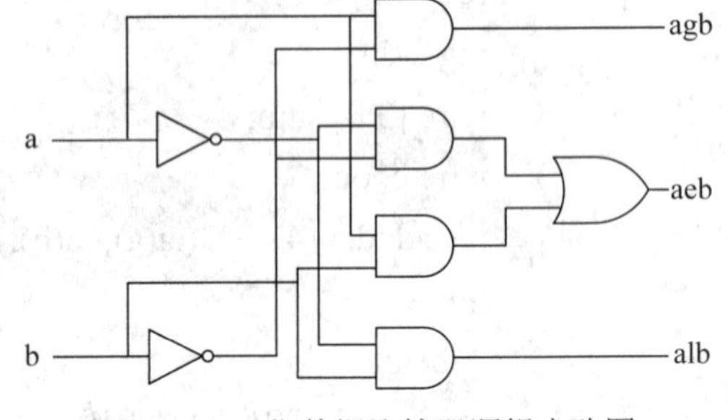

图 6.4-1　1 位数据比较器逻辑电路图

从图 6.4-1 中可看到：

a > b 的逻辑表达式为

$$agb = a \cdot \overline{b}$$

a = b 的逻辑表达式为

$$aeb = \overline{a} \cdot \overline{b} + a \cdot b$$

a < b 的逻辑表达式为

$$alb = \overline{a} \cdot b$$

采用逻辑表达式方式的 Verilog HDL 代码如下：

```
module comp_1b(a, b, agb, aeb, alb);
    input a, b;
    output agb, aeb, alb;
    wire agb, aeb, alb;
        assign agb=a&(~b);
        assign aeb=a^~b;
        assign alb=(~a)&b;
endmodule
```

测试代码：

```
module comp_1b_tb;
    reg a, b;
    wire agb, aeb, alb;
    comp_1b U1(.a(a), .b(b), .agb(agb), .aeb(aeb), .alb(alb));
    initial
        begin
          a=1'b1; b=1'b1;
          #100 a=1'b0;
          #100 a=1'b1; b=1'b0;
          #100 a=1'b0;
          #100 b=1'b1;
          #200 $finish;
       end
endmodule
```

仿真测试结果如图 6.4-2 所示。

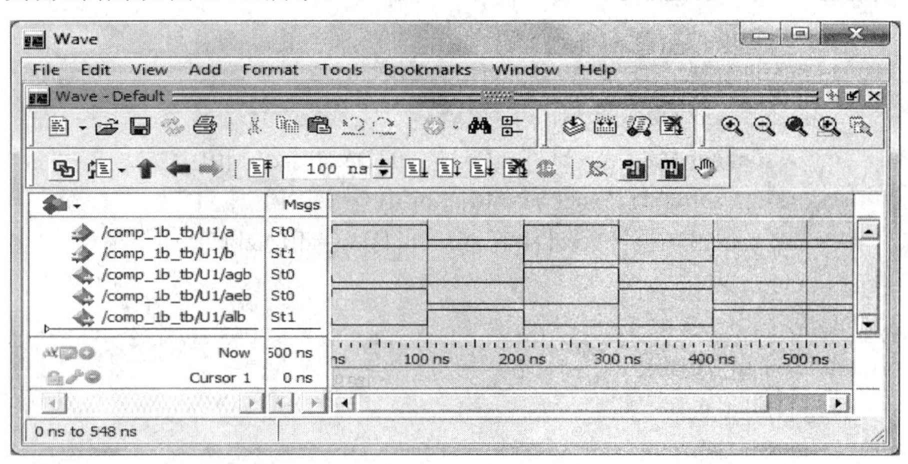

图 6.4-2 1 位数据比较器仿真波形

例 6.4-2 设计一个 2 位数据比较器。

多位数据比较器的比较过程是按照数值比较高位先比的规则，在高位比较有结果的情况下，不需要考虑低位的内容，只有在高位相等时，才进行低位比较。2 位二进制数 a[1]a[0] 和 b[1]b[0] 的比较过程是先对高位 a[1] 和 b[1] 进行比较，如果 a[1] > b[1]，那么无论 a[0] 和 b[0] 为何值，结果为 a > b；若 a[1] < b[1]，结果为 a < b。如果高位相等 a[1] = b[1]，再比较低位数 a[0] 和 b[0]，如果 a[0] > b[0] 则 a > b，如果 a[0] < b[0]则 a < b，如果 a[0] = b[0] 则 a = b。

2 位数据比较器的逻辑电路图如图 6.4-3 所示。

从图 6.4-3 可得出 a > b 的逻辑表达式为

$$agb = a[1] \cdot \overline{b[1]} + (\overline{a[1]} \cdot \overline{b[1]} + a[1] \cdot b[1]) \cdot a[0] \cdot \overline{b[0]}$$

a = b 的逻辑表达式为

$$aeb = (\overline{a[1]} \cdot \overline{b[1]} + a[1] \cdot b[1]) \cdot (\overline{a[0]} \cdot \overline{b[0]} + a[0] \cdot b[0])$$

a < b 的逻辑表达式为

$$alb = \overline{a[1]} \cdot b[1] + (\overline{a[1]} \cdot \overline{b[1]} + a[1] \cdot b[1]) \cdot \overline{a[0]} \cdot b[0]$$

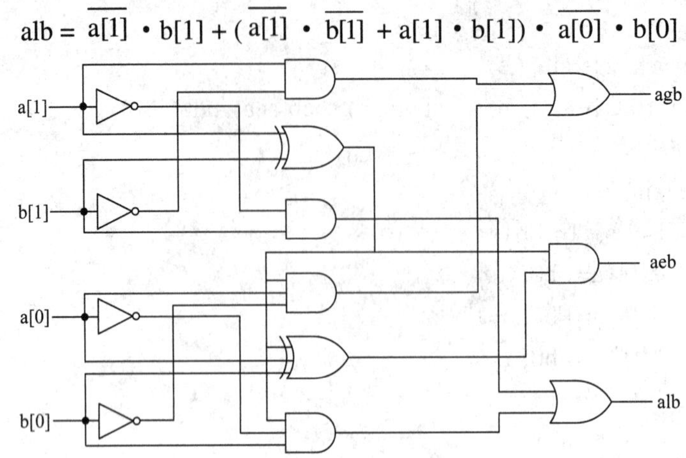

图 6.4-3　2 位数据比较器逻辑电路图

表达式方式的 Verilog HDL 程序代码如下：

```
module comp_2b(a, b, agb, aeb, alb);
    input [1:0]a, b;
    output agb, aeb, alb;
    wire agb, aeb, alb;
        assign agb=(a[1]&(~b[1]))|((a[1]^~b[1])&a[0]&(~b[0]));
        assign aeb=(a[1]^~b[1])&(a[0]^~b[0]);
        assign alb=((~a[1])&b[1])|((a[1]^~b[1])&(~a[0])&b[0]);
endmodule
```

测试代码：

```
module comp_2b_tb;
    reg [1:0] a, b;
    wire agb, aeb, alb;
    comp_2b U2(.a(a), .b(b), .agb(agb), .aeb(aeb), .alb(alb));
    initial
        begin
          a=2'b11; b=2'b01;
          #100 a=2'b01;
          #100 a=2'b10; b=2'b10;
          #100 a=2'b00;
          #100 b=2'b00;
          #100 a=2'b01;
          #200 $finish;
        end
endmodule
```

仿真测试结果如图 6.4-4 所示。

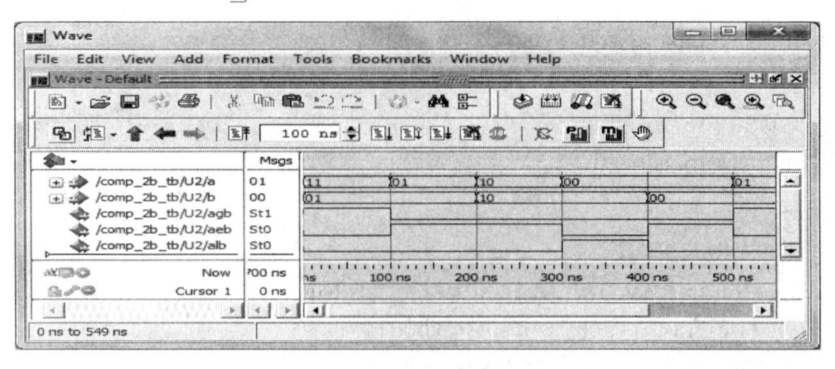

图 6.4-4　2 位数据比较器仿真波形

在 Verilog HDL 中，使用关系运算符可以直接得到数据比较电路，在多位数据比较的情况下，这种方式较为方便。

例 6.4-3　设计一个 8 位数据比较器。

8 位数据比较器是将两个 8 位的二进制数进行比较，应首先比较最高位 a_7 和 b_7。如果 $a_7>b_7$，那么无论其他几位数为何值，结果为 $a>b$；若 $a_7<b_7$，结果为 $a<b$。如果高位相等 $a_7=b_7$，就必须通过比较低一位 a_6 和 b_6 来判断 a 和 b 的大小。如果 $a_6=b_6$，还必须通过比较更低一位 a_5 和 b_5 来判断……直到最低位比较完。8 位数据比较器的真值表如表 6.4-1 所示。

表 6.4-1　8 位数据比较器真值表

输　入								输　出		
a_7b_7	a_6b_6	a_5b_5	a_4b_4	a_3b_3	a_2b_2	a_1b_1	a_0b_0	agb	aeb	alb
$a_7>b_7$	x	x	x	x	x	x	x	1	0	0
$a_7<b_7$	x	x	x	x	x	x	x	0	0	1
$a_7=b_7$	$a_6>b_6$	x	x	x	x	x	x	1	0	0
$a_7=b_7$	$a_6<b_6$	x	x	x	x	x	x	0	0	1
$a_7=b_7$	$a_6=b_6$	$a_5>b_5$	x	x	x	x	x	1	0	0
$a_7=b_7$	$a_6=b_6$	$a_5<b_5$	x	x	x	x	x	0	0	1
$a_7=b_7$	$a_6=b_6$	$a_5=b_5$	$a_4>b_4$	x	x	x	x	1	0	0
$a_7=b_7$	$a_6=b_6$	$a_5=b_5$	$a_4<b_4$	x	x	x	x	0	0	1
$a_7=b_7$	$a_6=b_6$	$a_5=b_5$	$a_4=b_4$	$a_3>b_3$	x	x	x	1	0	0
$a_7=b_7$	$a_6=b_6$	$a_5=b_5$	$a_4=b_4$	$a_3<b_3$	x	x	x	0	0	1
$a_7=b_7$	$a_6=b_6$	$a_5=b_5$	$a_4=b_4$	$a_3=b_3$	$a_2>b_2$	x	x	1	0	0
$a_7=b_7$	$a_6=b_6$	$a_5=b_5$	$a_4=b_4$	$a_3=b_3$	$a_2<b_2$	x	x	0	0	1
$a_7=b_7$	$a_6=b_6$	$a_5=b_5$	$a_4=b_4$	$a_3=b_3$	$a_2=b_2$	$a_1>b_1$	x	1	0	0
$a_7=b_7$	$a_6=b_6$	$a_5=b_5$	$a_4=b_4$	$a_3=b_3$	$a_2=b_2$	$a_1<b_1$	x	0	0	1
$a_7=b_7$	$a_6=b_6$	$a_5=b_5$	$a_4=b_4$	$a_3=b_3$	$a_2=b_2$	$a_1=b_1$	$a_0>b_0$	1	0	0
$a_7=b_7$	$a_6=b_6$	$a_5=b_5$	$a_4=b_4$	$a_3=b_3$	$a_2=b_2$	$a_1=b_1$	$a_0<b_0$	0	0	1
$a_7=b_7$	$a_6=b_6$	$a_5=b_5$	$a_4=b_4$	$a_3=b_3$	$a_2=b_2$	$a_1=b_1$	$a_0=b_0$	0	1	0

用{agb, aeb, alb}表示结果 {a>b, a<b, a=b}，采用描述方式的 Verilog HDL 程序如下：

```
module  comp_8b(a, b, agb, aeb, alb);
    parameter w=8;
    input [w-1:0] a, b;
    output agb, aeb, alb;
    reg agb, aeb, alb;
    always@(a or b)
        if(a>b) {agb, aeb, alb}=3'b100;
        else if(a<b) {agb, aeb, alb}=3'b001;
        else {agb, aeb, alb}=3'b010;
endmodule
```

测试代码：

```
module comp_8b_tb;
    reg [7:0] a, b;
    wire agb, aeb, alb;
    comp_8b U3(.a(a), .b(b), .agb(agb), .aeb(aeb), .alb(alb));
    initial
        begin
          a=8'b00110101; b=8'b00110100;
          #100 a=8'b00110011; b=8'b00110011;
          #100 a=8'b00110011; b=8'b10110011;
          #100 a=8'b11110011; b=8'b01110011;
          #100 a=8'b01100110; b=8'b01100110;
          #100 a=8'b00110000; b=8'b11000011;
          #100 a=8'b00111111; b=8'b00000000;
          #200 $finish;
        end
endmodule
```

仿真测试结果如图 6.4-5 所示。综合后的电路图如图 6.4-6 所示。

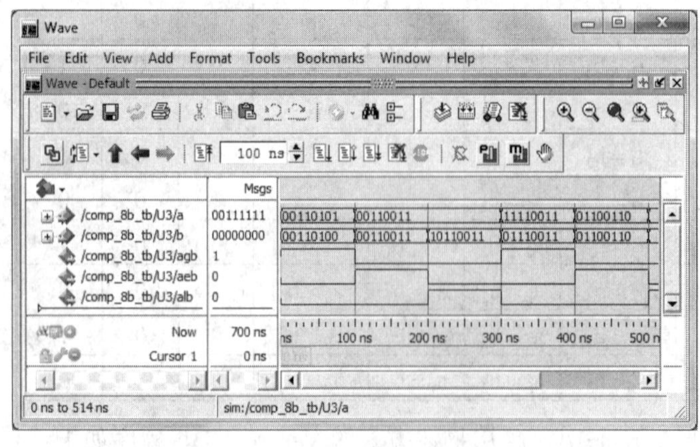

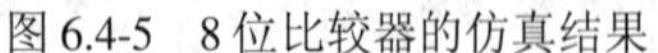

图 6.4-5 8 位比较器的仿真结果

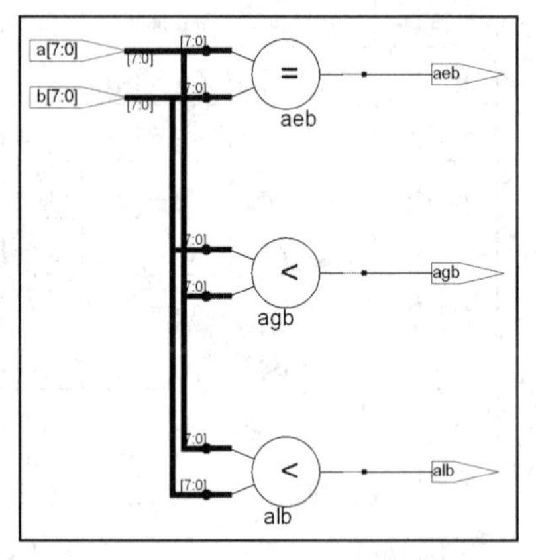

图 6.4-6 综合后的 8 位比较器电路图

6.5 数据选择器

数据选择器又称多路选择器或多路开关(Multiplexer，简称 MUX)。它的逻辑功能是根据选择信号，从多路输入数据中选择一路数据作为输出。常用的有 4 选 1、8 选 1、16 选 1 等数据选择器。图 6.5-1 是数据选择器输入、输出结构框图。

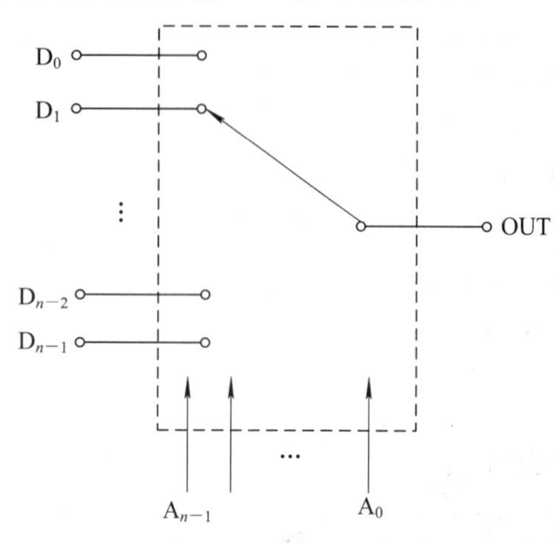

图 6.5-1 数据选择器结构框图

6.5.1 2 选 1 数据选择器

例 6.5-1 采用“？”操作符设计一个 2 选 1 数据选择器。

2 选 1 数据选择器是一种最简单的数据选择器，它具有 1 位选择信号和 2 位输入信号。当 sel = 0 时，输出 d_out = d_in[0]；当 sel = 1 时，输出 d_out = d_in[1]。其输出端的逻辑表达式可写成

$$d\_out = \overline{sel} \cdot d\_in[0] + sel \cdot d\_in[1] \tag{6.5-1}$$

2 选 1 数据选择器的逻辑框图如图 6.5-2 所示。

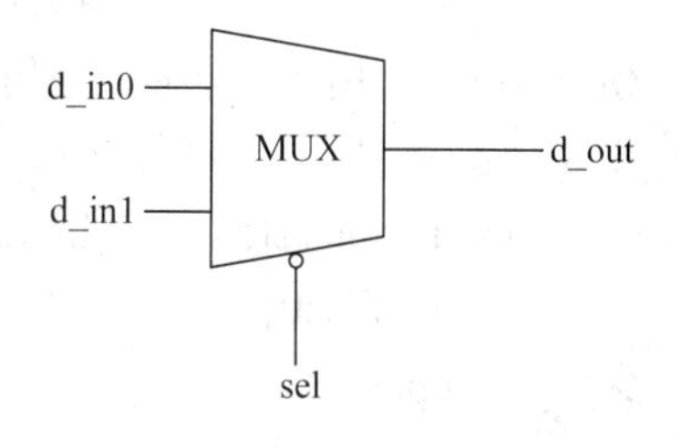

图 6.5-2 2 选 1 数据选择器逻辑框图

采用“？”操作符设计的 Verilog HDL 代码如下：

```
module mux2to1(d_in, d_out, sel);
    input [1:0] d_in;
    input sel;
    output d_out;
    wire d_out;
    assign d_out=sel?d_in[1]:d_in[0];
endmodule
```

测试代码：

```
module mux2to1_tb;
    reg [1:0] d_in;
```

```
    reg sel;
    wire d_out;
    mux2to1 U2(.d_in(d_in), .d_out(d_out), .sel(sel));
    initial
        begin
            d_in=2'b10; sel=1'b0;
            #100 sel=1'b1;
            #100 d_in=2'b11;
            #100 sel=1'b0;
            #100 d_in=2'b01;
            #100 sel=1'b1;
            #100 d_in=00;
            #100 sel=1'b0;
            #200 $finish;
        end
endmodule
```

仿真测试结果如图 6.5-3 所示。

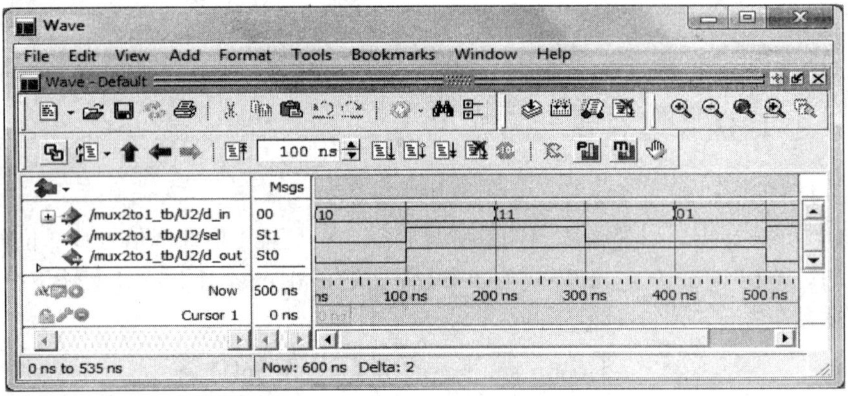

图 6.5-3　2 选 1 数据选择器仿真波形

例 6.5-2　使用“if-else”语句设计一个 2 选 1 数据选择器。

采用“if-else”语句进行 2 选 1 数据选择器设计的 Verilog HDL 程序代码如下：

```
module mux2to1_1(d_in, d_out, sel);
    input [1:0] d_in;
    input sel;
    output d_out;
    reg d_out;
    always @(d_in or sel)
        begin
            if(sel) d_out=d_in[1];
            else      d_out=d_in[0];
```

```
        end
endmodule
```

测试代码：

```
module mux2to1_1_tb;
    reg [1:0] d_in;
    reg sel;
    wire d_out;
    mux2to1_1 U2(.d_in(d_in), .d_out(d_out), .sel(sel));
    initial
        begin
            d_in=2'b01; sel=1'b1;
            #100 sel=1'b0;
            #100 d_in=2'b10;
            #100 sel=1'b1;
            #100 d_in=2'b11;
            #100 sel=1'b0;
            #100 d_in=00;
            #200 $finish;
        end
endmodule
```

仿真测试结果如图 6.5-4 所示。

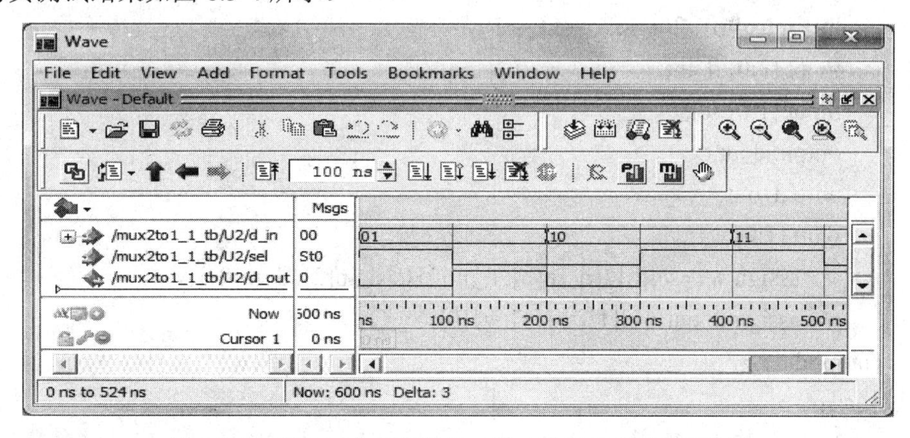

图 6.5-4　“if-else”语句设计 2 选 1 数据选择器仿真波形

对于 2 选 1 数据选择器可以采用上面两种设计方式，而对于多路选一数据选择器因为电路结构变得复杂，所以为了使电路更优化需要使用“case”语句来设计。下面例 6.5-3 会详细说明。

6.5.2　4 选 1 数据选择器

对于一个 4 选 1 数据选择器，有 4 个数据输入端：d_in[3]、d_in[2]、d_in[1]、d_in[0]，

有 2 个选择输入端：sel[1]、sel[0]，一个数据输出端 d_out。表 6.5-1 为 4 选 1 数据选择器的真值表。

根据式(6.5-1)可写出 4 选 1 数据选择器的输出逻辑式，即

$$d\_out = \overline{sel[1]} \cdot \overline{sel[0]} \cdot d\_in[0] + \overline{sel[1]} \cdot sel[0] \cdot d\_in[1] + sel[1] \cdot \overline{sel[0]} \cdot d\_in[2] + sel[1].sel[0].d\_in[3]$$

采用 2 选 1 数据选择器构成的 4 选 1 数据选择器逻辑框图如图 6.5-5 所示。

表 6.5-1　4 选 1 数据选择器真值表

sel[1]	sel[0]	d_out
0	0	d_in[0]
0	1	d_in[1]
1	0	d_in[2]
1	1	d_in[3]

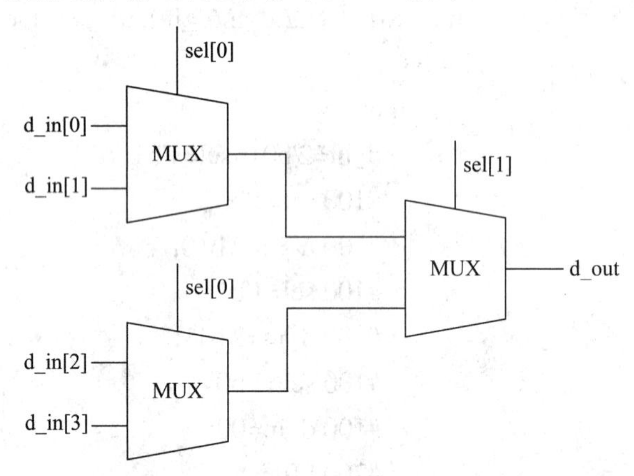

图 6.5-5　4 选 1 数据选择器逻辑框图

例 6.5-3　用条件操作符实现 4 选 1 数据选择器。

采用条件操作符实现 4 选 1 数据选择器的 Verilog HDL 代码如下：

```
module mux4to1_2(d_in, d_out, sel);
    input [3:0] d_in;
    input [1:0] sel;
    output d_out;
    wire d_out;
    wire [1:0] w1;
        assign w1=sel[0]?{d_in[3], d_in[1]}:{d_in[2], d_in[0]};
        assign d_out=sel[1]?w1[1]:w1[0];
endmodule
```

测试代码：

```
module mux4to1_2_tb;
    reg [3:0] d_in;
    reg [1:0] sel;
    wire d_out;
    mux4to1_2 U1(.d_in(d_in), .d_out(d_out), .sel(sel));
    initial
        begin
          d_in=4'b1010; sel=2'b00;
```

```
        #100 sel=2'b01;
        #100 sel=2'b11;
        #100 sel=2'b10;
        #100 d_in=4'b1100;
        #100 sel=2'b11;
        #100 sel=2'b00;
        #100 sel=2'b01;
        #200 $finish;
    end
endmodule
```

仿真测试结果如图 6.5-6 所示。

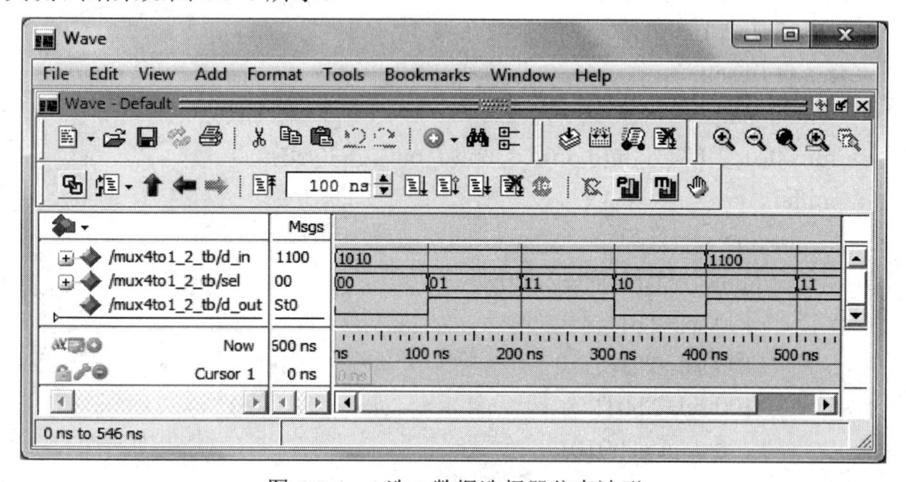

图 6.5-6　4 选 1 数据选择器仿真波形

例 6.5-4　用 if-else 语句实现 4 选 1 数据选择器。

使用 if-else 语句实现 4 选 1 数据选择器的 Verilog HDL 代码如下：

```
module mux4to1_1(d_in, d_out, sel);
    input [3:0] d_in;
    input [1:0] sel;
    output d_out;
    reg d_out;
    always@(d_in or sel)
        begin
          if(sel[1]==1)
            begin
              if(sel[0]==1)
                d_out=d_in[3];
              else
                d_out=d_in[2];
            end
```

```
            else
               begin
                  if(sel[0]==1)
                     d_out=d_in[1];
                  else
                     d_out=d_in[0];
                  end
            end
   endmodule
```

测试代码：

```
   module mux4to1_1_tb;
      reg [3:0] d_in;
      reg [1:0] sel;
      wire d_out;
      mux4to1_1 U9(.d_in(d_in), .d_out(d_out), .sel(sel));
      initial
         begin
            d_in=4'b0011; sel=2'b00;
            #100 sel=2'b11;
            #100 sel=2'b10;
            #100 sel=2'b01;
            #100 d_in=4'b0101;
            #100 sel=2'b10;
            #100 sel=2'b11;
            #100 sel=2'b01;
            #200 $finish;
         end
   endmodule
```

仿真测试结果如图 6.5-7 所示。

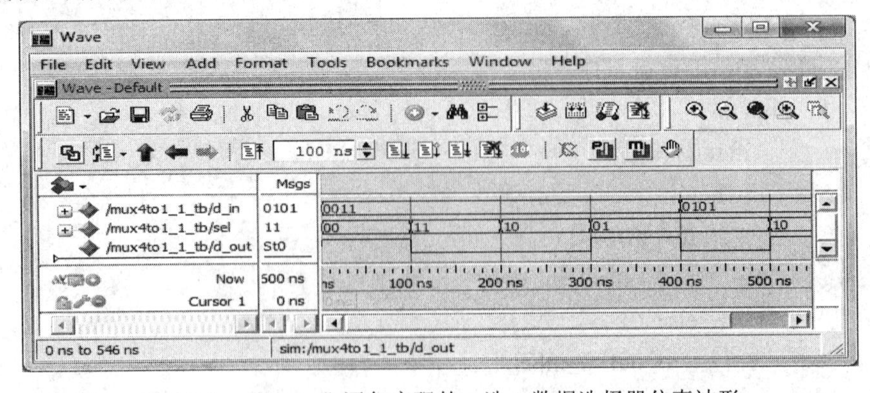

图 6.5-7 “if-else”语句实现的 4 选 1 数据选择器仿真波形

例 6.5-5　使用“case”语句实现 4 选 1 数据选择器。

采用这种设计方式，只需有选择信号列表就可以实现功能更为复杂的数据选择器。其 Verilog HDL 程序代码如下：

```
module mux4to1(d_in, d_out, sel);
    input [3:0] d_in;
    input [1:0] sel;
    output d_out;
    reg d_out;
    always@(d_in or sel)
      case(sel)
        2'b00:d_out<=d_in[0];
        2'b01:d_out<=d_in[1];
        2'b10:d_out<=d_in[2];
        2'b11:d_out<=d_in[3];
        default:d_out<=1'b0;
    endcase
endmodule
```

测试代码：

```
module mux4to1_tb;
    reg [3:0] d_in;
    reg [1:0] sel;
    wire d_out;
    mux4to1 U2(.d_in(d_in), .d_out(d_out), .sel(sel));
    initial
      begin
        d_in=4'b1110; sel=2'b01;
        #100 sel=2'b11;
        #100 sel=2'b00;
        #100 sel=2'b10;
        #100 d_in=4'b1001;
        #100 sel=2'b00;
        #100 sel=2'b11;
        #100 sel=2'b01;
        #200 $finish;
      end
  endmodule
```

仿真测试结果如图 6.5-8 所示。

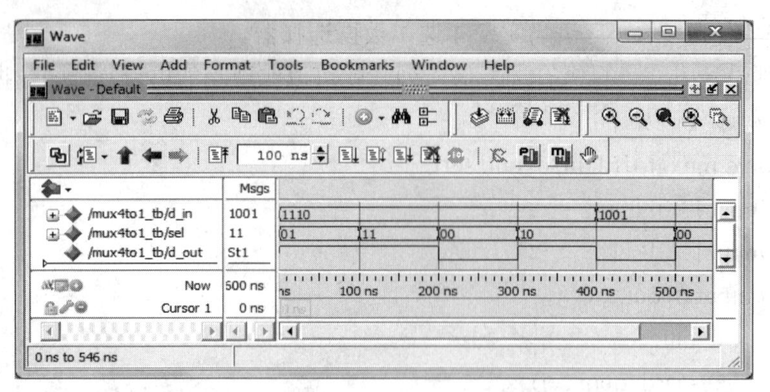

图 6.5-8 “case”语句实现的 4 选 1 选择器仿真波形

综合后的电路图如图 6.5-9 所示。

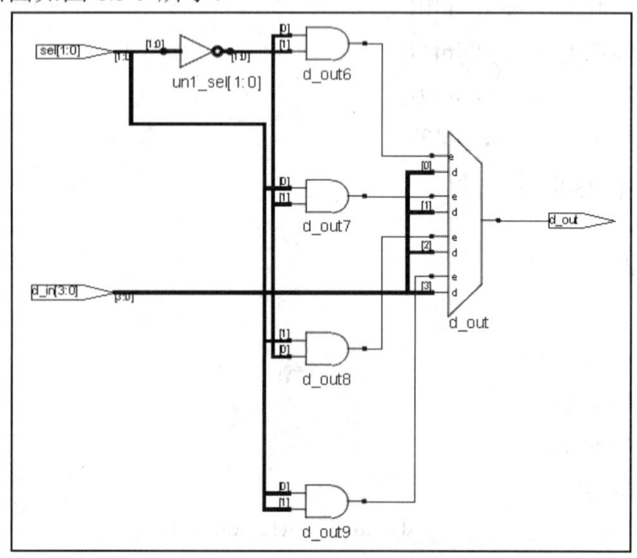

图 6.5-9 综合后的 4 选 1 数据选择器电路图

6.6 数据分配器

数据分配器又称为多路分配器，是数据选择器的逆操作，将一路输入数据 D 通过地址代码的控制分配到相应的输出端。

4 路数据分配器的逻辑框图如图 6.6-1 所示。图中，din 为分配器的输入；sel1、sel0 为两个地址输入控制信号；dout3～dout0 为分配器的四个输出端。对 sel1、sel0 的一组代码数据 D 会分配到相应的输出通道。

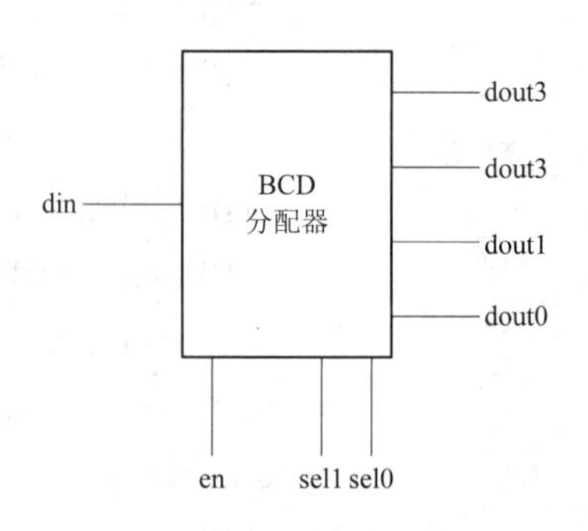

图 6.6-1 4 路数据分配器逻辑框图

6.6.1 1-4 数据分配器

4 路分配器的真值表如表 6.6-1 所示。

表 6.6-1　1-4 路分配器真值表

输　入			输　出			
en	sel1	sel0	dout3	dout2	dout1	dout0
0	x	x	0	0	0	0
1	0	0	0	0	0	din
1	0	1	0	0	din	0
1	1	0	0	din	0	0
1	1	1	din	0	0	0

用 Verilog HDL 设计 1-4 路数据分配器的代码如下：

```
module dmux_4(en, din, dout, sel);
    input en, din;
    input [1:0] sel;
    output [3:0] dout;
    reg [3:0] dout;
    always@(en or sel or din)
        if(!en) dout=4'b0000;
        else
          case(sel)
              2'b00:dout={3'b000, din};
              2'b01:dout={2'b00, din, 1'b0};
              2'b10:dout={1'b0, din, 2'b00};
              2'b11:dout={din, 3'b000};
          endcase
endmodule
```

测试代码：

```
module dmux_4_tb;
    reg en, din;
    reg [1:0] sel;
    wire [3:0] dout;
    dmux_4 U1(.din(din), .en(en), .sel(sel), .dout(dout));
    initial
      begin
        en=1'b0; din=1'b1; sel=2'b00;
        #100 en=1'b1;
        #100 sel=2'b01;
        #100 sel=2'b11;
        #100 din=1'b0; sel=2'b01;
```

```
        #100 din=1'b1;
        #100 sel=2'b11;
        #200 $finish;
    end
endmodule
```

仿真测试结果如图 6.6-2 所示。

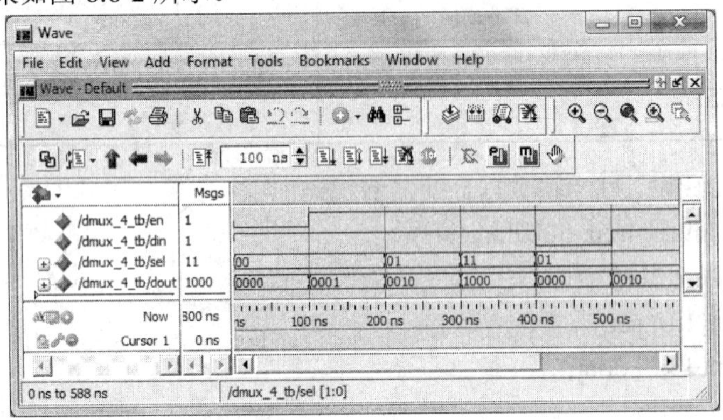

图 6.6-2　4 路分配器的仿真波形

综合后的 1-4 路数据分配器的电路图如图 6.6-3 所示。

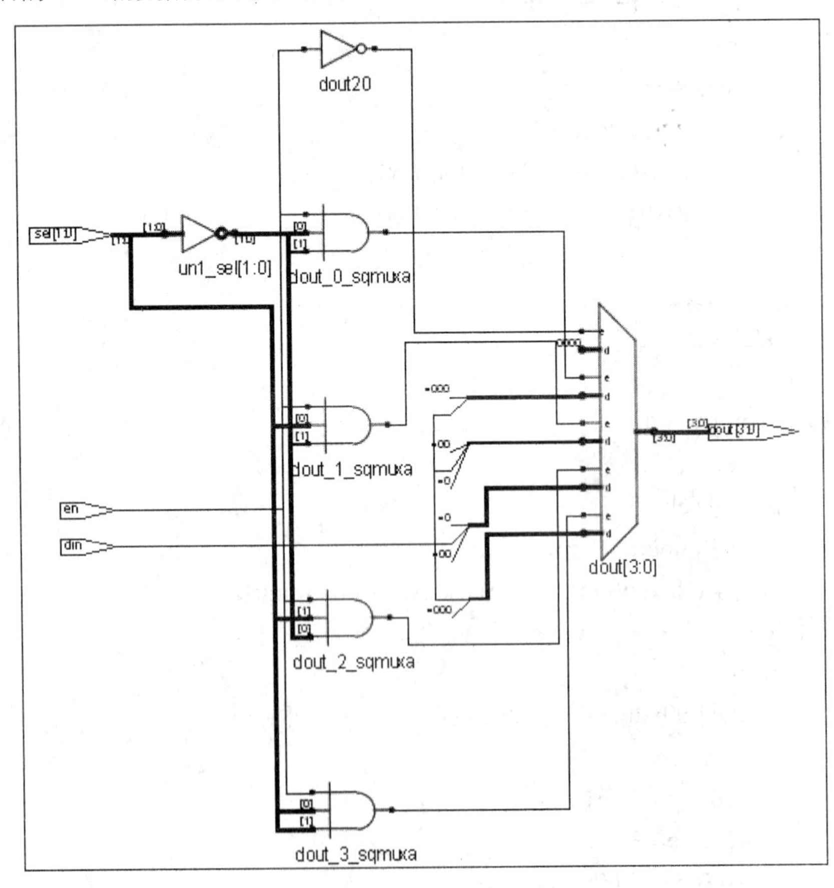

图 6.6-3　综合后的 4 路分配器电路图

6.6.2　1-8 数据分配器

表 6.6-2　8 路分配器真值表

输　入				输　出							
en	sel2	sel1	sel0	dout7	dout6	dout5	dout4	dout3	dout2	dout1	dout0
0	x	x	x	0	0	0	0	0	0	0	0
1	0	0	0	0	0	0	0	0	0	0	din
1	0	0	1	0	0	0	0	0	0	din	0
1	0	1	0	0	0	0	0	0	din	0	0
1	0	1	1	0	0	0	0	din	0	0	0
1	1	0	0	0	0	0	din	0	0	0	0
1	1	0	1	0	0	din	0	0	0	0	0
1	1	1	0	0	din	0	0	0	0	0	0
1	1	1	1	din	0	0	0	0	0	0	0

表 6.6-2 是 1-8 路数据分配器的真值表。从真值表可得 Verilog HDL 程序如下：

```
module dmux_8(en, din, dout, sel);
    input en, din;
    input [2:0] sel;
    output [7:0] dout;
    reg [7:0] dout;
    always@(en or sel or din)
        if(!en) dout=8'b00000000;
        else
          begin
            case(sel)
                3'b000:dout={7'b0000000, din};
                3'b001:dout={6'b000000, din, 1'b0};
                3'b010:dout={5'b000000, din, 2'b00};
                3'b011:dout={4'b0000, din, 3'b000};
                3'b100:dout={3'b000, din, 4'b0000};
                3'b101:dout={2'b00, din, 5'b00000};
                3'b110:dout={1'b0, din, 6'b000000};
                3'b111:dout={din, 7'b0000000};
            endcase
          end
endmodule
```

测试代码：

```
module dmux_8_tb;
    reg en, din;
    reg [2:0] sel;
    wire [7:0] dout;
    dmux_8 U2(.din(din), .en(en), .sel(sel), .dout(dout));
    initial
        begin
          en=1'b0; din=1'b1; sel=3'b000;
          #100 en=1'b1;
          #100 sel=3'b010;
          #100 sel=3'b100;
          #100 sel=3'b001;
          #100 din=1'b0; sel=3'b100;
          #100 sel=3'b101; din=1'b1;
          #100 sel= 3'b110;
          #100 sel=3'b111;
          #200 $finish;
        end
endmodule
```

仿真测试结果如图 6.6-4 所示。

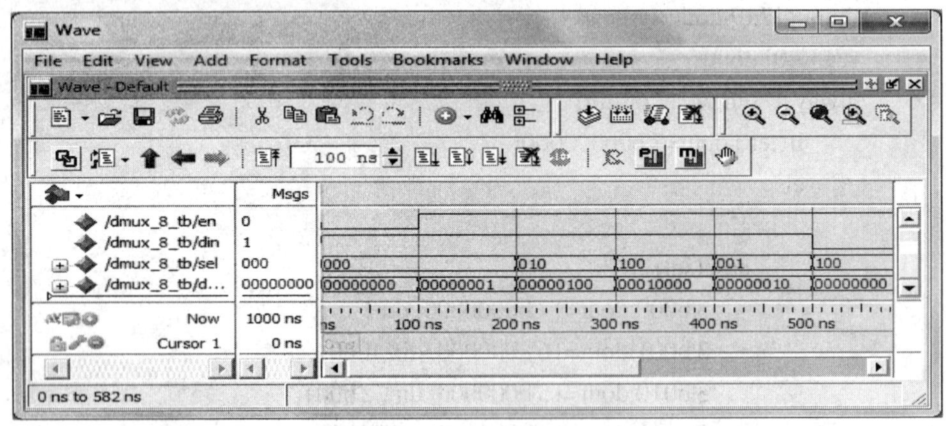

图 6.6-4　8 路分配器的仿真波形

6.7 数据编码器

在数字系统中，用二进制代码表示有关的信号称为编码。实现编码操作的电路称为数据编码器，它是一种多输入多输出的组合逻辑电路。实际上常用的编码器包括二进制编码器、二-十进制编码器和优先编码器。

6.7.1 BCD 编码器

用一组二进制码来表示一个给定的十进制数称为二-十进制编码器，简称 BCD 编码器。4 位二进制码可以表示 16 种不同状态，用来表示十进制的 0～9 时，其中有 6 种状态是不可以用的，称为禁用码组。所以 BCD 编码器也可被称为 10 线-4 线编码器。BCD 编码器的种类很多，常用的有 8421BCD、2421BCD、余 3BCD 等。下面介绍 8421BCD 编码器的设计。8421BCD 编码器的逻辑框图如图 6.7-1 所示，其真值表见表 6.7-1。

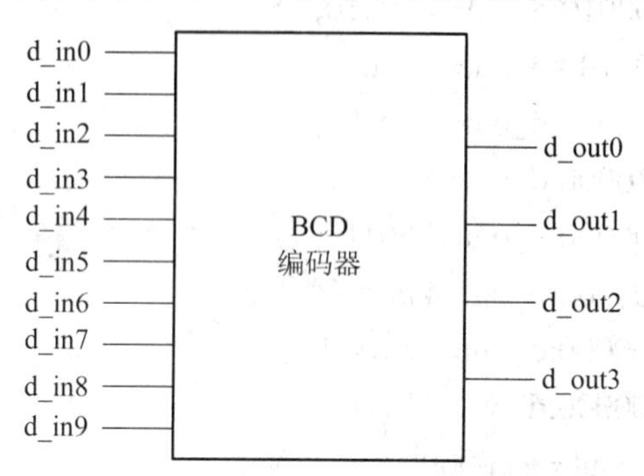

图 6.7-1 8421BCD 编码器逻辑图

表 6.7-1 8421BCD 编码器真值表

输入	D	C	B	A
$0(Y_0)$	0	0	0	0
$1(Y_1)$	0	0	0	1
$2(Y_2)$	0	0	1	0
$3(Y_3)$	0	0	1	1
$4(Y_4)$	0	1	0	0
$5(Y_5)$	0	1	0	1
$6(Y_6)$	0	1	1	0
$7(Y_7)$	0	1	1	1
$8(Y_8)$	1	0	0	0
$9(Y_9)$	1	0	0	1

从表 6.7-1 可以得出 8421BCD 编码器的逻辑表达式为

$$
\begin{aligned}
D &= Y_8 + Y_9 = \overline{\overline{Y_8}\cdot\overline{Y_9}} \\
C &= Y_4 + Y_5 + Y_6 + Y_7 = \overline{\overline{Y_4}\cdot\overline{Y_5}\cdot\overline{Y_6}\cdot\overline{Y_7}} \\
B &= Y_2 + Y_3 + Y_6 + Y_7 = \overline{Y_2\cdot Y_3\cdot Y_6\cdot Y_7} \\
A &= Y_1 + Y_3 + Y_5 + Y_7 + Y_9 = \overline{\overline{Y_1}\cdot\overline{Y_3}\cdot\overline{Y_5}\cdot\overline{Y_7}\cdot\overline{Y_9}}
\end{aligned}
\qquad (6.7\text{-}1)
$$

例 6.7-1 用 Verilog HDL 设计 8421BCD 编码器。

8421BCD 编码器的 Verilog HDL 代码如下：

```
module BCD8421(d_in, d_out);
```

```
    input [8:0] d_in;
    output [3:0] d_out;
    reg [3:0] d_out;
    always@(d_in)
      case(d_in)
        9'b000000000:d_out=4'b0000;
        9'b000000001:d_out=4'b0001;
        9'b000000010:d_out=4'b0010;
        9'b000000100:d_out=4'b0011;
        9'b000001000:d_out=4'b0100;
        9'b000010000:d_out=4'b0101;
        9'b000100000:d_out=4'b0110;
        9'b001000000:d_out=4'b0111;
        9'b010000000:d_out=4'b1000;
        9'b100000000:d_out=4'b1001;
        default d_out= 4'b0000;
      endcase
endmodule
```

测试代码：

```
module BCD8421_tb;
    reg [8:0] d_in;
    wire [3:0] d_out;
    BCD8421 U0(.d_in(d_in), .d_out(d_out));
    initial
      begin
        d_in=9'b010000000;
        #100 d_in=9'b000000001;
        #100 d_in=9'b000000010;
        #100 d_in=9'b000000100;
        #100 d_in=9'b000001000;
        #100 d_in=9'b000010000;
        #100 d_in=9'b100001000;
        #100 d_in=9'b000100000;
        #100 d_in=9'b001000000;
        #100 d_in=9'b000000000;
        #100 d_in=9'b100000000;
        #200 $finish;
      end
endmodule
```

仿真测试结果如图 6.7-2 所示。

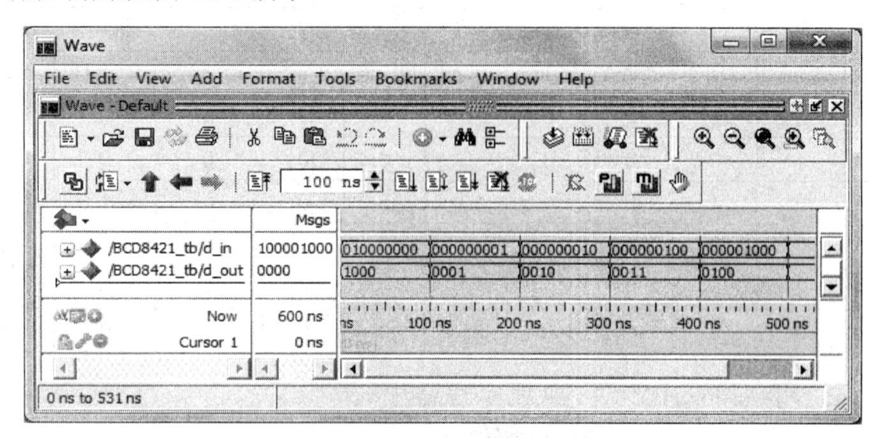

图 6.7-2　二-十进制编码器的仿真波形

综合后的二-十进制编码器电路图如图 6.7-3 所示。

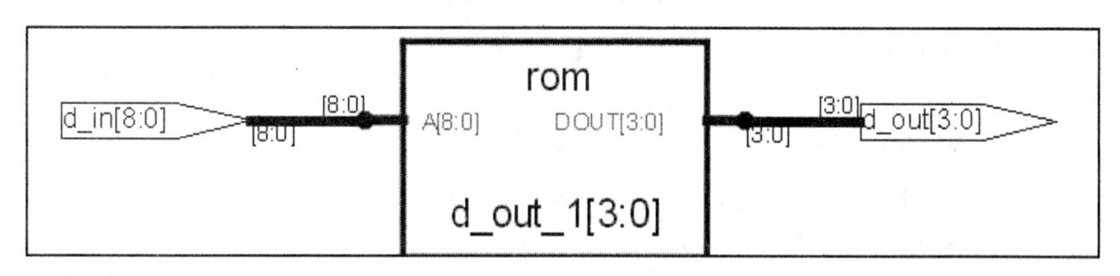

图 6.7-3　BCD 编码器电路图

6.7.2　8 线-3 线编码器

用 n 位二进制数码来表示 m 个特定信息称为二进制编码($2^n \geqslant m$)。例如 $n = 3$，可以对 8 个一般信号进行编码，称为 8 线-3 线编码器。这种编码器的特点是：任何时刻只允许输入一个有效信号，如果同时出现两个或两个以上的有效信号，电路会中断，假设编码器规定高电平为有效电平，则在任何时刻只有一个输入端为高电平，其余输入端为低电平。同理，如果规定低电平为有效电平，则在任何时刻只有一个输入端为低电平，其余输入端为高电平。因而其输入是一组有约束(互相排斥)的变量。

8 线-3 线编码器逻辑框图如图 6.7-4 所示，其中 d_in0、d_in1、d_in2、d_in3、d_in4、d_in5、d_in6、d_in7 是 8 个编码器的输入，是高电平有效信号；d_out0、d_out1、d_out2 是 3 个输出，是高电平有效信号。8 线-3 线编码器对应的真值表见表 6.7-2。

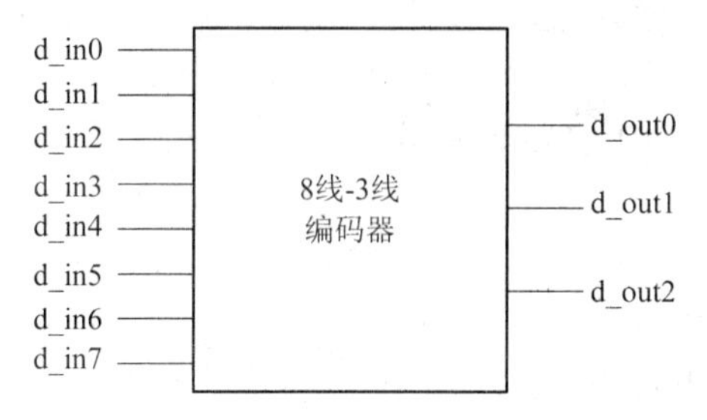

图 6.7-4　8 线-3 线编码器逻辑框图

表 6.7-2　8 线-3 线编码器真值表

输　入								输　出		
d_in0	d_in1	d_in2	d_in3	d_in4	d_in5	d_in6	d_in7	d_out2	d_out1	d_out0
1	0	0	0	0	0	0	0	0	0	0
0	1	0	0	0	0	0	0	0	0	1
0	0	1	0	0	0	0	0	0	1	0
0	0	0	1	0	0	0	0	0	1	1
0	0	0	0	1	0	0	0	1	0	0
0	0	0	0	0	1	0	0	1	0	1

例 6.7-2　用 Verilog HDL 设计 8 线-3 线编码器。

8 线-3 线编码器的 Verilog HDL 代码如下：

```
module code8_3(din, dout);
    input [7:0] din;
    output [2:0] dout;
    reg [3:0] dout;
    always@(din)
      case(din)
        8'b00000001:dout=3'b000;
        8'b00000010:dout=3'b001;
        8'b00000100:dout=3'b010;
        8'b00001000:dout=3'b011;
        8'b00010000:dout=3'b100;
        8'b00100000:dout=3'b101;
        8'b01000000:dout=3'b110;
        8'b10000000:dout=3'b111;
        default:dout=3'b000;
      endcase
endmodule
```

测试代码：

```
module code8_3_tb;
    reg [7:0] din;
    wire [2:0] dout;
    code8_3 U1(.din(din), .dout(dout));
    initial
      begin
        din=8'b00001000;
        #100 din=8'b00000001;
        #100 din=8'b01000000;
```

```
        #100 din=8'b00000000;
        #100 din=8'b00010000;
        #100 din=8'b00000000;
        #100 din=8'b00100000;
        #100 din=8'b01000000;
        #100 din=8'b10000000;
        #100 din=8'b11000000;
        #200 $finish;
    end
endmodule
```

仿真测试结果如图 6.7-5 所示。

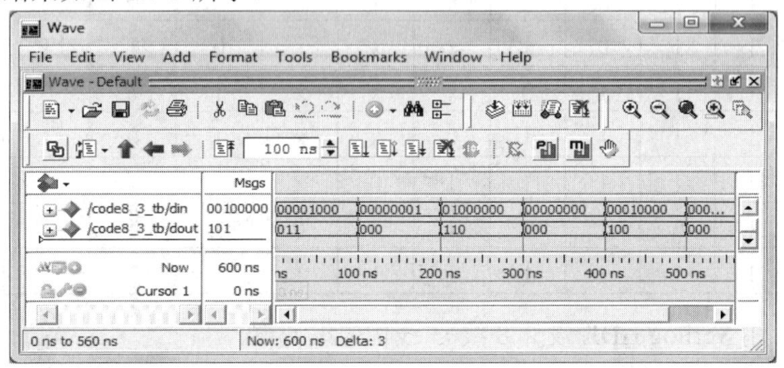

图 6.7-5　8 线-3 线编码器的仿真波形

6.7.3　8 线-3 线优先编码器

普通二进制编码器电路的缺点是在任何时刻只能有一个输入有效，若同时有两个或更多个输入信号有效时，将造成输出出错。而在许多实际应用中，编码器的输入端有可能同时收到多个信号，因此普通编码器在使用过程中有一定的局限性。为了克服这个缺点，一种方法是采用优先编码器。优先编码器是当多个输入端同时有信号时，电路只对其中优先级别最高的输入信号进行编码，对级别低的输入信号不予理睬。

8 线-3 线优先编码器的逻辑框图如图 6.7-6 所示。

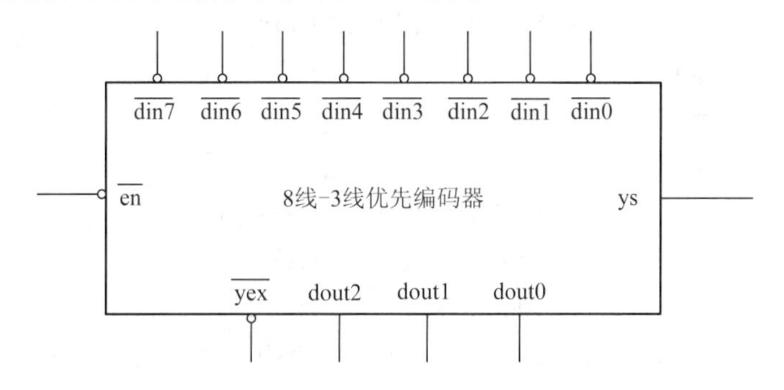

图 6.7-6　8 线-3 线优先编码器逻辑框图

8 线-3 线优先编码器的输入信号为 din0、din1、din2、din3、din4、din5、din6 和 din7 输出信号为 dout0、dout1、dout2。输入信号中 din7 的优先级别最高，依此类推，din0 的优

先级别最低。也就是说，若 din7 输入为 0(即为低电平)，则无论后续的输入信号如何，对应的这种状态一样，若 din7 输入为 1(即为高电平)，则由优先级仅次于 din7 的 din6 状态决定，依此类推。因为 din7 到 din0 共 8 种状态，因此可以用 3 位二进制编码来表示。8 线-3 线优先编码器真值表如表 6.7-3 所示。

表 6.7-3　8 线-3 线优先编码器真值表

输　入									输　出				
en	din7	din6	din5	din4	din3	din2	din1	din0	dout2	dout1	dout0	ys	yex
1	x	x	x	x	x	x	x	x	1	1	1	1	1
0	0	x	x	x	x	x	x	x	0	0	0	1	0
0	1	0	x	x	x	x	x	x	0	0	1	1	0
0	1	1	0	x	x	x	x	x	0	1	0	1	0
0	1	1	1	0	x	x	x	x	0	1	1	1	0
0	1	1	1	1	0	x	x	x	1	0	0	1	0
0	1	1	1	1	1	0	x	x	1	0	1	1	0
0	1	1	1	1	1	1	0	x	1	1	0	1	0
0	1	1	1	1	1	1	1	0	1	1	1	1	0
0	1	1	1	1	1	1	1	1	1	1	1	0	1

例 6.7-3　用 Verilog HDL 设计 8 线-3 线优先编码器。

8 线-3 线优先编码器的 Verilog HDL 代码如下：

```
module code8_3_p(din, dout, en, ys, yex);
    input [7:0] din;
    input en;
    output ys, yex;
    output [2:0] dout;
    reg [2:0] dout;
    reg ys, yex;
    always@(din or en)
      if(en) {dout, ys, yex}={3'b111, 1'b1, 1'b1};
      else begin
          casex(din)
              8'b0???????:{dout, ys, yex}={3'b000, 1'b1, 1'b0};
              8'b10??????:{dout, ys, yex}={3'b001, 1'b1, 1'b0};
              8'b110?????:{dout, ys, yex}={3'b010, 1'b1, 1'b0};
              8'b1110????:{dout, ys, yex}={3'b011, 1'b1, 1'b0};
              8'b11110???:{dout, ys, yex}={3'b100, 1'b1, 1'b0};
              8'b111110??:{dout, ys, yex}={3'b101, 1'b1, 1'b0};
              8'b1111110?:{dout, ys, yex}={3'b110, 1'b1, 1'b0};
              8'b11111110:{dout, ys, yex}={3'b111, 1'b1, 1'b0};
```

```
            8'b11111111:{dout, ys, yex}={3'b111, 1'b0, 1'b1};
        endcase
    end
endmodule
```

测试代码：

```
module code8_3_p_tb;
    reg [7:0] din;
    reg en;
    wire ys, yex;
    wire [2:0] dout;
    code8_3_p U2(.din(din), .dout(dout), .en(en), .ys(ys), .yex(yex));
    initial
        begin
            din=8'b00001100; en=1'b1;
            #100 en=1'b0; din=8'b10000001;
            #100 din=8'b11000010;
            #100 din=8'b11000100;
            #100 din=8'b11101000;
            #100 din=8'b11110000;
            #100 din=8'b11111010;
            #100 din=8'b11111100;
            #100 din=8'b11111110;
            #100 din=8'b11111111;
            #200 $finish;
        end
endmodule
```

仿真测试结果如图 6.7-7 所示。

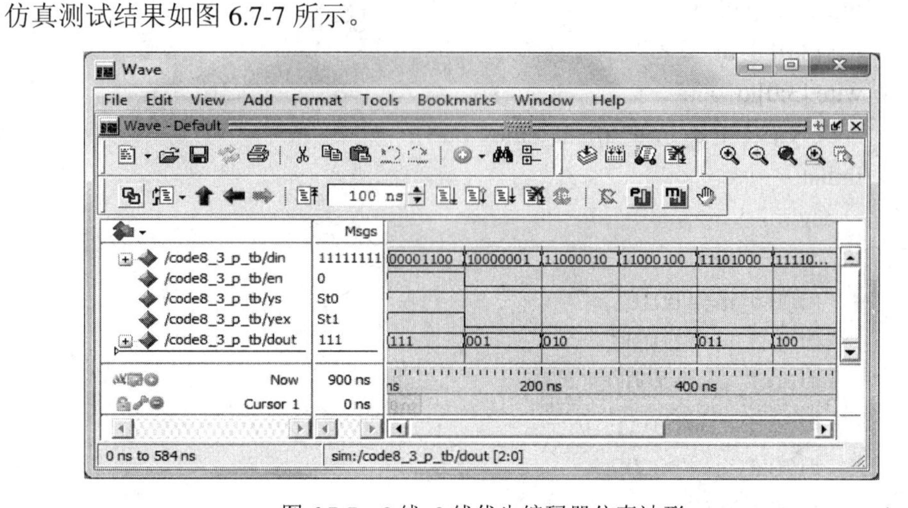

图 6.7-7　8 线-3 线优先编码器仿真波形

6.7.4 余 3 编码

和 8421BCD 码一样，余 3 码也是 BCD 码。它是一种对 9 的自补代码，因而可给运算带来方便。其次，在将两个余 3 码表示的十进制数相加时，若两数之和是 10，正好等于二进制数的 16，于是能正确产生进位信号，但对“和”必须修正。修正的方法是：如果有进位，则结果加 3；如果无进位，则结果减 3。表 6.7-4 是余 3 码的真值表与 8421BCD 码的对比。

表 6.7-4　余 3 码的真值表与 8421BCD 码的对比

十进制数	8421BCD 码	余 3 码
0	0000	0011
1	0001	0100
2	0010	0101
3	0011	0110
4	0100	0111
5	0101	1000
6	0110	1001
7	0111	1010
8	1000	1011
9	1001	1100

可见，余 3 码可以通过 8421BCD 加上 0011 后得到。Verilog HDL 程序代码是：

```
module code_yu3(d_in, d_out);
    input [3:0] d_in;
    output [3:0] d_out;
        assign d_out=d_in+4'b0011;
endmodule
```

测试代码：

```
module code_yu3_tb;
    reg [3:0] d_in;
    wire [3:0] d_out;
    code_yu3 U4(.d_in(d_in), .d_out(d_out));
    initial
      begin
        d_in=4'b0001;
        #100 d_in=4'b0101;
        #100 d_in=4'b0100;
        #100 d_in=4'b1001;
        #100 d_in=4'b0111;
        #100 d_in=4'b0000;
        #200 $finish;
```

```
        end
    endmodule
```

仿真测试结果如图 6.7-8 所示。

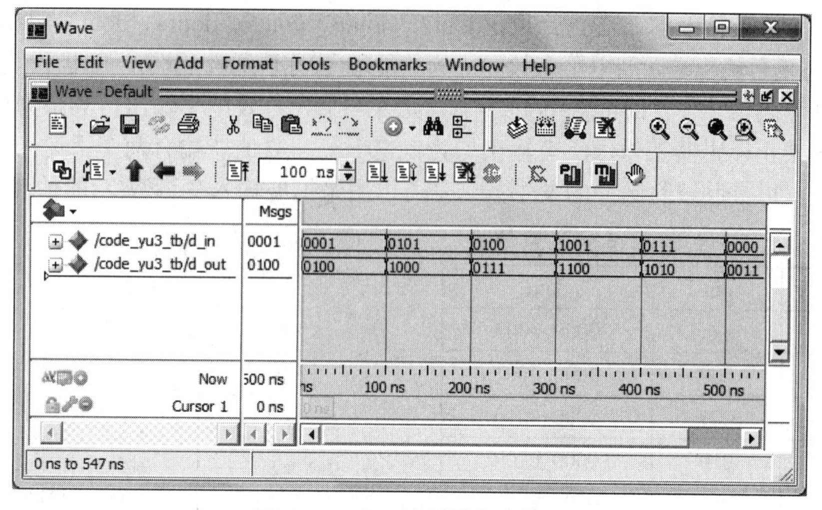

图 6.7-8　余 3 编码器仿真结果

综合后的余 3 编码器电路图如图 6.7-9 所示。

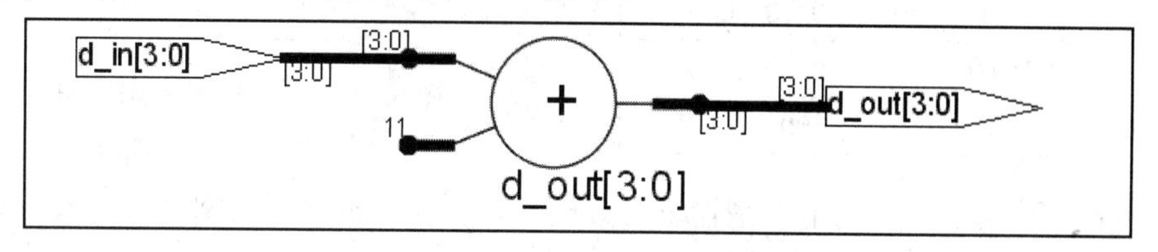

图 6.7-9　综合后的余 3 编码器电路图

6.8 数据译码器

数据译码器是一种多输入、多输出的电路逻辑，它的功能是将 n 个输入码组进行翻译，转换成 2^n 个输出信号。译码器中包含一个或多个使能端，用来控制模块工作或实现功能扩展。当使能信号有效时，译码器才实现正常的译码映射功能；当使能信号无效时，译码器不工作，输出全为无效电平。一般译码器的结构如图 6.8-1 所示。

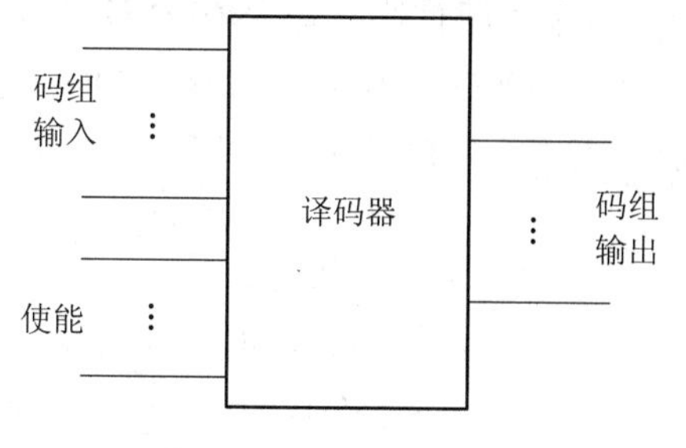

图 6.8-1　译码器结构框图

实际中常用的译码器有二进制译码器、二-十进制译码器和显示译码器。下面介绍 3 线-8 线二进制译码器。

6.8.1　3 线-8 线译码器

二进制译码器又称地址译码器或变量译码器，有 n 位二进制输入码和 2^n 个输出端，一

般称为 n 线-2^n 线译码器。常见的译码器有 2 线-4 线译码器、3 线-8 线译码器、4 线-16 线译码器。

图 6.8-2 为 3 线-8 线译码器的逻辑电路及逻辑符号，其真值表如表 6.8-1 所示。图中，a2、a1、a0 为地址输入端，a2 为高位；dout7、dout6、dout5、dout4、dout3、dout2、dout1、dout0 为状态信号输出端，高电平有效。en 为使能端(或称选通控制端)，高电平有效。当 en = 1 时，允许译码器工作，dout0～dout7 中只允许一个为有效电平输出，其余为低电平；当 en = 0 时，禁止译码器工作，所有输出均为低电平。一般使能端有两个用途：一是可以引入选通脉冲，以抑制冒险脉冲的发生；二是可以用来扩展输入变量数(功能扩展)。

表 6.8-1　3 线-8 线译码器真值表

en	din	dout
0	xxx	0000_0000
1	000	0000_0001
1	001	0000_0010
1	010	0000_0100
1	011	0000_1000
1	100	0001_0000
1	101	0010_0000
1	110	0100_0000
1	111	1000_0000

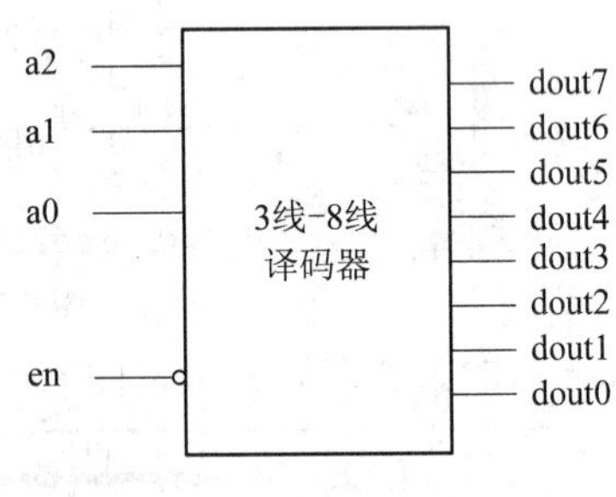

图 6.8-2　3 线-8 线译码器逻辑框图

从表 6.8-1 中可看出，高电平是输出有效电平，使能端 en 是高电平有效。当 en = 1 时，根据逻辑图写出输出表达式为

$$dout0 = \overline{a2} \cdot \overline{a1} \cdot \overline{a0}, \quad dout1 = \overline{a2} \cdot \overline{a1} \cdot a0$$

$$dout2 = \overline{a2} \cdot a1 \cdot \overline{a0}, \quad dout3 = \overline{a2} \cdot a1 \cdot a0$$

$$dout4 = a2 \cdot \overline{a1} \cdot \overline{a0}, \quad dout5 = a2 \cdot \overline{a1} \cdot a0$$

$$dout6 = a2 \cdot a1 \cdot \overline{a0}, \quad dout7 = a2 \cdot a1 \cdot a0$$

例 6.8-1　用 Verilog HDL 设计 3 线-8 线译码器。

3 线-8 线译码器的 Verilog HDL 代码如下：

```
module decode3_8(en, din, dout);
    input [2:0] din;
    input en;
    output [7:0] dout;
    reg [7:0] dout;
    always@(en or din)
      if(!en) dout=8'b0;
      else case(din)
        3'b000:dout=8'b00000001;
        3'b001:dout=8'b00000010;
```

```
          3'b010:dout=8'b00000100;
          3'b011:dout=8'b00001000;
          3'b100:dout=8'b00010000;
          3'b101:dout=8'b00100000;
          3'b110:dout=8'b01000000;
          3'b111:dout=8'b10000000;
        endcase
endmodule
```

测试代码：

```
module decode3_8_tb;
    reg [2:0] din;
    reg en;
    wire [7:0] dout;
    decode3_8 U2(.din(din), .en(en), .dout(dout));
    initial
      begin
        en=1'b1; din=3'b000;
        #100 din=3'b001;
        #100 din=3'b011;
        #100 din=3'b110;
        #100 en=1'b0; din=3'b111;
        #100 en=1'b1;
        #100 din=3'b010;
        #100 din=3'b100;
        #200 $finish;
      end
endmodule
```

仿真测试结果如图 6.8-3 所示。

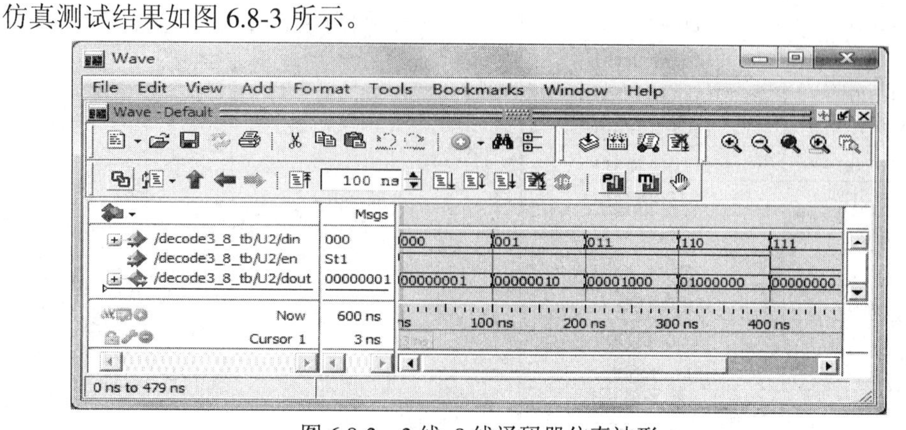

图 6.8-3　3 线-8 线译码器仿真波形

综合后的 3 线-8 线译码器电路图如图 6.8-4 所示。

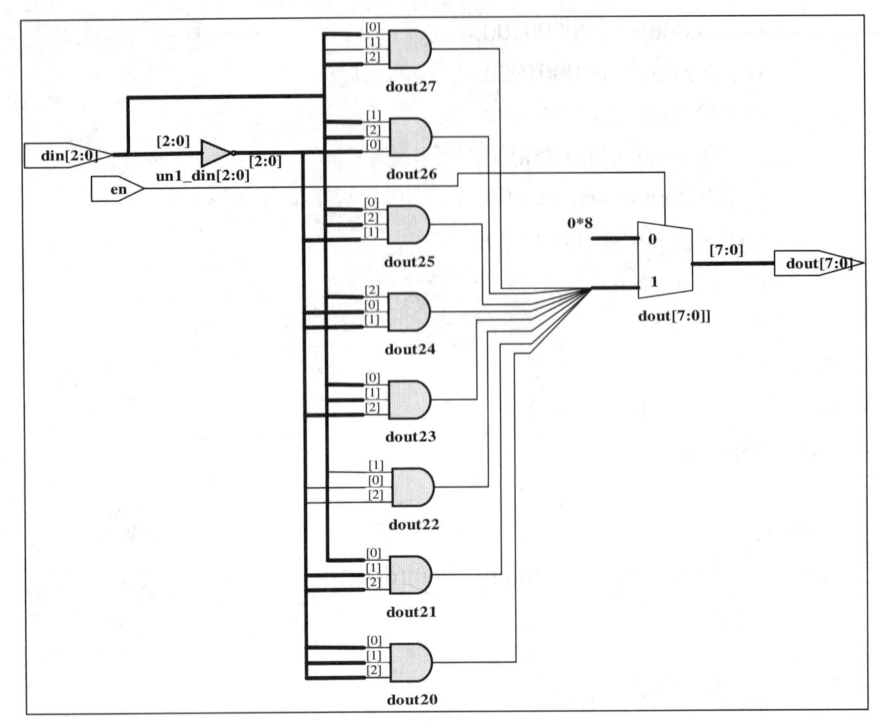

图 6.8-4　综合后的 3 线-8 线译码器电路图

6.8.2　8421BCD 转二进制译码

BCD 译码器又称 4 线-10 线译码器，它的逻辑框图如图 6.8-5 所示。BCD 译码器的输入是一组 BCD 代码。输入 d_in0 表示最低位，d_in3 表示最高位；输出端 d_out0 表示最低位，输出端 d_out9 表示最高位。

表 6.8-2　BCD 译码器真值表

d_in	d_out
0000	0000000001
0001	0000000010
0010	0000000100
0011	0000001000
0100	0000010000
0101	0000100000
0110	0001000000
0111	0010000000
1000	0100000000
1001	1000000000
1010	0000000000
1011	0000000000
1100	0000000000
1101	0000000000
1110	0000000000
1111	0000000000

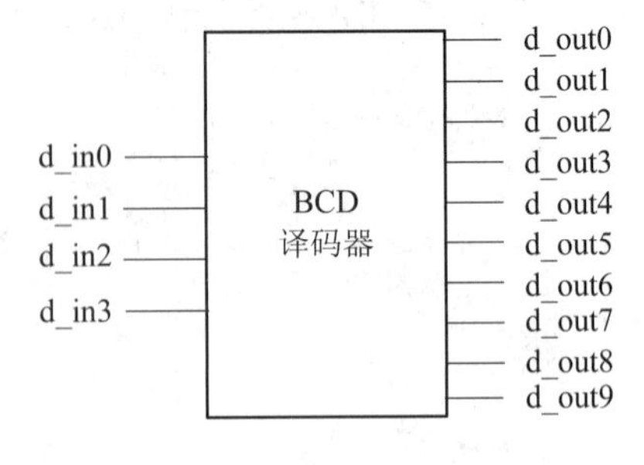

图 6.8-5　BCD 译码器的逻辑框图

上述 BCD 译码器的真值表见表 6.8-2。从真值表可见译码地址输入 d_in3～d_in0 的每一组码，都对应输出端高电平为输出译码信号。另外，未被使用的地址输入码组(1010～1111)输入时，输出端均为低电平(无信号输出)。

例 6.8-2　用 Verilog HDL 设计 8421BCD 译码器。

8421BCD 译码器的 Verilog HDL 代码如下：

```
module decode_BCD(d_in, d_out);
    input [3:0] d_in;
    output [9:0] d_out;
    reg [9:0] d_out;
    always@(d_in)
      begin
        case(d_in)
          4'b0000:d_out=10'b0000000001;
          4'b0001:d_out=10'b0000000010;
          4'b0010:d_out=10'b0000000100;
          4'b0011:d_out=10'b0000001000;
          4'b0100:d_out=10'b0000010000;
          4'b0101:d_out=10'b0000100000;
          4'b0110:d_out=10'b0001000000;
          4'b0111:d_out=10'b0010000000;
          4'b1000:d_out=10'b0100000000;
          4'b1001:d_out=10'b1000000000;
          default:d_out=10'b0;
        endcase
      end
endmodule
```

测试代码：

```
module decode_BCD_tb;
    reg [3:0] d_in;
    wire [9:0] d_out;
    decode_BCD U3(.d_in(d_in), .d_out(d_out));
    initial
      begin
        d_in=4'b0000;
        #100 d_in=4'b0001;
        #100 d_in=4'b0101;
        #100 d_in=4'b0011;
        #100 d_in=4'b0110;
        #100 d_in=4'b1000;
```

```
        #100 d_in=4'b0111;
        #100 d_in=4'b1001;
        #200 $finish;
    end
endmodule
```

仿真测试结果如图 6.8-6 所示。

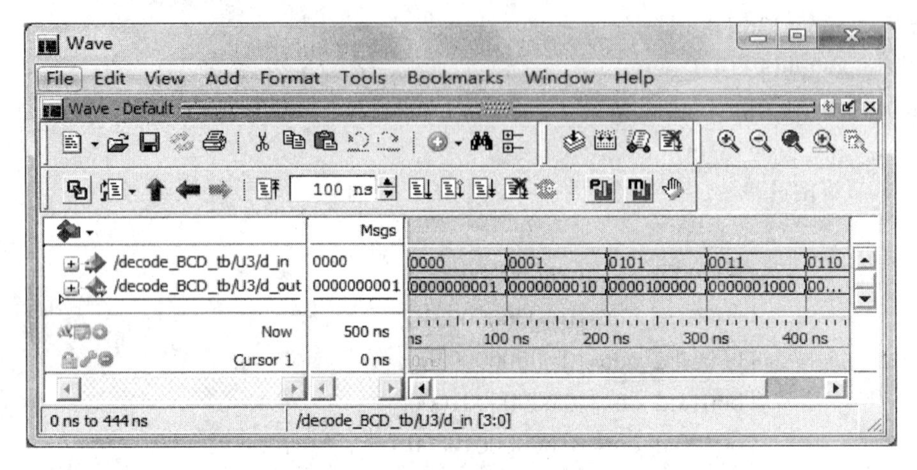

图 6.8-6　8421BCD 译码器仿真波形

综合后的 8421BCD 译码器电路图如图 6.8-7 所示。

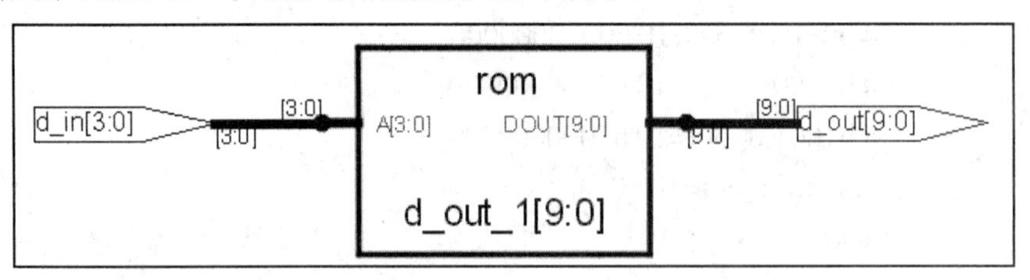

图 6.8-7　综合后的 8421BCD 译码器电路图

6.8.3　8421BCD 到七段数码管

我们每天使用的电子设备如计算机、电子表、测量仪器等都有一个或多个十进制显示器。数字显示器的种类很多，常见的有辉光数码管、半导体数码管(发光二极管)和液晶显示器(LCD)。一个七段数字显示的结构如图 6.8-8 所示。

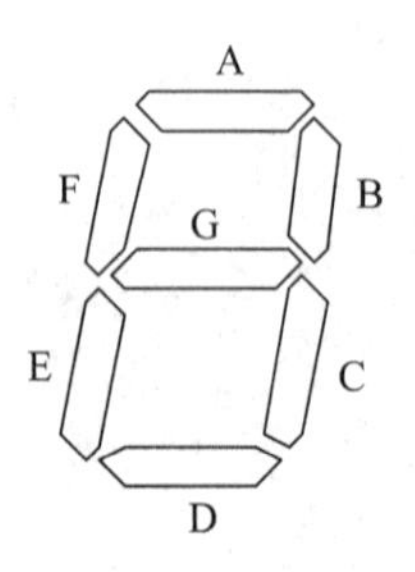

图 6.8-8　七段数字显示的结构图

显示译码器可以分为共阳极显示译码器和共阴极显示译码器。通常情况下，输出高电平驱动的显示译码器和共阴极显示器连用，而输出低电平驱动的显示译码器和共阳极显示器连用。其真值表如表 6.8-3 所示。

表 6.8-3　显示译码器真值表

字形	输　入		输　出
	sign	d_in	d_out
0	0	0000	1111110
1	0	0001	0110000
2	0	0010	1101101
3	0	0011	1111001
4	0	0100	0110011
5	0	0101	1011011
6	0	0110	1011111
7	0	0111	1110000
8	0	1000	1111111
9	0	1001	1111011

从真值表可知当采用共阴极显示器(sign = 0)时，显示译码器的输出端有效信号是高电平；当 sign = 1 时，显示译码器的输出有效信号为低电平。

例 6.8-3　用 Verilog HDL 设计数码管显示信号。

数码管显示信号的 Verilog HDL 代码如下：

```
module BCD_decode(sign, d_in, d_out);
    input [3:0] d_in;
    input sign;
    output [6:0] d_out;
    reg [6:0] d_out;
    always@(sign or d_in)
      begin
        case(d_in)
          4'b0000:d_out=7'b1111110;
          4'b0001:d_out=7'b0110000;
          4'b0010:d_out=7'b1101101;
          4'b0011:d_out=7'b1111001;
          4'b0100:d_out=7'b0110011;
          4'b0101:d_out=7'b1011011;
          4'b0110:d_out=7'b1011111;
          4'b0111:d_out=7'b1110000;
          4'b1000:d_out=7'b1111111;
          4'b1001:d_out=7'b1110011;
```

```
        default:d_out=7'b1000111;
      endcase
    if(sign)   d_out=~d_out;
    else d_out=d_out;
  end
endmodule
```

测试代码：

```
module BCD_decode_tb;
  reg [3:0] d_in;
  reg sign;
  wire [6:0] d_out;
  BCD_decode U3(.d_in(d_in), .sign(sign), .d_out(d_out));
  initial
    begin
      d_in=4'b0010; sign=1'b0;
      #100 d_in=4'b1001;
      #100 d_in=4'b0101;
      #100 d_in=4'b0110; sign=1'b1;
      #100 d_in=4'b1000;
      #100 d_in=4'b0111;
      #100 d_in=4'b1001;
      #100 d_in=4'b1100;
      #200 $finish;
    end
endmodule
```

仿真测试结果如图 6.8-9 所示。

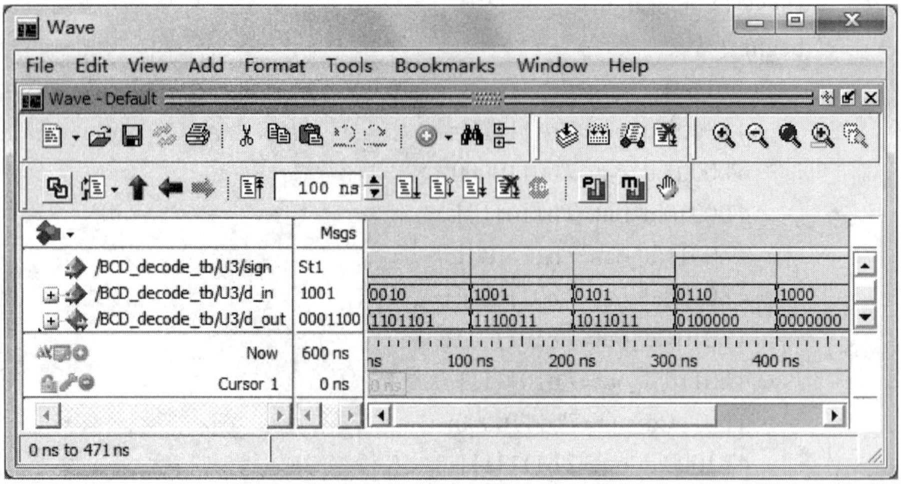

图 6.8-9 BCD 显示译码器仿真波形

综合后的显示译码器电路图如图 6.8-10 所示。

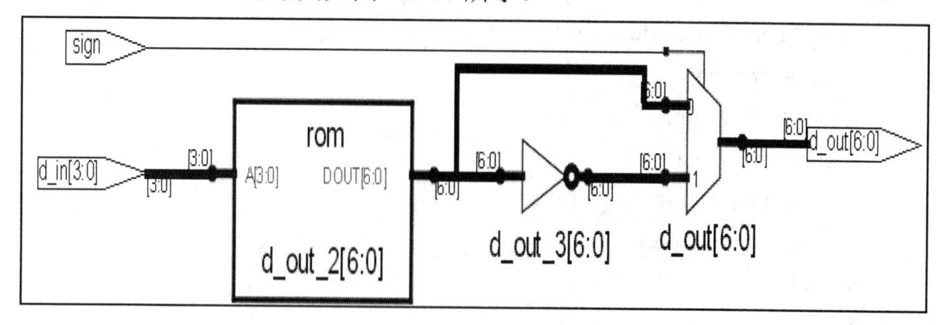

图 6.8-10　综合后的显示译码器电路图

6.9　数据校验器

数字信息在传输和存储过程中，由于噪声和受到外围的干扰会使信息代码传输时出现错误。所以在计算机和一些数字通信系统中，常用奇偶校验器来检查数据传输和数码记录中是否存在错误，它的功能是检测数据中包含“1”的个数是奇数还是偶数。奇偶校验器分为两种：奇校验系统和偶校验系统。

奇校验系统中要保证传输数据和校验位中“1”的总数为奇数。如果数据中包含奇数个“1”，则校验位置“0”，如果数据中包含偶数个“1”，则校验位置“1”。例如，需要传输01110，数据中包含 3 个“1”，采用奇校验，校验位为“0”，将“001110”传输给接收机。

偶校验系统要保证传输数据和校验位中“1”的总数为偶数。如果数据中包含奇数个“1”，则校验位置“1”，如果数据中包含偶数个“1”，则校验位置“0”。例如：仍要传输 01110，数据中包含 3 个“1”，采用偶校验，校验位为“1”，将“101110”传输给接收机。

奇偶校验器只能检测部分传输错误，它不能确定错误发生在哪一位或哪几位，所以不能进行错误校正。当数据发生错误时只能重新发送。

8 位奇偶校验器的原理图如图 6.9-1 所示。它有 8 个输入端和两个输出端。输出表达式为

$$\text{odd} = \text{din0} \oplus \text{din1} \oplus \text{din2} \oplus \text{din3} \oplus \text{din4} \oplus \text{din5} \oplus \text{din6} \oplus \text{din7}$$

$$\text{even} = \overline{\text{din0} \oplus \text{din1} \oplus \text{din2} \oplus \text{din3} \oplus \text{din4} \oplus \text{din5} \oplus \text{din6} \oplus \text{din7}}$$

可知，当 8 个输入中有奇数个“1”时，奇输出 odd = 1，偶数个“1”时，偶输出 even = 1。

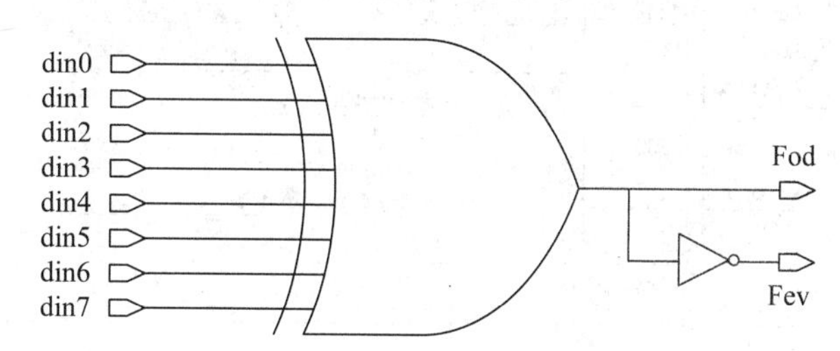

图 6.9-1　奇偶校验器原理图

在 Verilog HDL 中，可以采用抽象描述方式进行奇偶校验器设计。其程序如下：

```
module checker(din, odd, even);
    parameter w=8;
    input [w-1:0] din;
    output odd, even;
      assign odd=^din;
      assign even=!odd;
endmodule
```

测试代码：

```
module checker_tb;
    reg [7:0] din;
    wire odd, even;
    checker U1(.din(din), .odd(odd), .even(even));
    initial
      begin
        din=8'b00110101;
        #100 din=8'b00110111;
        #100 din=8'b11011011;
        #100 din=8'b00000111;
        #100 din=8'b01110110;
        #200 $finish;
      end
endmodule
```

仿真测试结果如图 6.9-2 所示。

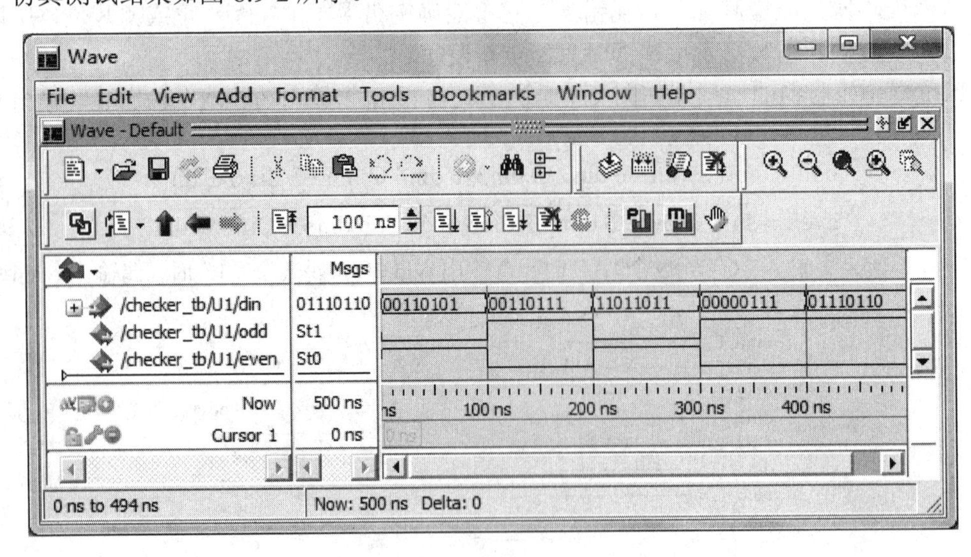

图 6.9-2　奇偶校验器仿真波形

综合后的奇偶校验器电路图如图 6.9-3 所示。

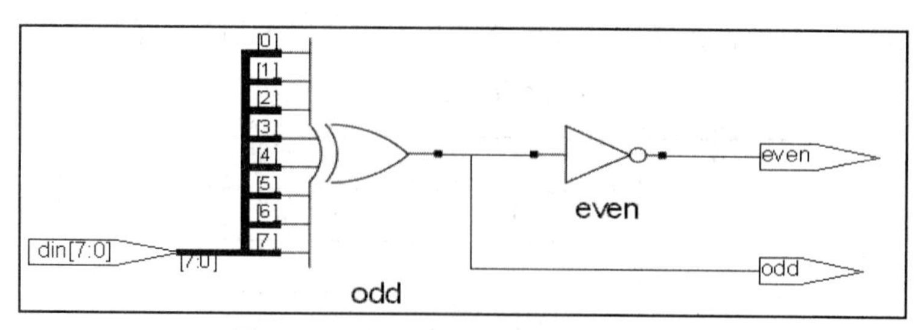

图 6.9-3　综合后的奇偶校验器电路图

本章小结

本章首先讲述了组合逻辑电路的特点及分析组合逻辑电路的方法，着重介绍了使用 Verilog HDL 描述组合逻辑电路的方法。通过典型例程，从组合电路设计的真值表描述方式、逻辑表达式描述方式、结构描述方式进行了电路级设计和 Verilog HDL 设计的对比。同时对 Verilog HDL 抽象描述方式进行了详细分析，对 Verilog HDL 高效率程序设计进行了说明。

对应数字电路中的组合电路，包括加法器、数据比较器、数据选择器、数据分配器、数据编码器、数据译码器和奇偶校验器等，给出了相应的 Verilog HDL 设计程序。掌握这些组合逻辑器件的描述方式，可以帮助设计人员为以后的代码编写打下硬件基础，使设计更容易达到要求。

思考题和习题

1. 组合逻辑电路有哪些特点？
2. 组合逻辑电路的分析有哪些步骤？
3. Verilog HDL 的组合设计方法有哪四种？
4. 提高复杂组合逻辑运算速度有哪些办法？
5. 当逻辑函数有 n 个变量时，共有_______个变量取值组合。
6. 若在编码器中有 50 个编码对象，则要求输出二进制代码位数为_______。
7. 一个 16 选 1 的数据选择器，其地址输入(选择控制输入)端有_______个。
8. 根据图 T6-1 列出电路的真值表和逻辑表达式，并采用 Verilog HDL 进行设计。

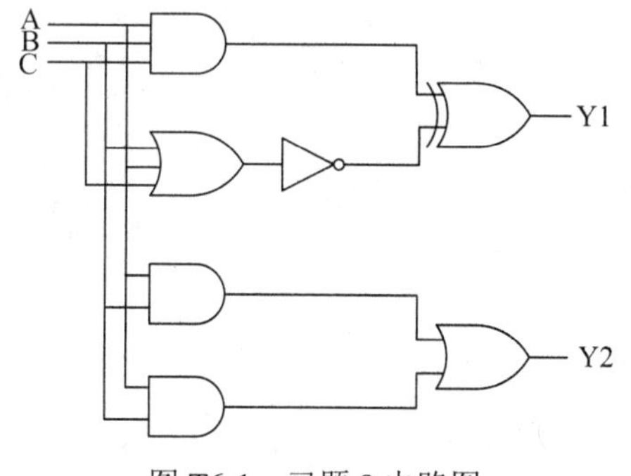

图 T6-1　习题 8 电路图

9. 根据表 T6-1 所示的真值表，试用真值表方式编写 Verilog HDL 代码。

表 T6-1 真 值 表

A	B	C	OUT
0	0	0	0
0	0	1	0
0	1	0	0
0	1	1	1
1	0	0	0
1	0	1	1
1	1	0	1
1	1	1	1

10. 用四种 Verilog HDL 描述方法设计一个判决电路，当输入代码 a[7:0]中有偶数个 1 时，输出 F 为 1，否则为 0，并写出测试仿真程序。

11. 用 Verilog HDL 设计 1 位全减器电路，并写出测试仿真程序。

12. 用 Verilog HDL 设计 16 位数据比较器，并写出测试仿真程序。

13. 用 Verilog HDL 设计 4 线-16 线译码器，并写出测试仿真程序。

14. 用 Verilog HDL 设计将余 3BCD 码转换成 8421BCD 码的转换电路，并写出测试仿真程序。

15. 用 Verilog HDL 抽象描述方式设计 16 选 1 数据选择器，并写出测试仿真程序。

16. 用 Verilog HDL 设计 16 路信号分配器，并写出测试仿真程序。

17. 用 Verilog HDL 设计一个 8421BCD 编码转 5421BCD 编码器，并写出测试仿真程序。

18. 用 Verilog HDL 设计一个 8421BCD 编码转 2421BCD 编码器，并写出测试仿真程序。

19. 用 Verilog HDL 设计 4-16 线译码器，并写出测试仿真程序。

第 7 章 Verilog HDL 时序电路设计

7.1　时序电路的特点

时序逻辑电路与组合逻辑电路不同，在时序逻辑电路中，输出信号不仅仅取决于当时的输入信号，还取决于电路原来存储的状态。

由于时序逻辑电路的输出信号不仅与当时的输入信号有关，而且还与电路原来的状态有关，因此，电路中必须含有存储电路，由它将某一时刻之前的电路状态保存下来。存储电路可以由触发器来构成。

时序电路的基本结构框图如图 7.1-1 所示。从图中可以看到时序逻辑电路具有两个特点：第一，时序逻辑电路包括组合逻辑电路和存储电路两部分，存储电路具有记忆功能，通常由触发器组成；第二，存储电路的状态反馈到组合逻辑电路输入端，与外部输入信号共同决定组合逻辑电路的输出。组合逻辑电路的输出除外部输出以外，还包含连接到存储电路的内部输出，它将控制存储电路状态的转移。

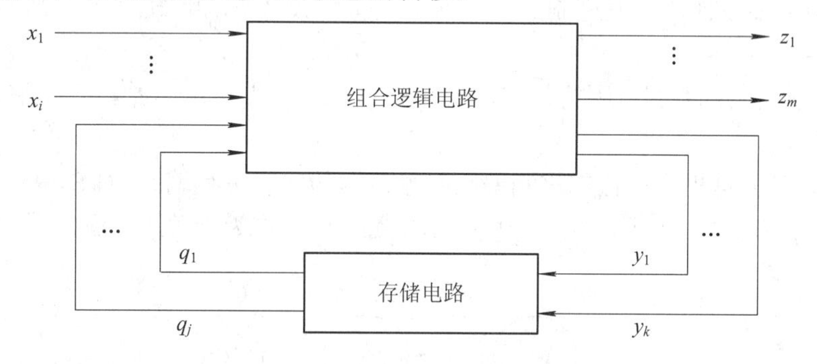

图 7.1-1　时序逻辑电路的结构框图

在图 7.1-1 中，$X(x_1，x_2\cdots，x_i)$是时序逻辑电路的输入信号，$Q(q_1，q_2\cdots，q_j)$是存储电路的输出信号，它被反馈到组合逻辑电路的输入端，与输入信号共同决定时序逻辑电路的输出状态，$Z(z_1，z_2\cdots，z_m)$是时序逻辑电路的输出信号，$Y(y_1，y_2\cdots，y_k)$是存储电路的输入信号，也是组合逻辑电路的内部输出信号。这些信号之间的逻辑关系可以用以下三个向量函数来描述：

驱动方程(或激励方程)　　$Y = F\,[X，Q^n]$　　(7.1)

输出方程 $$Z = G[X,\ Q^n] \tag{7.2}$$

状态方程 $$Q^{n+1} = H[Y,\ Q^n] \tag{7.3}$$

其中，Q^n 表示存储电路中各个触发器的“现态”；Q^{n+1} 表示存储电路中各个触发器的“次态”。

在给定逻辑要求的条件下，时序逻辑电路设计能够实现要求的逻辑电路，并且电路要尽量简单，即用最少的元器件数量来实现。

同步时序逻辑电路的设计流程如图 7.1-2 所示。

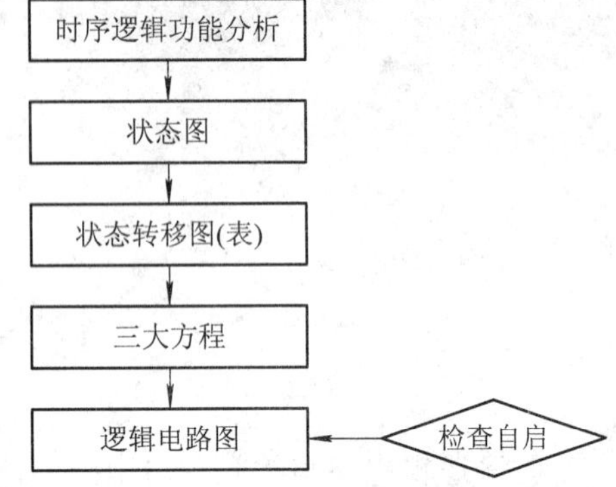

图 7.1-2　同步时序逻辑电路设计流程

(1) 根据时序逻辑问题的描述，确定输入、输出变量和电路的状态数目，建立原始的状态图。

(2) 运用状态化简的方法，将原始状态图化简为最简状态图。将在同一输入作用下产生相同输出的多个状态合并为一个状态，这样可以使电路简化。

(3) 对状态进行状态分配(状态赋值)。用代码表示不同的状态，得到二进制形式的状态表。一般情况，若电路的状态数目为 N，那么所用的触发器的数目 M 应满足 $2^{M-1} < N \leqslant 2^M$。

(4) 由状态转移图建立初态、次态以及输出变量的卡诺图，并分解为每一个触发器的次态及输出状态的卡诺图，得到电路的状态方程和输出方程。

(5) 根据触发器的特性方程和电路的状态方程得到电路的驱动方程。

(6) 根据驱动方程画出电路图，并检查电路是否能自启动。如果不能自启动则修改电路的状态方程和驱动方程，直到电路能自启动。

例 7.1-1　设计一个五进制同步加法计数器，且该计数器带有进位输出。

解　(1) 确定输入、输出变量。根据要求，该电路没有输入变量，其输出为进位信号，设为 Z。由于需要设计的是五进制的计数器，状态个数为 5，用 S_i 表示，则五个状态分别为 S_0、S_1、S_2、S_3、S_4。

(2) 确定触发器的数目。因为状态数 $N = 5$，由式子 $2^{M-1} < N \leqslant 2^M$，所以 $M = 3$，需要三个触发器。

(3) 状态编码。这里用三位二进制编码对触发器的状态进行编码，对 S_0～S_4 编码为 000、001、010、011 和 100，剩下的状态 101、110、111 可以作为无关项，编码后的状态转移图如图 7.1-3 所示。

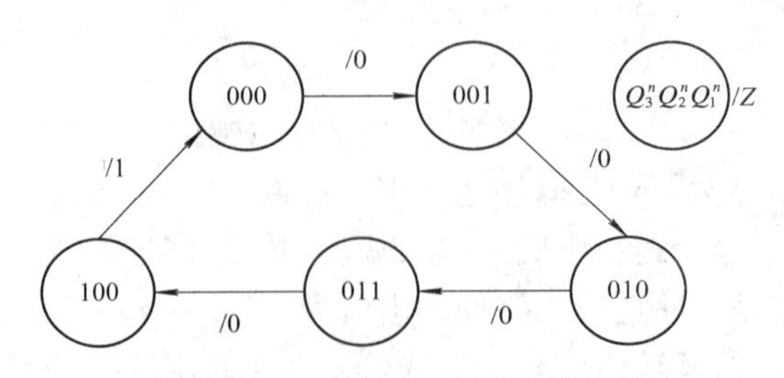

图 7.1-3　例 7.1-1 的状态转移图

(4) 建立次态卡诺图。将次态卡诺图分解为各触发器输出的次态卡诺图，如图 7.1-4 所示，再将次态卡诺图化简。

Q_3^n \ $Q_2^nQ_1^n$	00	01	11	10
0	001/0	010/0	100/0	011/0
1	000/1	xxx/x	xxx/x	xxx/x

$Q_3^nQ_2^nQ_1^n/Z$

(a) 触发器次态卡诺图

Q_3^n \ $Q_2^nQ_1^n$	00	01	11	10
0	0	0	1	0
1	0	x	x	x

Q_3^{n+1}

(b) Q_3 的次态卡诺图

Q_3^n \ $Q_2^nQ_1^n$	00	01	11	10
0	0	1	0	1
1	0	x	x	x

Q_2^{n+1}

(c) Q_2 的次态卡诺图

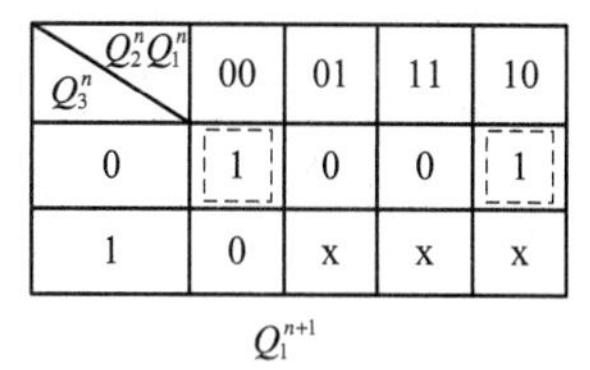

Q_3^n \ $Q_2^nQ_1^n$	00	01	11	10
0	1	0	0	1
1	0	x	x	x

Q_1^{n+1}

(d) Q_1 的次态卡诺图

Q_3^n \ $Q_2^nQ_1^n$	00	01	11	10
0	0	0	0	0
1	1	x	x	x

Z

(e) Z 的次态卡诺图

图 7.1-4　各触发器及输出的次态卡诺图

(5) 对图 7.1-4 中 Q_3、Q_2、Q_1 和输出 Z 的卡诺图进行状态化简，并将状态方程写为 D 触发器的特性方程($Q^{n+1}=D$)的形式，可得到如下状态方程：

$$\begin{cases} Q_3^{n+1}=Q_2^nQ_1^n \\ Q_2^{n+1}=Q_2^n\oplus Q_1^n \\ Q_1^{n+1}=\overline{Q_3^n}\bullet\overline{Q_1^n} \end{cases}$$

电路的输出方程为

$$Z=Q_3^n$$

由电路的状态方程可以得到电路的驱动方程：

$$\begin{cases} D_3=Q_2^nQ_1^n \\ D_2=Q_2^n\oplus Q_1^n \\ D_1=\overline{Q_3^n}\bullet\overline{Q_1^n} \end{cases}$$

(6) 检查电路是否能够自启动。将三个无关状态带入到电路的状态方程中，当 $Q_3^nQ_2^nQ_1^n=111$ 时，下一个状态为 100；当 $Q_3^nQ_2^nQ_1^n=110$ 时，下一个状态为 010；当 $Q_3^nQ_2^nQ_1^n=101$ 时，下一个状态为 010；三个无关状态的下一状态都可以进入到主循环中，所以该电路可以自启动。图 7.1-5 为该电路完整的状态转移图。

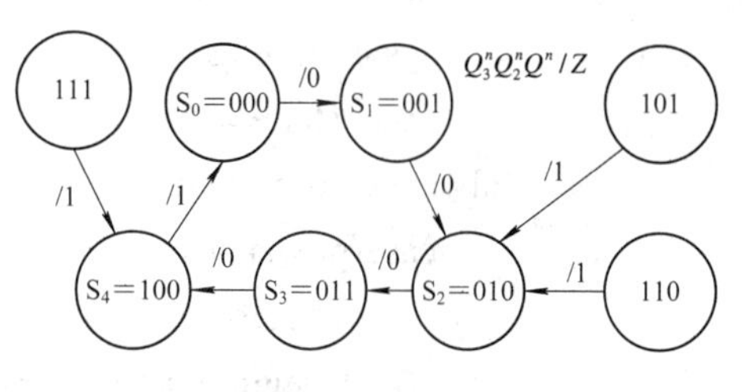

图 7.1-5　例 7.1-1 的完整状态转移图

(7) 根据得到的电路输出方程和驱动方程，可以画出该时序逻辑电路的逻辑电路图，如图 7.1-6 所示。

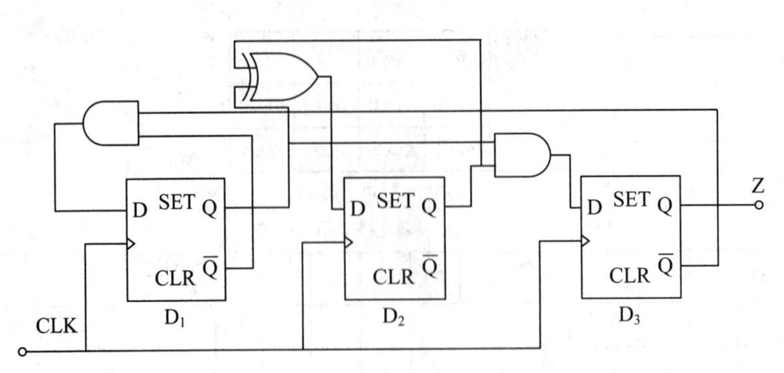

图 7.1-6　例 7.1-1 的逻辑电路图

7.2　Verilog HDL 时序电路设计方法

对时序逻辑电路的描述有三种方式：状态转移图、状态转移表、三大方程和时序图。采用 Verilog HDL 对时序逻辑电路进行描述也有不同的方法，主要有状态转移图描述、结构性描述和抽象性的行为描述。

7.2.1　状态机描述状态转移图

时序逻辑电路实际表示的是有限个状态之间的转换，从图 7.1-5 可以清楚地看到，而这种表示就称之为有限状态机。在使用 Verilog HDL 语言设计时序逻辑电路时，通常在设计任务非常明确的电路中，可以使用有限状态机的描述方法。这种方法描述电路不需要考虑电路的具体结构，只需了解电路的功能以及电路的工作流程即可。

例 7.2-1　Verilog HDL 有限状态机的设计方法来设计例 7.1-1 的电路。

Verilog HDL 程序代码如下：

```
module couter5_fsm(clk, Z);
    input clk;
    output Z;
    reg Z;
    reg [2:0] pre_state, next_state;
    parameter s0=3'b000, s1=3'b001, s2=3'b010, s3=3'b011, s4=3'b100;
    always@(posedge clk)
        pre_state<=next_state;
    always@(pre_state)
        case(pre_state)
            s0:begin next_state=s1; Z=1'b0; end
            s1:begin next_state=s2; Z=1'b0; end
            s2:begin next_state=s3; Z=1'b0; end
            s3:begin next_state=s4; Z=1'b0; end
```

```
        s4:begin next_state=s0; Z=1'b1; end
        default:begin next_state=s0; Z=1'b0; end
    endcase
endmodule
```

这段程序对例 7.1-1 的电路采用了有限状态机的描述方式，程序中有两个 always 语句块，第一个 always 语句块描述电路的现态和次态之间的转移，第二个 always 语句块描述逻辑输出，这种设计方法简单且容易理解。

7.2.2　结构性描述

在 7.1 节中，对例 7.1-1 中描述的时序逻辑电路进行设计的过程中，得到了电路的状态方程、驱动方程和输出方程，这里再次给出这三组方程，驱动方程和输出方程实际上已经描述了电路的物理连接关系。在电路的基本结构已经明确的情况下，可以采用 Verilog HDL 结构性的描述方法来设计该电路。

状态方程：

$$\begin{cases} Q_3^{n+1} = Q_2^n Q_1^n \\ Q_2^{n+1} = Q_2^n \oplus Q_1^n \\ Q_1^{n+1} = \overline{Q_3^n} \bullet \overline{Q_1^n} \end{cases}$$

驱动方程：

$$\begin{cases} D_3 = Q_2^n Q_1^n \\ D_2 = Q_2^n \oplus Q_1^n \\ D_1 = \overline{Q_3^n} \bullet \overline{Q_1^n} \end{cases}$$

输出方程：

$$Z = Q_3^n$$

例 7.2-2　采用结构性的描述方法对 7.1 节的例 7.1-1 进行 Verilog HDL 设计。

Verilog HDL 程序代码如下：

```
//五进制加法计数器模块
module counter5(clk, Z);
    input clk;
    output Z;
    wire wire1, wire2, wire3, wire4, wire5, wire6, wire7;
    DFF   u1(.clk(clk), .d(wire3), .q(wire4), .q1(wire1));
    DFF   u2(.clk(clk), .d(wire6), .q(wire5));
    DFF   u3(.clk(clk), .d(wire7), .q(wireZ), .q1(wire2));
    And   u4(wire3, wire2, wire1),
          u5(wire7, wire5, wire4);
    xor   u6(wire7, wire5, wire4);
endmodule
```

```
//D 触发器模块
module DFF(clk, d, q, q1);
    input clk, d;
    output q, q1;
    reg q, q1;
    always@(posedge clk)
        begin
          q=d;
          q1=~d;
        end
endmodule
```

在这段 Verilog HDL 程序描述中，顶层模块五进制加法计数器调用了 3 个 D 触发器、两个 2 输入与门，以及一个 2 输入异或门，实际上这样的结构描述方式就类似一张电路原理图。

7.2.3 行为级描述

除了上文所述的两种 Verilog HDL 描述方式外，还有一种抽象层次更高的描述方式，即电路的行为级描述。

例 7.2-3 给出例 7.1-1 中电路的 Verilog HDL 行为级描述方式。

Verilog HDL 程序代码如下：

```
module counter5(clk, Z);
    input clk;
    output Z;
    reg Z;
    reg [2:0] state;
    always@(posedge clk)
        begin
            if(state==3'b100)
                begin
                    state=3'b000;
                    Z=1'b1;
                end
            else
                begin
                    state=state+1'b1;
                    Z=1'b0;
                end
        end
endmodule
```

这段 Verilog HDL 程序只是对电路的功能进行描述，采用这种描述方式时，并不关心具体的电路结构，这种描述方式综合出的电路与具体的综合器有关。

7.3 触 发 器

在数字电路或数字系统中，触发器是时序逻辑电路用来存储 1 位二进制信息的基本单元电路，它靠双稳态电路来保存信息，具有存储记忆功能。触发器属于边沿敏感的存储器件，数据存储的动作由时钟信号的上升沿或下降沿进行同步。所存储的数据值取决于时钟在其有效沿(上升沿或下降沿)发生跳变时数据输入端当时的数据，在其他所有时间上数据值及其跳变均被忽略。触发器的种类很多，有 D 触发器、J-K 触发器、T 触发器等，同时根据功能要求的不同，触发器还具有置位、复位、使能、选择等功能。本节将给出一些常见触发器的建模实例。

7.3.1 D 触发器

D 触发器是一种最简单的触发器，它在每个时钟的有效边沿存储输入端的当前值，该值与当前存储的数据值无关。虽然在 clk 的两个有效边沿之间 D 数据的跳变会被忽略，但是，在 clk 有效沿到来之前，D 必须稳定足够的时间，否则，器件将可能工作不正常。D 触发器的电路图和逻辑符号分别如图 7.3-1(a)、(b)所示。

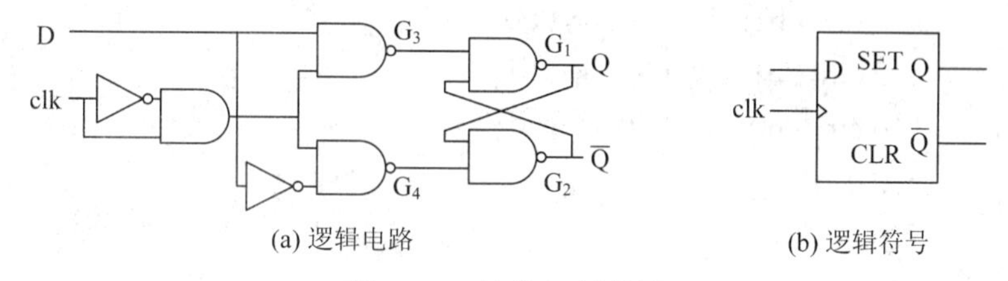

(a) 逻辑电路　　(b) 逻辑符号

图 7.3-1　边沿 D 触发器

分析电路图可知，在 clk 的上升沿到达之前，无论输入是 0 还是 1，触发器的状态都不会改变，即次态等于现态 $Q^{n+1}=Q^n$。当 clk 由 0→1，即上升沿到来时，0 输入使触发器的次态为 0，称为置 0；1 输入使触发器的次态为 1，称为置 1。D 触发器具有置 0 和置 1 两种逻辑功能。

例 7.3-1 描述的是一个 1 位 D 触发器，其功能为，当时钟的上升沿到来时输入信号 d 传输到输出端 q，清零信号 clr 在 always 的敏感信号列表中，使得该触发器还具有异步清零的功能，rst 为同步复位信号。

例 7.3-1　1 位 D 触发器。

Verilog HDL 程序代码如下：

```
module dff(clk, clr, rst, d, q);
    input clk, clr, rst, d;
    output q;
    reg q;
    always@(posedge clk or posedge clr)
```

```
        if(clr==1'b1) q<=1'b0;
        else if(rst==1'b1) q<=1'b1;
        else q<=d;
endmodule
```

测试代码如下：

```
module dff_tb;
    reg clk, clr, rst, d;
    wire q;
    always
      begin
        #10 clk=1'b1;
        #10 clk=1'b0;
      end
    initial
      begin
        clk=1'b0;
        clr=1'b0;
        rst=1'b0; clr=1'b0; d=1'b0;
        #10 rst=1'b1; clr=1'b0; d=1'b0;
        #10 clr=1'b1; rst=1'b1; d=1'b1;
        #10 clr=1'b0; rst=1'b0; d=1'b1;
        #20 d=1'b0;
        #20 d=1'b1;
      end
    dff u1(clk, clr, rst, d, q);
endmodule
```

Modelsim 仿真测试结果如图 7.3-2 所示。

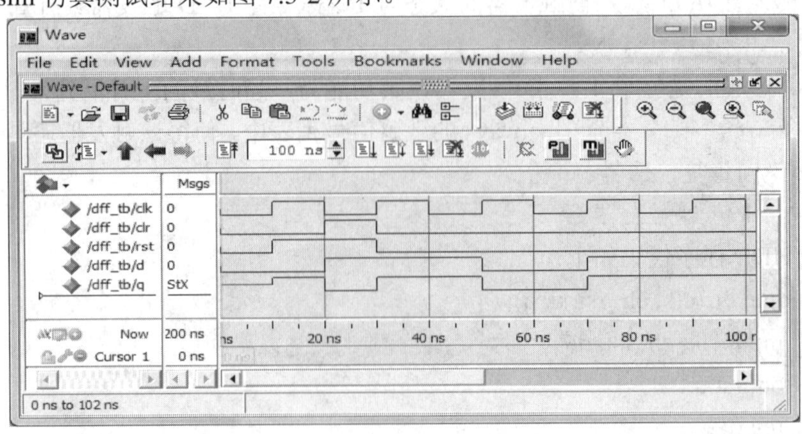

图 7.3-2　1 位 D 触发器的仿真波形

用综合工具 Synplify 对上面的代码进行综合，可以得到如图 7.3-3 所示的电路。

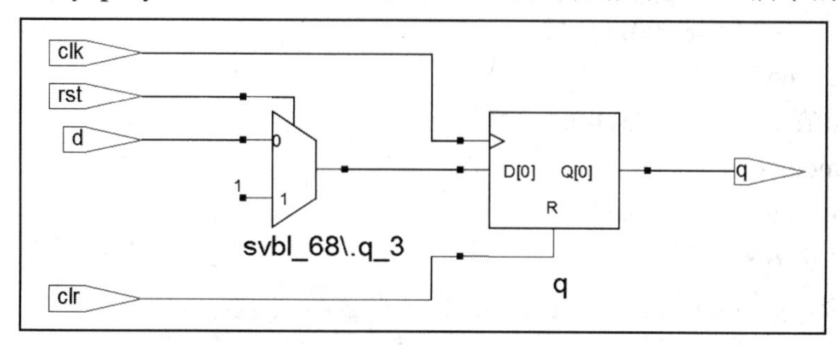

图 7.3-3　用综合工具综合后的 D 触发器

例 7.3-2 描述的是一个简单的 8 位 D 触发器，信号的输出 q 由 clk 的上升沿和输入信号 d 决定，当时钟上升沿到来时输入端信号 d 传输到输出端 q，不含清零和复位信号。

例 7.3-2　8 位 D 触发器。

Verilog HDL 程序代码如下：

```
module eight_register(d, clk, q);
    input [7:0] d;
    input clk;
    output [7:0] q;
    reg [7:0] q;
    always@(posedge clk) q<=d;
endmodule
```

测试代码如下：

```
module dff8_tb;
    reg [7:0] d;
    reg clk;
    wire [7:0] q;
    always
      begin
          #10 clk=1'b1;
          #10 clk=1'b0;
      end
    initial
      begin
        clk=1'b0;
        d=8'b00000000;
        #10 d=8'b00000011;
        #10 d=8'b00000000;
        #10 d=8'b00000111;
        #20 d=8'b00001111;
```

```
        #20 d=8'b00011111;
        #20 d=8'b00111111;
      end
    dff8 u1(.d(d), .clk(clk), .q(q));
  endmodule
```

Modelsim 仿真测试结果如图 7.3-4 所示。

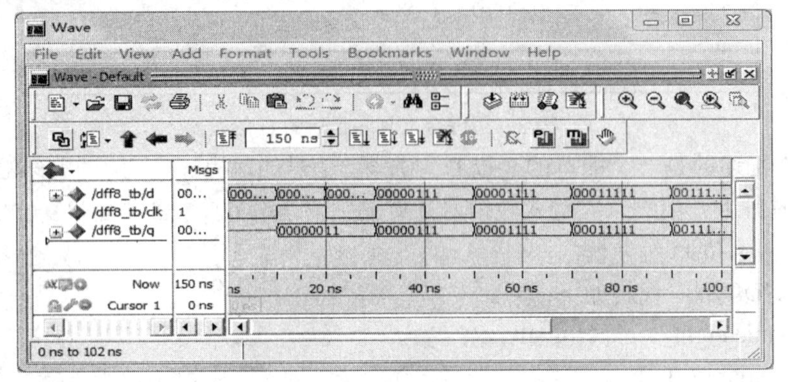

图 7.3-4　8 位 D 触发器的仿真波形

用综合工具对上面的代码进行综合，可以得到如图 7.3-5 所示的电路。

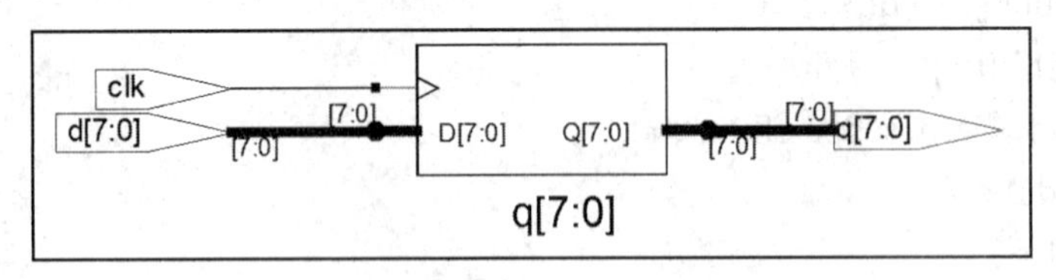

图 7.3-5　用综合工具综合后的 8 位 D 触发器

7.3.2　J-K 触发器

J-K 触发器是边沿敏感的存储单元，数据存储与时钟的一个边沿同步。所存储的数据值取决于在时钟的有效沿时刻 J 和 K 输入端的数据。J-K 触发器可以由 D 触发器来实现，即将 D 触发器的输出端反馈到输入端。其逻辑电路和逻辑符号分别如图 7.3-6(a)、(b)所示。

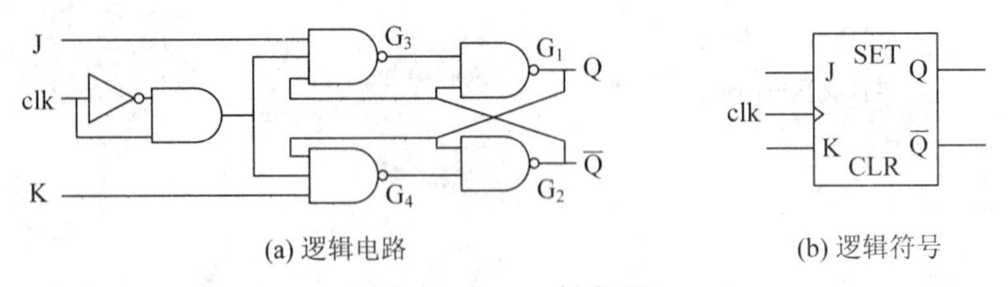

(a) 逻辑电路　　(b) 逻辑符号

图 7.3-6　J-K 触发器

J-K 触发器的工作原理如下：

在时钟脉冲没有到来时，即 clk = 1、clk = 0 及 clk 由低电平变到高电平时，无论输入端 J、K 如何变化，触发器保持原来状态不变，即 $Q^{n+1} = Q^n$。

clk 由 0→1 时，当输入 J = 0，K = 0 时，触发器状态保持不变。当输入 J = 0，K = 1 时，若触发器原来处于 0 状态，则触发器保持 0 状态；若原来处于 1 状态，则触发器翻转为 0

状态。当输入 J = 1，K = 0 时，若触发器原来处于 0 状态，则翻转为 1 状态，若原来处于 1 状态，则保持 1 状态不变。当输入 J = 1，K = 1 时，若触发器原来处于 0 状态，则翻转为 1 状态，若原来为 1 状态，则翻转为 0 状态。

将上述功能分析归纳起来可以得到 J-K 触发器的特性表，如表 7.3-1 所示。

J-K 触发器特性方程：

$$Q^{n+1} = J \cdot \overline{Q^n} + \bar{K} \cdot Q^n$$

J-K 触发器状态转移图如图 7.3-7 所示。可以看到，其特点基本与 R-S 触发器相同，在时钟脉冲 clk = 1 期间触发器可能动作，与 R-S 触发器的主要区别在于当 JK = 11 时，触发器的次态与现态相反。

表 7.3-1　J-K 触发器特性表(clk 由 0→1)

J	K	Q^{n+1}	功能说明
0	0	Q^n	保持
0	1	0	置 0
1	0	1	置 1
1	1	$\sim Q^n$	翻转(计数)

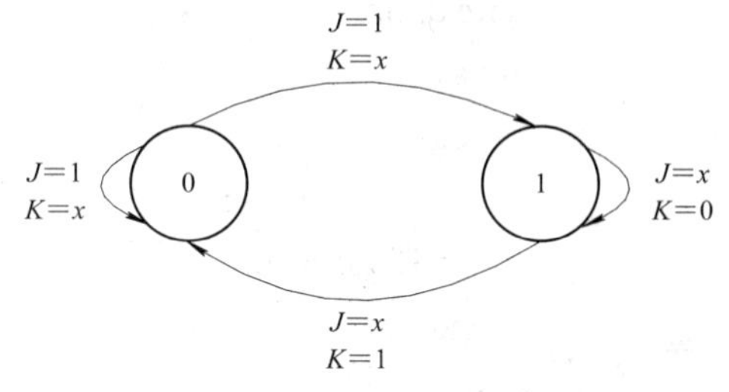

图 7.3-7　J-K 触发器的状态转移图

例 7.3-3 描述的是一个边沿 J-K 触发器，在时钟上升沿触发。当 $J = 0$，$K = 0$ 时，输出 q 保持不变(保持)；当 $J = 0$，$K = 1$ 时，输出 $q = 0$(置 0)；当 $J = 1$，$K = 0$ 时，输出 $q = 1$(置 1)；当 $J = 1$，$K = 1$ 时，q 取反后输出(翻转)。输入输出关系如表 7.3-2 所示。

表 7.3-2　边沿 J-K 触发器

clk	J	K	q	qb
↑	0	0	q	$\sim q$
↑	0	1	0	1
↑	1	0	1	0
↑	1	1	$\sim q$	q

例 7.3-3　边沿 J-K 触发器。

Verilog HDL 程序代码如下：

```
module jk_trigger(clk, j, k, q, qb);
    input clk, j, k;
    output q, qb;
    reg q;
    always@(posedge clk)
      begin
        case({j, k})
          2'b00:q<=q;
          2'b01:q<=1'b0;
          2'b10:q<=1'b1;
```

```
            2'b11:q<=~q;
            default: q<=q;
          endcase
        end
      assign qb=~q;
    endmodule
```

测试代码如下：

```
    module jk_trigger_tb;
      reg clk, j, k;
      wire q, qb;
      always
        begin
          #10 clk=1'b1;
          #10 clk=1'b0;
        end
      initial
        begin
            clk=1'b0; j=1'b0; k=1'b0;
            #10 j=1'b0; k=1'b0;
            #20 j=1'b0; k=1'b1;
            #20 j=1'b1; k=1'b0;
            #20 j=1'b1; k=1'b1;
            #20 j=1'b1; k=1'b0;
        end
      jk_trigger u1(clk, j, k, q, qb);
    endmodule
```

Modelsim 仿真测试结果如图 7.3-8 所示。

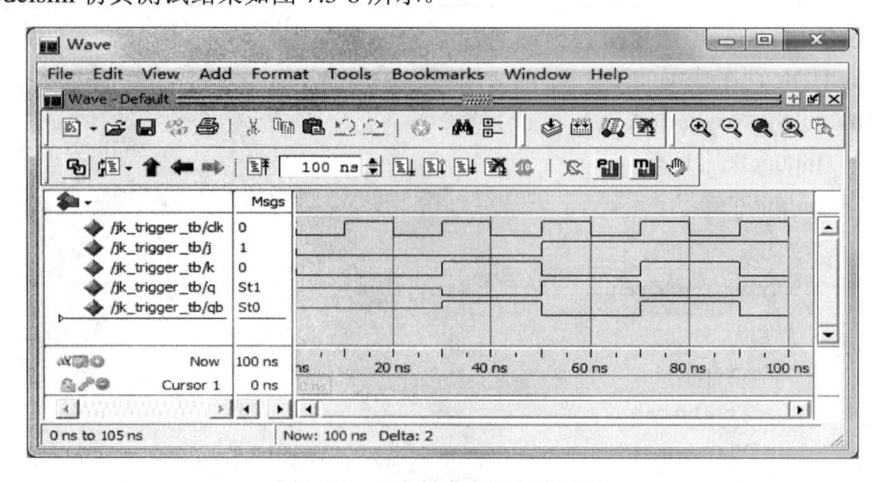

图 7.3-8　J-K 触发器的仿真波形

7.3.3　T 触发器

T 触发器是一种边沿敏感的存储单元。如果 T 输入端信号有效，那么时钟有效沿处的输出将是输入信号的反转，否则输出保持不变。采用 T 触发器能够有效的实现计数器。这种触发器可以通过将 J-K 触发器的 J、K 输入端同时与 T 输入端连接来实现。其逻辑电路图和逻辑符号分别如图 7.3-9(a)、(b)所示。

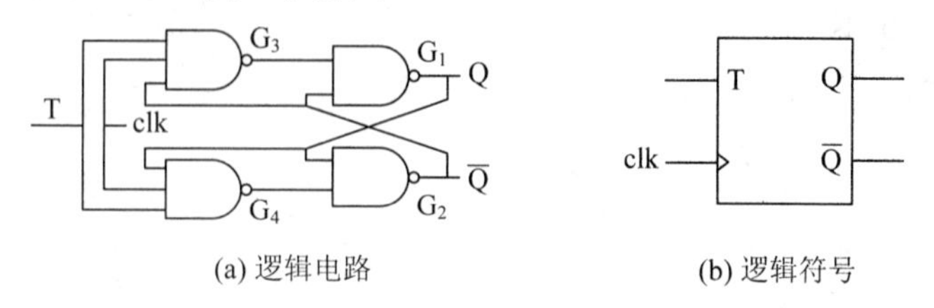

(a) 逻辑电路　　(b) 逻辑符号

图 7.3-9　T 触发器

T 触发器只有一个信号输入端 T。其逻辑功能是：$T=0$ 时，时钟脉冲加入后(有效边沿到来时)触发器的状态不变，$Q^{n+1}=Q^n$；$T=1$ 时，时钟脉冲加入后触发器翻转。其特性表如表 7.3-3 所示。

由特性表可得 T 触发器的特性方程：

$$Q^{n+1}=\overline{T}Q^n+T\overline{Q^n}=T\oplus Q^n$$

T 触发器的状态转移图如图 7.3-10 所示。

表 7.3-3　T 触发器特性表

T	Q^{n+1}
0	Q^n
1	$\sim Q^n$

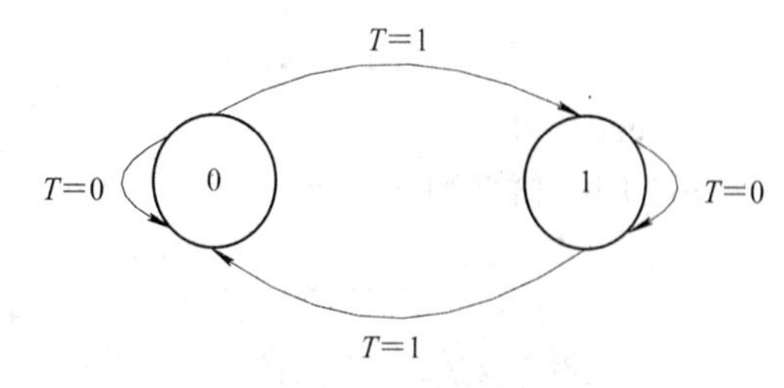

图 7.3-10　T 触发器状态转移图

例 7.3-4 描述一个 1 位 T 触发器，rst 在 always 敏感信号表中，为异步复位信号，其功能为：当 rst 为 1 时，dout 被复位为 0；当时钟上升沿到达，同时 rst 为 0，输入信号 $T=1$ 时，则输出信号 dout 取反后输出，$T=0$ 时，输出保持不变。

例 7.3-4　T 触发器。

Verilog HDL 程序代码如下：

```
module t_trigger(clk, rst, T, dout);
    input clk, rst, T;
    output dout;
    reg dout;
    always@(posedge clk or posedge rst)
        if(rst==1'b1) dout<=1'b0;
        else if(T==1'b1) dout<=~dout;
endmodule
```

测试代码如下：

```
module t_trigger_tb;
    reg clk, rst, T;
    wire dout;
    always
      begin
        #10 clk=1'b1;
        #10 clk=1'b0;
      end
    initial
      begin
        clk=1'b0;
        rst=1'b0; T=1'b0;
        #10 rst=1'b1; T=1'b1;
        #10 rst=1'b0; T=1'b0;
        #20 T=1'b1;
        #20 T=1'b0;
        #20 T=1'b1;
      end
    t_trigger u1(clk, rst, T, dout);
endmodule
```

Modelsim 仿真测试结果如图 7.3-11 所示。

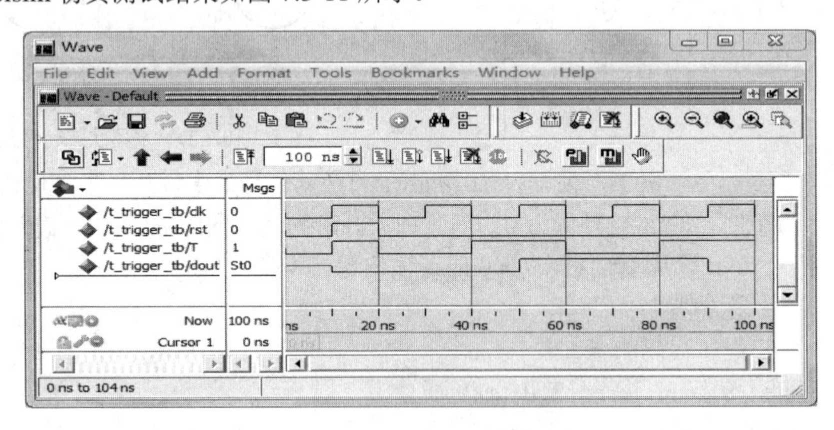

图 7.3-11　T 触发器的仿真波形

7.4 计 数 器

数字电路中，实现 clk 计数功能的时序逻辑电路称为计数器。计数器不仅能够对时钟脉冲进行计数，还可以用于分频、定时、产生节拍脉冲和脉冲序列以及进行数字运算等。

计数器种类繁多。如果按照计数过程中触发器是否同时翻转分类，可以把计数器分为同步计数器和异步计数器两类。如果按照计数过程中的数字增减分类，又可以将计数器分为加法计数器、减法计数器和可逆计数器(加/减计数器)。如果按计数器中数字的编码方式分类，还可以分为二进制计数器(或称模 2^n 计数器)、10 进制计数器、16 进制计数器以及 BCD 码计数器、循环码计数器等。

7.4.1 任意模值计数器

实现任意进制计数器的方法主要有两种：一种是反馈清零法，一种是反馈置数法。

1. 反馈清零计数器

反馈清零法就是当计数器的状态转换到模长为 *M* 时，利用某个状态通过门电路产生清零信号，反馈到芯片的清零端。

例 7.4-1 描述一个反馈清零型计数器，其模值为 12，当输出端信号的第 3 位、第 1 位和第 0 位均为 1 时，即输出信号为二进制的 1011，输出一个进位信号 co = 1，通过反馈信号 dout = 4'b1011 使输出信号 dout = 4'b0000，然后再从 0000 开始计数，从而实现循环计数。状态转换示意图如图 7.4-1 所示。

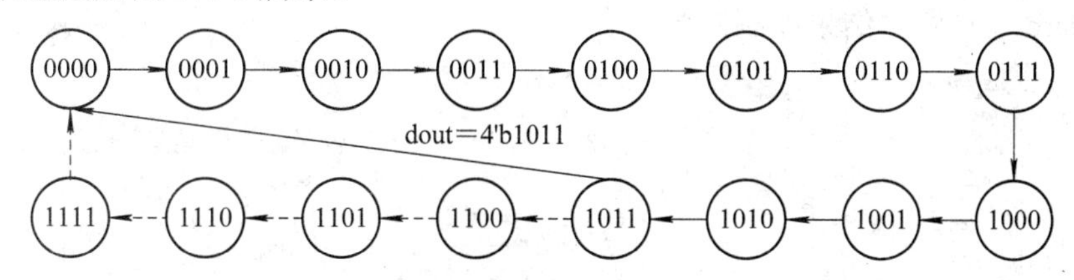

图 7.4-1 模 12 反馈清零型计数器状态转换示意图

例 7.4-1 采用反馈清零法设计模 12 计数器。

```
module count12(clk, rst_n, co, dout);
input clk, rst_n;
output co;
output [3:0] dout;
reg [3:0] dout;
always@(posedge clk)
    begin
        if(rst_n==1'b0) dout<=4'b0000;
        else if(dout==4'b1011) dout<=4'b0000;
        else dout<=dout+1'b1;
    end
assign co=dout[3]&&dout[1]&&dout[0];
endmodule
```

测试代码如下：

```
module count12_tb;
   reg clk, rst_n;
   wire co;
```

```
    wire [3:0] dout;
    always
        begin
            #10 clk=1'b1;
            #10 clk=1'b0;
        end
    initial
        begin
            clk=1'b0;
            rst_n=1'b0;
            #20 rst_n=1'b1;
            #100;
        end
    count12 u1(clk, rst_n, co, dout);
endmodule
```

Modelsim 仿真测试结果如图 7.4-2 所示。

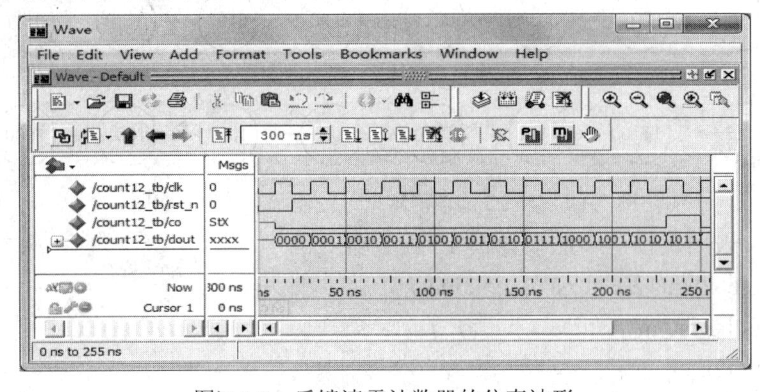

图 7.4-2　反馈清零计数器的仿真波形

用综合工具 Synplify 对上面的代码进行综合，可以得到如图 7.4-3 所示的电路。

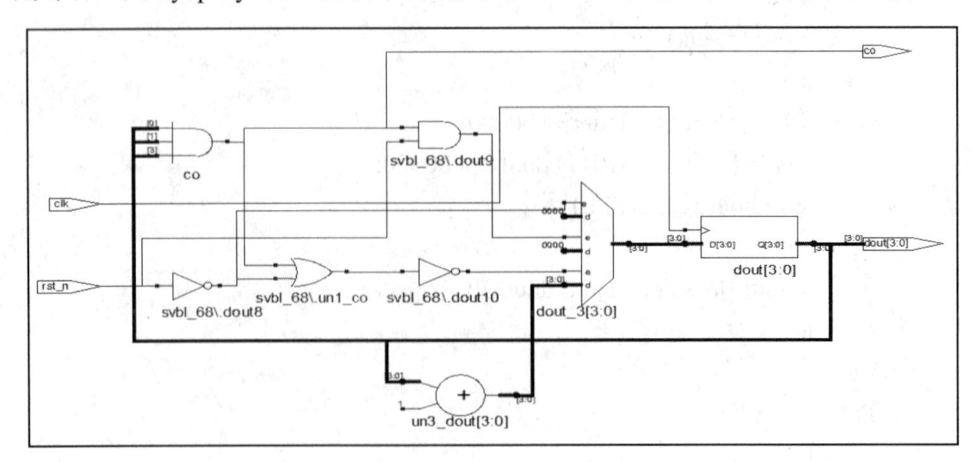

图 7.4-3　用综合工具综合后的反馈清零计数器

2. 反馈置数计数器

反馈置数法是利用计数器的预置数端使计数器跳过 *N-M* 个状态，从而构成 *M* 进制的计数器。与反馈清零法不同，反馈置数法的初态不一定是 0 态。

例 7.4-2 描述一个反馈置数递减计数器，其模值为 10，实现递减计数功能，rst 在敏感信号列表中，为异步复位信号，当 rst 上升沿到来或时钟上升沿到来，rst = 1 时，dout = 4'b1001；当计数器递减至二进制的 0000 时，此时反馈信号为真，计数器置数为 1001，然后再递减计数，从而实现循环递减计数功能。状态转换示意图如图 7.4-4 所示。

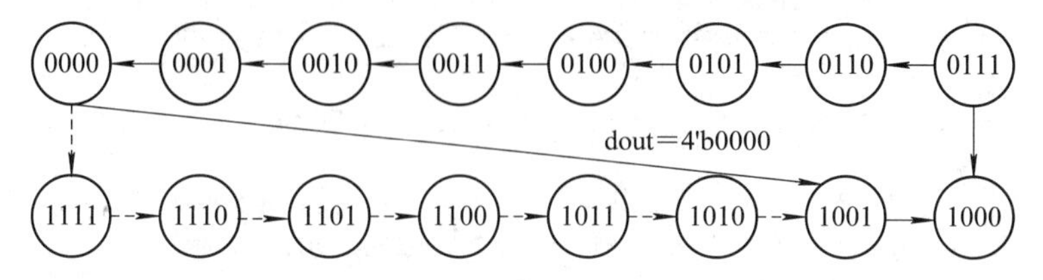

图 7.4-4　反馈置数递减计数器状态转换示意图

例 7.4-2　利用反馈置数法设计模 10 计数器。

```
module count10(clk, rst, dout);
    input clk, rst;
    output [3:0] dout;
    reg [3:0] dout;
    always@(posedge clk or posedge rst)
        begin
            if(rst==1'b1) dout<=4'b1001;
            else if(dout==4'b0000) dout<=4'b1001;
            else dout<=dout-1'b1;
        end
endmodule
```

测试代码如下：

```
module count10_tb;
    reg clk, rst;
    wire [3:0] dout;
    always
        begin
            #10 clk=1'b1;
            #10 clk=1'b0;
        end
    initial
        begin
          clk=1'b0;
          rst=1'b0;
          #10 rst=1'b1;
```

```
        #10 rst=1'b0;
        #100;
      end
   count10 u1(clk, rst, dout);
endmodule
```

Modelsim 仿真测试结果如图 7.4-5 所示。

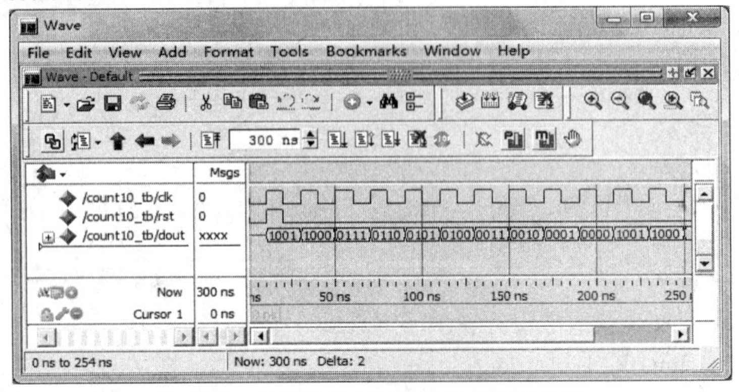

图 7.4-5 反馈置数递减计数器的仿真波形

用综合工具 Synplify 对上面的代码进行综合，可以得到如图 7.4-6 所示的电路。

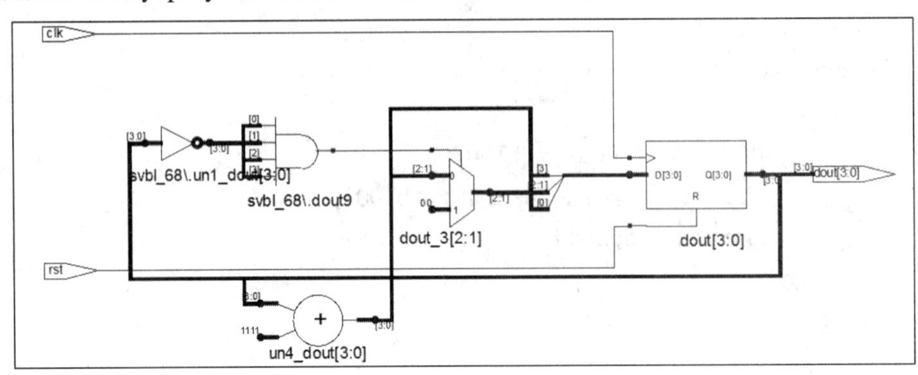

图 7.4-6 用综合工具综合后的反馈置数递减计数器

3. 计数器级联

计数器的级联就是用两片或两片以上的 M 进制计数器通过级联方式构成模值更高的计数器，一般的级联方式有异步级联方式和同步级联方式两种。异步级联方式就是几片 M 进制计数器的时钟脉冲不是接到同一个外接时钟端，而是利用进位/借位输出或输出脉冲作为高位片的时钟脉冲 clk 的输入，使高位片状态翻转；同步级联连接方式是将各片的时钟脉冲接在一起，在同一个外接时钟脉冲 clk 作用下，各位的进位是由低位片的进位/借位输出控制高位片的计数控制端。

例 7.4-3 描述一个模 60 计数器，该计数器通过将模 10 计数器和模 6 计数器级联的方式构成，每当模 10 计数器计数到 1001 时，模 6 计数器就会计数加 1，直至计数到 60 时，即模 6 计数器计数到 0101、模 10 计数器计数到 1001 时，计数状态又回到 00000000，然后重新开始计数。

例 7.4-3　级联模 60 计数器。

```
module count60(clk, rst_n, en, dout, co);
    input clk, rst_n, en;
    output [7:0] dout;
    output co;
    wire co10_1, co10, co6;
    wire [3:0] dout10, dout6;
    count10    u1(.clk(clk), .rst_n(rst_n), .en(en), .dout(dout10), .co(co10_1));
    count6     u2(.clk(clk), .rst_n(rst_n), .en(co10), .dout(dout6), .co(co6));
    and        u3(co, co10, co6);
    and        u4(co10, en, co10_1);
    assign dout={dout6, dout10};
endmodule

//模 10 计数器
module count10(clk, rst_n, en, dout, co);
    input clk, rst_n, en;
    output [3:0] dout;
    output co;
    reg [3:0] dout;
    always@(posedge clk or negedge rst_n)
        begin
          if(rst_n==1'b0) dout<=4'b0000;
          else if(en==1'b1)
                      if(dout==4'b1001) dout<=4'b0000;
                      elsedout<=dout+1'b1;
          else dout<=dout;
        end
    assign co=dout[0]&dout[3];
endmodule

//模 6 计数器
module count6(clk, rst_n, en, dout, co);
    input clk, rst_n, en;
    output [3:0] dout;
    output co;
    reg [3:0] dout;
    always@(posedge clk or negedge rst_n)
        begin
```

```
            if(rst_n ==1'b0) dout<=4'b0000;
            else if(en==1'b1)
                    if(dout==4'b0101) dout<=4'b0000;
                    else dout<=dout+1'b1;
            else dout<=dout;
        end
    assign co=dout[0]&dout[2];
endmodule
```

测试代码如下：

```
module count60_tb;
    reg clk, rst_n, en;
    wire [7:0] dout;
    wire co;
    always
        begin
          #1 clk=1'b1;
          #1 clk=1'b0;
        end
    initial
        begin
          clk=1'b0;
          rst_n=1'b1;
          en=1'b1;
          #1 rst_n=1'b0;
          #1 rst_n=1'b1;
        end
    count60 u1(clk, rst_n, en, dout, co);
endmodule
```

Modelsim 仿真测试结果如图 7.4-7 所示。

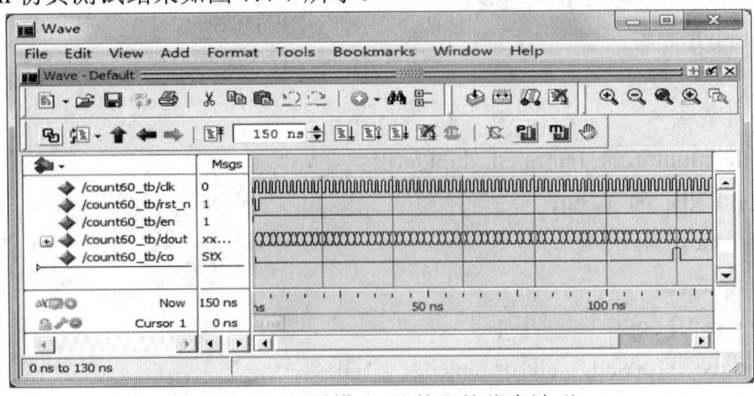

图 7.4-7 级联模 60 计数器的仿真波形

用综合工具对上面的代码进行综合，可以得到如图 7.4-8 所示的电路。

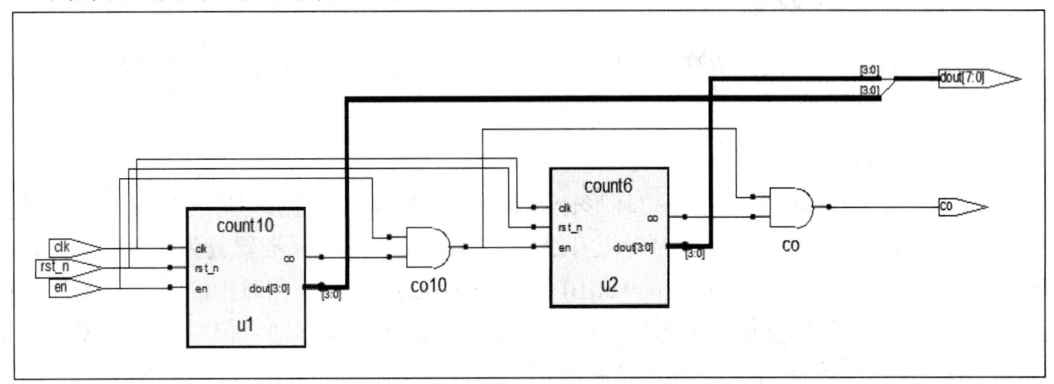

图 7.4-8 用综合工具综合后的级联模 60 计数器

例 7.4-4 程序描述的是用 Verilog HDL 实现的一个简单数字时钟计数器，其实现方法也是通过计数器的级联，由两个模 60 计数器和一个模 24 计数器子模块共同构成，这段代码采用了结构描述方法，u1、u2、u3 为调用的两个模 60 计数器和一个模 24 计数器子模块，模 60 计数器实现分、秒的计数，模 24 计数器实现小时的计数。其中引用了例 7.4-7 中模 24 的 8421BCD 计数器 count24。

例 7.4-4 数字时钟计数器。

```
module digital_clock(hour, min, sec, clk, rst_n, en);
    input clk, rst_n, en;
    output [7:0] hour, min, sec;
    wire co_sec1, co_sec, co_min, co_min1;
    count60    u1(.clk(clk), .rst_n(rst_n), .en(en), .dout(sec), .co(co_sec1));
    count60    u2(.clk(clk), .rst_n(rst_n), .en(co_sec), .dout(min), .co(co_min1));
    count24    u3(.clk(clk), .clr(rst_n), .en(co_min), .dout(hour));
    and        u4(co_min, co_sec, co_min1);
    and        u5(co_sec, en, co_sec1);
endmodule
```

用综合工具对上面的代码进行综合，可以得到如图 7.4-9 所示的电路。从图中可以看到三个被引用的模块，分别是两个模 60 计数器和一个模 24 计数器。

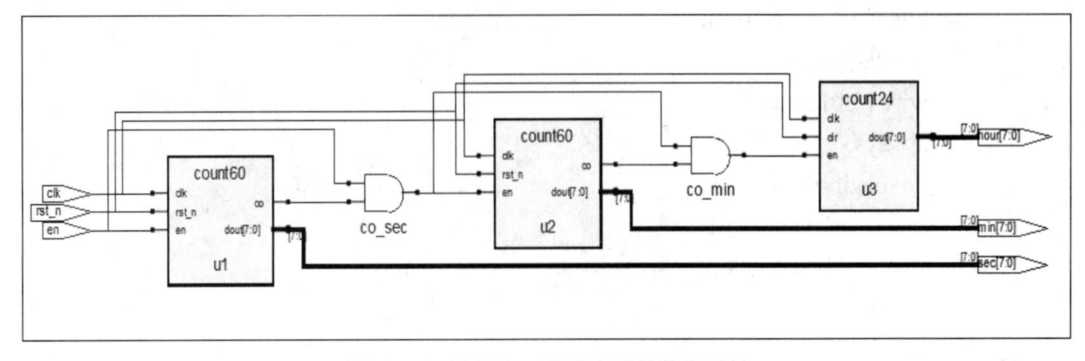

图 7.4-9 用综合工具综合后的数字时钟

7.4.2 移位型计数器

利用移位寄存器可以构成环形计数器和扭环计数器，它们统称为移位型计数器，但是它们的编码方式不是按二进制编码。

1. 环形计数器

例 7.4-5 程序描述的是一个 4 位环形计数器，rst 在 always 的敏感信号列表中，为异步复位信号，在 rst 的下降沿到来或时钟上升沿到来，rst = 0 时，dout 被置数为二进制数 0001；初始状态为 0001，有效状态为 0001→0010→0100→1000→0001。在时钟的每一个上升沿到来时，每次都将最高位移位至最低位，同时其余各位依次向左移动一位。其状态转移表如表 7.4-1 所示，状态转换示意图如图 7.4-10 所示。

表 7.4-1　环形计数器状态转移表

脉冲顺序	计数器状态			
	dout[3]	dout[2]	dout[1]	dout[0]
0	0	0	0	1
1	0	0	1	0
2	0	1	0	0
3	1	0	0	0
4	0	0	0	1

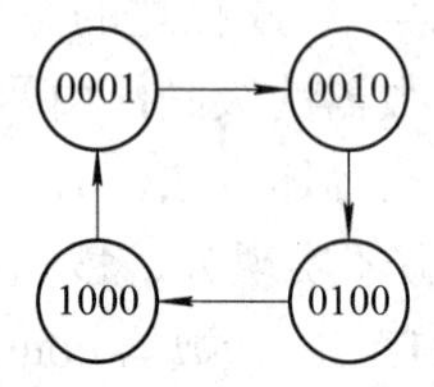

图 7.4-10　环形计数器状态转换示意图

例 7.4-5　4 位环形计数器。

```
module ring_counter(clk, rst_n, dout);
    input clk, rst_n;
    output [3:0] dout;
    reg [3:0] dout;
    always@(posedge clk or negedge rst_n)
        if(!rst_n) dout<=4'b0001;
        else dout<={dout[2:0], dout[3]};
endmodule
```

测试代码如下：

```
module ring_counter_tb;
    reg clk, rst_n;
    wire [3:0] dout;
    always
        begin
            #10 clk=1'b1;
            #10 clk=1'b0;
        end
    initial
        begin
```

```
            clk=1'b0;
            rst_n=1'b0;
            #10 rst_n=1'b1;
            #100;
        end
    ring_counter u1(clk, rst_n, dout);
endmodule
```

Modelsim 仿真测试结果如图 7.4-11 所示。

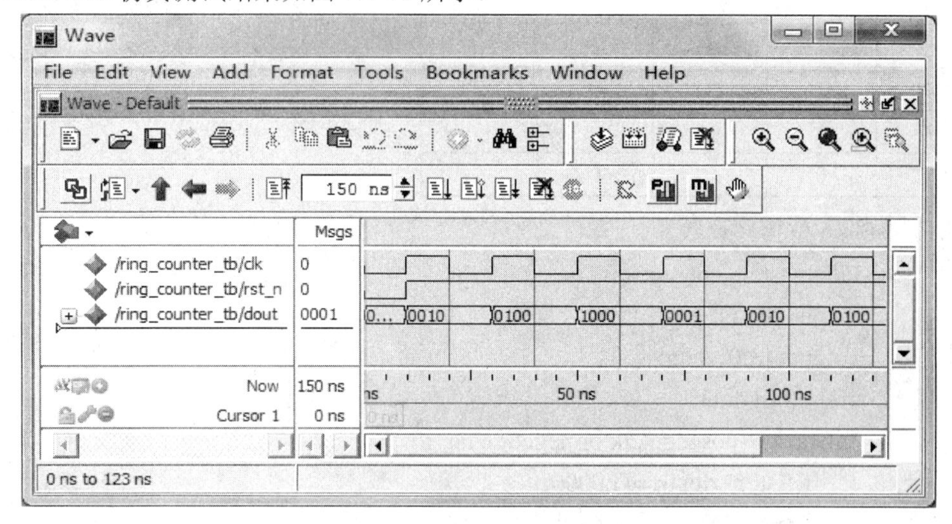

图 7.4-11 环形计数器的仿真波形

用综合工具对上面的代码进行综合，可以得到如图 7.4-12 所示的电路。

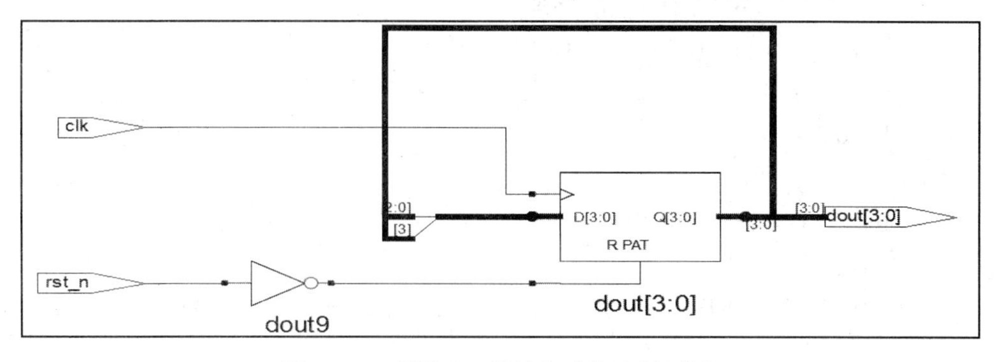

图 7.4-12 用综合工具综合后的环形计数器

2. 扭环计数器

例 7.4-6 程序描述的是一个 4 位的扭环计数器，rst 在 always 的敏感信号列表中，为异步复位信号，在 rst 的下降沿到来或时钟上升沿到来，rst = 0 时，dout 被置数为二进制数 0000，其有效状态为 0000→0001→0011→0111→1111→1110→1100→1000→0000。当时钟的上升沿到来时，最高位取反后移入到最低位，其他各位依次向左移动一位。其状态转移表如表 7.4-2 所示，状态转换示意图如图 7.4-13 所示。

表 7.4-2　扭环计数器状态转移表

脉冲顺序	计数器状态			
	dout[3]	dout[2]	dout[1]	dout[0]
0	0	0	0	0
1	0	0	0	1
2	0	0	1	1
3	0	1	1	1
4	1	1	1	1
5	1	1	1	0
6	1	1	0	0
7	1	0	0	0
8	0	0	0	0

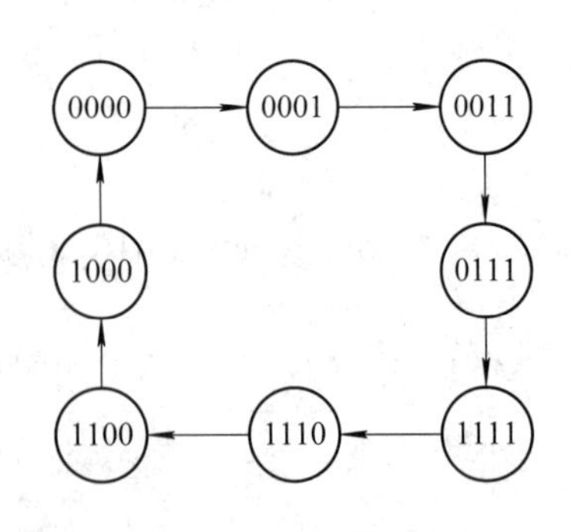

图 7.4-13　扭环计数器状态转换示意图

例 7.4-6　4 位扭环计数器。

```
module twisted_counter(clk, rst_n, dout);
    input clk, rst_n;
    output [3:0] dout;
    reg [3:0] dout;
    always@(posedge clk or negedge rst_n)
      if(!rst_n) dout<=4'b0000;
      else
         begin
            dout[3:1]<=dout[2:0];
            dout[0]<=~dout[3];
         end
endmodule
```

测试代码如下：

```
module twisted_counter_tb;
    reg clk, rst_n;
    wire [3:0] dout;
    always
       begin
          #10 clk=1'b1;
          #10 clk=1'b0;
       end
    initial
       begin
          clk=1'b0;
          rst_n=1'b1;
```

```
        #10 rst_n=1'b0;
        #10 rst_n=1'b1;
        #100;
      end
    twisted_counter u1(clk, rst_n, dout);
endmodule
```

Modelsim 仿真测试结果如图 7.4-14 所示。

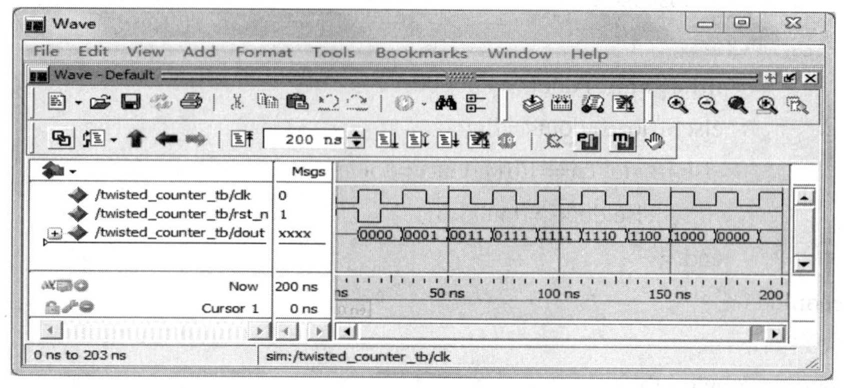

图 7.4-14 扭环计数器的仿真波形

用综合工具对上面的代码进行综合，可以得到如图 7.4-15 所示的电路。

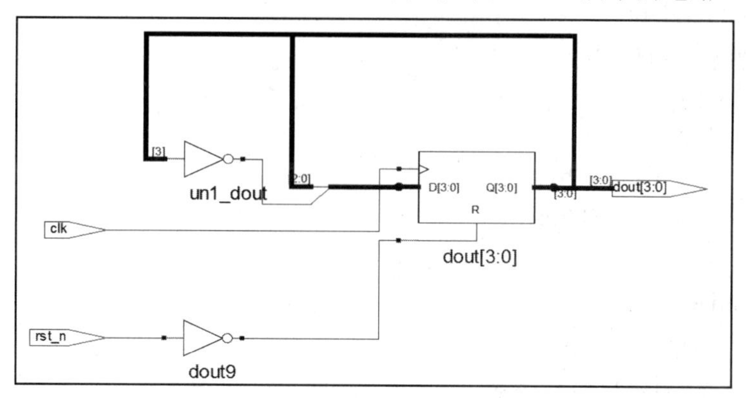

图 7.4-15 用综合工具综合后的扭环计数器

7.4.3 可逆计数器

可逆计数器是一种双向计数器，可以进行递增计数，也可以进行递减计数，根据计数控制信号的不同，在时钟脉冲作用下，计数器可以进行加 1 或者减 1 的操作。

例 7.4-7 这段代码是用 Verilog HDL 描述的一个位宽为 4 位的可逆计数器，即该计数器在不同的控制信号下可以分别实现加法计数和减法计数的功能。

rst 为同步复位信号，当 rst = 1 时，dout = 4'b0000；当 load = 1 时，输入信号 din 通过 dout 输出；若 add_en = 1，计数器在每个时钟上升沿实现加 1 的操作，即实现加法计数功能；若 add_en = 0，计数器在每个时钟上升沿实现减 1 的操作，即实现减法计数功能。

例 7.4-7　4 位可逆计数器。

```
module counter(dout, clk, rst, load, add_en, din);
    input clk, rst, load, add_en;
    input [3:0] din;
    output [3:0] dout;
    reg [3:0] dout;
    always@(posedge clk)
        begin
            if(rst==1'b1) dout<=4'b0000;
            else if(load) dout<=din;
            else if(add_en==1'b1) dout<=dout+1'b1;
                else dout<=dout-1'b1;
            end
endmodule
```

测试代码如下：

```
module counter_tb;
    reg clk, rst, load, add_en;
    reg [3:0] din;
    wire [3:0] dout;
    always
        begin
          #10 clk=1'b1;
          #10 clk=1'b0;
        end
    initial
        begin
            clk=1'b0;
            rst=1'b0; load=1'b0; add_en=1'b0; din=4'b0000;
            #10 rst=1'b1; din=4'b01001;
            #20 rst=1'b0; load=1'b1; din=4'b1001;
            #20 load=1'b0; add_en=1'b1;
            #20 load=1'b0; add_en=1'b1;
            #20 load=1'b0; add_en=1'b1;
            #10 add_en=1'b0;
        end
    counter u1(dout, clk, rst, load, add_en, din);
endmodule
```

Modelsim 仿真测试结果如图 7.4-16 所示。

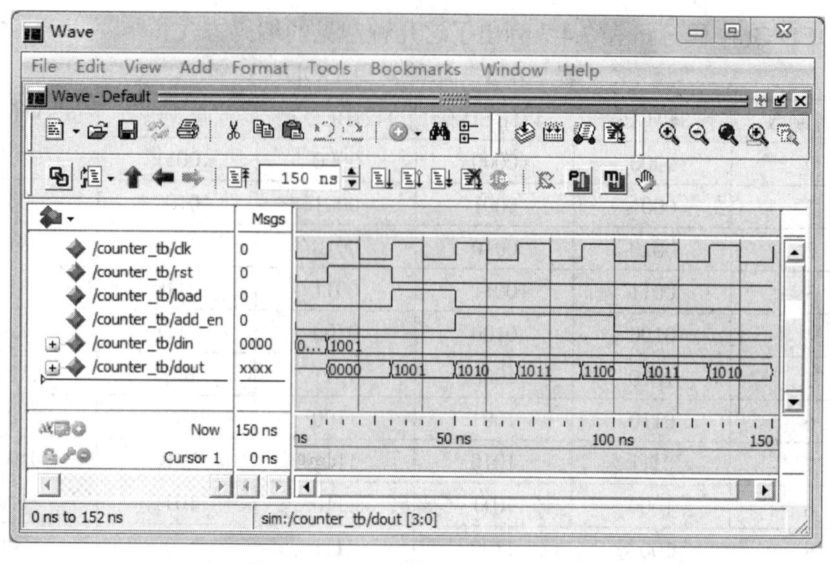

图 7.4-16　可逆计数器的仿真波形

用综合工具对上面的代码进行综合，可以得到如图 7.4-17 所示的电路。

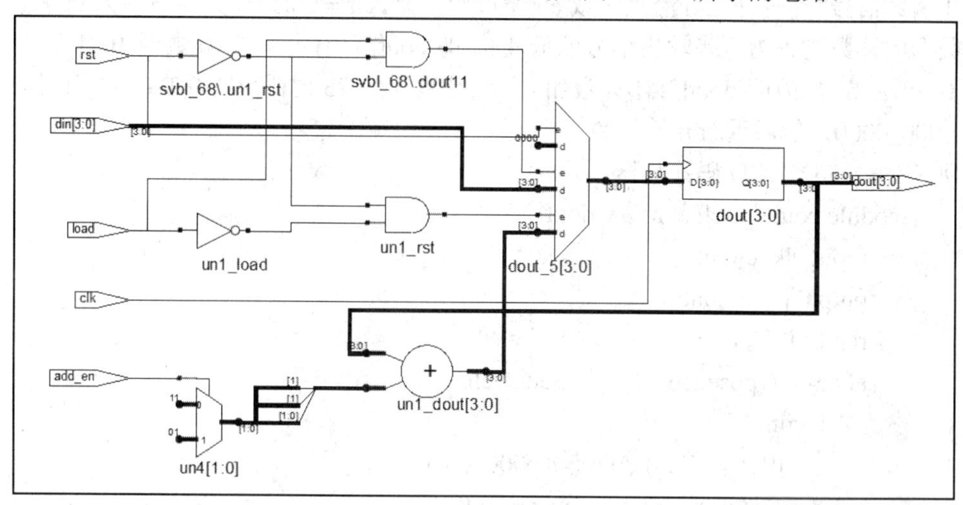

图 7.4-17　用综合工具综合后的可逆计数器

7.4.4　8421BCD 计数器

用四位二进制数来表示一位十进制数，称为二-十进制编码，简称 BCD(Binary Coded Decimal)码。

8421BCD 码中的“8421”表示从高到低各位二进制位对应的权值分别为 8、4、2、1，将各二进制位与权值相乘，并将乘积相加就得到相应的十进制数。例如，8421BCD 码“0101”，$0 \times 8 + 1 \times 4 + 0 \times 2 + 1 \times 1 = 5D$，其中 D 表示十进制(Decimal)数。值得注意的是，8421BCD 码只有 0000～1001 共十个状态，而 1010、1011、1100、1101、1110、1111 都不是 8421BCD 码，是冗余状态。

二-十进制编码中，除了 8421BCD 码以外，常见的还有 5421BCD 码、2421BCD 码、余 3 码和 BCD Gray 码等，表 7.4-3 列出了这几种常见的编码方式。

表 7.4-3　几种常见 BCD 码

十进制数	8421 码	5421BCD 码	2421BCD 码	余 3 码	BCD Gray 码
0	0000	0000	0000	0011	0000
1	0001	0001	0001	0100	0001
2	0010	0010	0010	0101	0011
3	0011	0011	0011	0110	0010
4	0100	0100	0100	0111	0110
5	1010	1000	1011	1000	0111
6	0110	1001	1100	1001	0101
7	0111	1010	1101	1010	0100
8	1000	1011	1110	1011	1100
9	1001	1100	1111	1100	1000

例 7.4-8 这段代码描述的就是一个 8421BCD 码计数器，计数器实现的模制为 24，clr 为异步清零信号，当时钟上升沿到来或 clr 下降沿到来，clr = 0 时，计数器清零为 0000_0000。该计数器的计数过程为，当输出信号的低 4 位(即 dout[3:0])从 0000 计数至 1001 后(即十进制的 0～9)，高 4 位(即 dout[7:4])计数加 1，当计数计到 23 时(即 0010_0011)，计数器又清零为 0000_0000，然后重新开始计数。

例 7.4-8　8421BCD 码计数器。

```
module count24(clk, clr, en, dout);
    input clk, clr, en;
    output [7:0] dout;
    reg [7:0] dout;
    always@(posedge clk or negedge clr)
        begin
            if(clr==1'b0) dout<=8'b00000000;
            else if(en==1'b0) dout<=dout;
            else if((dout[7:4]==4'b0010)&&(dout[3:0]==4'b0011)) dout<=8'b00000000;
            else if(dout[3:0]==4'b1001)
                begin
                    dout[3:0]<=4'b0000;
                    dout[7:4]<=dout[7:4]+1'b1;
                end
            else
                begin
                    dout[7:4]<=dout[7:4];
                    dout[3:0]<=dout[3:0]+1'b1;
                end
```

```
        end
    endmodule
```

测试代码如下：

```
    module count24_tb;
        reg clk, clr, en;
        wire [7:0] dout;
        always
            begin
                #10 clk=1'b1;
                #10 clk=1'b0;
            end
        initial
            begin
                clk=1'b0;
                clr=1'b1;
                en=1'b0;
                #20 clr=1'b0;
                #10 clr=1'b1;
                #30 en=1'b1;
                #100;
            end
        count24 u1(clk, clr, en, dout);
    endmodule
```

Modelsim 仿真测试结果如图 7.4-18 所示。

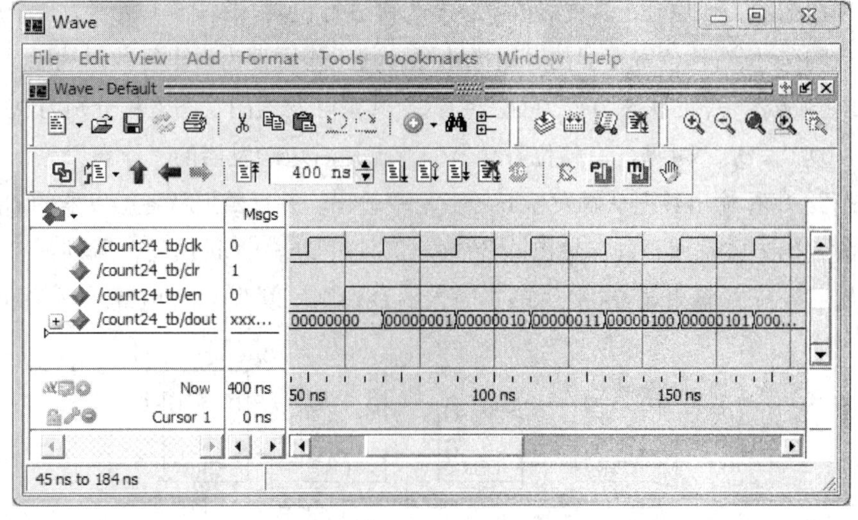

图 7.4-18　8421BCD 码计数器的仿真波形

用综合工具对上面的代码进行综合，可以得到如图 7.4-19 所示的电路。

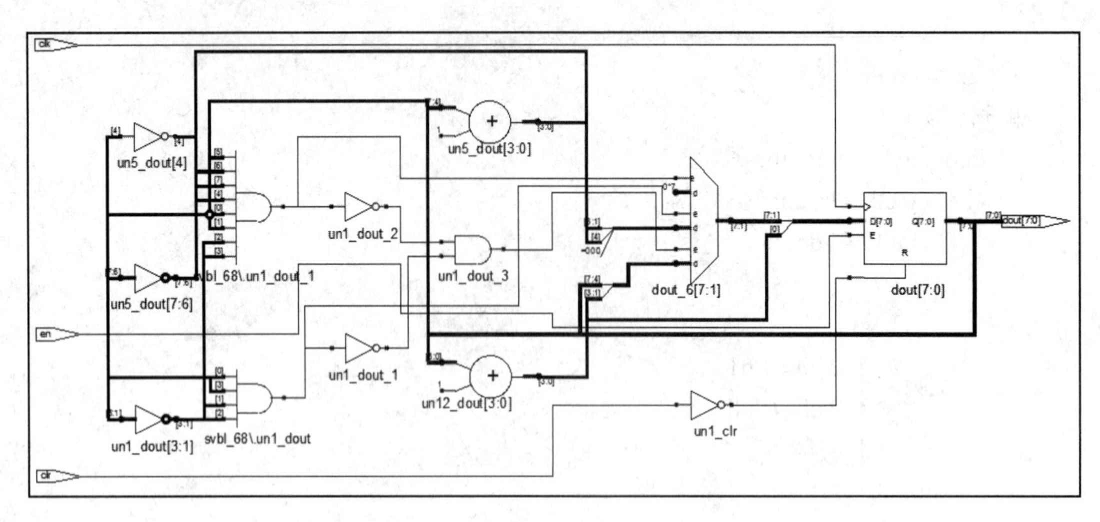

图 7.4-19　用综合工具综合后的 8421BCD 码计数器

7.5　移位寄存器

移位寄存器内的数据可以在移位脉冲(时钟信号)的作用下依次左移或右移。移位寄存器不仅可以用来存储数据，还可以用来实现数据的串行—并行转换、分频，构成序列码发生器、序列码检测器，进行数值运算以及数据处理等，它也是数字系统中应用非常广泛的时序逻辑部件之一。

移位寄存器按数据移位方向可以分为左移位寄存器、右移位寄存器。也可以根据数据输入、输出方式分为并行输入/串行输出、串行输入/并行输出、串行输入/串行输出、并行输入/并行输出四种。

移位寄存器的工作原理：以右移位寄存器为例进行说明，图 7.5-1 所示为一个用边沿 D 触发器构成的 4 位右移位寄存器的逻辑电路图。其工作原理为：串行数据从触发器 F_A 的 D_I 端输入，触发器 F_A 的状态方程为 $Q_A^{n+1}=Q_I^n$ 。其余触发器的状态方程分别为 $Q_B^{n+1}=Q_A^n$，$Q_C^{n+1}=Q_B^n$， $Q_D^{n+1}=Q_C^n$。可见，右移位寄存器的特点是右边触发器的“次态”等于左边触发器的“现态”。串行输出数据从触发器 F_D 的 Q_D 端输出，并行数据从各触发器的 Q_A～Q_D 端输出，两种输出方式都属于同向输出。各触发器都采用同一时钟信号，所以它们工作在同步状态。如果将 F_D 的输出端 Q_D 接到 F_A 的输入端 D_I，则可以够成循环移位的右移位寄存器。

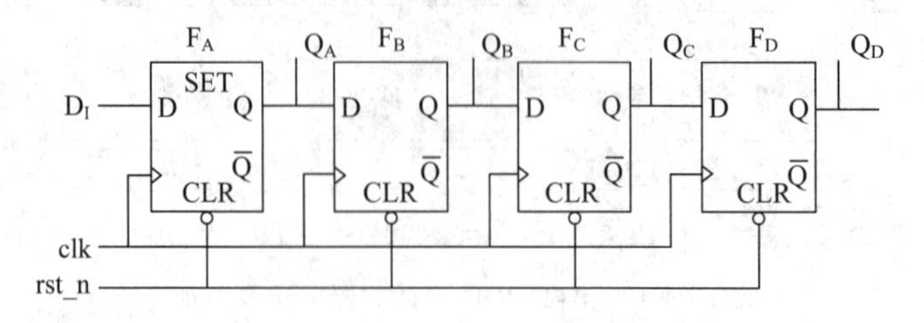

图 7.5-1　4 位右移位寄存器逻辑电路

7.5.1　右移位寄存器

例 7.5-1 程序是用 Verilog HDL 描述的一个位宽为 16 位的右移位寄存器，实际具有环形移位的功能，是在右移位寄存器的基础上将最低位的输出端接至最高位的输入端构成的。其功能为当时钟上升沿到来时，输入信号的最低位移位到最高位，其余各位依次向右移动一位。

例 7.5-1　16 位右移位寄存器。

```
module register_right(clk, din, dout);
    input clk;
    input [15:0] din;
    output [15:0] dout;
    reg [15:0] dout;
    always@(posedge clk)
        dout<={din[0], din[15:1]};
endmodule
```

测试代码如下：

```
module register_right_tb;
    reg clk;
    reg [15:0] din;
    wire [15:0] dout;
    always
        begin
            #10 clk=1'b1;
            #10 clk=1'b0;
        end
    initial
        begin
            clk=1'b0;
            din=16'b0000000000000000;
            #10 din=16'b0000000000000001;
            #20 din=16'b0000000000110111;
            #20 din=16'b0000000000100010;
            #100;
        end
    register_right u1(clk, din, dout);
endmodule
```

Modelsim 仿真测试结果如图 7.5-2 所示。

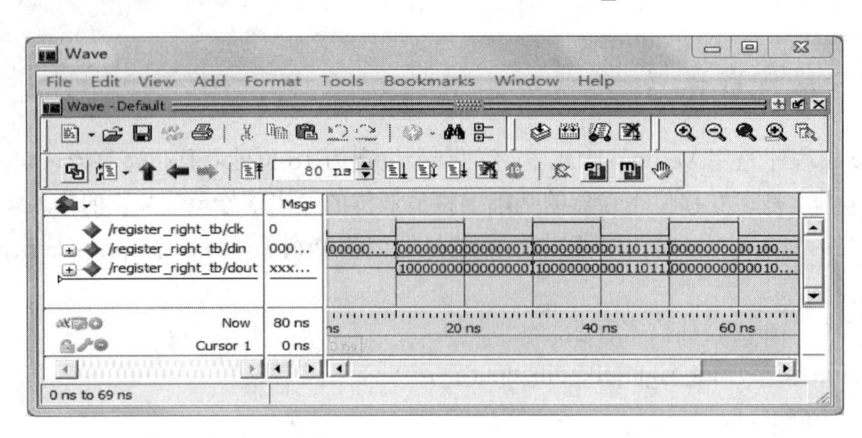

图 7.5-2　16 位右移位寄存器的仿真波形

用综合工具对上面的代码进行综合，可以得到如图 7.5-3 所示的电路。

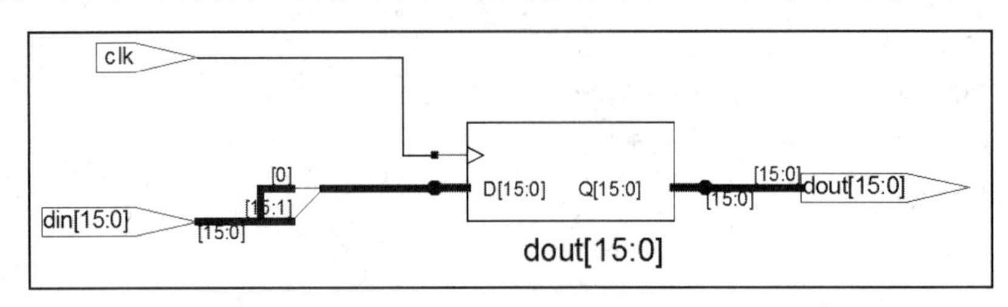

图 7.5-3　用综合工具综合后的 16 位右移位寄存器

7.5.2　左移位寄存器

左移位寄存器与右移位寄存器的基本原理一样，只是左移位寄存器的数据是从高位输入。

例 7.5-2 程序描述的是一个位宽为 16 位的左移位寄存器，同样实现环形移位功能，和右移位寄存器代码唯一不同在于 dout 的赋值语句。该寄存器在每个时钟上升沿到来时，最高位移位到最低位，其余各位依次向左移动一位。

例 7.5-2　16 位左移位寄存器。

```
module register_left(clk, din, dout);
    input clk;
    input [15:0] din;
    output [15:0] dout;
    reg [15:0] dout;
    always@(posedge clk)
        dout<={din[14:0], din[15]};
endmodule
```

测试代码如下：

```
module register_left_tb;
    reg clk;
    reg [15:0] din;
```

```
    wire [15:0] dout;
    always
        begin
            #10 clk=1'b1;
            #10 clk=1'b0;
        end
    initial
        begin
            clk=1'b0;
            din=16'b0000000000000000;
            #10 din=16'b0000000000000001;
            #20 din=16'b0000000000000011;
            #20 din=16'b0000000000000101;
        end
    register_left u1(clk, din, dout);
endmodule
```

Modelsim 仿真测试结果如图 7.5-4 所示。

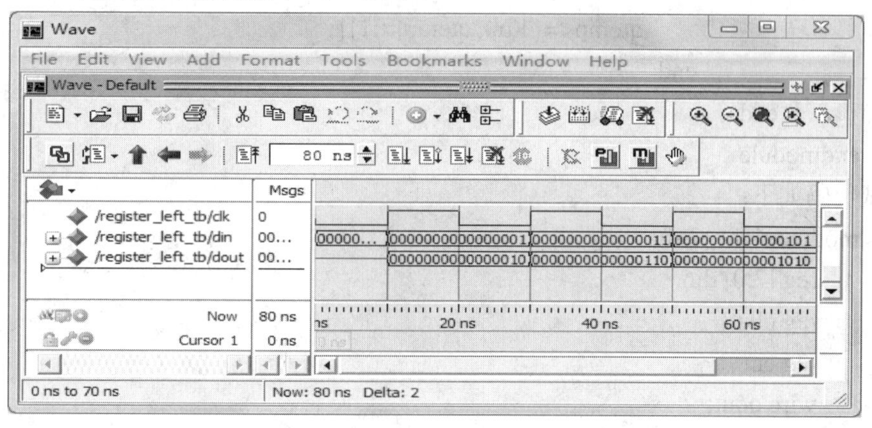

图 7.5-4 16 位左移位寄存器的仿真波形

用综合工具对上面的代码进行综合，可以得到如图 7.5-5 所示的电路。

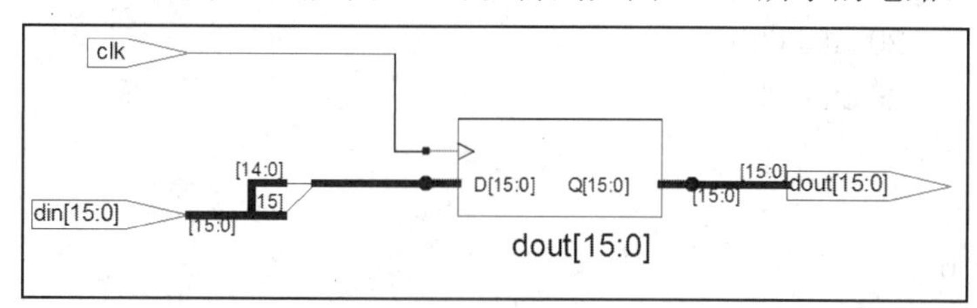

图 7.5-5 用综合工具综合后的 16 位左移位寄存器

7.5.3 并行输入/串行输出寄存器

例 7.5-3 程序实现位宽为 8 位的并行输入/串行输出寄存器，其实现的功能为：当使能端 en = 1 时，将输入数据 din 存入一个 8 位的中间变量，然后在每个时钟上升沿到来时，将 qtemp 的最低位输出，然后再将 qtemp 右移一位，从而实现将 din 输入数据从最低位到最高位依次串行输出。

例 7.5-3 位宽为 8 位的并行输入/串行输出寄存器。

```
module right_shifter_reg(din, clk, en, dout);
    input [7:0] din;
    input clk;
    input en;
    output dout;
    reg dout;
    reg [7:0] qtemp;
    always@(posedge clk)
        begin
            if(en==1'b1) qtemp<=din;
            else
                begin
                    dout<=qtemp[0];
                    qtemp<={1'b0, qtemp[7:1]};
                end
        end
endmodule
```

测试代码如下：

```
module right_shifter_reg_tb;
    reg [7:0] din;
    reg clk;
    reg en;
    wire dout;
    always
        begin
          #20 clk=1'b0;
          #20 clk=1'b1;
        end
    initial
        begin
          din=8'b11000101;
          #100 en=1'b1;
          #100 en=1'b0;
        end
    right_shifter_reg u1(.din(din), .clk(clk), .en(en), .dout(dout));
```

```
endmodule
```

Modelsim 仿真测试结果如图 7.5-6 所示。

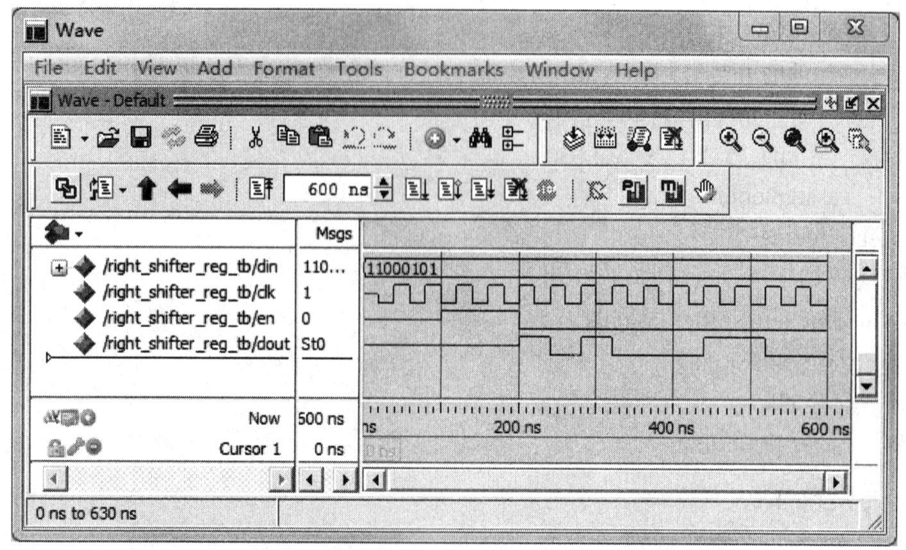

图 7.5-6 8 位并行输入/串行输出寄存器的仿真波形

用综合工具对上面的代码进行综合，可以得到如图 7.5-7 所示的电路。

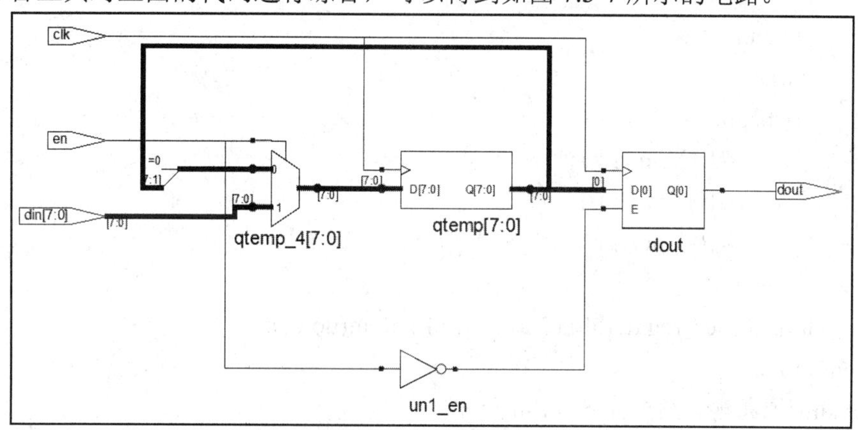

图 7.5-7 用综合工具综合后的 8 位并行输入/串行输出寄存器

7.5.4 串行输入/并行输出寄存器

例 7.5-4 代码描述的是串行输入/并行输出寄存器，实现的功能为 1 位数据串行输入，8 位数据并行输出。当时钟上升沿到来时，1 位输入数据 din 进入 qtemp 的最低位，qtemp 的其余各位依次向左移动 1 位，在 assign 赋值语句中，将 qtemp 连续赋值给 dout，实现 8 位数据的并行输出。

例 7.5-4 1 位串行输入/8 位并行输出寄存器。

```
module left_shifter_reg(din,clk,dout);
    input din;
    input clk;
```

```
    output [7:0] dout;
    reg [7:0] qtemp;
    always@(posedge clk)
        begin
            qtemp<={qtemp[6:0],din};
        end
    assign dout=qtemp;
endmodule
```

测试代码如下：

```
module left_shifter_reg_tb;
    reg din;
    reg clk;
    wire [7:0] dout;
    always
        begin
            #20 clk=1'b0;
            #20 clk=1'b1;
        end
    initial
        begin
            #100 din=1'b1;
            #100 din=1'b1;
            #100 din=1'b0;
        end
    left_shifter_reg u1(.din(din),.clk(clk),.dout(dout));
endmodule
```

Modelsim 仿真测试结果如图 7.5-8 所示。

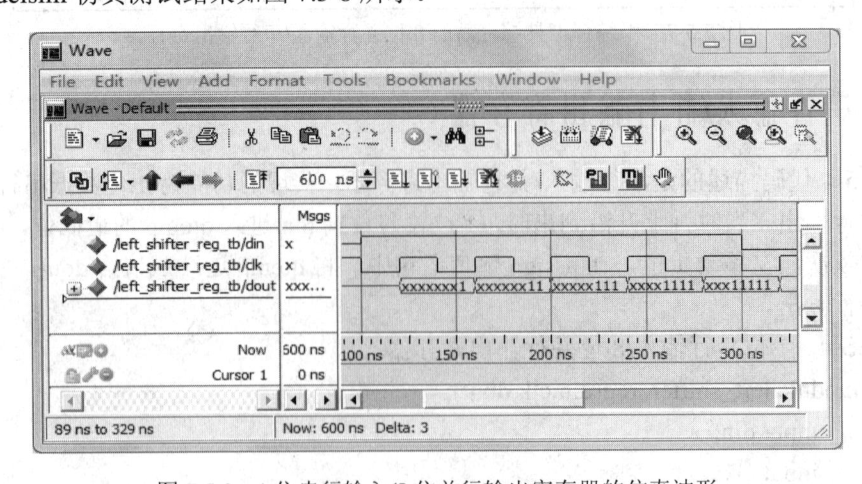

图 7.5-8　1 位串行输入/8 位并行输出寄存器的仿真波形

用综合工具对上面的代码进行综合，可以得到如图 7.5-9 所示的电路。

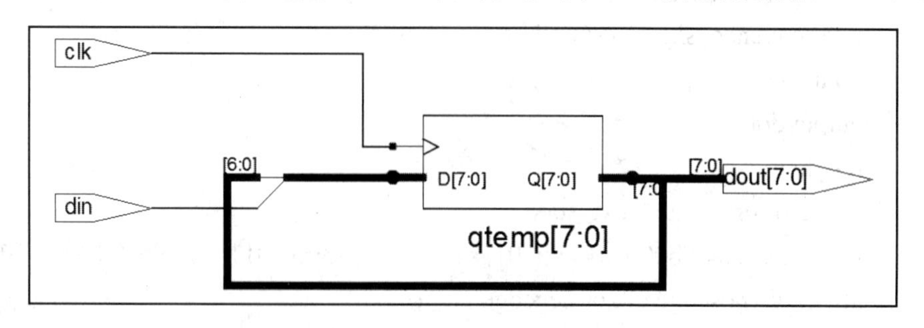

图 7.5-9 用综合工具综合后的 1 位串行输入/8 位并行输出寄存器

7.6 信号产生器

序列信号就是一组特定的数字信号，它可以作为数字系统的测试信号，在通信系统中也可以作为校验信号和加密信号。序列信号发生器是在时钟脉冲的作用下循环输出一组序列信号的电路，是数字电路系统中常用的功能单元，一般由移位寄存器加反馈电路构成。根据序列循环长度 M 和触发器数目 n 的关系可将序列信号发生器分为三种：

(1) 最大循环长度序列码，$M = 2^n$。

(2) 最长线形序列码(m 序列码)，$M = 2^n - 1$。

(3) 任意循环长度序列码，$M < 2^n$。

序列信号发生器的类型很多，一般有状态转移图类型、移位寄存器类型、计数器加组合输出网络类型、移位寄存器加组合逻辑反馈网络类型、m 序列信号发生器等。下面将给出这几种不同类型序列信号产生器的设计实例。

7.6.1 状态转移图类型

例 7.6-1 程序描述的是一个状态转移图类型的序列信号发生器，实现的功能为产生序列信号 001011。由状态转移图 7.6-1 可以看到，该序列产生器存在 6 个不同的状态，在 6 个状态中不断循环转移，从而循环产生序列 001011。

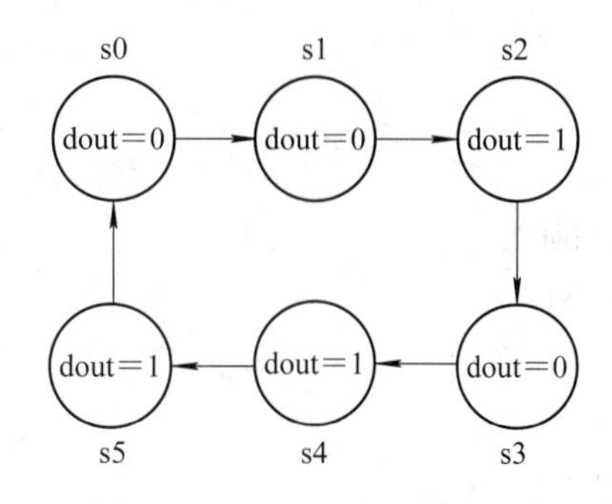

图 7.6-1 001011 序列信号产生器状态转移图

例 7.6-1 有限状态机方式实现 001011 序列信号产生器。

```
module sequence_signal_fsm(clk, rst_n, dout);
    input clk, rst_n;
    output dout;
    reg dout;
    reg [2:0] pre_state, next_state;
    parameter s0=3'b000, s1=3'b001, s2=3'b010, s3=3'b011, s4=3'b100, s5=3'b101;
    always@(posedge clk or negedge rst_n)
        if(rst_n==1'b0) pre_state<=s0;
        else pre_state<=next_state;
    always@(pre_state)
        case(pre_state)
            s0:begin dout=1'b0; next_state=s1; end
            s1:begin dout=1'b0; next_state=s2; end
            s2:begin dout=1'b1; next_state=s3; end
            s3:begin dout=1'b0; next_state=s4; end
            s4:begin dout=1'b1; next_state=s5; end
            s5:begin dout=1'b1; next_state=s0; end
            default next_state=s0;
        endcase
endmodule
```

测试代码如下：

```
module sequence_signal_fsm_tb;
    reg clk, rst_n;
    wire dout;
    sequence_signal_fsm    u1(clk, rst_n, dout);
    always
        #10 clk=~clk;
    initial
        begin
            clk=1'b0;
            rst_n=1'b1;
            #5 rst_n=1'b0;
            #5 rst_n=1'b1;
        end
endmodule
```

Modelsim 仿真测试结果如图 7.6-2 所示。

用综合工具对上面的代码进行综合，可以得到如图 7.6-3 所示的电路。

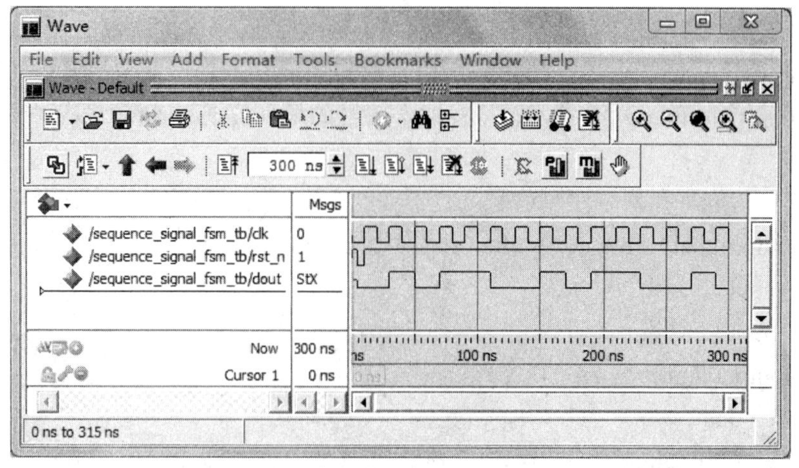

图 7.6-2　序列信号产生器的仿真波形

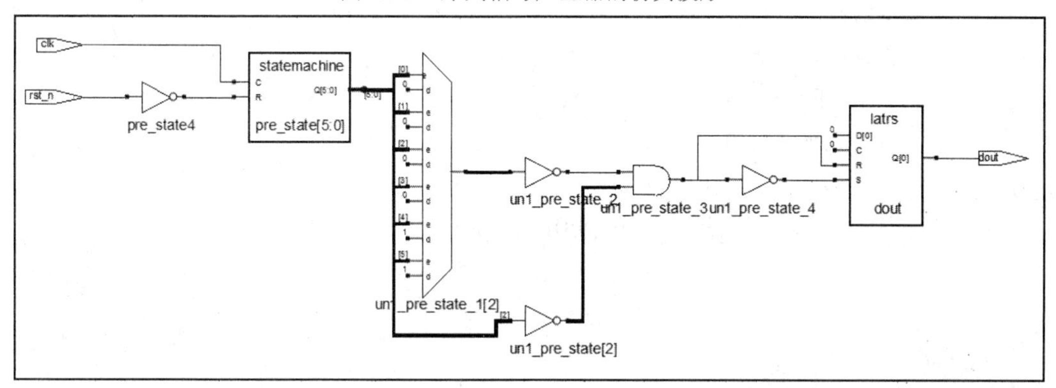

图 7.6-3　用综合工具综合后的序列信号产生器

7.6.2　移位寄存器类型

利用移位寄存器也可以构成序列信号发生器，其结构框图如图 7.6-4 所示。在电路工作前，将所需的序列码置入移位寄存器中，然后循环移位，就可以不断地产生需要的序列。由于移位寄存器输入和输出信号之间没有组合电路，不需要经过组合逻辑的反馈运算，因此这种序列产生电路的工作频率很高。缺点是移位寄存器长度取决于序列长度，因此占用电路的面积很大。图 7.6-4 所示为将一个 n 位移位寄存器的第 n 位输出信号作为反馈信号输入移位寄存器，形成一个 n 位的循环移位寄存器。

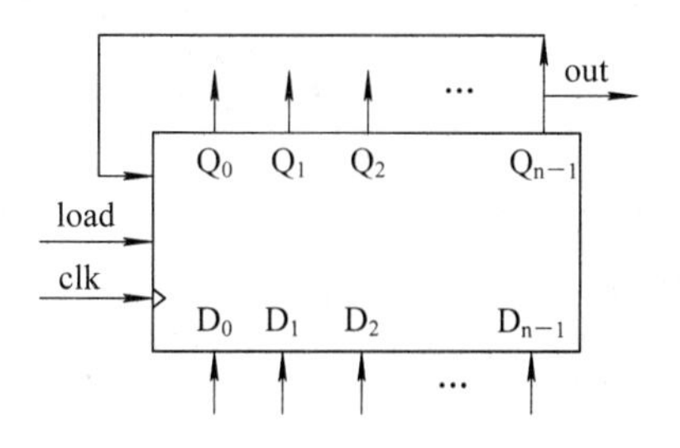

图 7.6-4　移位寄存器构成的序列信号发生器框图

例 7.6-2 这段程序描述的是一个 6 位移位寄存器类型的序列信号发生器，在输入端可输入任意序列，通过移位寄存器，使得输入信号的最高位移入到最低位，其他各位依次向左移动一位，在每个时钟上升沿到来时，将输入信号的最高位通过 dout 输出，从而循环产生序列信号。

例 7.6-2 移位寄存器型序列信号产生器。

```
module signal_generator_shifter_reg(clk, rst, din, dout);
    input clk, rst;
    input [5:0] din;
    output dout;
    reg dout;
    reg [5:0] temp;
    always@(posedge clk)
        begin
            if(rst==1'b1) temp<=din;
            else begin
                    dout<=temp[5];
                    temp<={temp[4:0], temp[5]};
                end
        end
endmodule
```

测试代码如下：

```
module signal_generator_shifter_reg_tb;
    reg clk, rst;
    reg [5:0] din;
    wire dout;
    signal_generator_shifter_reg u1(.clk(clk), .rst(rst), .din(din), .dout(dout));
    always
        #10 clk=~clk;
    initial
        begin
            clk=1'b0;
            rst=1'b0;
            #10 rst=1'b1; din=6'b001011;
           #20 rst=1'b0;
        end
endmodule
```

Modelsim 仿真测试结果如图 7.6-5 所示。

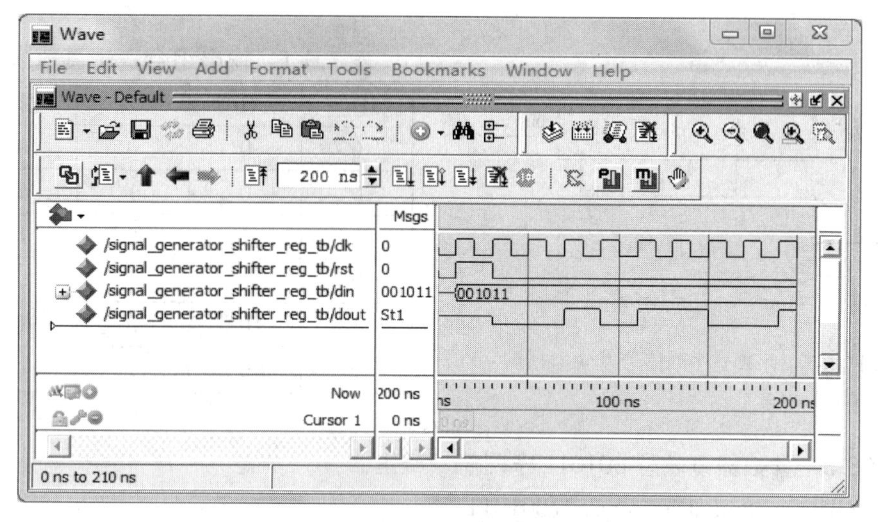

图 7.6-5　移位寄存器型序列信号产生器的仿真波形

用综合工具对上面的代码进行综合，可以得到如图 7.6-6 所示的电路。

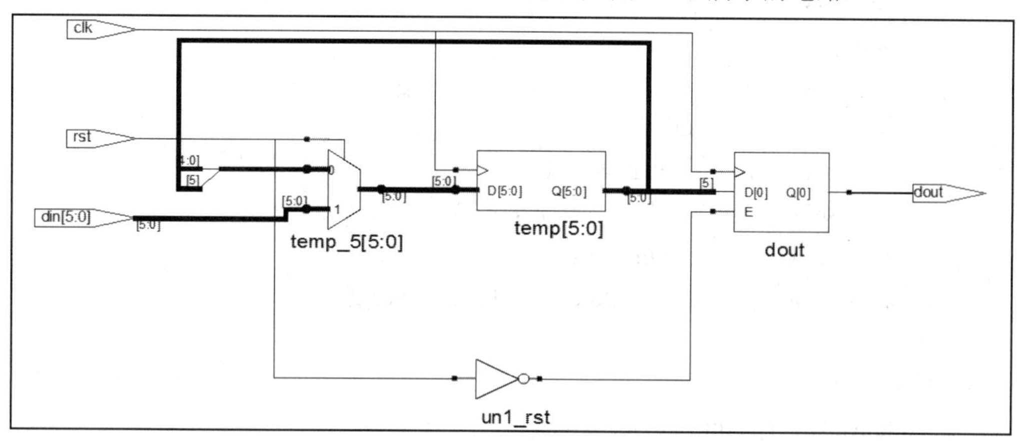

图 7.6-6　用综合工具综合后的移位寄存器型序列信号产生器

7.6.3　计数器加组合输出网络类型

计数型序列信号发生器的结构框图如图 7.6-7 所示。它由计数器和组合输出网络两部分组成，序列信号从组合输出网络输出。这种类型的序列信号发生器一般分两步来设计，首先根据序列的长度 M 设计模 M 计数器，计数器的状态可以自定；然后按计数器的状态转移关系和序列码的要求设计组合输出网络。由于计数器的状态设置和输出网络没有直接关系，因此这种结构对于输出序列的更改比较方便，而且还能同时产生多组序列码。

例 7.6-3 程序描述的为计数器加组合输出网络构成的序列信号发生器，产生 001011 序列信号，通过内部的 3 位计数器进行计数，由计数状态和输出序列的对应关系，得到其输出组合逻辑真值表(如表 7.6-1 所示)，从表中可以看到，$Q_2Q_1Q_0$ 从 000 开始计数并不断加 1，每个状态对应一个输出 Z。通过真值表可以得到卡诺图，化简后可以得出输出逻辑函数为

$$Z = \overline{Q_0} \cdot Q_1 + Q_2$$

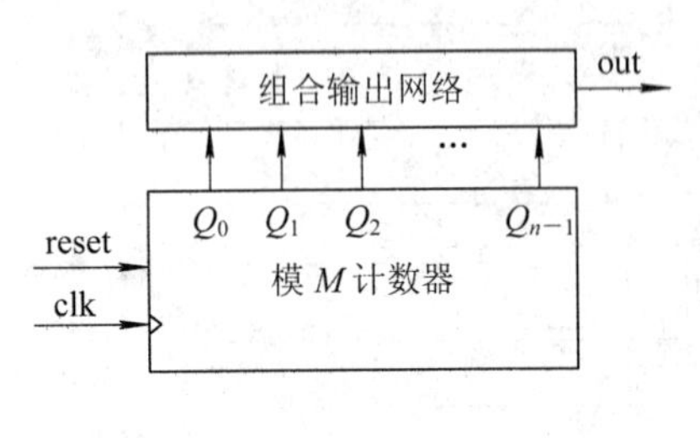

图 7.6-7　计数型序列信号发生器框图

表 7.6-1　输出组合逻辑真值表

Q_2	Q_1	Q_0	Z
0	0	0	0
0	0	1	0
0	1	0	1
0	1	1	0
1	0	0	1
1	0	1	1

例 7.6-3　计数器查表型 001011 序列信号产生器。

```
// The generated sequence is 001011
module counter_sequence(clk, rst, dout);
    input clk, rst;
    output dout;
    reg [2:0] counter;
    always@(posedge clk)
        if(rst==1'b1) counter<=3'b000;
        else if(counter==3'b101) counter<=3'b000;
        else counter<=counter+1'b1;
    assign dout=((~counter[0])&counter[1])|counter[2];
endmodule
```

测试代码如下：

```
module counter_sequence_tb;
    reg clk, rst;
    wire dout;
    counter_sequence u1(.clk(clk), .rst(rst), .dout(dout));
    always
        #10 clk=~clk;
    initial
        begin
            clk=1'b0;
            rst=1'b0;
            #10 rst=1'b1;
            #20 rst=1'b0;
        end
endmodule
```

Modelsim 仿真测试结果如图 7.6-8 所示。

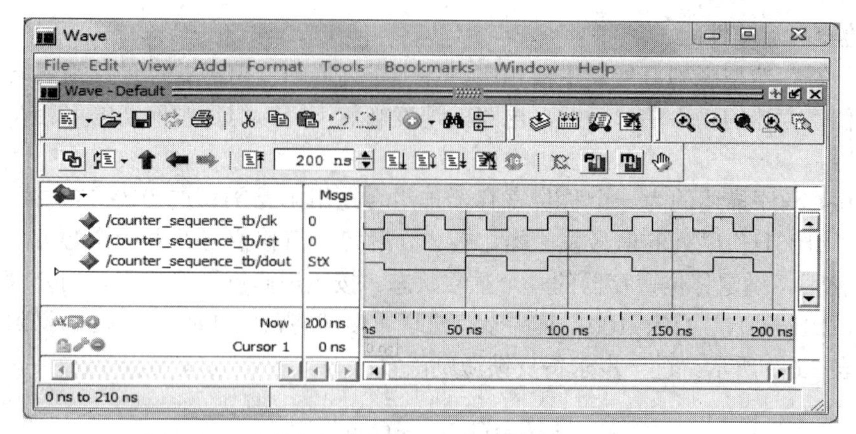

图 7.6-8　计数器加查找表型序列信号发生器的仿真波形

用综合工具对上面的代码进行综合，可以得到如图 7.6-9 所示的电路。

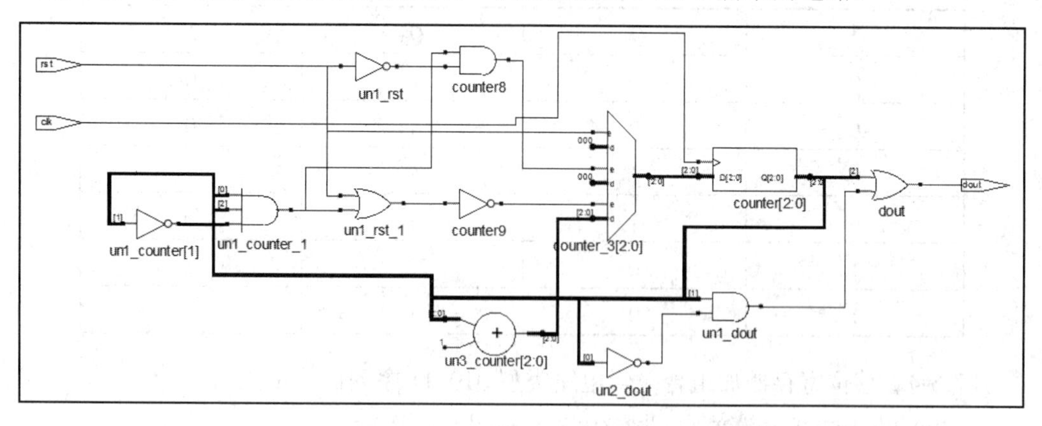

图 7.6-9　用综合工具综合后的计数器加查找表型序列信号发生器

7.6.4　移位寄存器加组合逻辑反馈电路类型

反馈移位寄存器型序列信号发生器的结构框图如图 7.6-10 所示，它由移位寄存器和组合反馈网络组成，从移位寄存器的某一输出端可以得到周期性的序列码。其设计按以下步骤进行：

(1) 根据给定的序列信号的循环长度 M，确定寄存器位数 n，$2^{n-1}<M\leqslant 2^n$。

(2) 确定移位寄存器的 M 个独立状态。

将给定的序列码按照移位规律每 n 位一组，划分为 M 个状态。若 M 个状态中出现重复现象，则应增加移位寄存器位数。用 $n+1$ 位再重复上述过程，直到划分为 M 个独立状态为止。

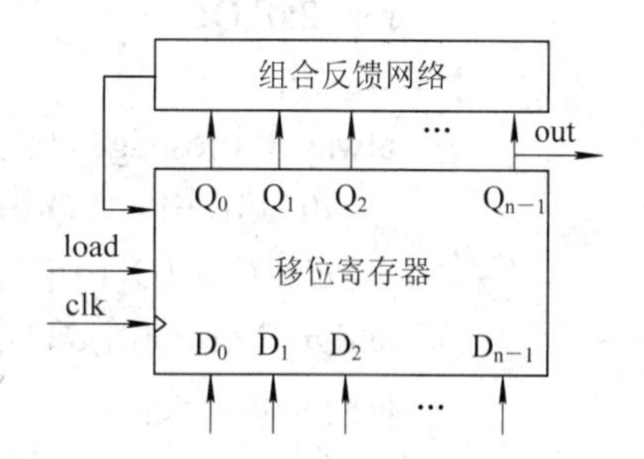

图 7.6-10　反馈移位寄存器型序列信号发生器结构框图

(3) 根据 M 个不同的状态列出移位寄存器的态序表和反馈函数表，求出反馈函数 F 的表达式。

(4) 检查自启动性能。

与移位寄存器型序列信号发生器相比，各个寄存器的输出需要经过反馈网络，然后才连接到移位寄存器的输入端。因此，电路的速度必然下降，但反馈网络的好处在于它可以节省寄存器。

例 7.6-4 程序描述的为一个移位寄存器加组合逻辑电路类型的 010011 序列信号发生器。对于“010011”序列的信号发生器。首先，确定所需移位寄存器的个数 n。因 $M=6$，故 $n \geqslant 3$。然后，确定移位寄存器的六个独立状态。按照规律每三位一组，划分六个状态为 001、010、101、011、110、100。其中没有出现重复状态，因此确定 $n=3$。得到反馈激励函数表如表 7.6-2 所示。进一步求得反馈激励函数：

$$F=\overline{Q_0}\cdot\overline{Q_2}+\overline{Q_1}\cdot Q_2$$

表 7.6-2 反馈激励函数表

Q_2	Q_1	Q_0	F
0	0	0	0
0	0	1	0
0	1	0	1
0	1	1	0
1	0	0	1
1	0	1	1

例 7.6-4 移位寄存器加组合逻辑电路类型 010011 序列信号发生器。

```
module signal_shifter_feedback(clk, load, dout, D);
    input clk, load;
    input [2:0] D;
    output dout;
    reg [2:0] Q;
    wire F;
    always@(posedge clk)
        if(load==1'b1) Q<=D;
        else Q<={Q[1:0], F};
    assign F=((~Q[0])&(~Q[2]))|((~Q[1])&Q[2]);
    assign dout=Q[2];
endmodule
```

测试代码如下：

```
module signal_shifter_feedback_tb;
    reg clk, load;
    reg[2:0] D;
    wire dout;
```

```
    signal_shifter_feedback u1(.clk(clk), .load(load), .dout(dout), .D(D));
    always
        #10 clk=~clk;
    initial
        begin
            clk=1'b0;
            D=3'b001;
            load=1'b0;
            #10 load=1'b1;
            #20 load=1'b0;
        end
endmodule
```

Modelsim 仿真测试结果如图 7.6-11 所示。

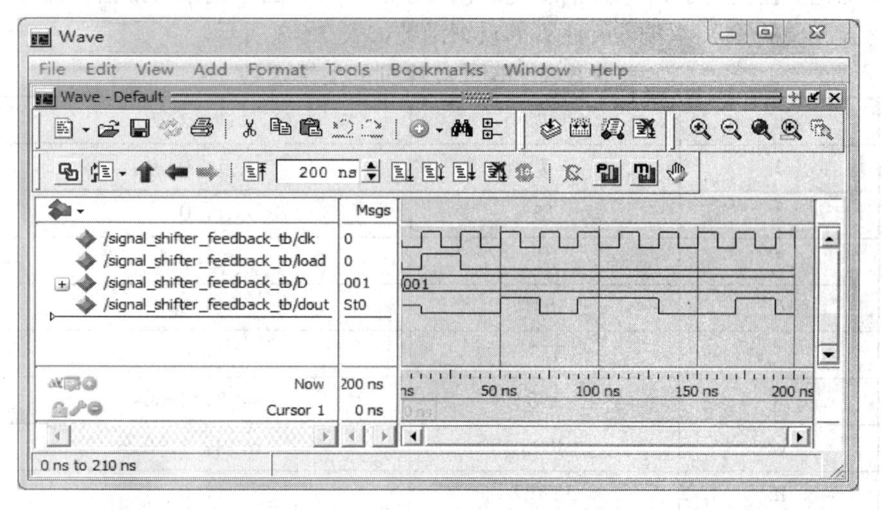

图 7.6-11 移位寄存器加组合逻辑电路类型序列信号发生器仿真波形

用综合工具对上面的代码进行综合，可以得到如图 7.6-12 所示的电路。

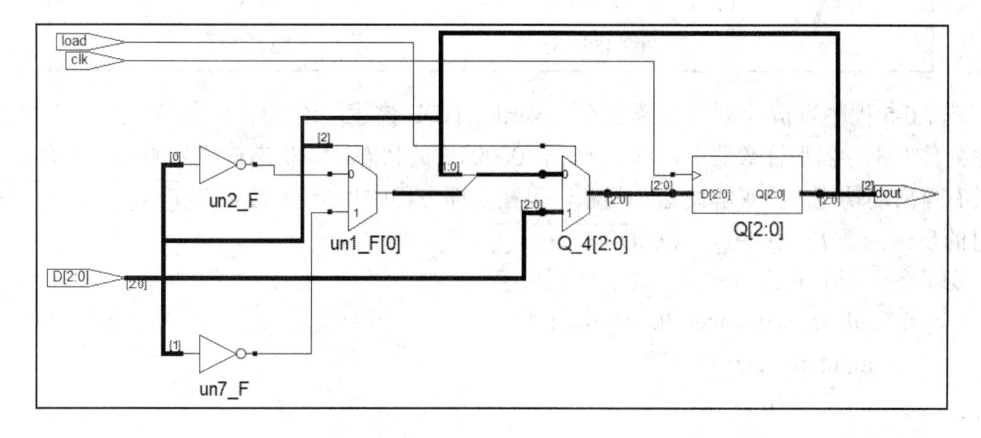

图 7.6-12 用综合工具综合后的移位寄存器加组合逻辑电路类型序列信号发生器

7.6.5 *m* 序列信号发生器

在测试通信设备或通信系统时，经常需要一种称为“伪随机信号”的序列信号。在实际的数字通信中，0、1 信号的出现是随机的，但是从系统的角度来看，0 和 1 出现的概率是接近的，“伪随机信号”就是用来模拟实际的数字信号。依次它有不同的 0 和 1 的组合，而且 0 和 1 的总数接近相等。

m 序列信号发生器就是用来产生这种伪随机信号的发生器，有时也称为最长线性序列发生器，因为这种发生器产生的序列长度都是 2^n-1，其中 n 是移位寄存器的位数。

m 序列发生器是由移位寄存器加反馈网络构成的，其框图如图 7.6-10 所示，与移位寄存器加组合逻辑电路方式实现序列发生器的框图相似，但是反馈网络输入信号从移位寄存器的部分输出端($Q_0 \sim Q_{n-1}$)中取出且反馈电路产生的都是异或函数的异或电路，异或电路的输入连接将随着 *m* 序列信号的长度变化。由于 *m* 序列码使用非常普遍，*m* 序列发生器的设计已经规范化，在决定了 *m* 序列的长度后，可以通过查表的方式来决定由哪几个寄存器的输出作为异或门的输入。不同 *m* 序列的反馈函数如表 7.6-3 所示。

表 7.6-3 不同 *m* 序列的反馈函数

n	$m=2^n-1$	反馈函数 F
3	7	1，0
4	15	1，0
5	31	2，0
6	63	1，0
7	127	1，0
8	255	4，3，2，0
12	4095	6，4，1，0
15	32 767	1，0
21	2 097 151	2，0
23	8 388 607	5，0
28	268 435 455	3，0

例 7.6-5 程序为 *m* 序列信号产生器的 Verilog HDL 描述，该程序中 $n=5$，在 31 位最长线性序列移位寄存器型计数器中，存在一个“00000”的状态，该状态构成死循环，这会使电路不具有自启动功能，为了解决这个问题，可在反馈方程中加全 0 校正项 $\overline{Q_4}\cdot\overline{Q_3}\cdot\overline{Q_2}\cdot\overline{Q_1}\cdot\overline{Q_0}$，此时的反馈函数 $F=Q_0\oplus Q_2+\overline{Q_4}\cdot\overline{Q_3}\cdot\overline{Q_2}\cdot\overline{Q_1}\cdot\overline{Q_0}$。

例 7.6-5 31 位长 *m* 序列。

```
module m_sequence(clk, en, dout, D);
    input clk, en;
    input [4:0] D;
    output dout;
    reg [4:0] Q;
```

```
    wire F;
    always@(posedge clk)
        if(en==1'b0) Q<=D;
        else Q<={Q[3:0], F};
    assign F=(Q[0]^Q[2])|((~Q[4])&(~Q[3])&(~Q[2])&(~Q[1])&(~Q[0]));
    assign dout=Q[4];
endmodule
```

测试代码如下：

```
module m_sequence_tb;
    reg clk, en;
    reg [4:0] D;
    wire dout;
    m_sequence u1(.clk(clk), .en(en), .dout(dout), .D(D));
    always #10 clk=~clk;
    initial
        begin
          clk=1'b0;
          D=5'b10000;
          en=1'b0;
          #20 en=1'b1;
        end
endmodule
```

Modelsim 仿真测试结果如图 7.6-13 所示。

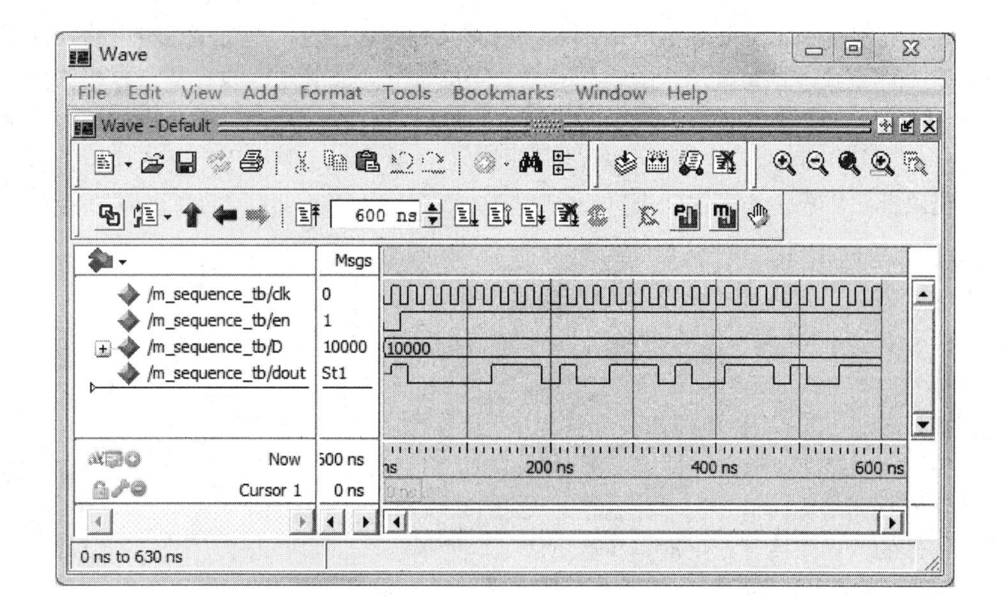

图 7.6-13　带反馈网络的移位寄存器型序列信号发生器的仿真波形

用综合工具对上面的代码进行综合，可以得到如图 7.6-14 所示的电路。

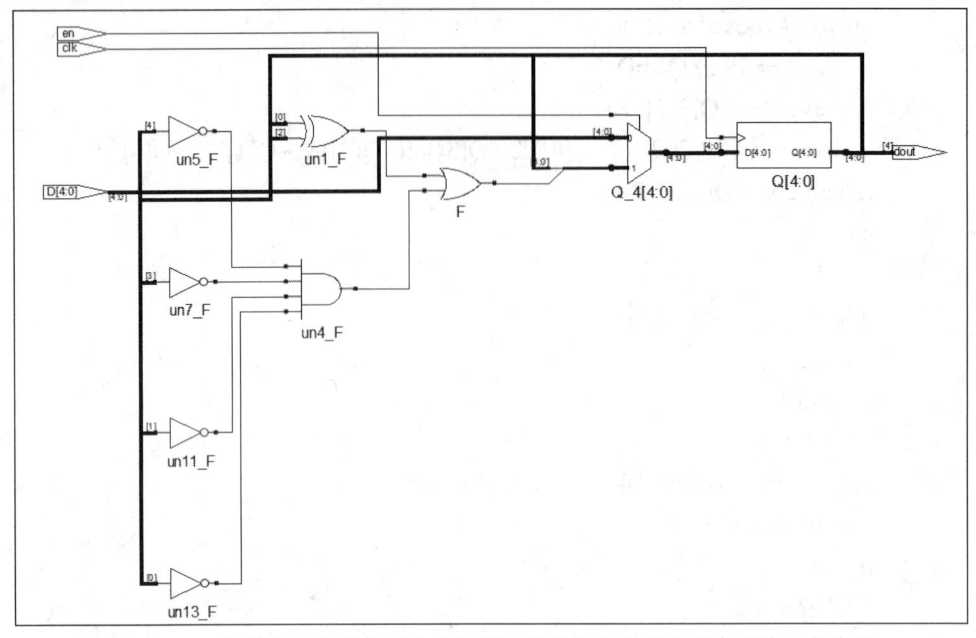

图 7.6-14 用综合工具综合后的带反馈网络的移位寄存器型序列信号发生器

7.7 有限状态机

7.7.1 有限状态机介绍

有限状态机(Finite State Machine，FSM)通常又称为状态机，是时序逻辑电路设计中经常采用的一种方式，也是数字系统设计的重要组成部分，尤其适于设计数字系统的控制模块。在一些需要控制高速器件的场合，用状态机进行设计是解决问题的一种很好的方案，具有速度快、结构简单、可靠性高等优点。同时有限状态机也是时序电路的通用模型，任何时序电路都可以表示为有限状态机。

1. 状态机的组成

有限状态机一般包括寄存器逻辑和组合逻辑两部分，寄存器用于存储状态，组合逻辑用于状态译码和产生输出信号，其电路的结构如图 7.7-1 所示。寄存器(存储电路)部分接收组合逻辑电路的内部输出信号，由时钟信号控制，存储的现态在时钟作用下变为次态。组合逻辑电路接收的是输入信号和存储电路的现态，在现态和输入信号的共同作用下产生次态和输出信号。

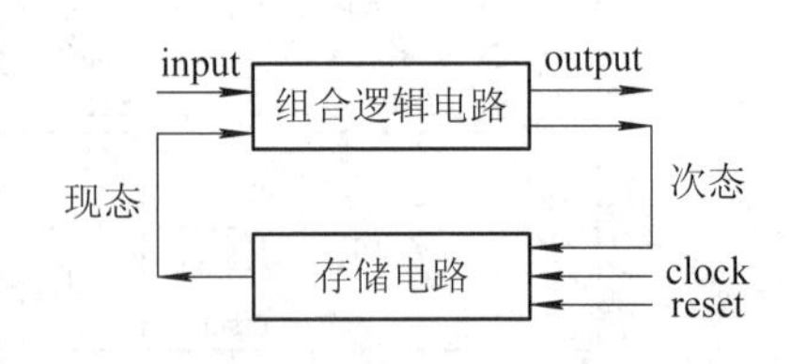

图 7.7-1 有限状态机结构框图

2. 状态机的分类

同时序电路一样，根据输出信号产生方式的不同，有限状态机可以分为米利型(Mealy)

和摩尔型(Moore)两类。Mealy 型状态机的输出不仅取决于电路当前状态还取决于电路的输入信号，其输出是在输入变化后立即变化的，不依赖时钟信号的同步；Moore 型状态机的输出仅依赖当前状态而与输入信号无关，但输出发生变化时还需等待时钟的到来，必须等状态发生变化时才能导致输出变化，因此比 Mealy 型要多等待一个时钟周期。两种状态机的结构框图如图 7.7-2 所示。

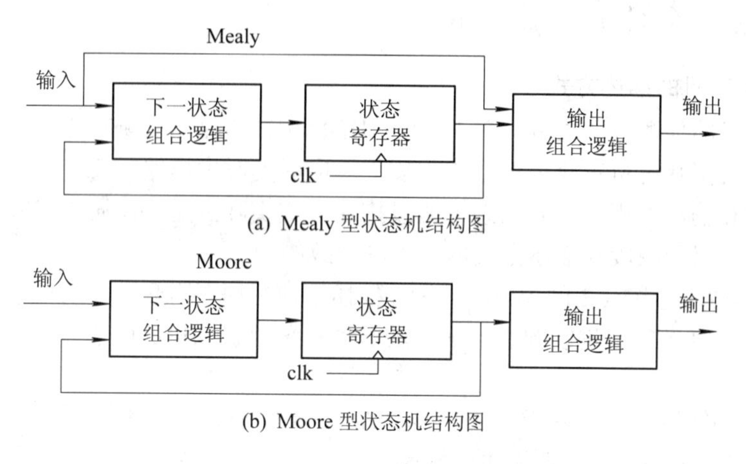

图 7.7-2 状态机的结构图

3. 状态机的编码方式

状态机编码方式很多，由此产生的电路也不相同，常见的编码方式有四种：二进制编码、格雷编码、约翰逊编码和独热编码。表 7.7-1 给出了对六个状态进行编码的四种不同编码方式。

表 7.7-1 四种编码方式的对比

状态	二进制编码	格雷编码	约翰逊编码	one-hot 编码
state0	000	000	000	000001
state1	001	001	001	000010
state2	010	011	011	000100
state3	011	010	111	001000
state4	100	110	110	010000
state5	101	111	100	100000

对于二进制编码，触发器的数量要足够多，用以将状态数表示成二进制数，一个有 N 种状态的状态机将至少需要 $\log_2 N$ 个触发器来存储状态编码(例如，有 8 种状态的机器将至少需要 3 个触发器)，这种方式使用的触发器最少。

格雷码可用相同的位数来作为二进制码，其特点是两个相邻码值之间仅有 1 位不同，用它来编码状态可以减少电路的电噪声。约翰逊码也具有同样的特点。

格雷码和约翰逊码相邻码之间仅有 1 位不同，可以减少电路中相邻物理信号线同时变化的情况，因而减少相互电串扰的可能性。

one-hot(独热)编码(高电平有效的逻辑称为独热，低电平有效的逻辑称为独冷)是一种流行的编码方式，由于它对每个状态都用一个触发器，所以 one-hot 编码要比其他编码方式用更多的触发器，但这将使得 one-hot 机中的译码逻辑使用较少的门，因为这种机器只是对寄存器中的一位进行译码，而不是一个矢量，所以 one-hot 机可以有更快的速度，并且由于增加触发器而占用的晶片面积可用简单的译码电路省下来的面积抵消。修改 one-hot 设计也非常容易，因为增加或去除一个状态不会影响到其余状态的编码和电路的性能。

7.7.2 有限状态机的设计方式

1. 有限状态机的描述方式

有限状态机的描述方式很多，在 Verilog HDL 中，常用的有限状态机描述方式是两段式和三段式。有限状态机三段描述方式本质上对应的是时序电路的三个方程：状态转移方程、激励方程和输出方程。有限状态机两段描述方式实际上是将激励方程和输出方程合并在一段中。三段式和两段式描述方式本质上是一致的。

本章 7.2 节中对例 7.1-1 的 Verilog HDL 描述中，采用了有限状态机的设计方式进行建模，下面再对例 7.1-1 的五进制同步加法计数器分别采用状态机的两段式和三段式设计方式进行建模。

例 7.7-1 采用两段式和三段式描述五进制同步加法计数器。

(1) 两段式描述五进制同步加法计数器。

程序中使用了两个 always 语句块，第一个 always 语句块为同步时序 always 模块，描述的是状态转移方程；第二个为组合逻辑 always 模块，描述的是激励方程和输出方程。这种描述方式对应于图 7.7-1 有限状态机结构框图，第一个 always 块描述框图的存储电路，第二个 always 块描述框图的组合逻辑电路。

Verilog HDL 程序代码如下：

```
module couter5_fsm(clk, rst_n, Z);
    input clk, rst_n;
    output Z;
    reg Z;
    reg [2:0] pre_state, next_state;
    parameter s0=3'b000, s1=3'b001, s2=3'b010, s3=3'b011, s4=3'b100;
    //第一个过程，同步时序 always 模块，描述状态转移方程
    always@(posedge clk or negedge rst_n)
        if(!rst_n) pre_state<=s0;
        else pre_state<=next_state;
    //第二个过程，组合逻辑 always 模块，描述激励方程和输出方程
    always@(pre_state)
        begin
            next_state=3'bxxx;
            Z=1'b0;
            case (pre_state)
                s0:begin next_state=s1; Z=1'b0; end
```

```
            s1:begin next_state=s2; Z=1'b0; end
            s2:begin next_state=s3; Z=1'b0; end
            s3:begin next_state=s4; Z=1'b0; end
            s4:begin next_state=s0; Z=1'b1; end
            default:begin next_state=s0; Z=1'b0; end
        endcase
    end
endmodule
```

测试代码如下：

```
module couter5_fsm_tb;
    reg clk, rst_n;
    wire Z;
    couter5_fsm u1(clk, rst_n, Z);
    always
        #10 clk=~clk;
    initial
        begin
            clk=1'b0;
            rst_n=1'b1;
            #10 rst_n=1'b0;
            #10 rst_n=1'b1;
        end
endmodule
```

Modelsim 仿真测试结果如图 7.7-3 所示。

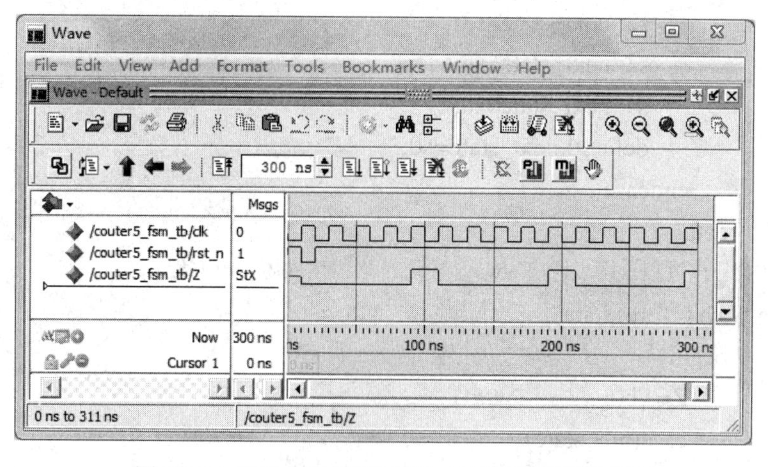

图 7.7-3　两段式五进制同步加法计数器仿真波形

值得注意的是，在上面的程序中，第二个 always 块中对下一状态进行了默认赋值“next_state=3'bxxx”，通常对下一状态进行默认赋值有三种方式：全部设置成不定态(x)；设置成预先规定的初始状态；设置成状态机的某一有效状态。通常推荐将默认状态设置成不定态(x)，这样做的好处是在仿真时可以很好地检查所设计的状态机的完备性，若设计的状态机不完备，则会进入任意状态，仿真时容易发现。

(2) 三段式描述五进制加法计数器。

下面采用三段式的描述方式来设计五进制加法计数器，其中第一个过程块为同步时序 always 模块，描述的是状态转移方程，第二个过程块为组合逻辑 always 模块，描述的是激励方程，第三个过程块为同步时序 always 模块，描述的是输出方程。

Verilog HDL 程序代码如下：

```
module couter5_fsm(clk, rst_n, Z);
    input clk, rst_n;
    output Z;
    reg Z;
    reg [2:0] pre_state, next_state;
    parameter s0=3'b000, s1=3'b001, s2=3'b010, s3=3'b011, s4=3'b100;
    //第一个过程，同步时序 always 模块，描述状态转移方程
    always@(posedge clk or negedge rst_n)
        if(!rst_n) pre_state<=s0;
        else pre_state<=next_state;
    //第二个过程，组合逻辑 always 模块，描述激励方程
    always@(pre_state)
        begin
            next_state=3'bxxx;
            case (pre_state)
                s0: next_state=s1;
                s1: next_state=s2;
                s2: next_state=s3;
                s3: next_state=s4;
                s4: next_state=s0;
                default: next_state=s0;
            endcase
        end
    //第三个过程，同步时序 always 模块，格式化描述输出方程
    always@(pre_state)
        begin
            Z=1'b0;
            case(pre_state)
                s0: Z=1'b0;
                s1: Z=1'b0;
                s2: Z=1'b0;
                s3: Z=1'b0;
```

```
            s4: Z=1'b1;
            default: Z=1'b0;
        endcase
    end
endmodule
```

测试代码如下：

```
module couter5_fsm_tb;
    reg clk, rst_n;
    wire Z;
    couter5_fsm u1(clk, rst_n, Z);
    always
        #10 clk=~clk;
    initial
        begin
            clk=1'b0;
            rst_n=1'b1;
            #10 rst_n=1'b0;
            #10 rst_n=1'b1;
        end
endmodule
```

Modelsim 仿真测试结果如图 7.7-4 所示。

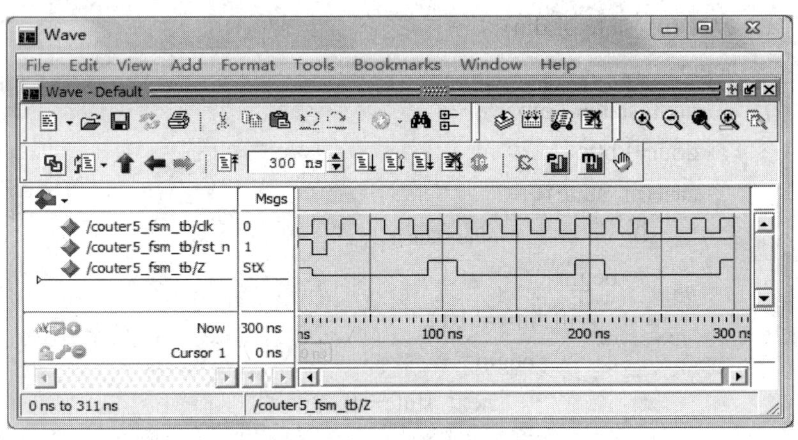

图 7.7-4　三段式五进制同步加法计数器仿真波形

2. Mealy 型和 Moore 型状态机

状态机的描述都可以采用 Mealy 型和 Moore 型两种描述方式，但通常情况下，Mealy 型状态机的输出容易受到输入比特流中的毛刺影响，如果系统不能承受这种情况，就必须采用 Moore 型状态机。同时 Moore 型状态机要比 Mealy 型状态机多等待一个时钟周期。

例 7.7-2　0101 序列检测器。

(1) 用 Mealy 型状态机实现 0101 序列检测器。

0101 序列检测器的 Mealy 型状态转移图如图 7.7-5 所示，该状态机模型共有四种不同状态，根据不同的输入信号来判断四种状态之间的转换，需要注意的是，由于 Mealy 型状态机的输出由输入和当前状态共同决定，所以输出标在状态转移之间。当检测到输入序列为 0101 时，输出一个标志位。

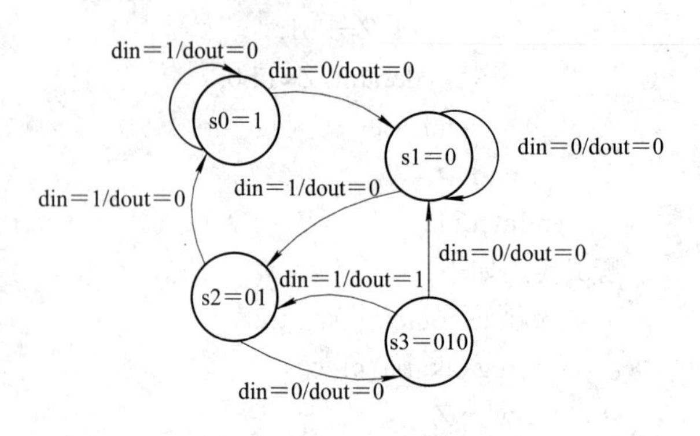

图 7.7-5　Mealy 型 0101 序列检测器状态转移图

Mealy 型序列检测器 Verilog HDL 程序代码如下：

```
module detector_Mealy(clk, rst_n, din, dout);
    input clk, rst_n, din;
    output dout;
    reg dout;
    reg [1:0] pr_state, next_state;
    parameter s0=2'b00, s1=2'b01, s2=2'b10, s3=2'b11;
    always@(posedge clk or negedge rst_n)
        begin
            if(rst_n==1'b0) pr_state<=s0;
            else pr_state<=next_state;
        end
    always@(pr_state or din)
        begin
            next_state=2'bxx;
            dout=1'b0;
            case(pr_state)
                s0:             // the state is 1;
                    begin
                        if(din==1'b1)
                            begin
                                next_state=s0;
                                dout=1'b0;
                            end
                        else next_state=s1;
                    end
                    s1:         // the state is 0;
                        begin
                            if(din==1'b1)
                                begin
```

```
                        next_state=s2;
                        dout=1'b0;
                    end
                else next_state=s1;
            end
        s2:         // the state is 01;
            begin
                if(din==1'b1)
                    begin
                        next_state=s0;
                        dout=1'b0;
                    end
                else next_state=s3;
            end
        s3:         // the state is 010;
            begin
                if(din==1'b1)
                    begin
                        next_state=s2;
                        dout=1'b1;
                    end
                elsenext_state=s1;
            end
        endcase
    end
endmodule
```

测试代码如下：

```
module detector_Mealy_tb;
    reg clk, rst_n, din;
    wire dout;
    detector_Mealy u1(.clk(clk), .rst_n(rst_n), .din(din), .dout(dout));
    always
        #50 clk=~clk;
    initial
        begin
            clk=1'b1;
            rst_n=1'b0;
            #100 rst_n=1'b1; din=1'b0;
            #100 din=1'b0;
```

```
            #100 din=1'b1;
            #100 din=1'b0;
            #100 din=1'b1;
            #100 din=1'b0;
            #100 din=1'b0;
            #100 din=1'b0;
            #100 din=1'b1;
            #100 din=1'b0;
            #100 din=1'b1;
            #100 din=1'b0;
            #100 din=1'b1;
            #100 din=1'b0;
        end
    endmodule
```

Modelsim 仿真测试结果如图 7.7-6 所示。

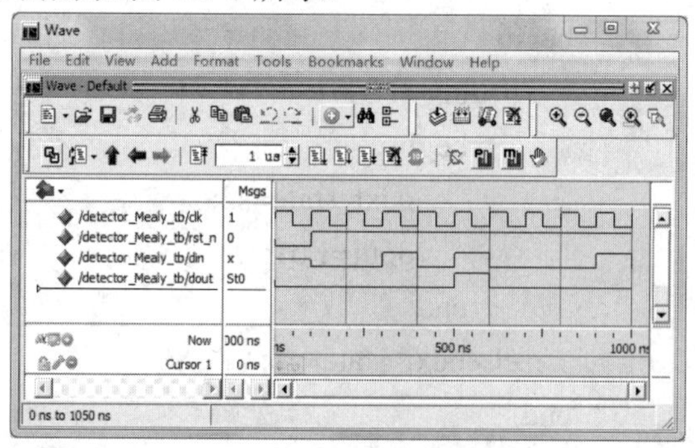

图 7.7-6　Mealy 型 0101 序列检测器的仿真波形

(2) 用 Moore 型状态机实现 0101 序列检测器。

0101 序列检测器的 Moore 型状态转移图如图 7.7-7 所示，需要注意，与 Mealy 型状态机相比，Moore 型状态机多了一个 s4 状态。由于输出仅由当前状态决定，所以输出和状态写在一起。

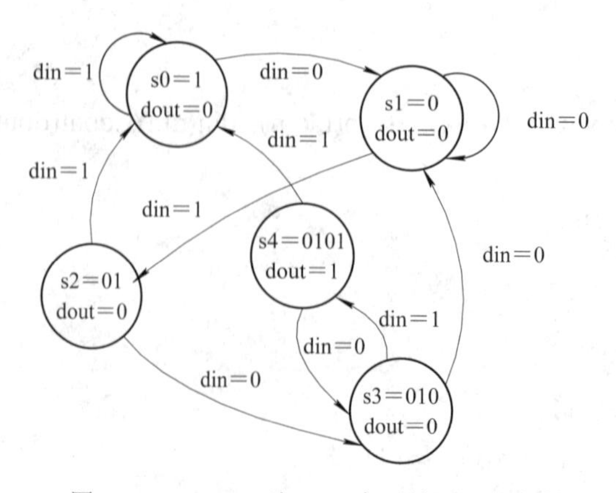

图 7.7-7　Moore 型 0101 序列检测器状态转移图

Moore 型序列检测器 Verilog HDL 程序代码如下：

```
module detector_Moore(clk, rst_n, din, dout);
    input clk, rst_n, din;
    output dout;
    reg dout;
    reg [2:0] pr_state, next_state;
    parameter s0=3'b000, s1=3'b001, s2=3'b010, s3=3'b011, s4=3'b100;
    always@(posedge clk or negedge rst_n)
        begin
            if(rst_n==1'b0) pr_state<=s0;
            else pr_state<=next_state;
        end
    always@(pr_state or din)
        begin
            next_state=2'bxx;
            dout=1'b0;
            case(pr_state)
            s0:                     // the state is 1;
                begin
                    dout=1'b0;
                    if(din==1'b1) next_state=s0;
                    else next_state=s1;
                end
            s1:                     // the state is 0;
                begin
                    dout=1'b0;
                    if(din==1'b1) next_state=s2;
                    else next_state=s1;
                end
            s2:                     // the state is 01;
                begin
                    dout=1'b0;
                    if(din==1'b1) next_state=s0;
                    else next_state=s3;
                end
            s3:                     // the state is 010;
                begin
                    dout=1'b0;
                    if(din==1'b1) next_state=s4;
```

```
                    else next_state=s1;
                end
            s4:                 // the state is 0101;
                begin
                    dout=1'b1;
                    if(din==1'b1) next_state=s0;
                    else next_state=s3;
                end
            endcase
        end
    endmodule
```

测试代码如下：

```
    module detector_Moore_tb;
        reg clk, rst_n, din;
        wire dout;
        detector_Moore u1(.clk(clk), .rst_n(rst_n), .din(din), .dout(dout));
        always #50 clk=~clk;
        initial
            begin
                clk=1'b1;
                rst_n=1'b0;
                #100 rst_n=1'b1; din=1'b0;
                #100 din=1'b0;
                #100 din=1'b1;
                #100 din=1'b0;
                #100 din=1'b1;
                #100 din=1'b0;
                #100 din=1'b0;
                #100 din=1'b0;
                #100 din=1'b1;
                #100 din=1'b0;
                #100 din=1'b1;
                #100 din=1'b0;
                #100 din=1'b1;
                #100 din=1'b0;
            end
    endmodule
```

Modelsim 仿真测试结果如图 7.7-8 所示。

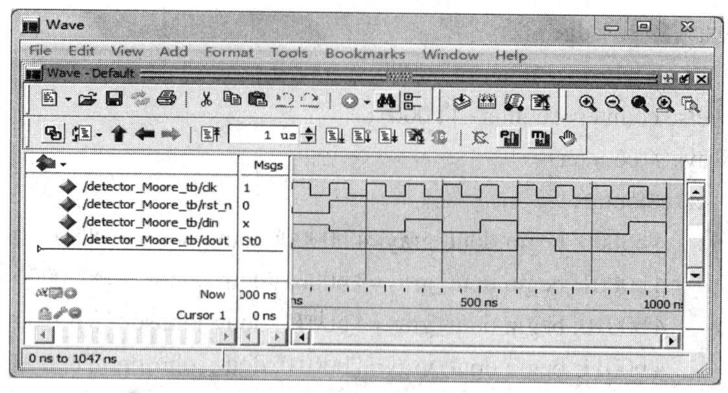

图 7.7-8　Moore 型 0101 序列检测器的仿真波形

上面两段代码是针对同一个 0101 序列检测器的 Mealy 型和 Moore 型两种 Verilog HDL 建模实例，比较仿真波形图 7.7-6 和 7.7-8 可以看到，两种建模方式实现相同的功能，当检测到 0101 序列时，都输出一个高电平脉冲，但 Moore 型的高电平脉冲出现要比 Mealy 型多等待一个时钟周期。

7.7.3　有限状态机设计实例

例 7.7-3　计数器控制的状态机。

该程序为计数器控制的状态机模型，0～16 数值分别对应了不同的格雷码和约翰逊码，当计数器进行计数时，计数到每一个不同状态，相应地输出该状态所对应的格雷码和约翰逊码。表 7.7-2 给出了不同计数状态所对应的输出。

表 7.7-2　计数器控制的状态机状态转换表

二进制数	格雷码	约翰逊码	二进制数	格雷码	约翰逊码
0000	0000	0000_0000	1000	1100	1111_1111
0001	0001	0000_0001	1001	1101	1111_1110
0010	0011	0000_0011	1010	1111	1111_1100
0011	0010	0000_0111	1011	1110	1111_1000
0100	0110	0000_1111	1100	1010	1111_0000
0101	0111	0001_1111	1101	1011	1110_0000
0110	0101	0011_1111	1110	1001	1100_0000
0111	0100	0111_1111	1111	1000	1000_0000

Verilog HDL 程序代码如下：

```
module counter_fsm(clk, rst, dout_gray, dout_johnson);
    input clk, rst;
    output [3:0] dout_gray;
    output [7:0] dout_johnson;
    reg [3:0] dout_gray;
    reg [7:0] dout_johnson;
    reg [3:0] counter;
```

```
    always@(posedge clk)
        if(rst==1'b1) counter=4'b0000;
        else counter=counter+4'b0001;
    always@(counter)
        case(counter)
            4'b0000: begin dout_gray=4'b0000; dout_johnson=8'b0000_0000; end
            4'b0001: begin dout_gray=4'b0001; dout_johnson=8'b0000_0001; end
            4'b0010: begin dout_gray=4'b0011; dout_johnson=8'b0000_0011; end
            4'b0011: begin dout_gray=4'b0010; dout_johnson=8'b0000_0111; end
            4'b0100: begin dout_gray=4'b0110; dout_johnson=8'b0000_1111; end
            4'b0101: begin dout_gray=4'b0111; dout_johnson=8'b0001_1111; end
            4'b0110: begin dout_gray=4'b0101; dout_johnson=8'b0011_1111; end
            4'b0111: begin dout_gray=4'b0100; dout_johnson=8'b0111_1111; end
            4'b1000: begin dout_gray=4'b1100; dout_johnson=8'b1111_1111; end
            4'b1001: begin dout_gray=4'b1101; dout_johnson=8'b1111_1110; end
            4'b1010: begin dout_gray=4'b1111; dout_johnson=8'b1111_1100; end
            4'b1011: begin dout_gray=4'b1110; dout_johnson=8'b1111_1000; end
            4'b1100: begin dout_gray=4'b1010; dout_johnson=8'b1111_0000; end
            4'b1101: begin dout_gray=4'b1011; dout_johnson=8'b1110_0000; end
            4'b1110: begin dout_gray=4'b1001; dout_johnson=8'b1100_0000; end
            4'b1111: begin dout_gray=4'b1000; dout_johnson=8'b1000_0000; end
        endcase
endmodule
```

测试代码如下：

```
module counter_fsm_tb;
    reg clk, rst;
    wire [3:0] dout_gray;
    wire [7:0] dout_johnson;
    counter_fsm u1(.clk(clk), .rst(rst),.dout_gray(dout_gray), .dout_johnson(dout_johnson));
    always
        #10 clk=~clk;
    initial
        begin
            clk=1'b0;
            rst=1'b0;
            #10 rst=1'b1;
            #20 rst=1'b0;
        end
endmodule
```

Modelsim 仿真测试结果如图 7.7-9 所示。

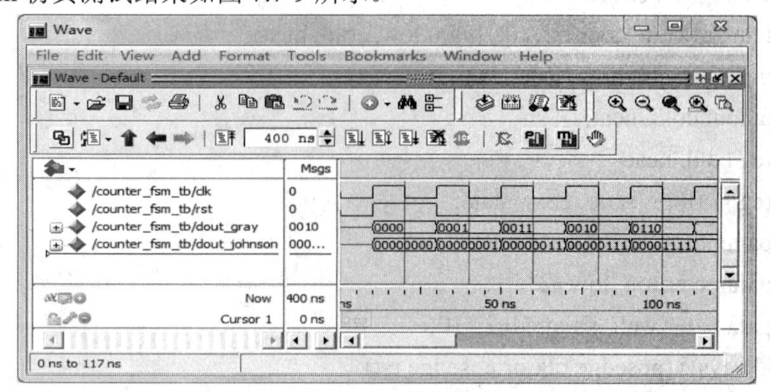

图 7.7-9 计数器控制型状态机的仿真波形

用综合工具对上面的代码进行综合，可以得到如图 7.7-10 所示的电路。

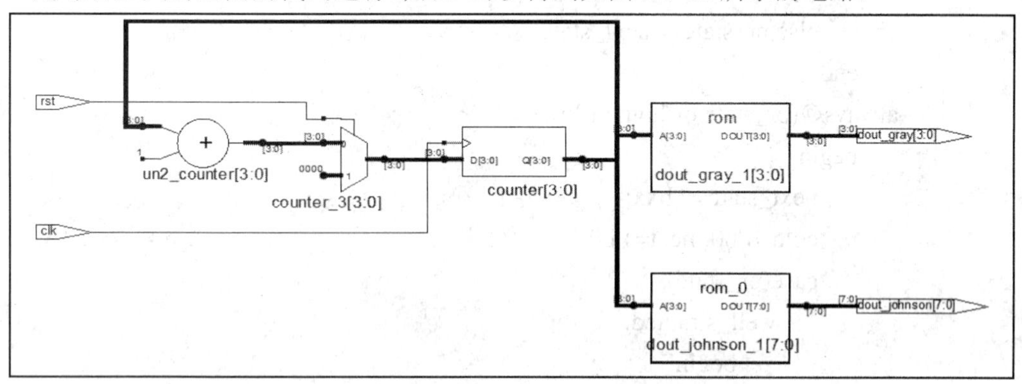

图 7.7-10 用综合工具综合后的计数器控制型状态机

例 7.7-4 空调控制器。

下面这段 Verilog HDL 程序描述的是一个简单的空调控制系统。整个系统由时钟控制，是一个带有异步复位的上升沿触发系统，该控制系统控制空调的三个状态，分别为 well_situated(10)、too_high(00)、too_low(01)。当空调处于某种状态时，通过输入不同的 high 和 low 值控制空调的状态转移，在每种状态下对应不同的输出 cold 和 heat 值。图 7.7-11 所示为空调控制器的状态转移图。

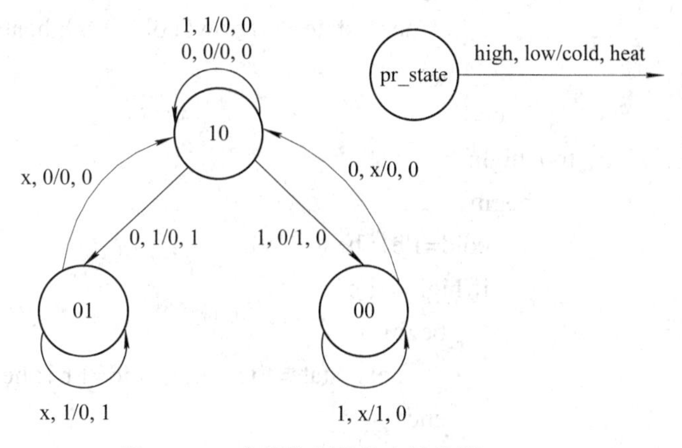

图 7.7-11 空调控制器状态转移图

Verilog HDL 程序代码如下：

```
module air_condition(rst, clk, high, low, cold, heat);
    input rst, clk, high, low;
    output cold, heat;
    reg cold, heat;
    reg [1:0] pr_state, next_state;
    parameter too_high=2'b00;
    parameter too_low=2'b01;
    parameter well_situated=2'b10;
    always@(posedge clk or posedge rst)
        begin
            if(rst==1'b1) pr_state<=well_situated;
            else pr_state<=next_state;
        end
    always@(pr_state or high or low)
        begin
            next_state=2'bxx;
            cold=1'b0; heat=1'b0;
            case(pr_state)
                well_situated:
                    begin
                        cold=1'b0; heat=1'b0;
                        if(high==1'b1)
                            begin
                                next_state=too_high; cold=1'b1; heat=1'b0;
                            end
                       if(low==1'b1)
                           begin
                               next_state=too_low; cold=1'b0; heat=1'b1;
                           end
                       end
                too_high:
                    begin
                        cold=1'b1; heat=1'b0;
                        if(high==1'b1)
                            begin
                                next_state=too_high; cold=1'b1; heat=1'b0;
                            end
                        else
```

```
                    begin
                        next_state=well_situated; cold=1'b0; heat=1'b0;
                    end
                end
            too_low:
                begin
                    cold=1'b0; heat=1'b1;
                    if(low==1'b1)
                        begin
                            next_state=too_low; cold=1'b0; heat=1'b1;
                        end
                    else
                        begin
                            next_state=well_situated; cold=1'b0; heat=1'b0;
                        end
                end
            default: next_state=well_situated;
        endcase
    end
endmodule
```

测试代码如下：

```
module air_condition_tb;
    reg clk, rst, high, low;
    reg [1:0] pr_state, next_state;
    wire heat, cold;
    air_condition u1(.clk(clk), .rst(rst), .high(high), .low(low), .heat(heat), .cold(cold));
    always
        #10 clk=~clk;
    initial
        begin
            clk=1'b0;
            rst=1'b1;
            #50   high=1'b1; low=1'b0;
            #5    rst=1'b0;
            #50   high=1'b0; low=1'b0;
            #200 high=1'b1; low=1'b0;
            #200 high=1'b0; low=1'b1;
            #200 high=1'b0; low=1'b0;
        end
```

endmodule

Modelsim 仿真测试结果如图 7.7-12 所示。

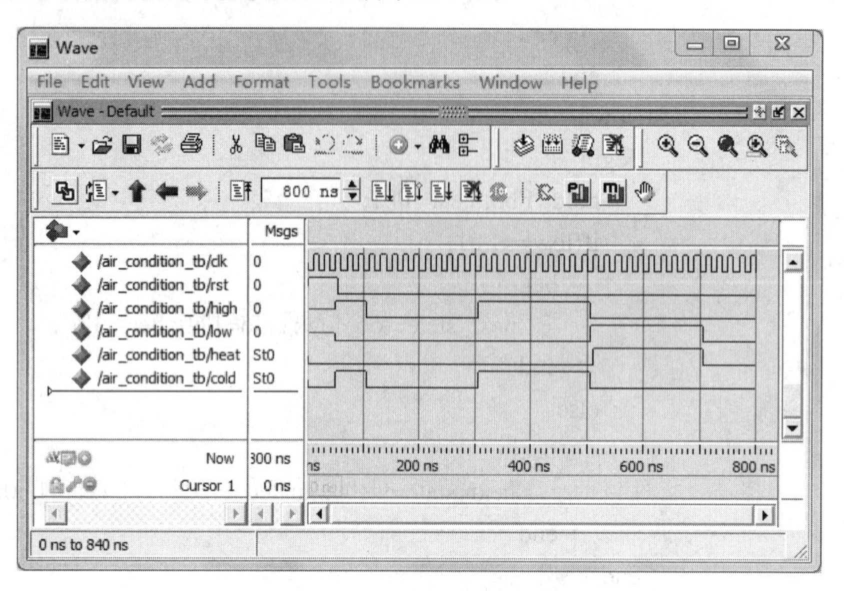

图 7.7-12　空调控制器的仿真波形

用综合工具对上面的代码进行综合，可以得到如图 7.7-13 所示的电路。

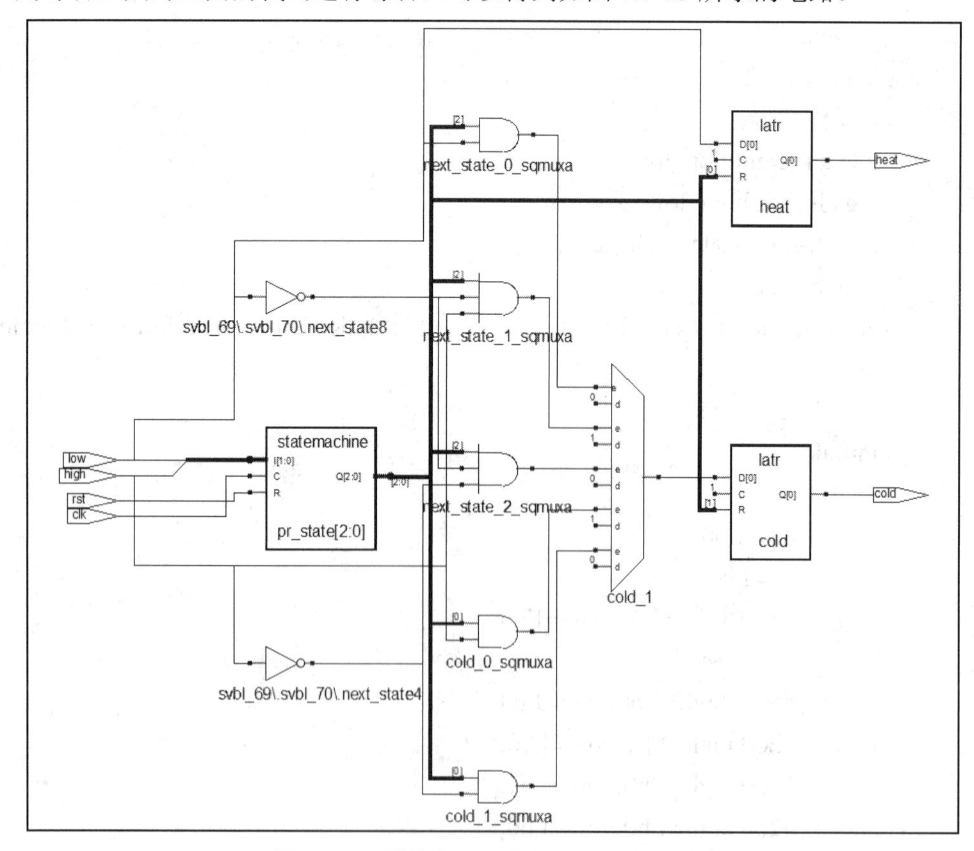

图 7.7-13　用综合工具综合后的空调控制器

本章小结

本章首先讲述了时序逻辑电路的特点及分析时序逻辑电路的方法，着重介绍了用Verilog HDL描述时序电路的方法。通过典型例程，从时序电路的状态机描述状态转移图、三大方程、结构性描述进行了电路设计和Verilog HDL设计的对比。同时对Verilog HDL抽象描述方式进行了详细分析。

对应数字电路中的时序电路，包含触发器、计数器、移位寄存器和信号产生器等，给出了相对应的Verilog HDL设计程序，并对有限状态机的不同描述方式(两段式和三段式)以及有限状态机的不同分类(Mealy型和Moore型)进行了详细的讲解，给出了有限状态机的建模实例。掌握这些时序器件的描述方式，可以帮助设计人员为以后的代码编写打下硬件基础，是进行复杂数字电路设计的基础。

思考题和习题

1. 时序逻辑电路有哪些特点？

2. 时序逻辑电路的分析有哪些步骤？

3. Verilog HDL的时序电路设计方法有哪几种？

4. 在Verilog HDL中，什么是有限状态机的三段式描述？什么是有限状态机的两段式描述？这两种方式的区别和联系是什么？

5. 在Verilog HDL中，有限状态机的状态编码方式有哪些？各自的优缺点是什么？

6. 用Verilog HDL设计一个16位宽，带异步复位(低电平有效)端口的D触发器。

7. 用Verilog HDL设计一个模13计数器，并写出测试程序。

8. 用Verilog HDL设计一个可预置初值的12进制计数器，并写出测试程序。

9. 用Verilog HDL设计一个模2～255可配置计数器，并写出测试程序。

10. 用Verilog HDL设计采用计数器级联方式的模999计数器，并写出测试程序。

11. 用Verilog HDL设计一个计数范围为0～99的8421BCD计数器，并写出测试程序。

12. 用Verilog HDL设计一个数据并行输入/串行输出的16位移位型寄存器，并写出测试程序。

13. 用Verilog HDL设计一个01010011序列信号发生器，并写出测试程序。

14. 用Verilog HDL设计一个10010110110序列产生电路，并写出测试程序。

15. 用Verilog HDL设计一个01010011序列检测电路，并写出测试程序。

16. 用Verilog HDL设计一个10010110110序列检测电路，并写出测试程序。

17. 用Verilog HDL设计一个m序列信号发生器，其中n=6，并写出测试程序。

18. 画出Mealy型和Moore型状态机结构框图。

19. 用Verilog HDL设计一个七进制同步加法计数器，要求分别用状态机的两段式和三段式描述方式进行设计，并编写测试程序进行测试。

20. 用 Verilog HDL 设计一个 01101 序列检测器，要求分别用 Mealy 型和 Moore 型状态机实现，画出状态转移图，并编写测试程序进行测试。

21. 设计一个自动饮料售卖机的逻辑控制电路。该售卖机有两个投币口，分别为一元投币口和五角投币口，假设每次只能投入一枚一元或五角硬币，当投入一元五角硬币后，机器自动给出一瓶饮料，投入两元硬币后，机器自动给出饮料同时找回五角硬币。画出状态转移图，编写 Verilog HDL 程序和测试程序。

22. 根据图 T7-1 所示的状态转移图，状态编码使用 one-hot 编码，用 Verilog HDL 语言进行电路设计，并写出测试程序。

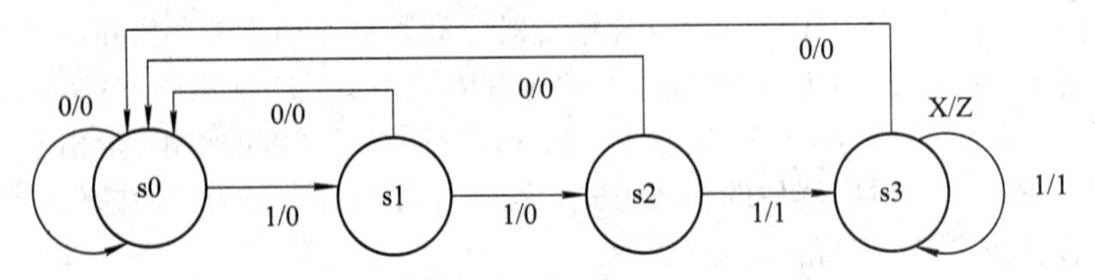

图 T7-1　习题 22 状态转移图

23. 将图 T7-2 所示的状态转移图用 Verilog HDL 描述。

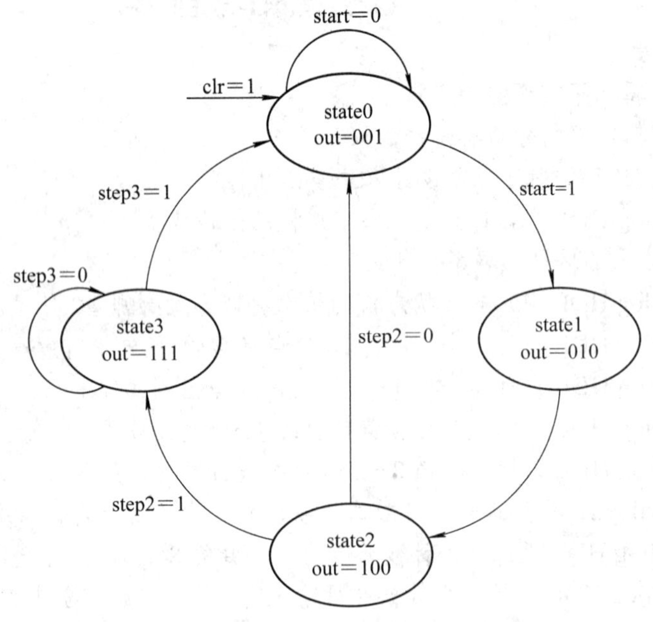

图 T7-2　习题 23 状态转移图

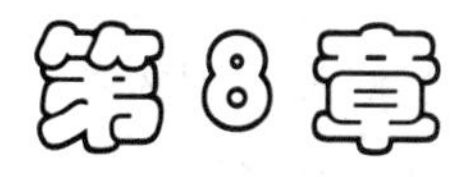

Verilog HDL 存储器设计

现代数字电路设计中基本都要用到存储器。如今高性能微处理器中一半以上的晶体管用于高速缓存(Cache)，并且这一比例还在进一步提高，这一情形在系统级电路设计中更为突出，因此存储器的设计很重要。进行数字集成电路和 FPGA 器件设计时，存储器作为一种特殊的 IP，这一设计是与组合电路和时序电路设计相对独立的。

8.1　存储器简介和分类

8.1.1　存储器分类

存储器有多种分类方式，常用的是根据功能和存储方式分类。根据功能可以将存储器分为只读存储器(ROM)和读写存储器(RWM，后来称为 RAM，表示随机存取的存储器)；根据存储方式可以分为随机存储和限定存取。限定存取的存储器如 FIFO、LIFO 和移位寄存器等。存储器分类如表 8.1-1 所示。

表 8.1-1　存储器分类

RWM		NVRWM	ROM
随机存取	非随机存取	EPROM E^2PROM FLASH	ROM
SRAM DRAM	FIFO LIFO 移位寄存器		

还有一种分类方法是根据存储器的端口数来分的，可以分为单端口存储器和多端口存储器。多端口存储器一般用于对带宽要求比较高的场合。

8.1.2　存储器结构

当实现一个 N 个字，每个字长为 M 位的存储器时，最直接的方法是沿纵向把存储器堆叠起来，如图 8.1-1(a)所示。假设存储器为单端口的，则每次通过一个选择位(S_0～S_{N-1})选择一个字来进行读写操作。显然在存储器容量越来越大的今天这种方式是不可取的，所以现在我们在选择信号前加一个译码器(地址译码器)来选择要读写的单元，如图 8.1-1(b)所示。随着存储器容量的进一步增大，采用这种纵向堆叠的方法最终会使得存储器行和列的差距越来越大，因此现代存储器的设计中常常一行包含几个字，尽量使存储器成为一个正方形，如 128 × 8 的存储器，往往会做成每行 4 个字，这样存储器就只有 32 行。现在的存储器设计一般都采用这种方法。

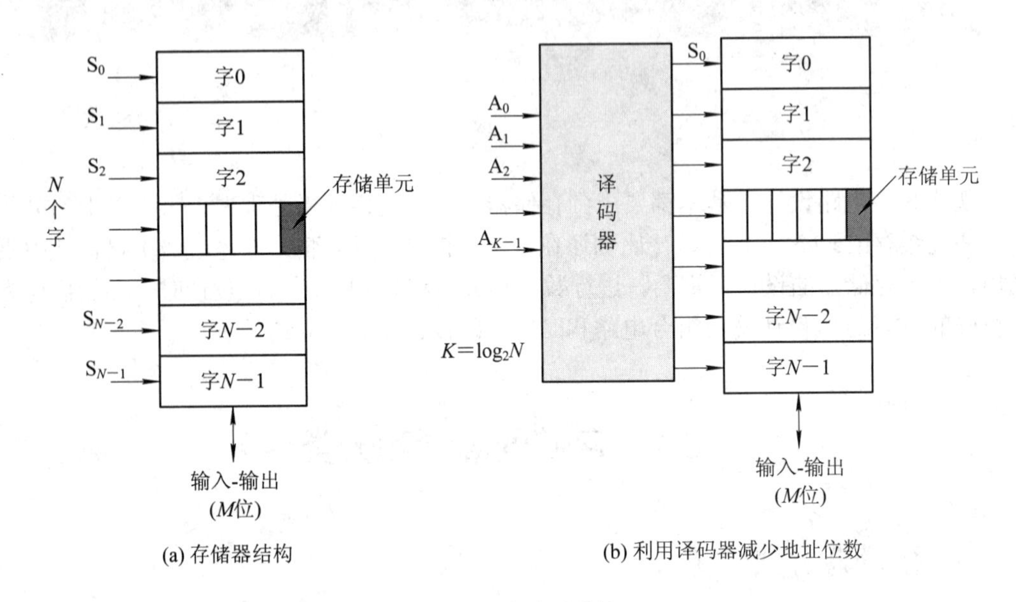

图 8.1-1　存储器结构

8.1.3　存储器设计方法

存储器在现代数字电路设计中必不可少，由于存储器容量越来越大，因此采用人工设计比较麻烦。现代数字电路设计提供了较为便利的方法。

目前电路设计方法主要分为两类，一类是基于 FPGA 的电路设计，另一类是专用集成电路设计(ASIC)。

在基于 FPGA 的电路设计中，一些固定的模块已经作为 IP 核来调用，从而简化设计。现在的存储器也可以采用这种方法，即在设计过程中将存储器作为一个“黑盒”，这个“黑盒”有其固定的模型，而设计者在设计过程中调用这个“黑盒”，并通过改变特定的参数，如端口信息等来实现设计中需要的存储器。

在专用集成电路设计过程中，有专门的软件——Memory Compiler 来实现存储器的设计。Memory Compiler 的使用也和 IP 核的调用类似，通过改变一些参数来实现设计中需要的存储器，不同的是 Memory Compiler 设计的存储器是基于具体工艺的，也就是说 Memory Compiler 设计的存储器最终是要生产的。因此设计最终不仅有存储器的模型，还有存储器的时序信息等实际电路参数。

两种方法的简单比较见表 8.1-2。

表 8.1-2　IP 核设计和 Memory Compiler 设计的主要区别

设计方法	IP 核设计	Memory Compiler
需要的参数	存储器大小，端口信息	存储器大小，端口信息，工作频率，电源线宽
输出文件	网表文件，原理图文件等	网表文件，时序信息文件，布局布线文件，注释文件
可移植性	可以用于不同工艺，可以设计其他 IP 模块	主要用于存储器设计，基于具体工艺，工艺不同则需要重新设计
综合	直接像其他设计一样，用 Design Compiler 等工具综合	将输出文件作为 Design Compiler 的链接库，设计将直接作为综合后的宏单元

8.2　基于 FPGA 的 IP 核 RAM 的设计及调用

8.2.1　IP 核的简介

IP(知识产权)核将一些在数字电路中常用但比较复杂的功能块，如 FIR 滤波器、SDRAM 控制器、PCI 接口等做成一个“黑盒”或者是可修改参数的模块，供设计者使用。IP 核包括硬 IP 与软 IP。调用 IP 核能避免重复劳动，大大减轻设计人员的工作量。

8.2.2　FPGA 配置和调用 RAM

RAM 的应用主要是对其进行读写，下面介绍利用 FPGA 设计 RAM 的外围控制电路，实现对 RAM 的读写操作。

例 8.2-1　利用 FPGA 设计 RAM 外围电路对 RAM 进行读写操作。

本例首先利用 FPGA 对 RAM 进行全面的写操作，然后进行读操作，来检验写入数据的正确性。首先在写入的地址线加入计数器来控制地址线的变化，数据信号线也加入计数器来控制写入的数据。进行读操作时也是在读地址信号线上加入计数器来遍历存储器读出其中所有的值。由于本例使用的存储器只具有写使能端，读信号时只要有地址，数据就可以读出，因此在控制读地址的计数器上加入使能端，使外部电路能够控制 RAM 在需要的时候再进行读操作。具体电路框图如图 8.2-1 所示。

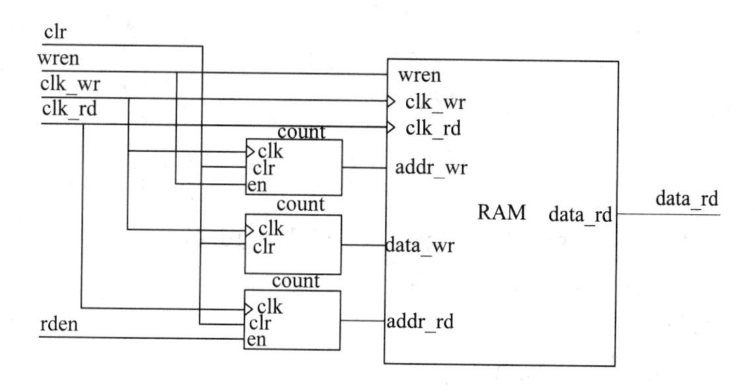

图 8.2-1　FPGA 调用 RAM 外围电路

由于地址线和数据线位数不同，因此外部计数器有两种，一种是 8 位数据计数器，不含使能端，一种是 7 位地址计数器，含有使能端。两种计数器的程序如下：

7 位地址线计数器：

```
`timescale 1 ns/1 ps
module count(clk, en, count, clr);
  input clk, en, clr;
  output [6:0] count;
  reg [6:0] count;
  always@(posedge clk or negedge clr)
    begin
      if (!clr)
        count=7'b0;
      else
      begin
        if (en) count=count+1;
      end
    end
endmodule
```

8 位数据线计数器：

```
`timescale 1 ns/1 ps
module data_count(clk, count, clr);
  input clk, clr;
  output [7:0] count;
  reg [7:0] count;
  always@(posedge clk or negedge clr)
    begin
      if (!clr)
          count=8'b0;
      else
          count=count+1;
    end
endmodule
```

主程序：

```
`timescale 1 ns/1 ps
module IP_RAM(clk_wr, clk_rd, wren, rden, data_rd, clr);
  input clk_wr, clk_rd, wren, rden, clr;
  output [7:0] data_rd;
  wire [6:0] addr_wr, addr_rd;
  wire [7:0] data_wr;
```

```
    wire [7:0] data_rd;
    count addr_wr1 (.clk(clk_wr), .en(wren), .count(addr_wr), .clr(clr));
    data_count data_wr1 (.clk(clk_wr), .count(data_wr), .clr(clr));
    count addr_rd1 (.clk(clk_rd), .en(rden), .count(addr_rd), .clr(clr));
    RAM_2PORT RAM1 (.wrclock(clk_wr) , .rdclock(clk_rd), .wren(wren) ,
        .data(data_wr) , .wraddress(addr_wr) , .rdaddress(addr_rd) , .q(data_rd));
Endmodule
```

下面对这一调用和例化过程进行仿真。Testbench 的编写如下：

```
`timescale 1 ns/1 ps
module IP_RAM_tb;
    reg clk_wr, clk_rd, clr;
    reg wren, rden;
    wire [7:0] data_rd;
    IP_RAM RAM1 (.clk_wr(clk_wr) , .clk_rd(clk_rd), .wren(wren) ,
                    .data_rd(data_rd), .clr(clr), .rden(rden));

    initial
      begin
        #1 clk_wr=0; clk_rd=0; clr=1; rden=0;
        #3 wren=0; clr=0;
        #3 wren=1; clr=1;
        #3000 wren=0; rden=1;
        #3000 wren=0; rden=0;
        #500 $stop;
      end

    always #10 clk_wr=~clk_wr;
    always #15 clk_rd=~clk_rd;
endmodule
```

仿真结果如图 8.2-2 和图 8.2-3 所示。

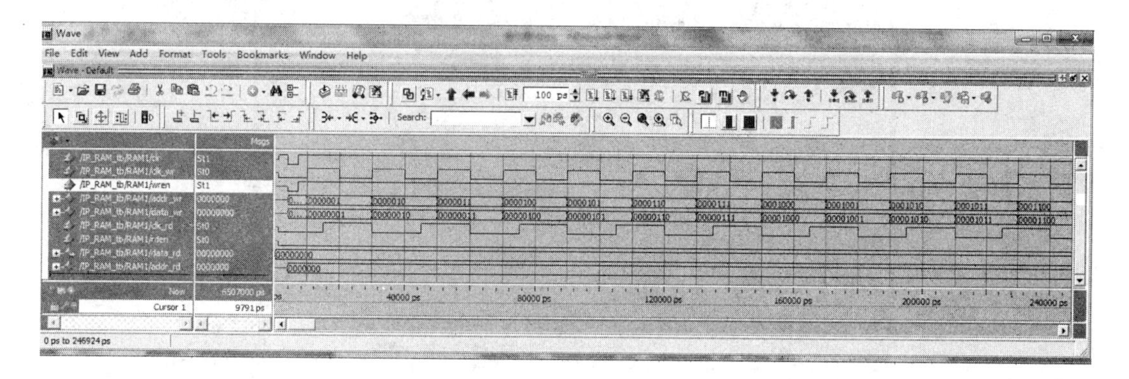

图 8.2-2　写入过程仿真结果

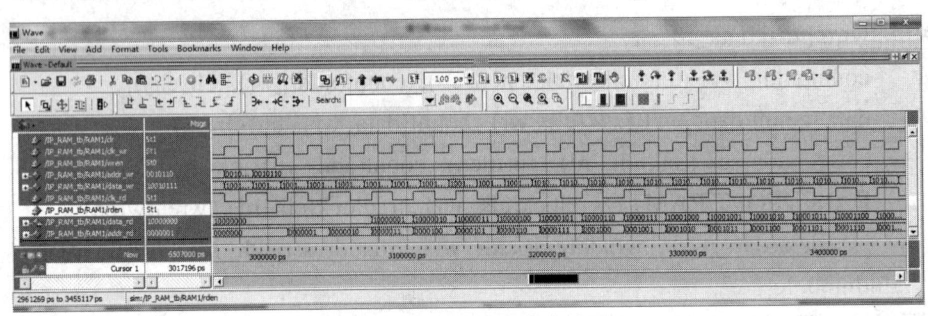

图 8.2-3　读出过程仿真结果

例 8.2-1 所用的 RAM 是用 IP 核生成的，我们将在 8.2.3 节中详细说明 IP 核生成 RAM 的方法及其调用。

8.2.3　IP 核的 RAM 设计流程

IP 核的设计流程基本分为四步。第一步建立工程，第二步建立 IP 核的模型，Quartus Ⅱ提供 RAM、ROM、FIFO 等多种模型，并具有单端口、多端口等可供选择；第三步设计参数，主要确定 RAM 的大小，还要选择是否写入初始化数据；第四步输出文件，主要包括网表文件、原理图文件。

Quartus Ⅱ采用了 Smart IP 技术和友好的用户参数设置界面。使 IP 从生成到使用的过程简单、灵活、易用、高效，而且可以对 IP 使用的资源做一定的估计。

例 8.2-2　IP 核生成 RAM 以及实例化的过程。

(1) 打开 Quartus Ⅱ(本书使用的版本是 Quartus Ⅱ 8.1)，新建工程 New Quartus Ⅱ Project。

(2) 选择工程存储路径，并设置工程名，例如 IP_RAM。

(3) 添加文件，暂时不添加。

(4) 选择芯片型号，例如 Cyclone Ⅱ EP2C5Q208C8。

(5) 完成工程的建立。

(6) 点击 Tools，选择 Tools→MegaWizard Plug-In Manager，创建新的 MegaCore。

(7) 选择新建一个 MegaCore，如图 8.2-4 所示。

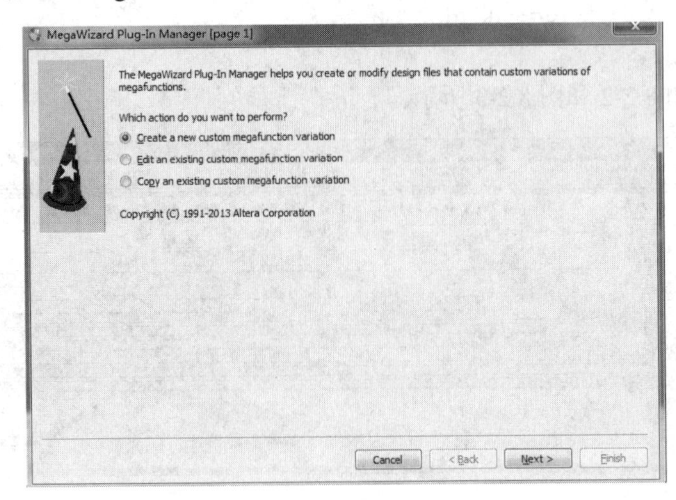

图 8.2-4　新建 IP 核

(8) 选择 IP，在左侧选中 RAM：2-PORT，选择 Verilog HDL，并在对话框中设置输出文件名，例如 RAM_2PORT，如图 8.2-5 所示。

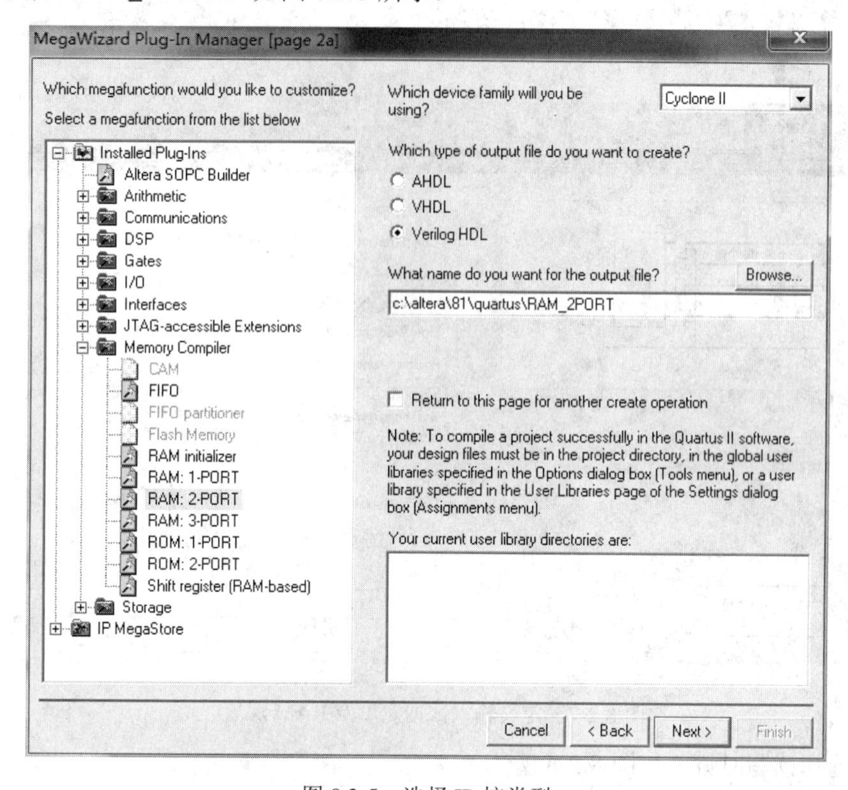

图 8.2-5　选择 IP 核类型

(9) 定义读写端口及 RAM 大小，如图 8.2-6 所示。

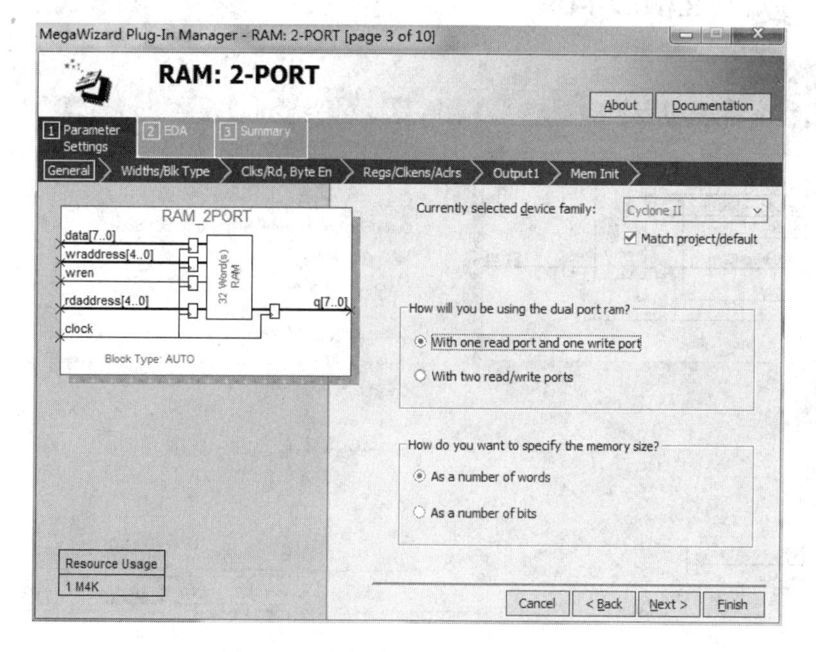

图 8.2-6　定义读写端口及 RAM 大小

(10) 定义输入数据宽度(此处为 8)及 RAM 深度(此处为 128)，如图 8.2-7 所示。

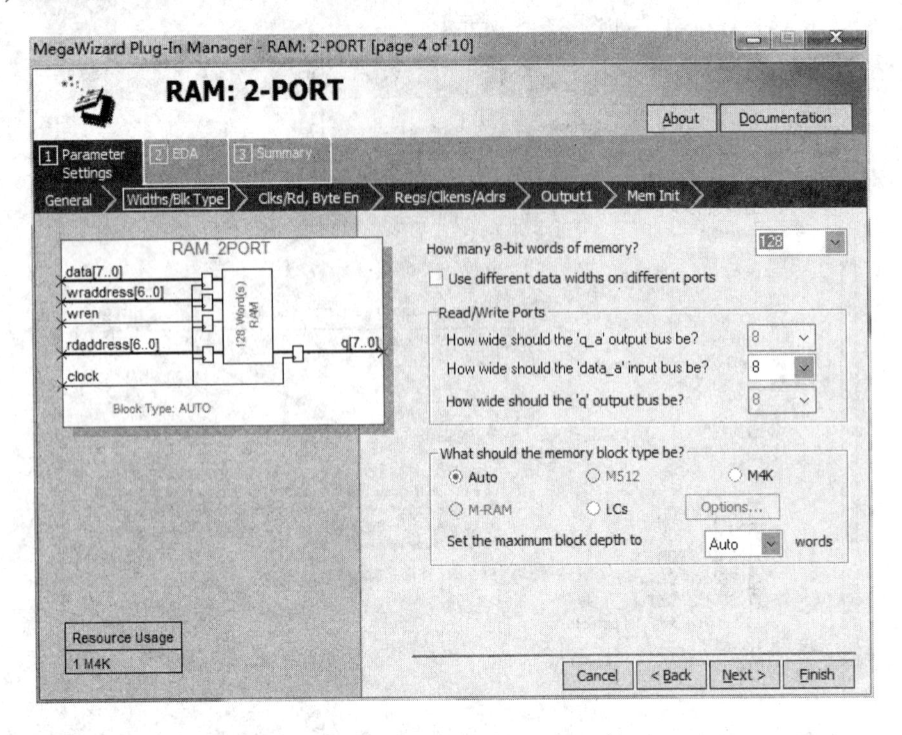

图 8.2-7　定义输入数据宽度及 RAM 深度

(11) 选择读写时钟，如图 8.2-8 所示。

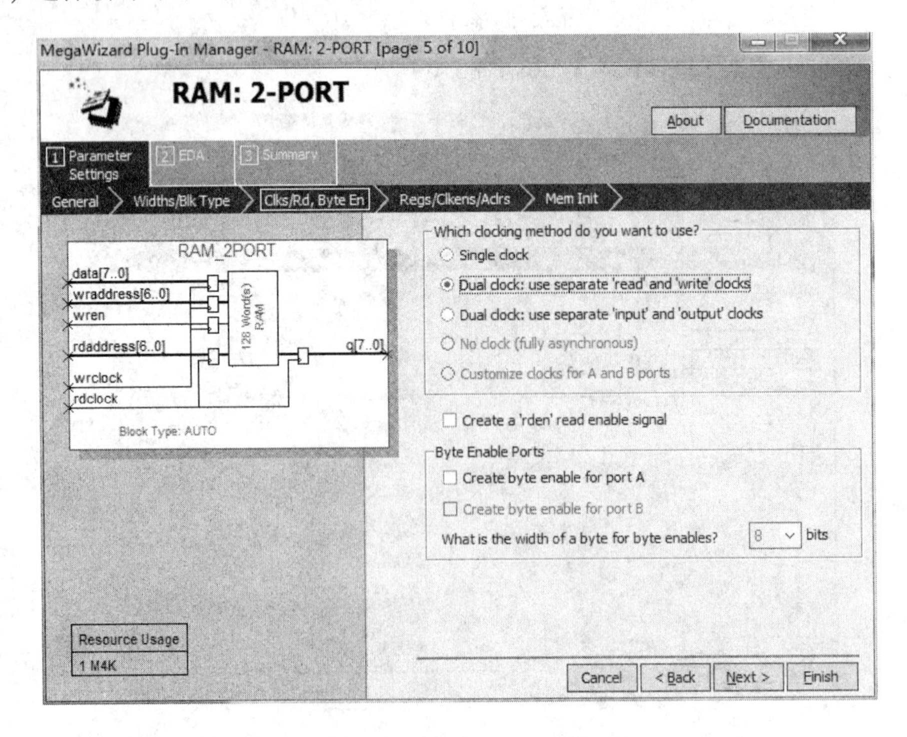

图 8.2-8　定义 RAM 时钟

(12) 定义输出锁存，如图 8.2-9 所示。

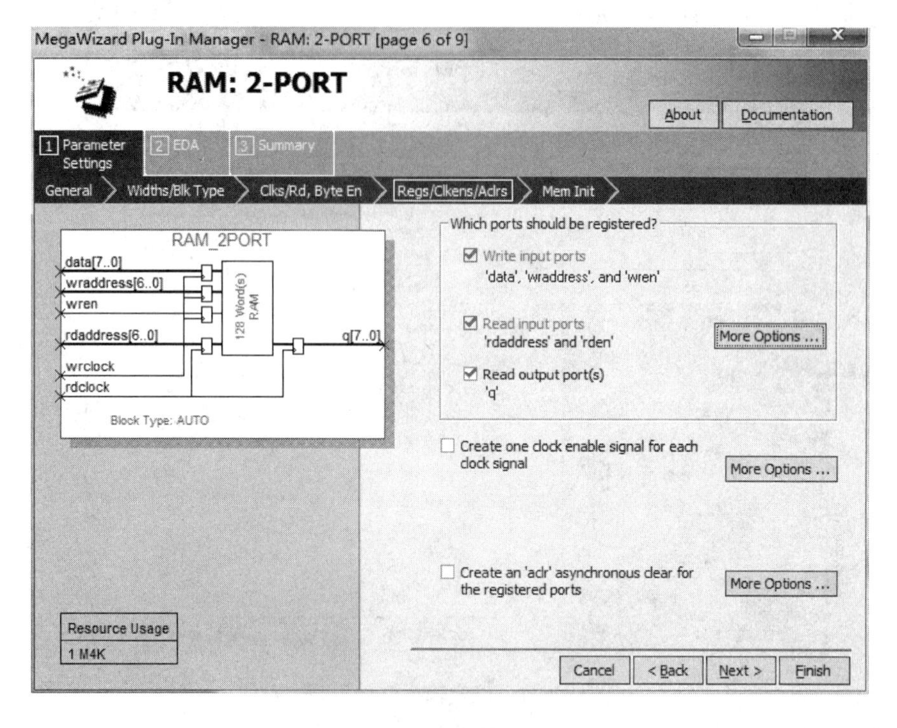

图 8.2-9　定义输出锁存

(13) 选择是否进行初始化，如图 8.2-10 所示。

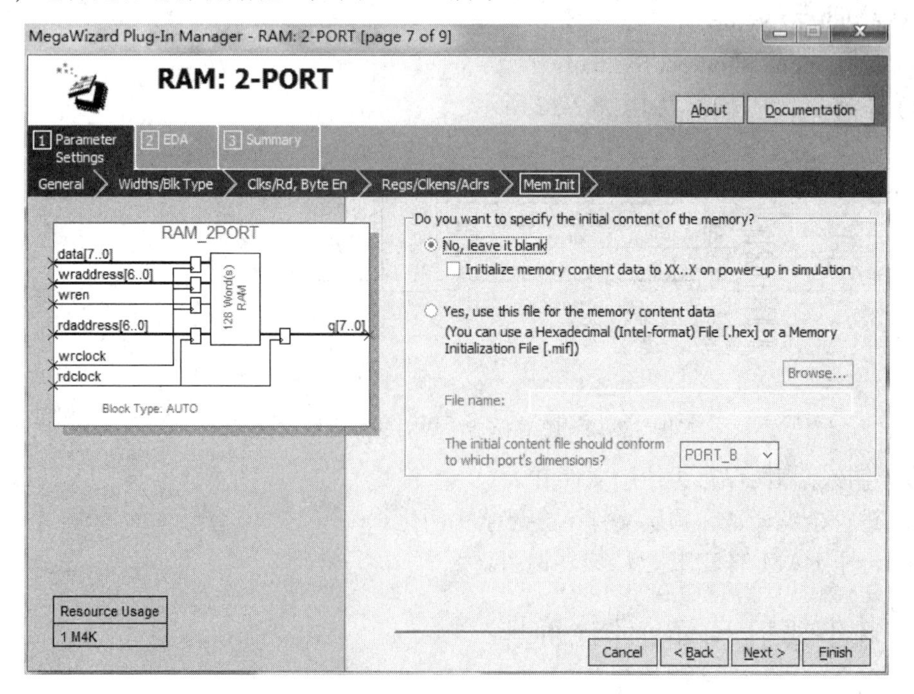

图 8.2-10　选择是否初始化

(14) 显示创建的输出文件类型，如图 8.2-11 所示。

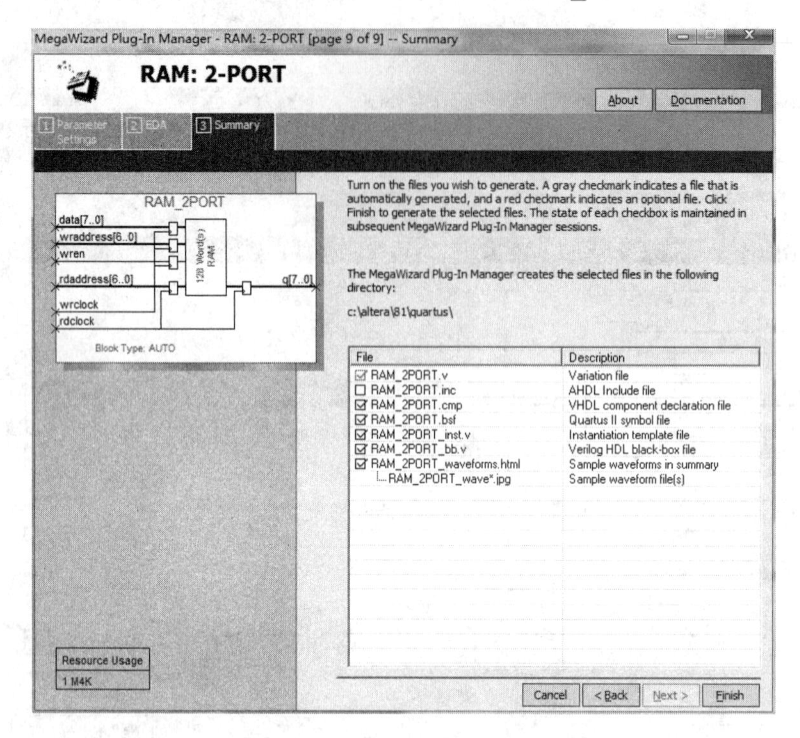

图 8.2-11　确定输出文件类型

(15) 创建原理图输入文件；File→New→Block Diagram/Schematic File。

(16) 双击左键，弹出 Symbol 对话框，可以在上方的 libraries 中看到 project，显示已创建的 RAM_PORT2 Symbol。

(17) 选择 input 和 output Symbol。

(18) 最终设置完成后，如图 8.2-12 所示。

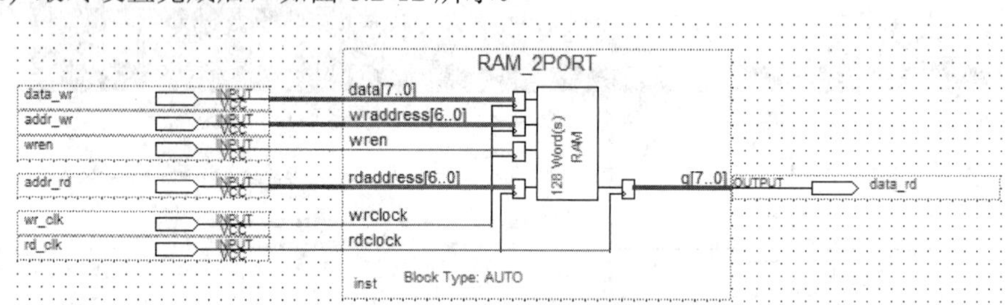

图 8.2-12　IP 存储器生成后的原理图文件

(19) 将该原理图保存为顶层文件 IP。

(20) 进行全编译，在顶层文件下会显示实例化。

(21) 一个 RAM 的 IP 核已经成功调用。

8.2.4　对生成的 RAM 进行仿真

1. 直接用 Quartus 手动加激励仿真

由于 Quartus Ⅱ软件无法编写 Testbench 来仿真，因此建立原理图文件之后，先确定输入输出端口，然后建立矢量波形图文件，将输入输出端口放入波形图文件之后，再利用波形图为输入信号加入激励，时钟信号加的激励是 Clock。输入的地址和数据信号加入计数信号，我们设置的输入地址信号是从 0 开始遍历存储器的，对应的数据信号的起始值是 5，这一差别用于验证数据的正确性。读出地址和时钟的设置与写入类似，在此设置的读出时钟和写入时钟不同，来验证生成的 RAM 的读写时钟是分别控制的。IP RAM 的仿真结果如图 8.2-13 所示。

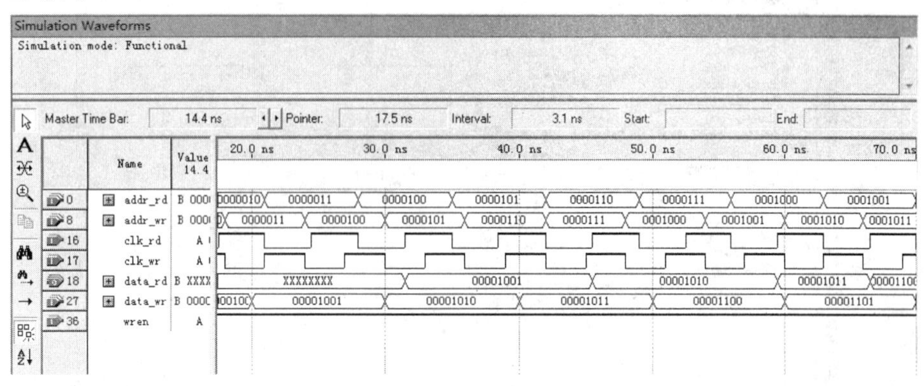

图 8.2-13　IP RAM 的仿真结果

2. 和其他软件结合的 Testbench 仿真方法

除了利用 Quartus 工具进行仿真之外，Quartus 也提供了利用其他软件配合仿真的方法，这样对比较复杂的电路就可以利用 Testbench 进行仿真，而不用在 Quartus 的波形文件中手动加激励。这里使用 Quartus 和 Modelsim 联合来仿真利用 IP 生成的 RAM。下面简单介绍利用 Quartus 和 Modelsim 进行联合仿真的方法。

首先在 Quartus 中选择 Tools 里面的 Option 设置仿真工具 Modesim 的路径，如图 8.2-14 所示。

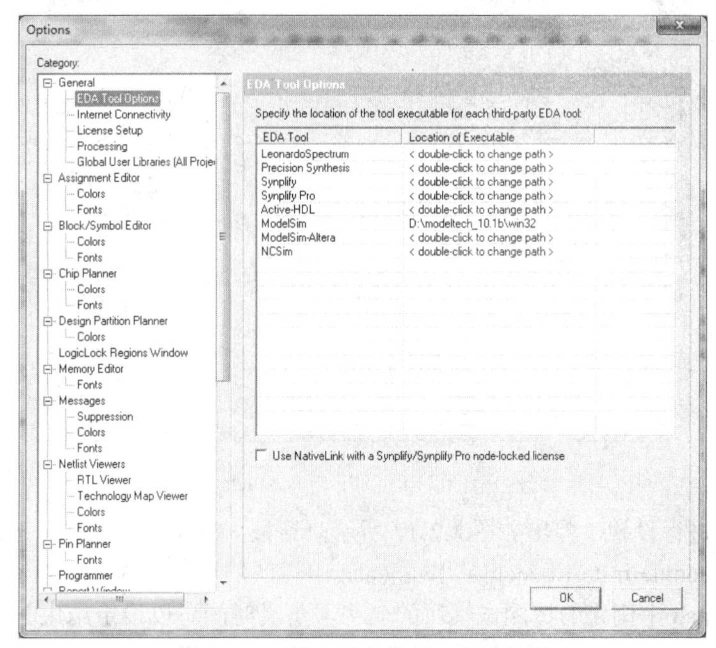

图 8.2-14　设定联合仿真工具的路径

然后在 Assignments 的 Settings 中进行仿真设置，首先是仿真工具，选择 Modelsim，接着是网表文件格式，这里选择 Verilog，并对时间精度进行设置，如图 8.2-15 所示。

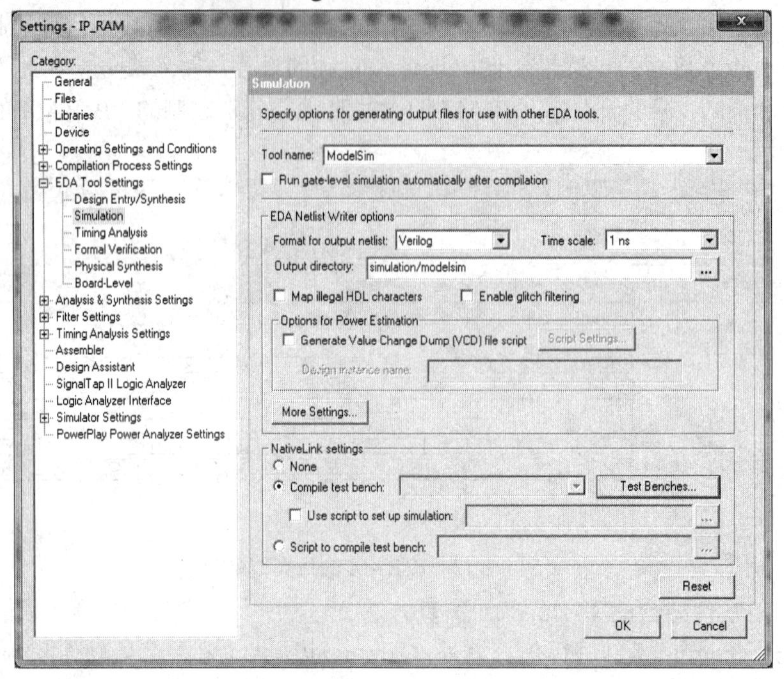

图 8.2-15　设定仿真工具

接着进行软件的设置，在图 8.2-15 所示界面的最下方，选择第二项 Test Benches 的选项，然后点击 Test Benches 按钮弹出如图 8.2-16 所示对话框。

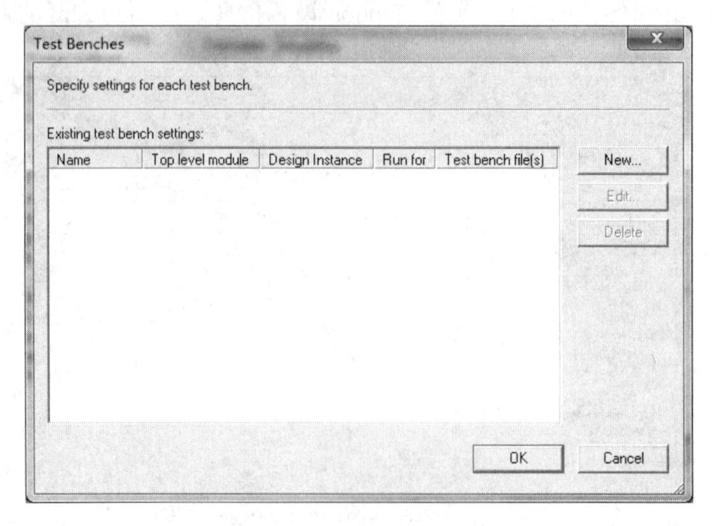

图 8.2-16　加入 Testbench

点击 New 进行设置，弹出如图 8.2-17 所示对话框，其中 Test bench name 可以随便设置，Top level module in test bench 是 Testbench 中模块的名字，Design instance name in test bench 是 Testbench 中例化的待测试模块的名字。仿真时间可以设定结束时间，也可以选择第一项，一般在 Testbench 中我们会用 $stop 命令来结束仿真，因此选择第一项就可以了。

然后根据路径添加 Test bench file，添加完后点击 Add 按钮。

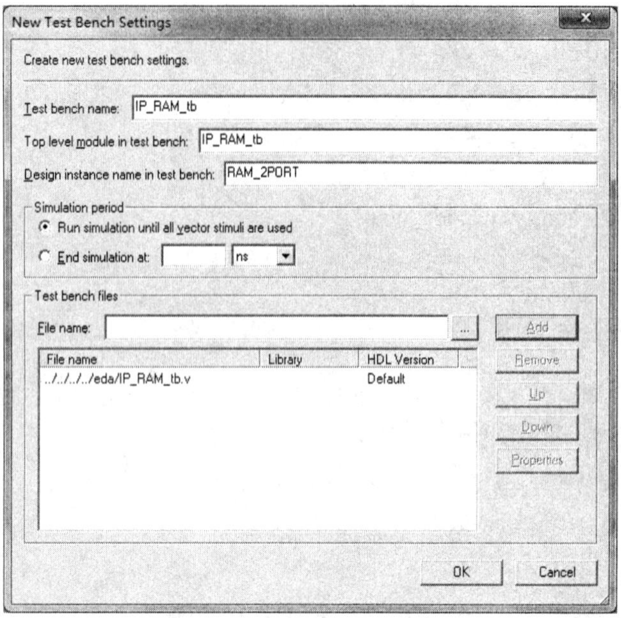

New Test Bench Settings

Create new test bench settings.

Test bench name: IP_RAM_tb

Top level module in test bench: IP_RAM_tb

Design instance name in test bench: RAM_2PORT

Simulation period

Run simulation until all vector stimuli are used

End simulation at: ns

Test bench files

File name: ... Add

File name	Library	HDL Version
../../../../eda/IP_RAM_tb.v		Default

Remove Up Down Properties

OK Cancel

图 8.2-17　确定加入 Testbench

完成设置。在 Quartus 界面编译、仿真，Quartus 会自动启动 Modelsim 软件进行仿真。本例的 Testbench 程序和仿真结果如下：

```
`timescale 1 ns/1 ps
module IP_RAM_tb;
  reg clk_wr, clk_rd;
  reg wren;
  reg [7:0] data_wr;
  reg [6:0] addr_wr, addr_rd;
  wire [7:0] data_rd;
  RAM_2PORT RAM1 (.wrclock(clk_wr) , .rdclock(clk_rd)   , .wren(wren) ,
            .data(data_wr) , .wraddress(addr_wr) , .rdaddress(addr_rd) , .q(data_rd));

  initial
    begin
      #1 clk_wr=0; clk_rd=0;
      #3 addr_wr=7'b0; addr_rd=7'bz;
      #3 wren=0; data_wr=8'b0000_0100;
      #3 wren=1;
      #3000 wren=0; addr_rd=7'b000_0000;
      #3000 wren=1;
      #50 $stop;
```

```
    end

  always #10 clk_wr=~clk_wr;
  always #15 clk_rd=~clk_rd;
  always
    begin
        #20 addr_wr=addr_wr+1;
    end

  always
    begin
      #20 data_wr=data_wr+1;
    end

  always
    begin
      #30 addr_rd=addr_rd+1;
    end
endmodule
```

仿真测试结果如图 8.2-18 和图 8.2-19 所示。

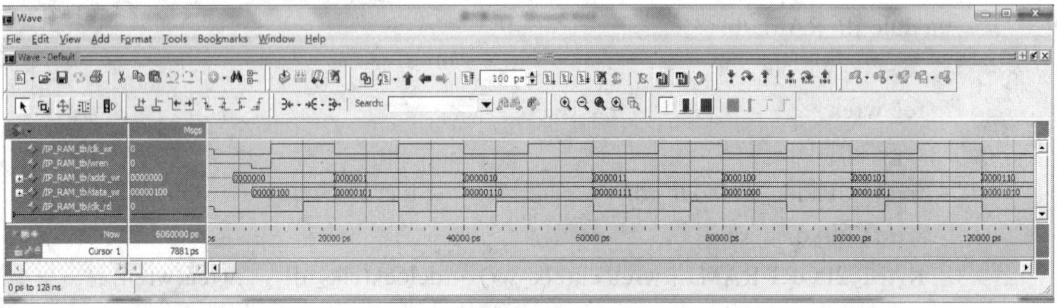

图 8.2-18　写入过程的仿真图

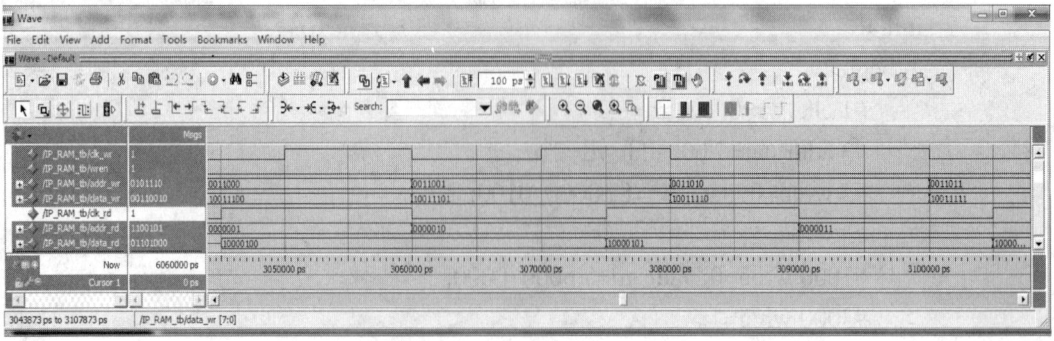

图 8.2-19　读出过程的仿真图

8.3　用 Memory Compiler 生成 RAM 并仿真

8.3.1　Memory Compiler 简介

Memory Compiler 能够根据用户的要求自动生成 ROM 或 RAM。生成 ROM 时需要直接将 ROM 写入的数据在生成时存进去，生成 RAM 的过程则不需要。Memory Compiler 产生 RAM 的同时会生成用于行为级仿真的 Verilog 代码。其他重要的文件列举如下：

(1) .LIB 是 RAM 的时序信息文件。

(2) .VCLEF 是布局布线工具需要使用的物理信息文件。

(3) .SPEC RAM 是注释文件。

这里我们使用 Artisan 的 Memory Compiler——Advantage Single-Port Register file Generator 来生成。

针对我们所需要的 RAM，Artisan 的这款软件是使用最多的，其他的 Memory Compiler 如 MC2 也同该软件使用方式类似。所使用的工艺是 TSMC 65 nm CL65G + Process。

8.3.2　ASIC 设计过程中的 RAM

在 ASIC 设计过程中，经常会使用 RAM。一般我们只需要设计 RAM 的外围电路，而 RAM 则由 Memory Compiler 产生。

例 8.3-1　ASIC 设计过程中 RAM 的调用。

本例设计一个 RAM，并可以对其进行读取。外围的读取电路由一个计数器控制地址端，另一个计数器控制数据端，实现数据的实时写入和读出。地址计数器包含使能端，使能端由 RAM 的使能控制端 cen 来控制。电路的框图如图 8.3-1 所示。

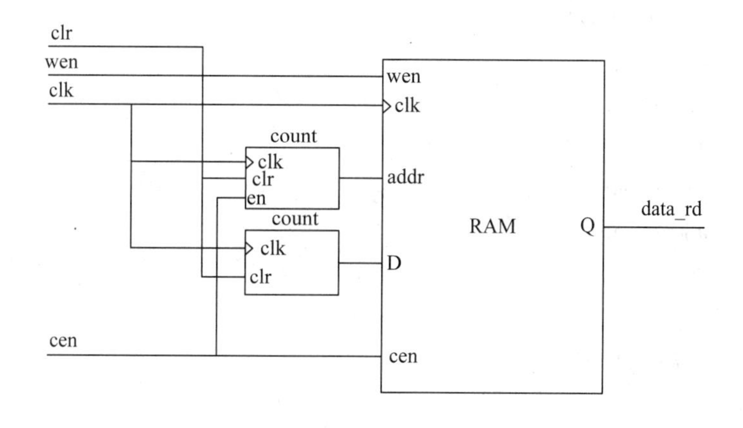

图 8.3-1　ASIC 设计中对 RAM 的读写操作

例 8.3-1 中两个计数器的程序参见例 8.2-1，只是由于 RAM 的片选信号是低电平使能的，所以计数器的使能信号也是低电平有效。

顶层模块和测试文件如下：

顶层模块：

```
`timescale 1 ns/1 ps
module WR_RD_RAM(clk, wen, data_rd, cen, clr);
    input clk, wen, cen, clr;
    output [7:0] data_rd;
    wire [7:0] data_rd;
    wire [6:0] addr;
    wire [7:0] data_wr;
    count addr_wr1 (.clk(clk), .clr(clr), .en(cen), .count(addr));
    data_count data_wr1(.clk(clk), .clr(clr), .count(data_wr));
    RF1SHD_128X8 RAM(.CLK(clk), .CEN(cen), .WEN(wen), .A(addr),
                        .D(data_wr),.Q(data_rd), .EMA(0), .RETN(1));
endmodule
```

测试文件：

```
`timescale 1 ns/1 ps
module RAM_tb;
  reg clk;
  reg wen, cen, clr;
  wire [7:0] data_rd;
  WR_RD_RAM RAM1 (.clk(clk), .wen(wen), .cen(cen), .clr(clr), .data_rd(data_rd));
  initial
    begin
      #1 clk=0; cen=1; clr=1;
      #2 cen=0; clr=0;
      #3 clr=1;
      #3 wen=1;
      #3 wen=0;
      #3000 wen=1;
      #3000 cen=1;
      #50 $stop;
    end
  always #10 clk=~clk;
endmodule
```

仿真结果如图 8.3-2 和图 8.3-3 所示。

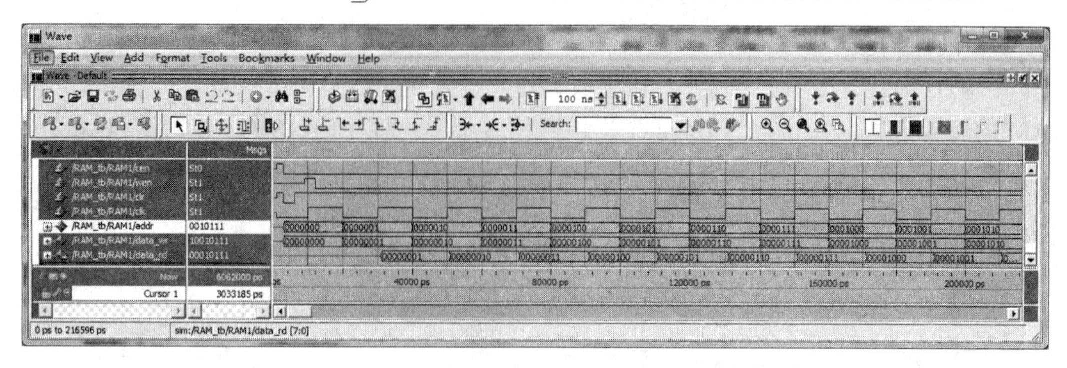

图 8.3-2 写入过程仿真结果

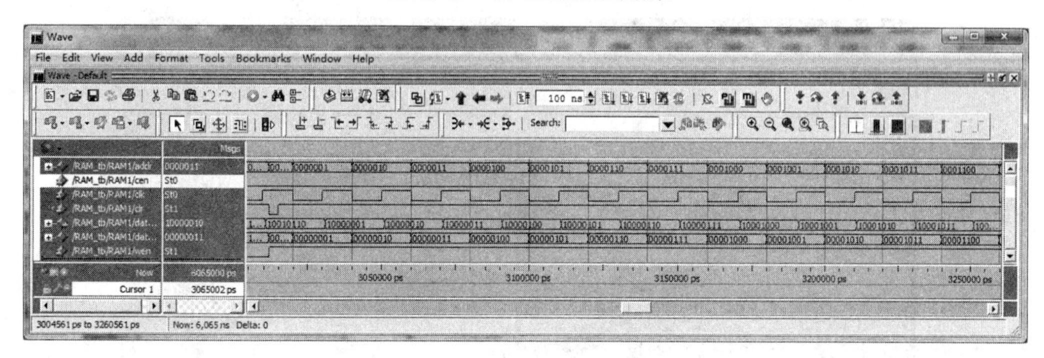

图 8.3-3 读出过程仿真结果

例 8.3-1 中的 RAM 是利用 Memory Compiler 产生的。8.3.3 节详细地讲述了 Memory Compiler 的使用方法和步骤。

8.3.3 Memory Compiler 的使用

软件的使用非常简单，分为四个步骤。首先，确定存储器的基本规格，包括大小、单端口还是双端口、SRAM 或是 registerfile 的选择。接着确定具体参数，包括工作频率、电源环的设置以及宽度等。其中电源环的设置和参数是以具体的工作频率和设计的大小确定的。第三步设计一些公共参数，如电源和地的名字、引脚的信息等。第四步就是输出需要的文档，一般设置完参数之后该软件会直接输出有用的网表文件、时序文件等。而对于具体的设计中的参数需要输出一个注释文件便于以后使用。软件使用基本流程如图 8.3-4 所示。

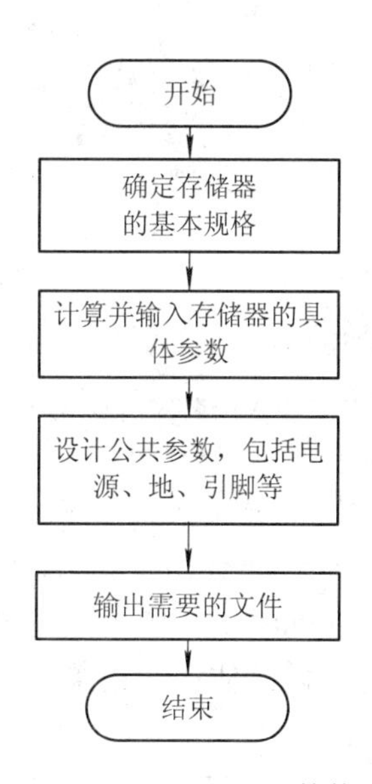

图 8.3-4 Memory Compiler 的使用流程

例 8.3-2 用 Memory Compiler 生成一个 128 × 8 的双端口的 RAM。用 Verilog 例化该 RAM 并对其进行读写测试。

1．RTL 阶段

在 RTL 阶段主要只是产生 Verilog 行为级和设置文件。因为在 RTL 阶段不需要考虑 RAM 的位置信息。Memory Compiler 提供四种选择，分别为 RA1SH、RF1SH、RA2SH、RF2SH。前面的 RA 与 RF 分别指的是 SRAM 与 registerfile，其中 RF 在同样的情况下比 RA 占的面积小，但是 RF 的大小有限制，其限制大小为 4096 bit。而后面的 1SH 与 2SH 表示单端口还是双端口，如果 SRAM 的容量比较大，相同设置下，1SH 比 2SH 面积小、速度快、功耗低。Memory Compiler 运行界面如图 8.3-5 所示。

图 8.3-5　Memory Compiler 的界面

参数说明：

(1) Instance Name：该设置是对 RAM 的命名，由于 RAM 的特性有地址和位数，所以在命名的时候尽量包含这些信息。在本例中我们可以命名为 RA2SHD_128 × 8。

(2) Number of Words：该设置用来确定 RAM 的深度，即寻址空间大小，本例中为 128。

(3) Number of Bits：该设置用来确定 RAM 的宽度，本例中为 8。

(4) Frequency：该设置用来确定 RAM 的工作频率，工作频率确定后就可以基本确定 RAM 的功耗，估计的结果为平均电流，通过该数据来设定电源环的宽度，本例设定为 200 MHz。

(5) Ring Width：该设置为工具建议的电源环宽度，根据本例的情况，设计为 12 μm。

(6) Relative Footprint：该设置确定 RAM 的形状，最好让 RAM 的形状接近正方形。

(7) Multiplexer Width：该设置确定每行的单元数，这里设置为 4，能够让形状更接近正方形。

点击 Update 会在右侧形成 RAM 的预览，下面的 ASCII DATATABLE 是 RAM 的具体参数。

在图 8.3-5 左下角的 VIEWS 中选择生成的文件名，然后点击 Generate 就可以生成所需要的文件。这种方式需要依次生成所需的文件，如果想要一次生成所有需要的文件，可以选择 Utilities→Generate，会弹出如图 8.3-6 所示对话框，然后勾选需要的文件，点击 Generate 就会生成所有需要的文件。

接着选择 Utilities→Advanced Options，修改电源和地的名字，如图 8.3-7 所示。

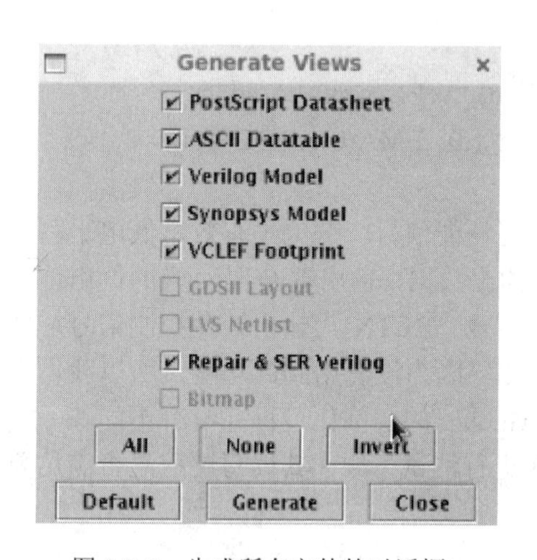

图 8.3-6　生成所有文件的对话框

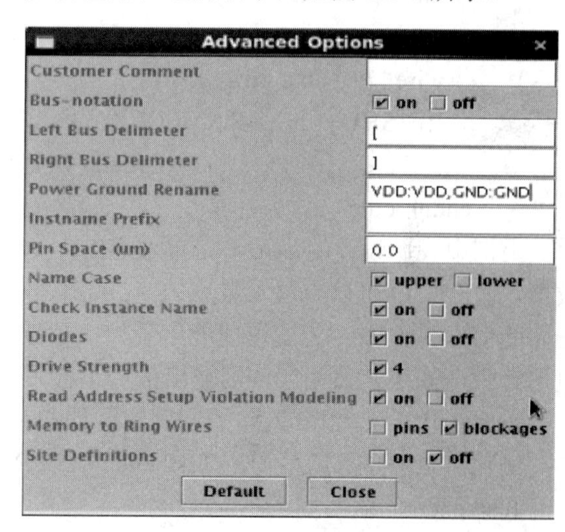

图 8.3-7　高级设置

最后在 MENU 中点击 Utilities→Write Spec 产生 SRAM 的注释文档。

生成的 RAM 的详细信息可以读取生成 RAM 的数据手册来得出，里面包含详细的面积信息、延时信息等。本例中 RAM 的面积信息如图 8.3-8 所示。

Physical Dimensions (units = μm)

Area Type	Width (μm)	Height (μm)	Area (μm^2)
Core	76.36	55.87	4266.23
Foot Print	98.96	78.47	7765.39

The footprint area includes the core area and user defined power routing and pin spacing.

图 8.3-8　RAM 的物理尺寸信息

2. 综合与布局布线阶段

为了避免重新启用 Memory Compiler 与以前的设置有出入，最好一次性将 Memory Compiler 能够产生的相关数据一并输出。

在布局布线前，需要考虑 RAM 的长与宽，估计它的位置与方向，尽量让功能相关的模块靠近一些。将产生的.LIB 文件转换成.DB 文件，就可以把 Memory Compiler 生成的 RAM 加入到代码中进行综合了。在综合工具脚本中的 serch_path 下加入 RAM 的 DB 文件地址即可。

3. 对生成的 RAM 的例化和仿真

Verilog 代码就如同自己写的模块一样，可以直接在仿真的时候调用实例化生成一个模块来作为系统的 RAM 或 ROM，从而对其进行写入或读出操作。下面的例子就是对使用 Momery Compiler 产生的 RAM 的网表进行例化的过程。

```
`timescale 1 ns/1 ps
module WR_RD_RAM(clk, wen, addr, data_wr, data_rd, cen);
   input clk, wen, cen;
   input [6:0] addr;
   input [7:0] data_wr;
   output [7:0] data_rd;
   wire [7:0] data_rd;
   RF1SHD_128X8 RAM(.CLK(clk), .CEN(cen), .WEN(wen), .A(addr),
                                   .D(data_wr), .Q(data_rd), .EMA(0), .RETN(1));
endmodule
```

上例中我们设计的 RAM 是单通道的。wen 为写使能信号，低电平有效，低电平写入数据，输出端 Q 可以为写入数据的值；高电平可以读出数据，输出端 Q 是对应的读出地址存储的值，其中 cen 为通道使能信号，也是低电平有效。RETN 为输出锁存控制信号，低电平有效，如果其值为 0，则输出信号不会发生变化。因为没有用到此功能，所以我们把该值设为 1。可以看出 RAM 的实例化过程和普通 Module 的实例化过程并没有不同。

例化结束后，可以写一个 Testbench 对该 RAM 进行测试，测试其读写过程是否满足要求。Testbench 的编写如下：

```
`timescale 1 ns/1 ps
module RAM_tb;
   reg clk;
   reg wen, cen;
   reg [7:0] data_wr;
   reg [6:0] addr;
   wire [7:0] data_rd;
   WR_RD_RAM RAM1 (.clk(clk), .wen(wen), .cen(cen), .data_wr(data_wr), .
                                   addr(addr), .data_rd(data_rd));
   initial
     begin
       #1 clk=0; cen=1;
       #2 cen=0;
       #3 addr=7'b0;
       #3 wen=1; data_wr=8'b0000_0100;
       #3 wen=0;
       #3000 wen=1;
       #3000 cen=1;
```

```
      #50 $stop;
    end
  always #10 clk=~clk;
  always
    begin
        #20 addr=addr+1;
    end
  always
    begin
      #20 data_wr=data_wr+1;
    end
endmodule
```

仿真的结果如图 8.3-9 和图 8.3-10 所示。

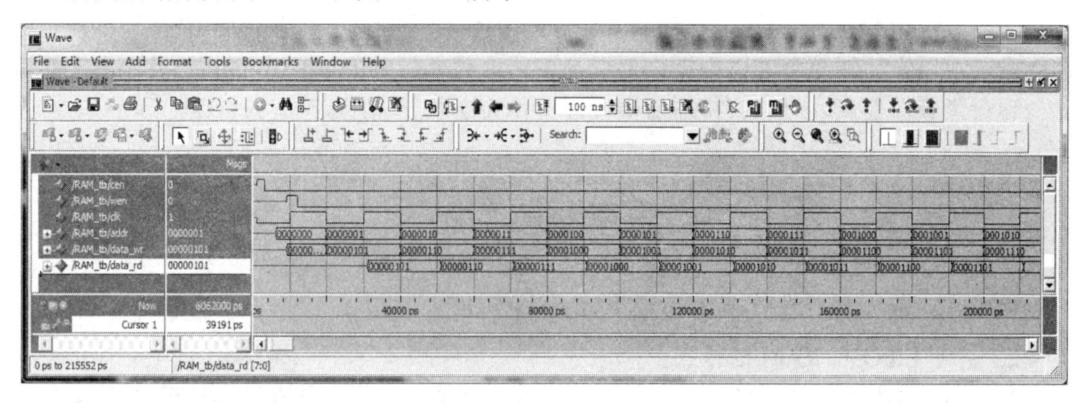

图 8.3-9 写入过程的仿真结果

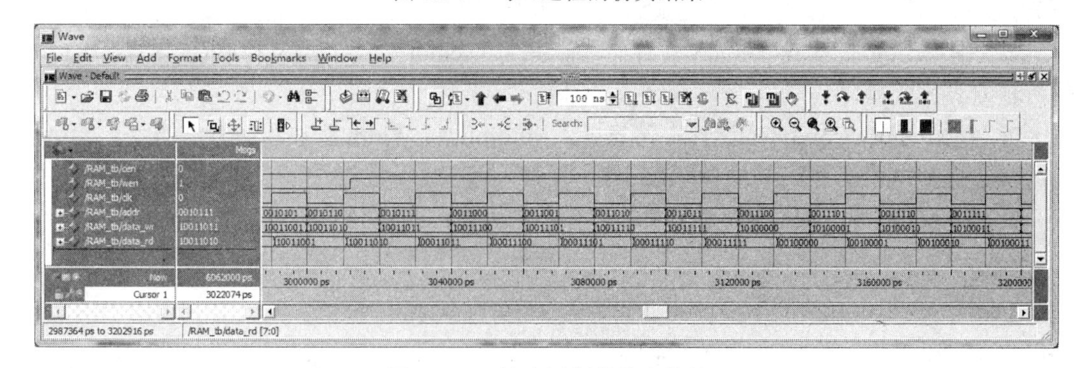

图 8.3-10 读出过程的仿真结果

.LIB 文件在综合的过程中使用。在综合过程中，先将.LIB 文件转成通用的 .DB 库文件文件，然后在综合的过程中将生成的 .DB 库作为链接库，即可将 RAM 作为宏单元和设计者设计的其他电路综合出来。综合后的门级网表也会包含 RAM 的实例化模块(在电路设计过程中并不需要写上面的调用过程)。

.VCLEF 文件里面包含了 Memory Compiler 生成的 RAM 或 ROM 的布局布线的信息，在布局布线过程中也将其作为链接库放进去即可。

由于上面的综合过程中包含了门级网表，在综合后仿真的过程中直接利用已综合出的门级网表和版图设计后的时序信息即可。

本章小结

存储器是现代数字电路设计中不可或缺的一部分，因此半导体存储器的设计非常重要。然而，随着存储器容量越来越大，采用人工设计也愈加不便。现代数字电路设计提供了较为便利的方法。对于电路设计者而言，掌握这两种设计方法非常有必要。

目前应用较多的是在 FPGA 设计中采用 IP 核设计，IP 核设计已经较为普遍，所以在 EDA 软件中有调用 IP 核设计模块的方法。本章主要介绍了采用 Quartus Ⅱ进行 IP 核的设计。

而在 ASIC 设计过程中，由于涉及综合和版图设计，所以更倾向于采用 Memory Compiler。与 IP 核设计相比，Memory Compiler 的设计过程基于工艺，而 IP 核的设计与工艺无关，可以在后端综合时再根据需要选择工艺。另外，Memory Compiler 设计出来的存储器包含了版图信息，可以直接在后端设计中作为宏单元调用。

思考题与习题

1. 简述存储类的分类，简述 RAM 和 ROM 的用途。

2. 简述 FIFO 和 RAM 的区别。

3. 用 IP 核生成存储器应该注意什么？调用的时候需要注意什么？尝试用 IP 核生成一个 FIFO 并调用。

4. 用 Verilog 编写一个 8 × 8 的存储器，并用 Memory Compiler 和 IP 核各自生成，比较两种方式的代码。

5. 用 Memory Compiler 设计存储器时，Multiplexer Width 应该根据什么选择？为什么要这么选择？

6. Memory Compiler 生成 RAM 时都有哪些文件？都有什么作用？

第 9 章 Verilog HDL 设计风格

与计算机程序设计语言相比，Verilog HDL 有其特殊的设计方法和设计风格。为了提高电路综合工具的有效性，需要深入体会其设计描述方法的特殊性。本章针对 Verilog HDL 设计过程中的一些关键概念和方法进行分析，以帮助读者进一步提高对这门语言的掌握程度。

9.1 wire 类型和 reg 类型的使用

在 Verilog HDL 语言中，wire 类型和 reg 类型是常用的两种信号数据类型。从数据类型的角度，wire 属于连线型数据类型，reg 属于寄存器数据类型。然而在 Verilog HDL 设计中，如何正确使用这两种信号数据类型，是一个比较容易混淆的概念。

在程序设计中如何正确使用 wire 和 reg 类型，可以遵循以下几点：

(1) 在连续赋值语句(assign)中，因为是对于组合电路的描述，被赋值信号只能使用 wire 类型。

(2) 在 initial 和 always 过程语句中，被赋值信号必须定义为 reg 类型；

(3) 当采用结构级描述时，模块、基本门和开关元器件的输出信号只能使用 wire 类型；

(4) 模块端口输入和输出信号默认为 wire 类型，如果输出信号是 reg 类型，需要重新定义 reg 类型。

例 9.1-1 连续赋值语句中的数据类型定义。

```
module xor_t1(in1, in2, in3, out1);
    input in1, in2, in3;
    output out1;
    assign out1=in1^in2^in3;
endmodule
```

在例 9.1-1 中，输入信号为 in1、in2 和 in3，输出信号为 out1。采用连续赋值语句进行描述，输入和输出信号都为 wire 类型，由于 wire 类型是信号默认类型，因此不需要重新定义。

例 9.1-2 过程赋值语句中的时序电路数据类型定义。

```
module DFF_t1(d, clk, q);
    input d, clk;
    output q;
    reg q;
    always@(posedge clk) q=d;
endmodule
```

例 9.1-3 过程赋值语句中的组合电路数据类型定义。

```
module xor_t2(in1, in2, in3, out1);
    input in1, in2, in3;
    output out1;
    reg out1;
    always@(in1, in2, in3)   out1=in1^in2^in3;
endmodule
```

例 9.1-2 和例 9.1-3 分别采用 always 过程对时序电路和组合电路进行描述。例 9.1-2 描述了一个 D 触发器，其输出信号在 always 过程中被赋值，需要重新定义为 reg 类型。

例 9.1-3 描述了例 9.1-1 所示的组合电路，该电路与例 9.1-1 电路相同，但是由于其输出信号在 always 过程中被赋值，因此也要定义成 reg 类型，这与其电路是组合电路还是时序电路没有关系，是语法规定的。

例 9.1-4 结构描述中信号数据类型的定义。

```
module structure(in1, in2, in3, clk, out1);
    input in1, in2, in3, clk;
    output out1;
    wire q;
    DFF_t1 U1(in1, clk, q);
    xor_t2 U2(q, in2, in3, out1);
endmodule
```

例 9.1-4 是一个 Verilog HDL 结构描述的例子，将例 9.1-2 的 D 触发器和例 9.1-3 的异或门电路连接在一起，电路如图 9.1-1 所示。在这个例子中，虽然 D 触发器的输出是一个寄存器类型，但是采用结构描述时，由于只表示两个模块的连接关系，D 触发器输出信号 q 需要定义成 wire 类型。

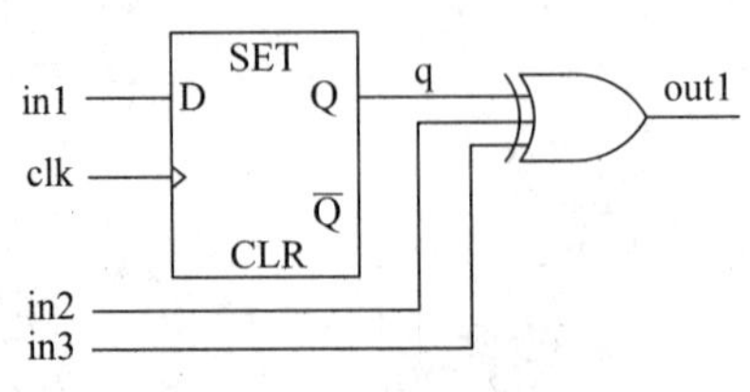

图 9.1-1 例 9.1-4 电路

例 9.1-5 混合描述中信号数据类型的定义。

```
module structure(in1, in2, in3, clk, out1);
    input in1, in2, in3, clk;
```

```
    output out1;
    reg q;
    always@(posedge clk) q=in1;   // DFF_t1 U1(in1, clk, q);
      xor_t2 U2(q, in2, in3, out1);
endmodule
```

例 9.1-5 说明的是混合描述方式时，如何确定信号数据类型。例 9.1-5 描述的电路与例 9.1-4 相同，不同之处在于，例 9.1-5 用行为级描述代替结构描述调用 D 触发器。由于 D 触发器的输出信号 q 在 always 中被赋值，因此需要定义成 reg 类型。

例 9.1-6　门级结构描述产生的中间信号类型定义。

```
module xor_t3(in1, in2, in3, out1);
    input in1, in2, in3;
    output out1;
    xor U1(w1, in1, in2);
    xor U2(out1, w1, in3);
endmodule
```

在 Verilog HDL 中有一个特殊情况，当采用门级或者开关级结构描述时，由于输出、输入和控制信号关系明确，其产生的中间信号是 wire 类型，可以不用定义。例 9.1-6 中 U1 输出信号 w1 是中间信号，连接在 U2 的输入信号端，没有进行定义，当然如果明确定义为 wire w1，也是正确的。

reg 型变量是数据储存单元的抽象类型，其对应的硬件电路元件具有状态保持作用，能够存储数据，如触发器、锁存器等。reg 型变量常用于行为级描述中，由过程赋值语句对其进行赋值。

reg 类型信号本身是没有符号类型的，通常表示的是正信号值。当对 reg 信号赋值为负值时，实际上赋值为其二进制补码形式。例 9.1-7 是对于 4 bit 和 8 bit reg 信号赋“−1”，其中程序(1)是直接赋“−1”，程序(2)是把相应的补码进行赋值。同样是赋值“−1”，4 bit 信号和 8 bit 信号对应的具体值是不一样的。在 Verilog HDL 程序设计中，需要清楚数字信号类型，建议采用补码赋值的方式，而不是简单地直接赋负值。

例 9.1-7　寄存器型变量赋负值。

(1) 直接赋值。

```
module reg_test1;
    reg [3:0] a;
    reg [7:0] b;
      initial
        begin
          a=-1;        //实际赋值为 4'b1111
          b=-1;        //实际赋值为 8'b11111111
          $display("%b", a);
          $display("%b", b);
        end
```

```
endmodule
```

(2) 采用补码赋值。

```
module reg_test2;
   reg [3:0] a;
   reg [7:0] b;
      initial
         begin
            a=4'b1111;        b=8'b11111111;
            $display("%b", a);
            $display("%b", b);
         end
endmodule
```

9.2 连续赋值语句和运算符的使用

用 Verilog HDL 语言进行电路设计时，初学者往往会习惯性地使用 always 过程语句进行设计，而忽略了连续赋值语句的使用。从原理上，任何组合电路都可以用连续赋值语句和运算符实现，而且设计效率很高。

例 9.2-1 设计一个 8 bits 信号的奇偶校验电路。

(1) 过程语句描述。

```
module odd_even_check_always(a, a_odd, a_even);
    input [3:0] a;
    output a_odd, a_even;
    reg a_add, a_even;
    always@(a)
        begin
            a_odd=a[7]^a[6]^a[5]^a[4]^a[3]^a[2]^a[1]^a[0];
            a_even=a[7]^~a[6]^~a[5]^~a[4]^~a[3]^~a[2]^~a[1]^~a[0];
        end
endmodule
```

(2) 连续赋值语句描述。

```
module odd_even_check_assign(a, a_odd, a_even);
    input [3:0] a;
    output a_odd, a_even;
    assign a_odd= ^a;
    assign a_even=~a_odd;
endmodule
```

例 9.2-2　设计根据 sel 控制信号对两个 8 bit 信号进行选择的电路。

(1) 过程语句描述。

```
module sel2to1_always(sel, a, b, c);
    input [7:0] a, b;
    input sel;
    output [7:0] c;
    reg [7:0] c;
    always@(sel or a or b)
        if(sel) c=a;
        else c=b;
endmodule
```

(2) 连续赋值语句描述。

```
module sel2to1_assign(sel, a, b, c);
    input [7:0] a, b;
    input sel;
    output [7:0] c;
    assign c=sel?a, b;
endmodule
```

例 9.2-1 和例 9.2-2 是很典型的两个例子，很多程序都会使用例 9.2-1(1)和例 9.2-2(1)的代码来进行设计。很显然，在这两种情况下采用连续赋值语句和运算符可以极大地提高设计效率和代码的可读性，如例 9.2-1(2)和例 9.2-2(2)。

对于组合电路，采用连续赋值语句和运算符是完全可以进行设计的。但是在一些特殊环境下，采用过程语句效率更好一些。一个典型的例子是 case 条件分支语句对于真值表和有限状态机的描述，采用 case 语句会合理一些。

例 9.2-3　真值表程序设计。

采用 Verilog HDL 实现如表 9.2-1 所示的真值表，程序代码如下：

```
mudule true_table(a, b, c, out1, out2);
    input a, b, c;
    output out1, out2;
    always@(a or b or c)
        case({a, b, c})
            3'b000: {out1, out2}=2'b11;
            3'b001: {out1, out2}=2'b01;
            3'b010: {out1, out2}=2'b01;
            3'b011: {out1, out2}=2'b10;
            3'b100: {out1, out2}=2'b00;
            3'b101: {out1, out2}=2'b00;
            3'b110: {out1, out2}=2'b11;
            3'b111: {out1, out2}=2'b10;
```

```
    endcase
endmodule
```

表 9.2-1　例 9.2-3 真值表

a	b	c	out1	out2
0	0	0	1	1
0	0	1	0	1
0	1	0	0	1
0	1	1	1	0
1	0	0	0	0
1	0	1	0	0
1	1	0	1	1
1	1	1	1	0

Verilog HDL 语言中，运算符是一个很强大的设计途径，灵活使用运算符可以大大提高电路程序设计效率。

例 9.2-4　设计一个 8 位右移位寄存器。

(1) 代码 1。

```
module shift8_right(clk, shift_in, shift_out);
    input clk, shift_in;
    output shift_out;
    reg [7:0] q;
    assign shift_out=q[0];
    always@(posedge clk)
        begin
          q[0]<=q[1];
          q[1]<=q[2];
          q[2]<=q[3];
          q[3]<=q[4];
          q[4]<=q[5];
          q[5]<=q[6];
          q[6]<=q[7];
          q[7]<=shift_in;
        end
endmodule
```

(2) 代码 2。

```
module shift8_right(clk, shift_in, shift_out);
    input clk, shift_in;
    output shift_out;
```

```
    reg [7:0] q;
    assign shift_out=q[0];
    always@(posedge clk) q={in, q[7:1]};
endmodule
```

例 9.2-4(2)中采用了链接操作符，可以极大地减少程序代码量，且可读性强。

9.3　always 语句中敏感事件表在时序电路中的使用

敏感事件列表是 Verilog HDL 语言中的一个关键性要素，如何选取敏感事件作为过程的触发事件，在 Verilog HDL 程序中有一定的设计要求：

(1) 采用过程语句对组合电路进行描述时，需要把全部的输入信号列入敏感信号列表，且敏感信号列表不允许存在边沿信号。

(2) 采用过程语句对时序电路进行描述时，需要把时间信号和部分输入信号列入敏感信号列表。

掌握 always 过程语句中敏感事件表对于初学者较为困难，敏感事件表不同，所综合出的电路也不同。

如果 always 过程描述的是组合电路，那么所有的输入信号必须写到敏感事件表中。

例 9.3-1　Verilog HDL 用 always 语句描述 4 选 1 数据选择器。

```
module mux4_1(out, in0, in1, in2, in3, sel);
    input in0, in1, in2, in3;
    output out;
    input [1:0] sel;
    reg out;
    always@(in0 or in1 or in2 or in3 or sel)     //敏感信号列表
      case(sel)
          2'b00:      out=in0;
          2'b01:      out=in1;
          2'b10:      out=in2;
          2'b11:      out=in3;
          default:    out=2'bx;
      endcase
endmodule
```

用 always 过程语句对时序电路进行设计时，需清楚掌握敏感事件表的概念。

首先明确的是时钟的边沿信号(上升沿或下降沿)必须包括在敏感事件表中，其他信号可以在敏感事件表中，也可以不在敏感事件表中。其次要说明的是，为了保证 Verilog HDL 语言的可综合特性，很多综合工具(如 Quartus Ⅱ)不允许边沿变化信号和电平变化信号同时出现在敏感事件表中。例如：

always@(posedge clk or negedge rst) 是正确的，可以被综合。

always@(posedge clk or rst)　　是错误的，不可以被综合。

那么，如何理解时序电路的敏感事件表的选取？我们通过几个例子进行说明。

例 9.3-2　分析 Verilog HDL 程序。

```
module and_DFF1(clk, a, b, and_out);
    input clk, a, b;
    output and_out;
    always@(poesdge clk) and_out=a&b;
endmodule
```

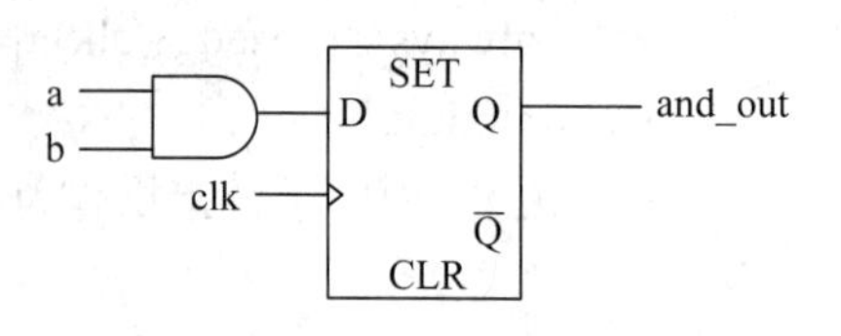

图 9.3-1　例 9.3-2 电路

例 9.3-2 敏感事件表中只有 posedge clk，综合后的电路如图 9.3-1 所示，这是可以理解的。那么如果希望得到如图 9.3-2 和图 9.3-3 所示电路，该如何设计？很明显，在这两种情况下，没有办法通过一个 always 过程进行描述，需要拆成组合电路和时序电路两部分，相应的程序代码如例 9.3-3 和例 9.3-4 所示。

例 9.3-3　图 9.3-2 电路 Verilog HDL 程序。

```
module and_DFF1(clk, a, b, and_out);
    input clk, a, b;
    output and_out;
    reg a_d1, b_d1;
    always@(poesdge clk)
        begin
            a_d1=a;
            b_d1=b;
        end
    assign and_out=a_d1&b_d1;
endmodule
```

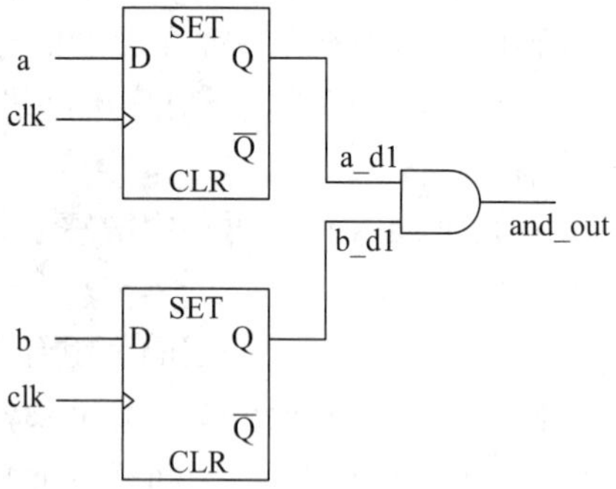

图 9.3-2　例 9.3-3 电路

例 9.3-4　图 9.3-3 电路 Verilog HDL 程序。

```
module and_DFF1(clk, a, b, and_out);
    input clk, a, b;
    output and_out;
    reg a_d1;
    always@(poesdge clk) a_d1=a;
    assign and_out=a_d1&b;
endmodule
```

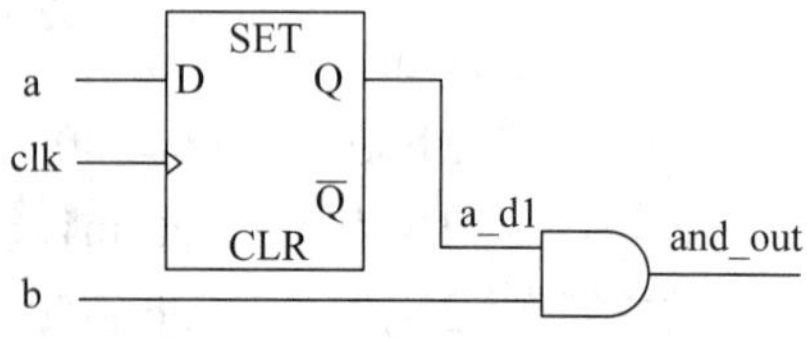

图 9.3-3　例 9.3-4 电路

可以看到，不同的程序对应不同的电路结构，虽然可以得到貌似相同的结果，但是在电路时序上是完全不同的。

9.4　Verilog HDL 程序并行化设计思想

与 C 语言等高级程序设计语言不同，Verilog HDL 语言是一种并行的程序设计语言。

对于很熟悉 C 语言的设计者，这种概念的转变是需要一个过程的。

在 Verilog HDL 语言中，电路结构描述方式、数据流描述方式和行为级描述方式是完全并行的，直接体现在程序设计代码中。

例 9.4-1　Verilog HDL 并行化描述语句。

(1) 代码 1。

```
module papralle(clk, in1, in2, in3, out);
    input clk, in1, in2;
    output out;
    wire and1;
    reg d;
    and U1(and1, in1, in2);
    always@(posedge clk) d=and1;
    assign out=and1|in3;
endmodule
```

(2) 代码 2。

```
module papralle(clk, in1, in2, in3, out);
    input clk, in1, in2;
    output out;
    wire and1;
    reg d;
    assign out=and1|in3;
    and U1(and1, in1, in2);
    always@(posedge clk) d=and1;
endmodule
```

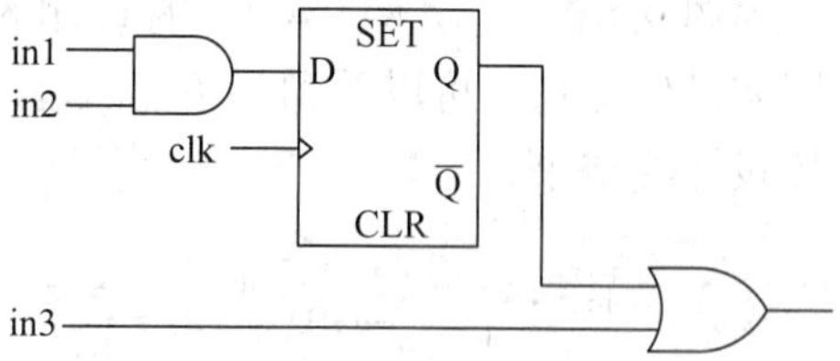

图 9.4-1　例 9.4-1 电路

如图 9.4-1 所示，例 9.4-1 程序(1)和程序(2)表示的是同一个电路，使用了结构描述、数据流描述和行为级描述三种语句，可以看到这些语句完全是并行的，代码顺序的变化不会影响程序设计的结果。

Verilog HDL 也有串行代码，但局限在 initial 和 always 过程语句的串行语句块中。为了适应并行化设计思想，在语句块中提供了并行语句块，同时在串行语句块中又提供了非阻塞赋值语句，这些语法都是并行设计语法。

例 9.4-2　Verilog HDL 串行语句块中并行化描述语句。

(1) 代码 1。

```
module paralle1(clk, in1, in2, in3, in4, out);
    input clk, in1, in2, in3, in4;
    output out;
    reg d1, d2, out;
    always@(posedge clk)
        begin
            d1<=in1&in2;
```

```
        d2<=in3&d1;
        out<=in4|d2;
      end
  endmodule
```

(2) 代码 2。

```
  module paralle1(clk, in1, in2, in3, in4, out);
      input clk, in1, in2, in3, in4;
      output out;
      reg d1, d2, out;
      always@(posedge clk)
          begin
              out<=in4|d2;
              d2<=in3&d1;
              d1<=in1&in2;
          end
  endmodule
```

如图 9.4-2 所示，例 9.4-2 程序(1)和程序(2)表示的是同一个电路，使用了串行语句块和非阻塞赋值语句，可以看到三条非阻塞赋值语句完全是并行的，代码顺序的变化不会影响程序设计的结果。

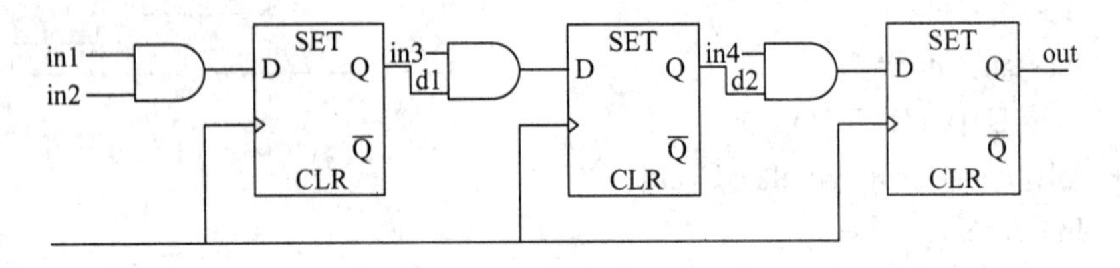

图 9.4-2　例 9.4-2 电路

换一个角度，在 Verilog HDL 中只有串行语句块中的阻塞赋值语句是串行描述方式，其他语法全部都是并行描述方式。这个概念和传统的 C 语言等高级程序设计语言的思想是完全不同的，需要仔细体会。

9.5　非阻塞赋值语句和流水线设计

非阻塞赋值语句是一个很有用的赋值语句，不仅仅因为其设计方式是并行的，另外一个重要的作用是可以利用该语句很方便地进行流水线设计。

数字电路流水线可以提高数字电路的最高工作频率。在数字集成电路中，工作频率是由寄存器到寄存器之间组合电路的最长路径延迟所决定的，当电路的工作频率要求提高时，可以通过在最长路径存在的组合电路上增加寄存器来减小路径延迟，提高电路的工作频率。

图 9.5-1 是一个流水线穿插示意图，对于数字电路图 9.5-1(a)，在其组合电路部分穿插

寄存器，形成流水线图 9.5-1(b)，可以减小路径延迟，提高电路的工作频率。

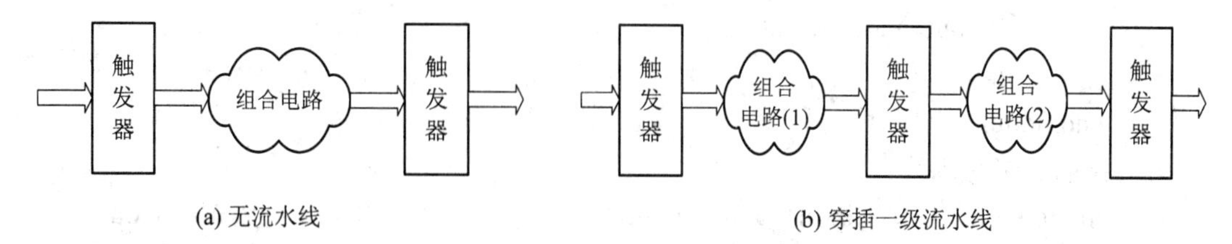

(a) 无流水线　　(b) 穿插一级流水线

图 9.5-1　流水线穿插示意图

需要说明的是，初学者往往会对流水线概念产生疑问，增加了一排寄存器后，实际是增加了一级时钟信号的延迟，电路为什么能提高速度？实际上电路的工作速度和电路的工作频率这两个概念不完全相同，增加流水线后，电路输入和输出的群延迟是增加的，但是当送入的数据不断送进流水线时，处理的整体时间是缩短的，如图 9.5-2 所示。当然，如果一次只处理一个数据，则增加流水线后电路的速度反而会降低。

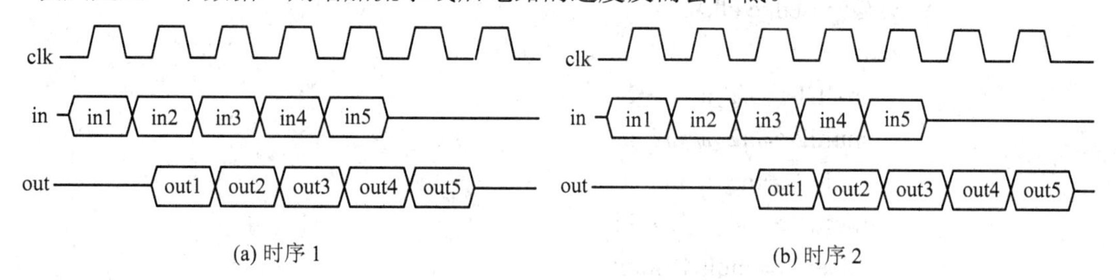

(a) 时序 1　　(b) 时序 2

图 9.5-2　流水线时序示意图

在 Verilog HDL 中，使用非阻塞赋值语句可以很方便地穿插流水线。例 9.5-1 是一个典型的例子，在这个例子中，例 9.5-1 程序(2)将程序(1)中的阻塞赋值改为非阻塞赋值，实现了 2 级流水线穿插。

例 9.5-1　乘加器电路。

(1) 无流水线。

```
module muti_add(clk, in1_a, in1_b, in2_a, in2_b, in3_a, in3_b, in4_a, in4_b, out);
    input clk;
    input [3:0] in1_a, in1_b, in2_a, in2_b, in3_a, in3_b, in4_a, in4_b;
    output [8:0] out;
    reg [8:0] out;
    reg [6:0] mult1, mult2, mult3, mult4;
    reg [7:0] adder1, adder2;
    always@(posedge clk)
        begin
            multi1=in1_a*in1_b;
            multi2=in2_a*in2_b;
            multi3=in3_a*in3_b;
            multi4=in4_a*in4_b;
            adder1= multi1+multi2;
```

```
            adder2= multi3+multi4;
            out=adder1+adder2;
        end
    endmodule
```

(2) 穿插 2 级流水线。

```
    module muti_add(clk, in1_a, in1_b, in2_a, in2_b, in3_a, in3_b, in4_a, in4_b, out);
        input clk;
        input [3:0] in1_a, in1_b, in2_a, in2_b, in3_a, in3_b, in4_a, in4_b;
        output [8:0] out;
        reg [8:0] out;
        reg [6:0] mult1, mult2, mult3, mult4;
        reg [7:0] adder1, adder2;
        always@(posedge clk)
            begin
                multi1<=in1_a*in1_b;
                multi2<=in2_a*in2_b;
                multi3<=in3_a*in3_b;
                multi4<=in4_a*in4_b;
                adder1<= multi1+multi2;
                adder2<= multi3+multi4;
                out<=adder1+adder2;
            end
    endmodule
```

例 9.5-1 程序(1)和程序(2)描述的乘加器电路分别如图 9.5-3(a)和(b)所示。

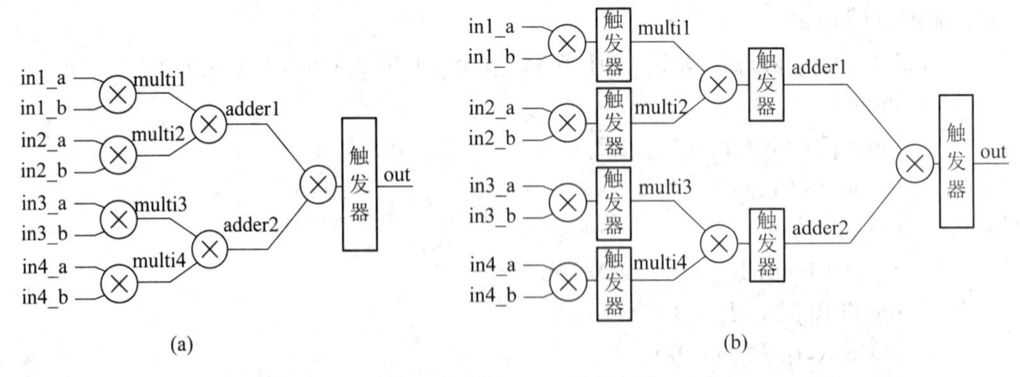

图 9.5-3　例 9.5-1 对应电路

9.6　循环语句在可综合设计中的使用

Verilog HDL 语言在可综合设计时建议不使用循环赋值语句。但是，是否所有循环语句都是不可综合的？

应该指出的是，循环语句是可以用于可综合设计的，但是其使用是有限制的。根据设计经验，其关键问题是循环次数这个量是不是有明确的信号。如果希望用循环次数作为信号，则循环语句是不可以综合的；如果循环次数仅是一个用来标识的变量，没有信号的这个概念，那么是可以综合的。

通过以下两个典型例子来说明：例 9.6-1 是初学者经常会用来设计计数器的错误程序代码。例 9.6-2 是一个典型的可综合循环语句设计例程。

例 9.6-1　循环语句设计模 32 计数器(错误程序)。

```
module count32(clk, q);
    input clk;
    output [4:0] q;
    reg [4:0] q;
    always@(posedge clk)
        for(q=0; q<32; ) q=q+1;
endmodule
```

例 9.6-2　循环语句设计 8bits 右移位寄存器。

```
module shift8_right(clk, shift_in, shift_out);
    input clk, shift_in;
    output shift_out;
    reg [7:0]q;
    integer i:
    assign shift_out =q[0]
    always@(posedge clk)
        begin
            for(i=0; i<7; i++) q[i]<=q[i+1];
            q[7]=shift_in;
        end
endmodule
```

例 9.6-1 是初学者在设计计数器时常犯的一个错误，产生错误的原因可能是由于习惯了 C 语言等高级程序设计语言。Verilog HDL 程序代码中，输出信号 q 用作循环次数标识，在功能仿真时，例 9.6-1 输出 q 结果一直为 31，程序不可综合。

例 9.6-2 是可以综合的，变量 i 用于循环次数标识，并用于矢量信号 q 的位置指示。其展开后代码和本章第 2 节例 9.2-4 代码(1)完全一样，是可以综合的。从另外一个角度，循环语句完全可以用其他 Verilog HDL 可综合语法实现。

9.7　时间优先级的概念

数字集成电路的最高工作频率可由其最长的路径延迟决定，Verilog HDL 对组合电路描述规定了时间优先级。不同的设计代码描述电路的功能相同，但是其电路特性会存在很大的差异性。

应该指出的是，数字集成电路主要由基本的门级和触发器组成，代码风格不同所达到的性能会存在差异性。但是对于 FPGA 等可编程器件，由于其基本单元采用的是 LUT 和触发器的结构，代码风格对于其影响相对小。

本节通过几个例子来说明时间优先级的概念。

9.7.1 if 语句和 case 语句的优先级

If 和 case 语句是 Verilog HDL 中的条件分支语句，这两个语句会产生电路信号的时间优先级。例 9.7-1 是 if 语句具有优先级的情况。例 9.7-1 程序(1)中采用 if-else 语句的嵌套，判断的顺序是 sel[3]、sel[2]、sel[1] 和 sel[0]，信号的优先级是 d、c、b、a、0。例 9.7-1 程序(2)采用的是串行的 if 语句，后面信号的优先级高于前面的优先级，信号的优先级同样是 d、c、b、a、0。对于数字集成电路，这两段代码综合后的电路是相同的，如图 9.7-1 所示。

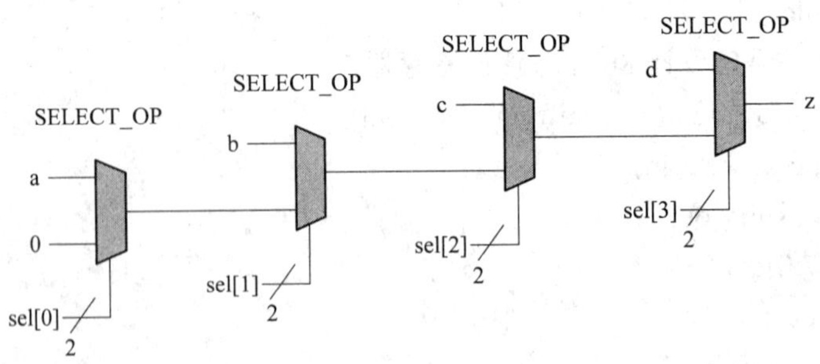

图 9.7-1　if 语句的优先级

例 9.7-1　if 语句的优先级。

(1) if-else 语句的嵌套。

```
module single_if(a, b, c, d, sel, z);
    input a, b, c, d;
    input [3:0] sel;
    output z;
    reg z;
    always@(a or b or c or d or sel)
        begin
            if (sel[3])             z = d;
            else if (sel[2])        z = c;
            else if (sel[1])        z = b;
            else if (sel[0])        z = a;
            else z = 0;
        end
endmodule
```

(2) 串行的 if 语句。

```
module mult_if(a, b, c, d, sel, z);
    input a, b, c, d;
    input [3:0] sel;
    output z;
    reg z;
    always@(a or b or c or d or sel)
        begin
                    z = 0;
          if (sel[0]) z = a;
          if (sel[1]) z = b;
          if (sel[2]) z = c;
          if (sel[3]) z = d;
        end
endmodule
```

case 语句是一种多分支选择语句，与 if 语句类似，同样具有优先级。例 9.7-2 是采用 casex 语句实现图 9.7-1 的例子。在 case 语句中，根据条件选项依次比较，并进行赋值，因此信号的优先级是 d、c、b、a、0。

例 9.7-2　case 语句的优先级。

```
module case1(a, b, c, d, sel, z);
    input a, b, c, d;
    input [3:0] sel;
    output z;
    reg z;
    always@(a or b or c or d or sel)
        begin
          casex (sel)
              4'b1xxx: z = d;
              4'bx1xx: z = c;
              4'bxx1x: z = b;
              4'bxxx1: z = a;
              default: z = 1'b0;
          endcase
        end
endmodule
```

9.7.2　晚到达信号处理

设计时通常知道哪一个信号到达的时间要晚一些。这些信息可用于 Verilog HDL 电路描述，使到达晚的信号离输出近一些。通过在电路中对晚到达的信号进行设计，将其优先级提高，可以减小最长路径，提高电路工作频率。

还是以例 9.7-1 所描述电路为例，当 b 信号是晚到信号时。例 9.7-3 程序(1)和 3 程序(2)与例 9.7-1 在功能上完全相同，但是晚到信号 b_is_late 的延迟最小，可以提高工作频率。

例 9.7-3 if 结构的优先级。

(1) 代码 1。

```
module single_if(a, b, c, d, sel, z);
    input a, b, c, d;
    input [3:0] sel;
    output z;
    reg z;
    always@(a or b or c or d or sel)
        begin
            if (sel[1] & ~(sel[2]|sel[3]))              z = b_is_late;
            else if (sel[3])        z = d;
            else if (sel[2])        z = c;
            else if (sel[0])        z = a;
            else                    z = 0;
        end
endmodule
```

(2) 代码 2。

```
module mult_if_improved(a, b_is_late, c, d, sel, z);
    input a, b_is_late, c, d;
    input [3:0] sel;
    output z;
    reg z, z1;
    always@(a or b_is_late or c or d or sel)
        begin
            z1 = 0;
            if (sel[0])   z1 = a;
            if (sel[2])   z1 = c;
            if (sel[3])   z1 = d;
            if (sel[1] & ~(sel[2]|sel[3]))
                z = b_is_late;
            else z = z1;
        end
endmodule
```

例 9.7-3 程序(1)和程序(2)综合值的代码是相同的，如图 9.7-2 所示。

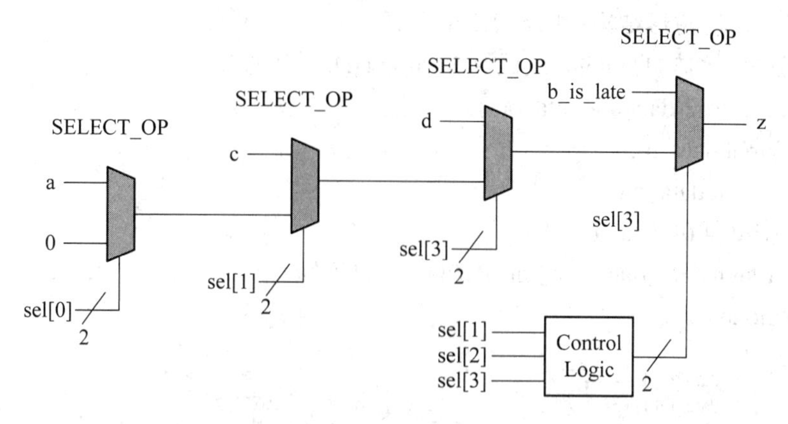

图 9.7-2　考虑晚到信号并具有优先级的 if 结构

9.7.3　重组逻辑结构提高电路平衡性

从前面两小节内容可以看到，Verilog HDL 对于电路的描述对应其具体的电路特性。不同电路结构的结果可能相同，但是其性能存在很大的差异性。当输入信号的时间都相同时，如何获得平衡的电路结构，主要还是从设计目标出发考虑。

例 9.7-4 与例 9.7-5 类似，电路的功能是产生 5 bit 信号的异或运算，例 9.7-4 采用归约运算符，描述代码简单，但是其电路存在优先级，data_in[0] 信号优先级最高，信号延迟最小；data_in[4] 信号优先级最低，信号延迟最大，经过了 5 个门，决定了该电路的最高工作频率。

在输入信号延迟相同的情况下，要求提高工作频率时，可以采用平衡的树形结构。例 9.7-5 采用了平衡的树形结构，data_in[4:1] 信号经过该电路的延迟是相同的(3 个门)，路径延迟减小，相对于例 9.7-4，提高了电路的工作速度。

例 9.7-4　线性结构的归约 XOR 运算。

采用归约运算符实现异或运算的 Verilog HDL 代码如下，电路如图 9.7-3 所示。

```
module xor1(data_in, data_out);
    input data_in;
    output data_out;
    wire [4:0] data_in;
    assign data_out=^data_in;
endmodule
```

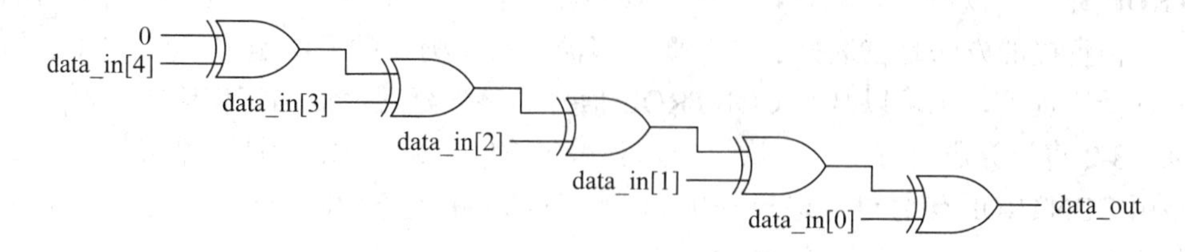

图 9.7-3　例 9.7-4 对应电路

例 9.7-5 平衡树形结构的归约 XOR 运算。

采用平衡树形结构的归约异或运算 Verilog HDL 代码如下，电路如图 9.7-4 所示。

```
module xor2(data_in, data_out);
    input data_in;
    output data_out;
    wire [4:0] data_in;
    assign data_out=data_in[0]^((data_in[1]^data_in[2])^(data_in[3]^data_in[4]));
endmodule
```

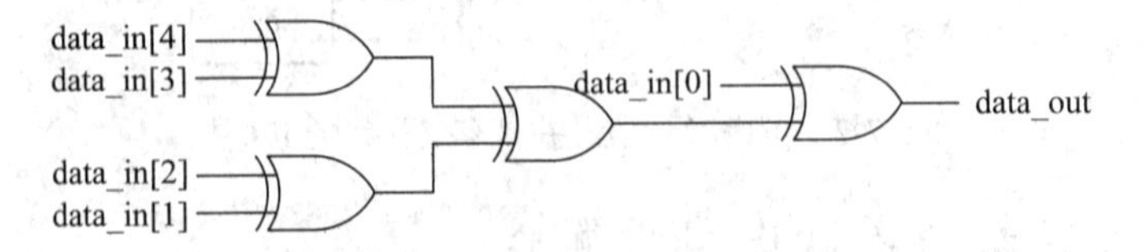

图 9.7-4 例 9.7-5 对应电路

例 9.7-1 例程情况与例 9.7-5 类似，可以仔细分析一下其平衡电路的设计。

9.8 逻辑重复和资源共享

数字集成电路设计是一项很有意思的工作。作为一个好的设计，其主要的设计目标是在保证功能要求的情况下平衡芯片面积、功耗和频率这三个主要指标。在前面内容中讲解的流水线和晚到信号处理等都是用来平衡电路的整体性能手段。

在电路中，面积和工作频率往往是互相矛盾的两个方面，本节对逻辑重复、结构调整和资源共享设计方式进行说明，从而增强数字集成电路平衡设计的概念理解。

9.8.1 逻辑重复

在某些情况下，数字电路是可以通过重复逻辑来提高工作频率的。当电路满足不了工作频率要求时，可以通过增加流水线电路实现，也可以通过重复逻辑的方法实现。

例 9.8-1 是一个地址计算电路，其计算模型是

COUNT=B+(ADDRESS-{8'b00000000, BASE-CONTROL?PTR1:PTR2})

例 9.8-1 采用的是直接进行计算的方式，对于 PTR1 和 PTR2 通过选择器进行选择。当 CONTROL 是一个晚到达的输入信号时，该电路工作频率显然较低。为了提高电路的工作频率，一种直接的方法是在选择器后穿插 1 级流水线，另一种方法是将 CONTROL 信号所控制的选择器提前，也可以减小 CONTROL 信号的整体延迟，提高工作频率。

例 9.8-2 将计算逻辑重复了 1 次，分别获得了 PTR1 和 PTR2 的计算结果，并在最后一级电路用 CONTROL 信号进行选择。例 9.8-2 和例 9.8-1 电路功能一样，但是电路的结构和性能存在不同。

例 9.8-1 先选择再运算结构。

```
module BEFORE (ADDRESS, PTR1, PTR2, B, CONTROL, COUNT);
    input [7:0] PTR1, PTR2;
    input [15:0] ADDRESS, B;
    input CONTROL;              // CONTROL is late arriving
    output [15:0] COUNT;
    parameter [7:0] BASE = 8'b10000000;
    wire [7:0] PTR, OFFSET;
    wire [15:0] ADDR;
    assign PTR = (CONTROL == 1'b1) ? PTR1 : PTR2;
    assign OFFSET = BASE - PTR;
    assign ADDR = ADDRESS - {8'h00, OFFSET};
    assign COUNT = ADDR + B;
endmodule
```

例 9.8-1 电路如图 9.8-1 所示。

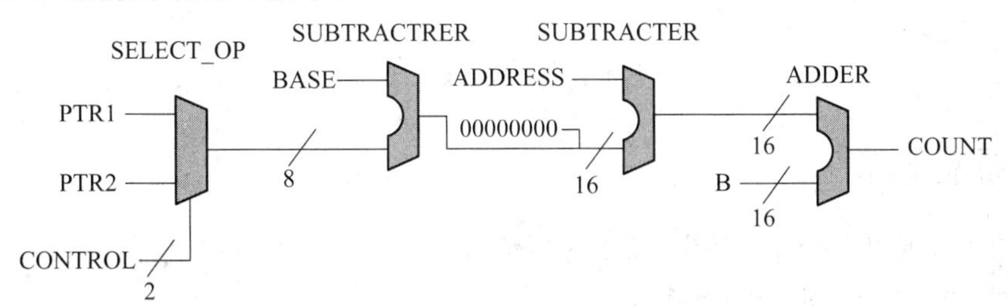

图 9.8-1　例 9.8-1 电路

例 9.8-2　重复计算逻辑后再选择。

```
module PRECOMPUTED (ADDRESS, PTR1, PTR2, B, CONTROL, COUNT);
    input [7:0] PTR1, PTR2;
    input [15:0] ADDRESS, B;
    input CONTROL;
    output [15:0] COUNT;
    parameter [7:0] BASE = 8'b10000000;
    wire [7:0] OFFSET1, OFFSET2;
    wire [15:0] ADDR1, ADDR2, COUNT1, COUNT2;
    assign OFFSET1 = BASE - PTR1;           // Could be f(BASE, PTR)
    assign OFFSET2 = BASE - PTR2;           // Could be f(BASE, PTR)
    assign ADDR1 = ADDRESS - {8'h00 , OFFSET1};
    assign ADDR2 = ADDRESS - {8'h00 , OFFSET2};
    assign COUNT1 = ADDR1 + B;
    assign COUNT2 = ADDR2 + B;
    assign COUNT = (CONTROL == 1'b1) ? COUNT1 : COUNT2;
endmodule
```

例 9.8-2 电路如图 9.8-2 所示。

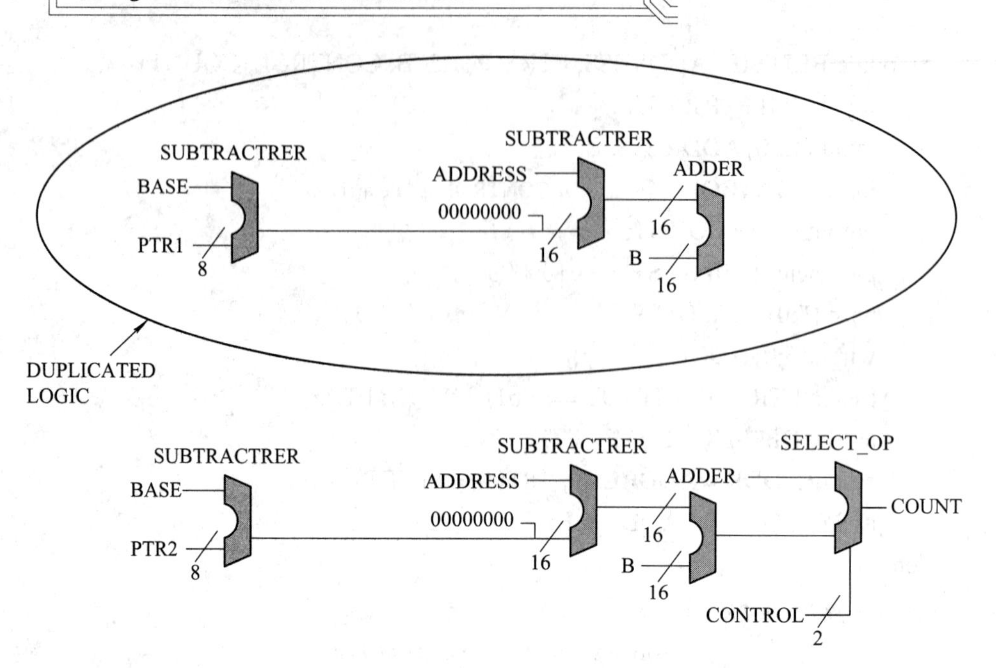

图 9.8-2 例 9.8-2 图

9.8.2 结构调整

如何在最大限度下优化电路，需要对于输入和输出信号的关系进行分析，针对晚到信号进行处理，是一个非常好的方式。

例 9.8-3 是一个典型的例子，例 9.8-3 程序(1)描述的是图 9.8-3 所示电路。当 A 信号是晚到信号时，提高电路工作频率的思路是将信号 A 在电路中的延迟减小。例 9.8-3 程序(2)通过改变电路的结构将 A 信号提前，将固定的信号 24 推后，在保证电路面积不变的情况下，提高了电路的工作频率。

例 9.8-3 结构调整。

(1) 代码 1。

```
module cond_oper(A, B, C, D, Z);
    parameter N = 8;
    input [N-1:0] A, B, C, D;                // A is late arriving
    output [N-1:0] Z;
    reg [N-1:0] Z;
    always@(A or B or C or D)
        begin
            if (A + B < 24)Z <= C;
            else Z<= D;
        end
endmodule
```

例 9.8-3 程序(1)对应电路如图 9.8-3 所示。

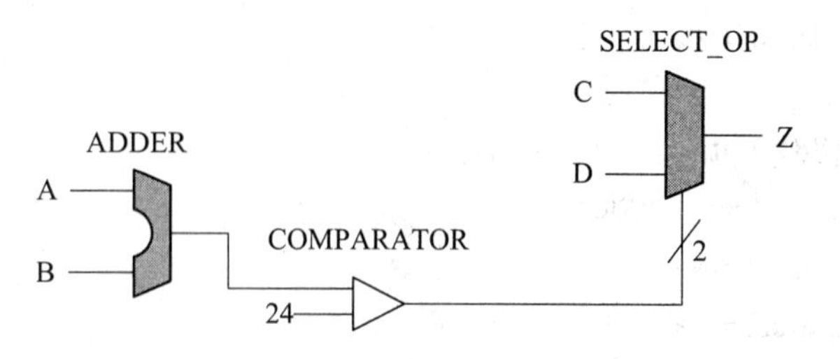

图 9.8-3　例 9.8-3 程序(1)对应电路

(2) 代码 2。

```
module cond_oper_improved (A, B, C, D, Z);
    parameter N = 8;
    input [N-1:0] A, B, C, D;           // A is late arriving
    output [N-1:0] Z;
    reg [N-1:0] Z;
    always@(A or B or C or D)
        begin
          if (A < 24 - B) Z <= C;
          else            Z <= D;
        end
endmodule
```

例 9.8-3 程序(2)对应电路如图 9.8-4 所示。

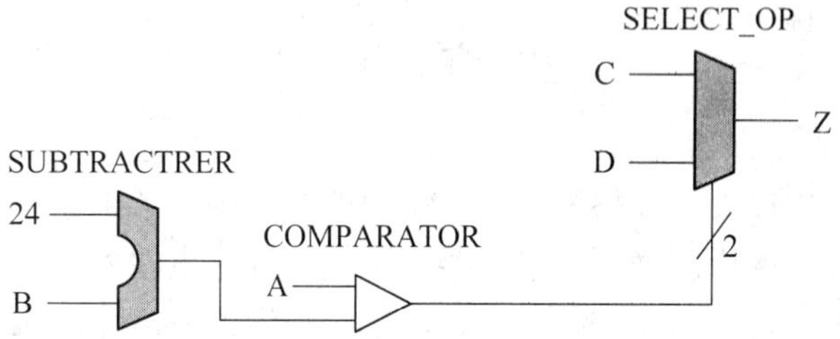

图 9.8-4　例 9.8-3 程序(2)对应电路

9.8.3　资源共享

进行电路设计时，在满足要求的前提下，应尽可能减小电路的面积。通过对电路或者信号的分析，提取相同部分共享，是电路优化的一个重要的途径。例 9.8-4 程序(1)描述的电路是一个对于 a+b 和 a+c 运算的选择。可以看到信号 a 是共享的信号，那么可以通过选择 b 和 c 与 a 相加得到与例 9.8-4 程序(1)相同的结果，如例 9.8-4 程序(2)。可以看到，采用此方式可以减少 1 个 8 位的加法电路，同时电路的工作频率保持一致。

例 9.8-4　资源共享。

(1) 代码 1。

```
module adder(a, b, c, sel, out);
```

```
        input [7:0] a, b, c;
        input sel;
        output [8:0] out;
        wire [8:0] adder1, adder2
        assign adder1=a+b;
        assign adder2=a+c;
        assign out=sel?adder1:adder2；
    endmodule
```

(2) 代码 2。

```
    module adder(a, b, c, sel, out);
        input [7:0] a, b, c;
        input sel;
        output [8:0] out;
        wire [7:0] d;
        assign   d=sel?b:c;
        assign   out=a+d；
    endmodule
```

合理的电路结构是保证电路性能的重要手段，本章内容仅初步进行了分析。任何综合工具所得到的结果取决于设计者基本的电路设计思想，成为一个优秀的 Verilog HDL 设计人员需要不断积累经验，提高对于电路结构的掌握程度。

本 章 小 结

本章对 Verilog HDL 设计风格和使用过程中的难点进行了讲述。通过对比性例程的分析，对 Verilog HDL 中的语法使用、信号类型定义、敏感事件表使用进行了详细的说明。从语法使用角度对 Verilog HDL 并行化设计思想、高速数字电路的流水线设计、循环语句使用、时间优先级、资源共享等概念进行了分析。

与计算机程序设计语言相比，Verilog HDL 有其特殊的设计方法和设计风格。为了提高电路综合工具的有效性，需要深入体会其设计描述方法的特殊性。本章内容对于 Verilog HDL 程序设计会有很大帮助，也是本书的主要贡献之一。

思考题和习题

1. 在 Verilog 语言中，wire 和 register 类型的主要区别是什么？
2. 程序代码如下，信号 a 的赋值是________，b 的赋值是________。

```
module reg_test1;
    reg [2:0] a;
    reg [7:0] b;
```

```
    initial
      begin
          a=-2;
          b=-2;
      end
endmodule
```

3. 用Verilog HDL，采用连接运算符{}，设计一个右移16位移位寄存器。

4. 用Verilog HDL，采用连续赋值语句，设计一个8位奇偶校验器。

5. 在Verilog HDL中，表示clk上升沿触发，rst信号高电平有效电路的敏感事件表达式是什么？

6. 用Verilog HDL设计如图T9-1所示电路。

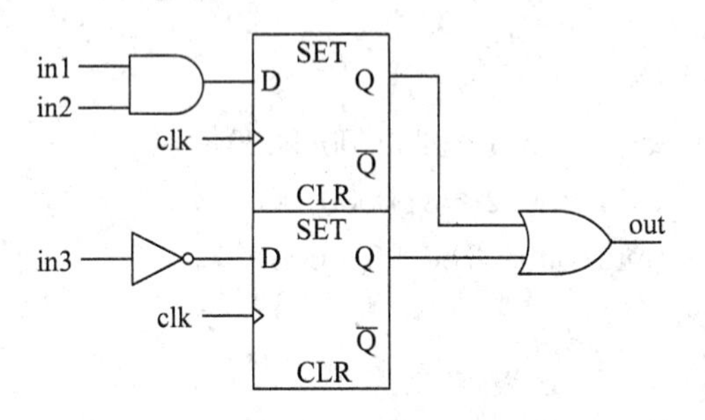

图T9-1　习题6电路图

7. 用Verilog HDL设计如图T9-2所示电路。

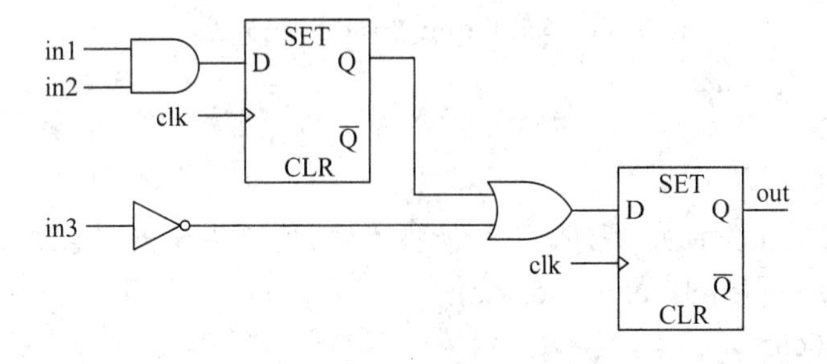

图T9-2　习题7电路图

8. 用Verilog HDL设计如图T9-3所示电路。

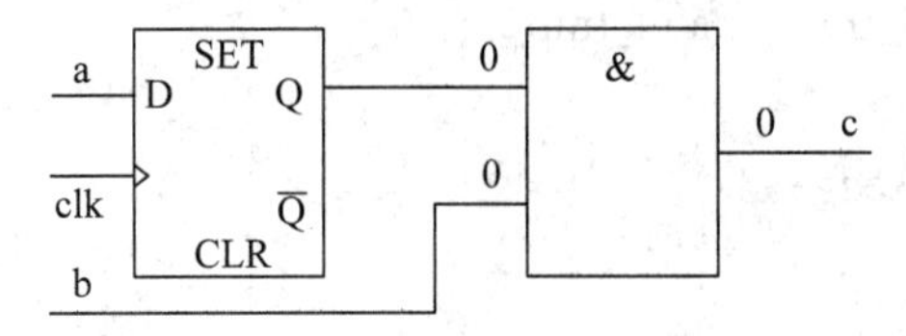

图T9-3　习题8电路图

9. 根据以下Verilog HDL程序，分析所描述的电路，并给出该电路具有多少级流水线。

```
module mul_addtree (clk, clr, mul_a, mul_b, mul_out);
    input clk, clr;
```

```
    input [3:0] mul_a, mul_b;                  // IO 声明
    output [7:0] mul_out;
    reg [7:0] add_tmp_1, add_tmp_2, mul_out;
    wire [7:0] stored0, stored1, stored2, stored3;
    assign stored3=mul_b[3]?{1'b0, mul_a, 3'b0}:8'b0;          // 逻辑设计
    assign stored2=mul_b[2]?{2'b0, mul_a, 2'b0}:8'b0;
    assign stored1=mul_b[1]?{3'b0, mul_a, 1'b0}:8'b0;
    assign stored0=mul_b[0]?{4'b0, mul_a}:8'b0;

    always@(posedge clk or negedge clr)               // 时序控制
        begin
            if(!clr)
                begin
                    add_tmp_1<=8'b0000_0000;
                    add_tmp_2<=8'b0000_0000;
                    mul_out<=8'b0000_0000;
                end
            else
                begin
                    add_tmp_1<=stored3+stored2;
                    add_tmp_2<=stored1+stored0;
                    mul_out<=add_tmp_1+add_tmp_2;
                end
        end
endmodule
```

10. 根据以下 Verilog HDL 程序，分析所描述的电路，并给出该电路具有多少级流水线。

```
module example (clk, a, b, c, d, out);
     input clk;
     input [3:0] a, b, c, d;   // IO 声明
     output [5:0]out;
     reg [4:0] add_tmp_1, add_tmp_2;
     reg [5:0] out;
     always@(posedge clk)
         begin
             add_tmp_1<=a+b;
             add_tmp_2<=c+d;
             out<=add_tmp_1+add_tmp_2;
         end
endmodule
```

11. 用 Verilog HDL，采用循环语句设计一个 16 位左移移位寄存器。

12. 试分析下面两段代码的区别与联系。

代码 1：

```
always@(posedge clk)
    begin
        for(i=0;i<=63; i=i+1)
        mem[i]=i;
    end
```

代码 2：

```
initial
  begin
    for(i=0;i<=63; i=i+1)
    begin
        mem[i]=i;
        @(posedge clk);
    end
  end
```

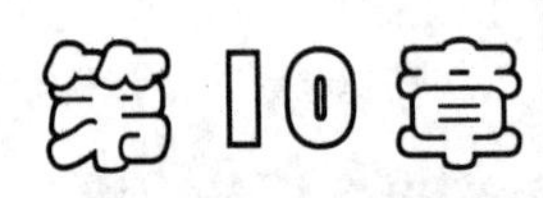

Verilog HDL 高级程序设计

通过前面几章的学习，对运用 Verilog HDL 进行数字系统设计有了比较系统的认识。本章结合工作实践，对几种常用的数字电路的 Verilog HDL 实现给出了实例，以便读者通过这些电路的设计加深对 Verilog HDL 数字电路设计的理解。

10.1 乘法器设计

10.1.1 Wallace 树乘法器

在乘法器的设计中采用树形乘法器，可以减少关键路径和所需的加法器单元数目，Wallace 树乘法器就是其中一种。下面以一个 4×4 位乘法器为例介绍 Wallace 树乘法器及其 Verilog HDL 实现。

Wallace 树乘法器运算原理如图 10.1-1 所示，其中 FA 为全加器，HA 为半加器。从数据最密集的地方开始，不断地反复使用全加器、半加器来覆盖“树”。全加器是一个 3 输入 2 输出的器件，因此全加器又称为 3-2 压缩器。通过全加器将树的深度不断缩减，最终缩减为一个深度为 2 的树。最后一级则采用简单的 2 输入加法器组成。其电路结构如图 10.1-2 所示。

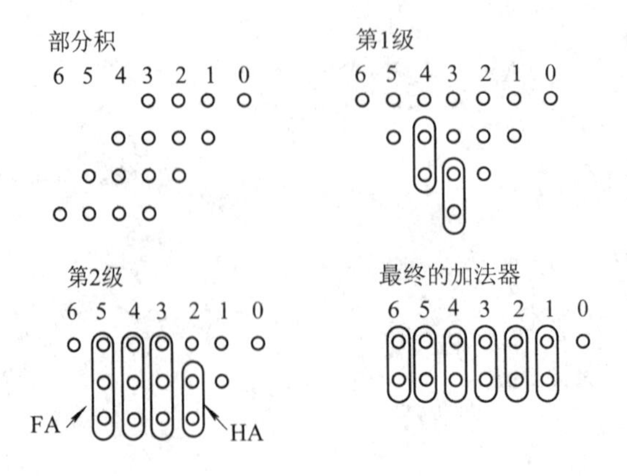

图 10.1-1 Wallace 树乘法器运算原理

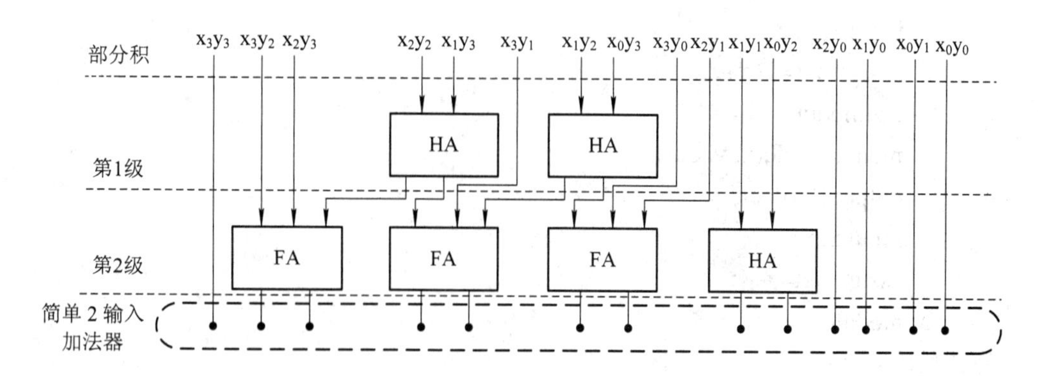

图 10.1-2　Wallace 树乘法器结构图

其 Verilog HDL 代码如下：

```
module wallace(x, y, out);
    parameter size=4;                              // 定义参数
    input [size-1:0] x, y;
    output [2*size-1:0] out;                       // IO 声明
    wire [size*size-1:0] a;
    wire [1:0] b0, b1, c0, c1, c2, c3;      // Wire 型声明
    wire [5:0] add_a, add_b;
    wire [6:0] add_out;
    wire [2*size-1:0] out;
    assign a={x[3], x[3], x[2], x[2], x[1], x[3], x[1], x[0], x[3], x[2], x[1], x[0], x[2], x[1],
              x[0], x[0]} &{y[3], y[2], y[3], y[2], y[3], y[1], y[2], y[3], y[0], y[1], y[1],
              y[2], y[0], y[0], y[1], y[0]};                        // 前置乘法器
    hadd U1(.x(a[8]), .y(a[9]), .out(b0));                          // 2 输入半加器
    hadd U2(.x(a[11]), .y(a[12]), .out(b1));
    hadd U3(.x(a[4]), .y(a[5]), .out(c0));

    fadd U4(.x(a[6]), .y(a[7]), .z(b0[0]), .out(c1));               // 3 输入全加器
    fadd U5(.x(a[13]), .y(a[14]), .z(b0[1]), .out(c2));
    fadd U6(.x(b1[0]), .y(a[10]), .z(b1[1]), .out(c3));

    assign add_a={c3[1], c2[1], c1[1], c0[1], a[3], a[1]};        // 加法器
    assign add_b={a[15], c3[0], c2[0], c1[0], c0[0], a[2]};
    assign add_out=add_a+add_b;
    assign out={add_out, a[0]};
endmodule
module fadd(x, y, z, out);
    output [1:0] out;
```

```
        input x, y, z;
        assign out=x+y+z;
        endmodule
        module hadd(x, y, out);
        output [1:0]out;
        input x, y;
        assign out=x+y;
    endmodule
```

测试代码如下：

```
    module wallace_tb;
        reg [3:0] x, y;
        wire [7:0] out;
        wallace m(.x(x), .y(y), .out(out));           // 模块实例
        initial                                       // 激励信号
        begin
            x=3;   y=4;
            #20 x=2;   y=3;
            #20 x=6;   y=8;
        end
    endmodule
```

仿真结果如图 10.1-3 所示。

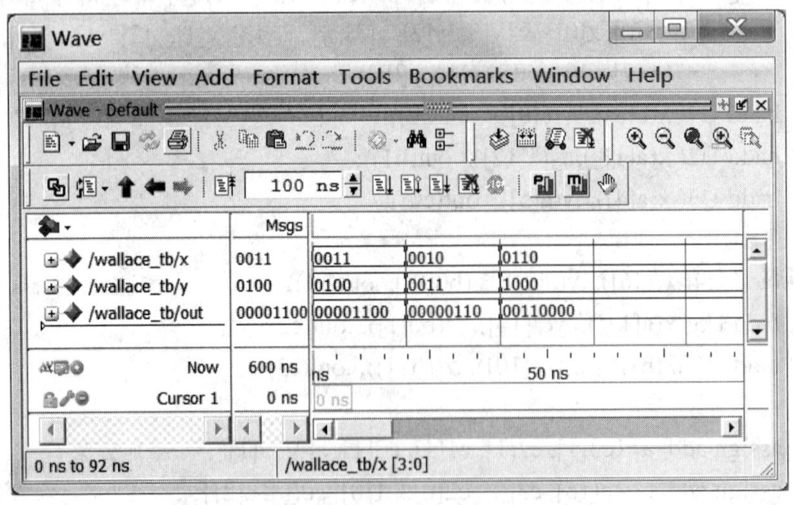

图 10.1-3 Wallace 树乘法器仿真结果

10.1.2 复数乘法器

复数的乘法算法是：设复数 $x = a + bi$，$y = c + di$，则复数相乘结果为

$$x \times y = (a + bi)(c + di) = (ac - bd) + i(ad + bc) \tag{10.1-1}$$

复数乘法器的电路结构如图 10.1-4 所示。将复数 z1 的实部与复数 z2 的实部相乘，减去 z1 的虚部与 z2 的虚部相乘，得到输出结果的实部。将 z1 的实部与 z2 的虚部相乘，加上 z1 的虚部与 z2 的实部相乘，得到输出结果的虚部。

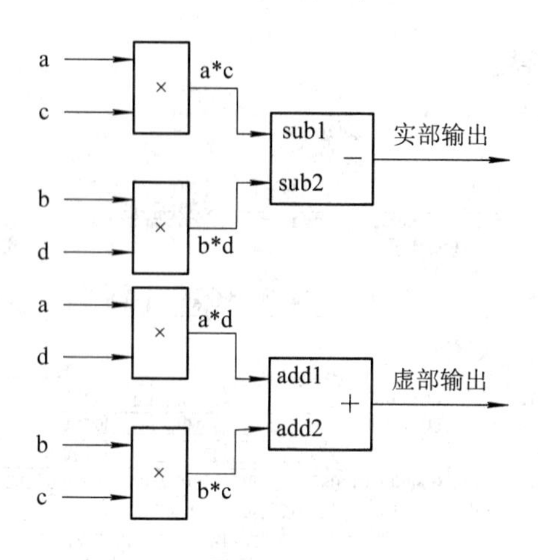

图 10.1-4 复数乘法器原理图

例 10.1-1 用 Verilog HDL 设计实部和虚部均为 4 位 2 进制数的复数乘法器。

```
module complex(a, b, c, d, out_real, out_im);
    input [3:0] a, b, c, d;
    output [8:0] out_real, out_im;
    wire [7:0] sub1, sub2, add1, add2;
    wallace U1(.x(a), .y(c), .out(sub1));
    wallace U2(.x(b), .y(d), .out(sub2));
    wallace U3(.x(a), .y(d), .out(add1));
    wallace U4(.x(b), .y(c), .out(add2));
    assign out_real=sub1-sub2;
    assign out_im = add1+ add2;
endmodule
```

测试模块代码如下：

```
module complex_tb;
    reg [3:0] a, b, c, d;
    wire [8:0] out_real;
    wire [8:0] out_im;
    complex U1(.a(a), .b(b), .c(c), .d(d), .out_real(out_real), .out_im(out_im));
    initial
        begin
            a=2;     b=2;   c=5;   d=4;
            #10
            a=4;  b=3;  c=2;  d=1;
```

```
        #10
        a=3;    b=2;    c=3;    d=4;
    end
endmodule
```

仿真结果如图 10.1-5 所示。

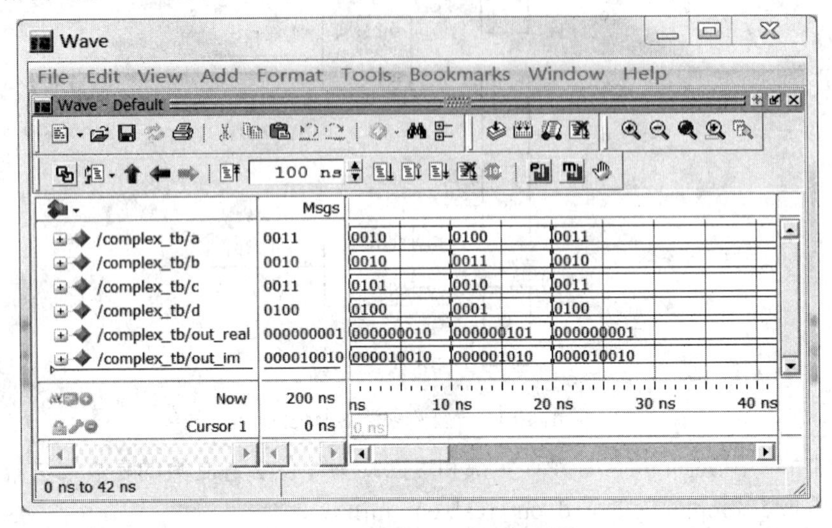

图 10.1-5　复数乘法器仿真结果

10.1.3　向量乘法器

在一些矩阵运算当中经常会用到向量的相乘运算，本节以 4 维向量为例介绍向量乘法器的 Verilog HDL 设计。

若向量

$$a = (a_1, a_2, a_3, a_4)$$

$$b = (b_1, b_2, b_3, b_4)$$

则

$$a \times b = a_1b_1 + a_2b_2 + a_3b_3 + a_4b_4$$

向量的点乘就是将向量对应位置的值相乘，然后相加。其电路结构如图 10.1-6 所示。

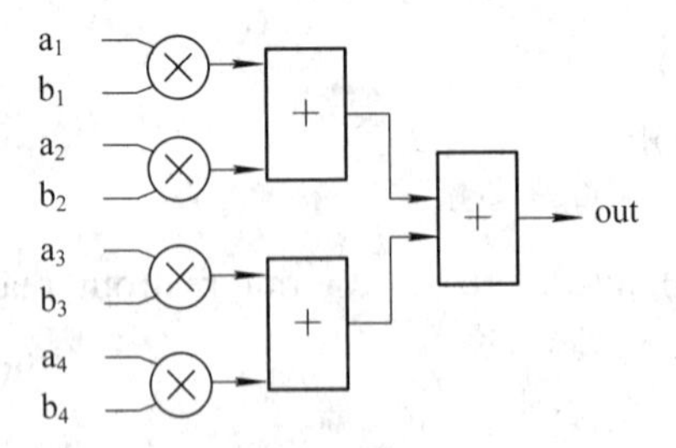

图 10.1-6　向量乘法器原理图

例 10.1-2　用 Verilog HDL 设计一个 4 维向量乘法器。

```
module vector(a1, a2, a3, a4, b1, b2, b3, b4, out);
```

```
        input [3:0] a1, a2, a3, a4, b1, b2, b3, b4;
        output wire [9:0] out;
        wire [7:0] out1, out2, out3, out4;
        wire [8:0] out5, out6;
        wallace m1(.x(a1), .y(b1), .out(out1)) ;
        wallace m2(.x(a2), .y(b2), .out(out2)) ;
        wallace m3(.x(a3), .y(b3), .out(out3)) ;
        wallace m4(.x(a4), .y(b4), .out(out4)) ;
        assign out5 = out1 + out2;
        assign out6 = out3 + out4;
        assign out = out5 + out6;
    endmodule
```

测试代码如下：

```
    module vector_tb;
        reg [3:0] a1, a2, a3, a4;
        reg [3:0] b1, b2, b3, b4;
        wire [9:0] out;
        initial
            begin
                a1=2'b10; a2=2'b10; a3=2'b10; a4=2'b10;
                b1=2'b10; b2=2'b10; b3=2'b10; b4=2'b10;
            end
        vector m(.a1(a1), .a2(a2), .a3(a3), .a4(a4), .b1(b1), .b2(b2), .b3(b3), .b4(b4), .out(out));
    endmodule
```

仿真结果如图 10.1-7 所示。

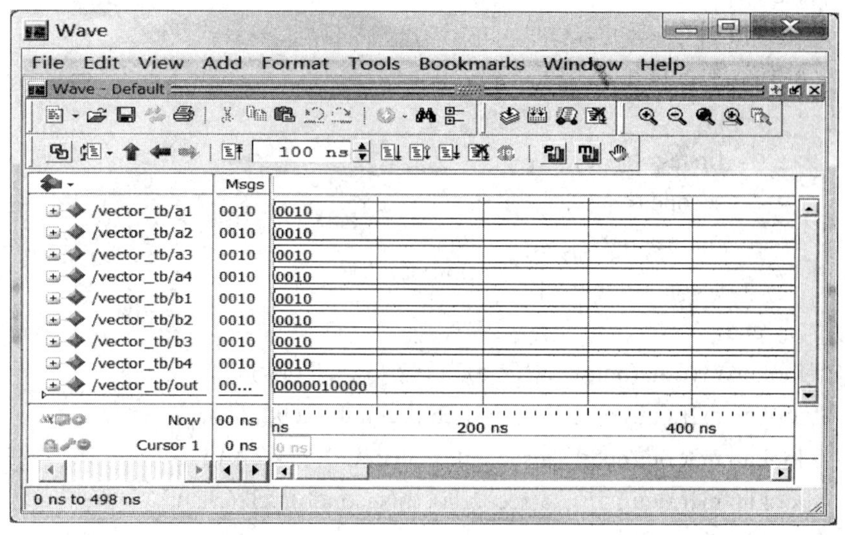

图 10.1-7　向量乘法器仿真结果

10.1.4 查找表乘法器

查找表乘法器是将乘积直接放在存储器中，将操作数作为地址访问存储器，得到的输出结果就是乘法的运算结果。这种乘法器的运算速度就等于所使用的存储器的速度，一般用于较小规模的乘法器。

例如实现一个 2×2 位的乘法，其查找表如表 10.1-1 所示。

但是当乘法器的位数提高时，例如要实现 8×8 位的查找表乘法器就需要 $2^{8+8}\times 16$ 个存储单元，显然这需要一个很大的存储器。那么如何能兼顾速度和资源呢？可以考虑采用部分积技术。可以分别计算每一位或者每两位相乘的结果，再将结果进行移位相加，就得到了最终的结果。这种方法可以大幅度地降低查找表的规模。

表 10.1-1　2×2 位乘法器查找表

	00	01	10	11
00	0000	0000	0000	0000
01	0000	0001	0010	0011
10	0000	0010	0100	0110
11	0000	0011	0110	1001

例 10.1-3　用查找表思想设计一个 4 位乘法器。

```
module lookup_mult(out, a, b, clk);
    output [7:0] out;
    input [3:0] a, b;
    input clk;
    reg [7:0] out;
    reg [1:0] firsta, firstb, seconda, secondb;
    wire [3:0] outa, outb, outc, outd;
    always@(posedge clk)
        begin
            firsta<=a[3:2];
            seconda<=a[1:0];
            firstb<=b[3:2];
            secondb<=b[1:0];
        end
    lookup m1(.out(outa), .a(firsta), .b(firstb), .clk(clk));
    lookup m2(.out(outb), .a(firsta), .b(secondb), .clk(clk));
    lookup m3(.out(outc), .a(seconda), .b(firstb), .clk(clk));
    lookup m4(.out(outd), .a(seconda), .b(secondb), .clk(clk));
    always@(posedge clk)
```

```
    begin
        out<=(outa<<4)+(outb<<2)+(outc<<2)+outd;
    end
endmodule
//查找表
module lookup(out, a, b, clk);
    output [3:0] out;
    input [1:0] a, b;
    input clk;
    reg [3:0] out;
    reg [3:0] address;
    always@(posedge clk)
        begin
            address<={a, b};
            case(address)
                4'b0000:out<=4'b0000;
                4'b0001:out<=4'b0000;
                4'b0010:out<=4'b0000;
                4'b0011:out<=4'b0000;
                4'b0100:out<=4'b0000;
                4'b0101:out<=4'b0001;
                4'b0110:out<=4'b0010;
                4'b0111:out<=4'b0011;
                4'b1000:out<=4'b0000;
                4'b1001:out<=4'b0010;
                4'b1010:out<=4'b0100;
                4'b1011:out<=4'b0110;
                4'b1100:out<=4'b0000;
                4'b1101:out<=4'b0011;
                4'b1110:out<=4'b0110;
                4'b1111:out<=4'b1001;
                default:out<=4'bx;
            endcase
        end
endmodule
```

测试代码如下：

```
module lookup_mult_tb;
    reg [3:0] a, b;
```

```
    reg clk=0;
    wire [7:0] out;
    integer i, j;
    always #10 clk=~clk;
    lookup_mult m1(.out(out), .a(a), .b(b), .clk(clk));
    initial
        begin
            a=0;
            b=0;
            for(i=1; i<15; i=i+1)
                #20 a=i;
        end
    initial
        begin
            for(j=1; j<15; j=j+1)
            #20 b=j;
        end
    initial
        begin
            #360 $stop;
        end
endmodule
```

仿真测试结果如图 10.1-8 所示。

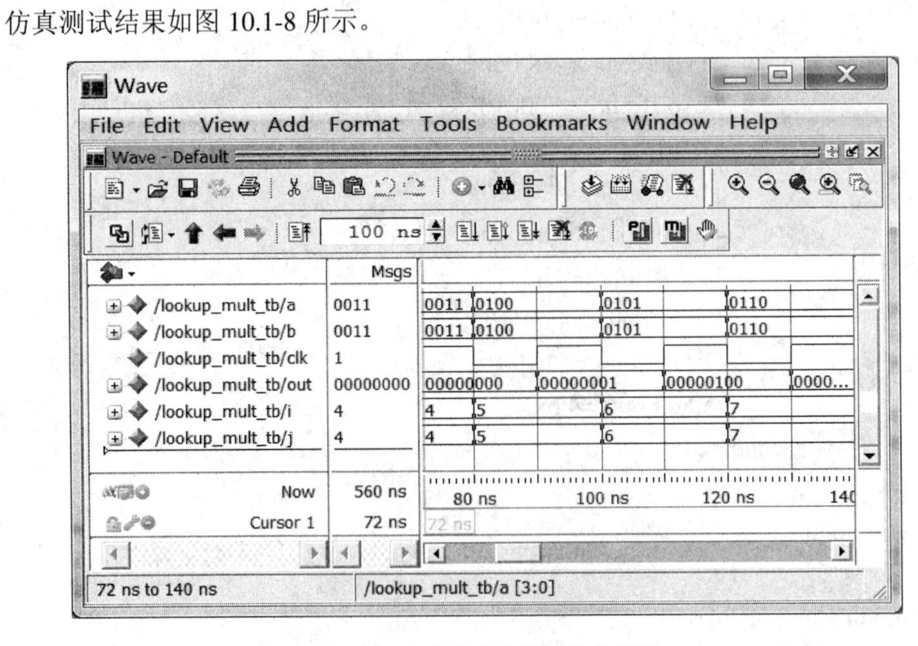

图 10.1-8 查找表乘法器仿真结果

10.2　FIFO Verilog HDL 实现

FIFO(First In First Out)是一种先进先出的数据缓存器，通常用于接口电路的数据缓存。与普通存储器的区别是没有外部读写地址线，可以使用两个时钟分别进行写和读操作。FIFO 只能顺序写入数据和顺序读出数据，其数据地址由内部读写指针自动加 1 完成，不能像普通存储器那样可以由地址线决定读取或写入某个指定的地址。

FIFO 由存储器块和对数据进出 FIFO 的通道进行管理的控制器构成，每次只对一个寄存器提供存取操作，而不是对整个寄存器阵列进行。FIFO 有两个地址指针，一个用于将数据写入下一个可用的存储单元，一个用于读取下一个未读存储单元。读写数据必须一次进行。其读写过程如图 10.2-1 所示。

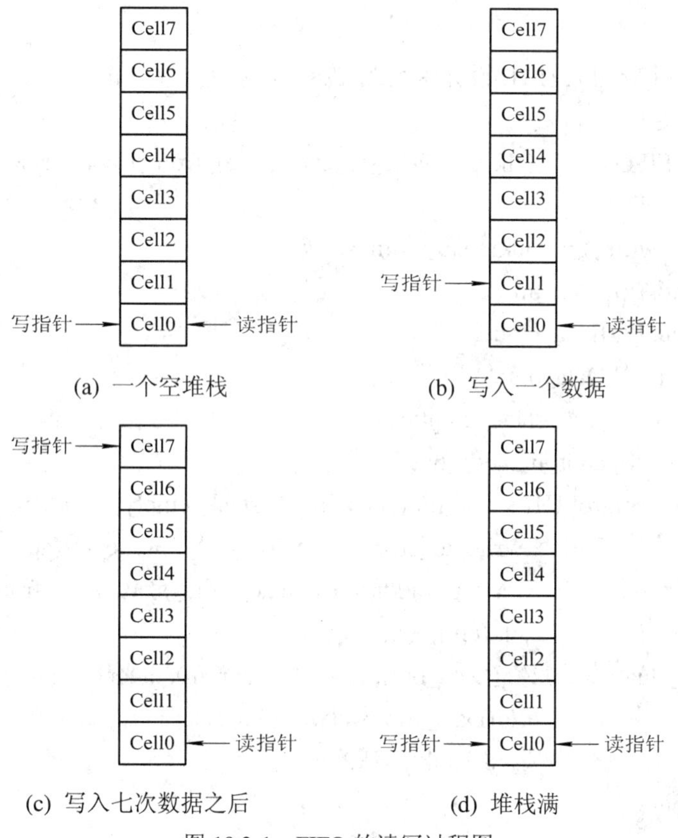

图 10.2-1　FIFO 的读写过程图

当一个堆栈为空时(图 10.2-1(a))，读数据指针和写数据指针都指向第一个存储单元；当写入一个数据时(图 10.2-1(b))，写数据指针将指向下一个存储单元；经过七次写数据操作后(图 10.2-1(c))，写指针将指向最后一个数据单元；当经过连续八次写操作之后写指针将回到首单元并且显示堆栈状态为满(图 10.2-1(d))。数据的读操作和写操作相似，当读出一个数据时，读数据指针将移向下一个存储单元，直到读出全部的数据，此时读指针回到首单元，堆栈状态显示为空。

一个 FIFO 的组成一般包括两个部分：地址控制部分和存储数据的 RAM 部分，如图 10.2-2 所示。地址控制部分可以根据读写指令生成 RAM 地址。RAM 用于存储堆栈数据，并根据控制部分生成的地址信号进行数据的存储和读取操作。这里的 RAM 采用的是前面提到的双口 RAM。

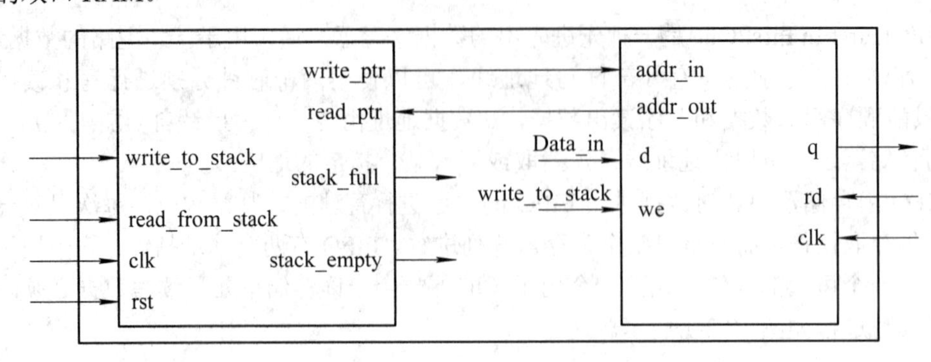

图 10.2-2　FIFO 结构图

例 10.2-1　用 Verilog HDL 设计深度为 128，位宽为 8 的 FIFO。

```
//顶层模块
module FIFO_buffer(clk, rst, write_to_stack, read_from_stack, Data_in, Data_out);
    input clk, rst;
    input write_to_stack, read_from_stack;
    input [7:0] Data_in;
    output [7:0] Data_out;
    wire [7:0] Data_out;
    wire stack_full, stack_empty;
    wire [2:0] addr_in, addr_out;
    FIFO_control U1(.stack_full(stack_full), .stack_empty(stack_empty),
                    .write_to_stack(write_to_stack), .write_ptr(addr_in),
                    .read_ptr(addr_out), .read_from_stack(read_from_stack),
                    .clk(clk), .rst(rst));
    ram_dual     U2(.q(Data_out), .addr_in(addr_in), .addr_out(addr_out),
                    .d(Data_in), .we(write_to_stack), .rd(read_from_stack),
                    .clk1(clk), .clk2(clk));
endmodule
//控制模块
module FIFO_control(write_ptr, read_ptr, stack_full, stack_empty,
                    write_to_stack, read_from_stack, clk, rst);
    parameter stack_width=8;
    parameter stack_height=8;
    parameter stack_ptr_width=3;
```

```
output stack_full;                                    // 堆栈满标志
output stack_empty;                                   // 堆栈空标志
output [stack_ptr_width-1:0] read_ptr;                // 读数据地址
output [stack_ptr_width-1:0] write_ptr;               // 写数据地址
input write_to_stack;                                 // 数据写入堆栈
input read_from_stack;                    // 从堆栈读出数据
input clk;
input rst;
reg [stack_ptr_width-1:0] read_ptr;
reg [stack_ptr_width-1:0] write_ptr;
reg [stack_ptr_width:0] ptr_gap;
reg [stack_width-1:0] data_out;
reg [stack_width-1:0] stack [stack_height-1:0];

// stack status signal
assign stack_full=(ptr_gap==stack_height);
assign stack_empty=(ptr_gap==0);

always@(posedge clk or posedge rst)
if(rst)
   begin
       data_out<=0;
       read_ptr<=0;
       write_ptr<=0;
       ptr_gap<=0;
   end
else if(write_to_stack && (!stack_full) && (!read_from_stack))
   begin
       write_ptr<=write_ptr+1;
       ptr_gap<=ptr_gap+1;
   end
else if(!write_to_stack && (!stack_empty) && (read_from_stack))
   begin
       read_ptr<=read_ptr+1;
       ptr_gap<=ptr_gap-1;
   end
else if(write_to_stack && stack_empty && read_from_stack)
   begin
```

```
            write_ptr<=write_ptr+1;
            ptr_gap<=ptr_gap+1;
         end
      else if(write_to_stack && stack_full && read_from_stack)
         begin
            read_ptr<=read_ptr+1;
            ptr_gap<=ptr_gap-1;
         end
      else if(write_to_stack && read_from_stack
               && (!stack_full)&&(!stack_empty))
         begin
            read_ptr<=read_ptr+1;
            write_ptr<=write_ptr+1;
         end
endmodule
//双端口 RAM
module ram_dual(q, addr_in, addr_out, d, we, rd, clk1, clk2);
   output [7:0] q;               // output data
   input [7:0] d;                // input data
   input [2:0] addr_in;          // write data address signal
   input [2:0] addr_out;         // output data address signal
   input we;                     // write data control signal
   input rd;                     // read data control signal
   input clk1;                   // write data clock
   input clk2;                   // read data clock
   reg [7:0] q;
   reg [7:0] mem[7:0];           // 8*8 bites register
   always@(posedge clk1)
      begin
         if(we)
         mem[addr_in]<=d;
      end
   always@(posedge clk2)
      begin
         if(rd)
         q<=mem[addr_out];
      end
endmodule
```

测试代码如下：

```
module FIFO_tb;
    reg clk, rst;
    reg [7:0]Data_in;
    reg write_to_stack, read_from_stack;
    wire [7:0] Data_out;
    FIFO_buffer    U1(.clk(clk), .rst(rst), .write_to_stack(write_to_stack),
                      .read_from_stack(read_from_stack), .Data_in(Data_in),
                      .Data_out(Data_out));

    initial
      begin
          clk=0;   rst=1;   Data_in=0;   write_to_stack=1;   read_from_stack=0;
          #5 rst=0;
          #155 write_to_stack=0;
          read_from_stack=1;
      end
    always #10 clk=~clk;
    initial
      begin
          repeat(7)
          #20 Data_in=Data_in+1;
      end
endmodule
```

仿真测试结果如图 10.2-3 所示。

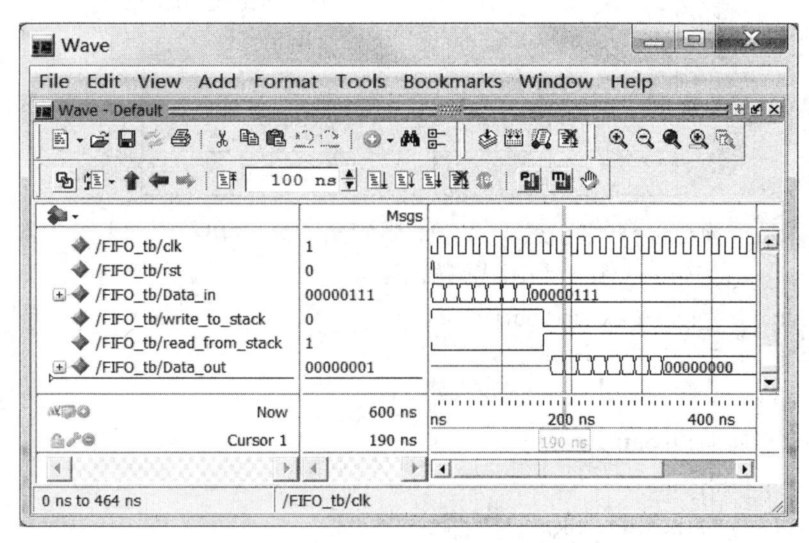

图 10.2-3　FIFO 仿真结果

10.3 log 函数的 Verilog HDL 实现

ASIC 和 FPGA 的一个重要功能是计算加速器，随着通信、自动控制和多媒体信号处理计算量的增大，采用 Verilog HDL 设计计算函数加速器越来越重要。

log 函数是一种典型的单目计算函数，与其相应的还有指数函数、三角函数等。对于单目计算函数的硬件加速器设计一般有两种简单方法：一种是查找表的方式；一种是使用泰勒级数展开成多项式进行近似计算。这两种方式在设计方法和精确度方面有很大的不同。查找表方式是通过存储器进行设计，设计方法简单，其精度需要通过提高存储器深度实现，在集成电路中占用面积大，因此这种方式通常在精度要求不高的近似计算中使用。泰勒级数展开方式采用乘法器和加法器实现，可以通过增加展开级数提高计算精确度。

例 10.3-1 用 Verilog HDL 设计采用查找表方式的 log 函数，输入信号位宽 4 bit，输出信号位宽 8 bit。

单目计算函数的特点是只有一个输入信号和一个输出信号，在结构上与存储器工作原理相似。实现函数操作，是将函数中的计算结果存入存储器中，将输入信号(操作数)作为地址访问存储器，那么存储器输出的结果就是函数的运算结果。由于从存储器中读取数据要比复杂计算的速度快得多，所以通常采用查找表结构可以在很大程度上提高运算速度。查找表的方法一般适用于位数比较低的情况，如果位数较高会占用大量的内存。表 10.3-1 是输入 4 bit、输出 8 bit 信号的 log 函数计算表。

表 10.3-1 log 函数计算表

输入数据	运算结果
1000	00000000
1001	00000111
1010	00001110
1011	00010101
1100	00011001
1101	00100000
1110	00100100
1111	00101000

其中输入数据为一位整数位三位小数位，精确到 2^{-3}，输出结果是两位整数位六位小数位，精确到 2^{-6}。其 Verilog HDL 程序代码如下：

```
module log_lookup(x, clk, out);
    input [3:0] x;
    input clk;
    output [7:0] out;
    reg [7:0] out;
    always@(posedge clk)
        begin
```

```
        case(x)
            4'b1000:out<=8'b00000000;
            4'b1001:out<=8'b00000111;
            4'b1010:out<=8'b00001110;
            4'b1011:out<=8'b00010101;
            4'b1100:out<=8'b00011001;
            4'b1101:out<=8'b00100000;
            4'b1110:out<=8'b00100100;
            4'b1111:out<=8'b00101000;
            default:out<=8'bz;
        endcase
    end
endmodule
```

测试代码如下：

```
module log_lookup_tb;
    reg clk;
    reg [3:0] x;
    wire [7:0] out;
    initial
        begin
            x=4'b1000;
            clk=1'b0;
            repeat(7)
            #10 x=x+1;
        end
    always #5 clk=~clk;
    log_lookup U1(.x(x), .clk(clk), .out(out));
endmodule
```

仿真测试结果如图 10.3-1 所示。

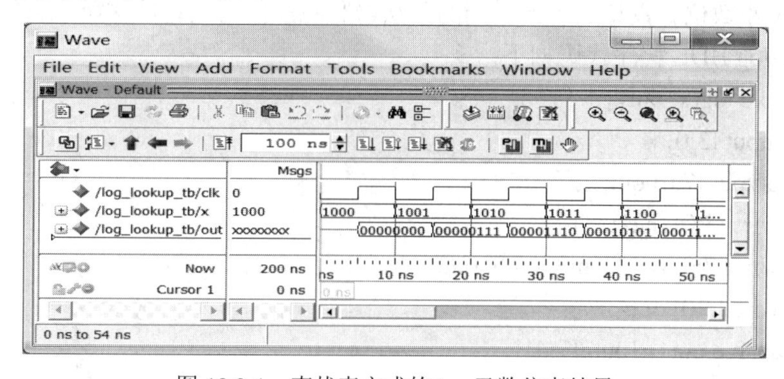

图 10.3-1 查找表方式的 log 函数仿真结果

例 10.3-2 用 Verilog HDL 设计采用泰勒级数展开方式的 log 函数，输入信号位宽 4 bit，输出信号位宽 8 bit。

泰勒级数的定义：若函数 $f(x)$在点的某一邻域内具有直到$(n+1)$阶导数，则在该邻域内 $f(x)$的 n 阶泰勒公式为

$$f(x)=f(x_0)+f'(x_0)(x-x_0)+\frac{1}{2}f''(x_0)(x-x_0)^2+\cdots\frac{1}{n!}f(n)(x-x_0)^n+\cdots \quad (10.3\text{-}1)$$

泰勒级数可以将一些复杂的函数用多项式相加的形式进行近似，从而简化其硬件的实现。$\log_a x$ 在 $x_0=\mathrm{b}$ 处的泰勒展开为

$$\log_a x=\log_a \mathrm{b}+\frac{1}{\mathrm{b}}\log_a \mathrm{e}(x-b)-\frac{1}{2\mathrm{b}^2}\log_a \mathrm{e}(x-b)^2+\cdots \quad (10.3\text{-}2)$$

误差范围为

$$|R_n|=\left|\frac{1}{(n+1)!}\frac{(-1)^n}{[\mathrm{b}+\theta(x-\mathrm{b})]^{n-1}}\log_a \mathrm{e}(x-\mathrm{b})^{n+1}\right|<\frac{1}{(n+1)!}\cdot\frac{1}{\mathrm{b}^{n+1}}\cdot\log_a \mathrm{e}|(x-\mathrm{b})^{n+1}| \quad (10.3\text{-}3)$$

在 $x_0=1$ 处展开为

$$\log x\approx 0.43(x-1)-0.22(x-1)^2 \quad (10.3\text{-}4)$$

误差范围为

$$|R_n|<\frac{1}{3!}\cdot\lg\mathrm{e}|x-1|^3<0.072\ 382 \quad (10.3\text{-}5)$$

电路结构如图 10.3-2 所示。

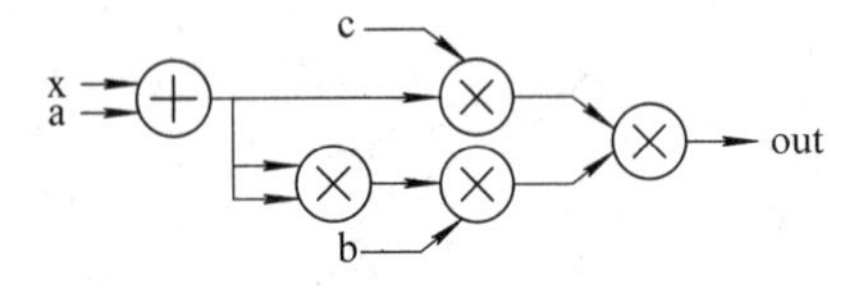

图 10.3-2 泰勒级数展开方式电路结构

上述的 log 函数在 $x=1$ 处展开，并且要求 x 的取值范围为 $1<x<2$，输入 4 位二进制数据 x 精确到 2^{-3}，其中 1 位整数位 4 位小数位，输出 8 位二进制数据精确到 2^{-6}，其中 2 位整数位 6 位小数位。设计当中所用到的乘法器和减法器均采用前文所给出的减法器和乘法器。其 Verilog HDL 程序代码如下：

```
module log(x, out);
    input [3:0] x;
    output [7:0] out;
    wire [3:0] out1;
    wire [7:0] out2, out3, out5, out;
    wire [3:0] out4;
    assign out4={out3[7:4]};
    assign out1=x-4'b1000;                //(x-1)
```

```
    wallace U1(.x(out1), .y(4'b0111), .out(out2));       //[0.43*(x-1)]
    wallace U2(.x(out1), .y(out1), .out(out3));           //(x-1)2
    wallace U3(.x(out4), .y(4'b0011), .out(out5));       // [0.22*(x-1)2]
    assign out=out2-out5;                             // [0.43*(x-1)-0.22*(x-1)2 ]
endmodule
```

测试代码如下：

```
module log_tb;
    reg [3:0] x=4'b1000;
    wire [7:0] out;
    log U1(.x(x), .out(out));
    always
        #10 x=x+1;
    always@(x)
        begin
          if(x==4'b0000)
          $stop;
        end
endmodule
```

仿真测试结果如图 10.3-3 所示。

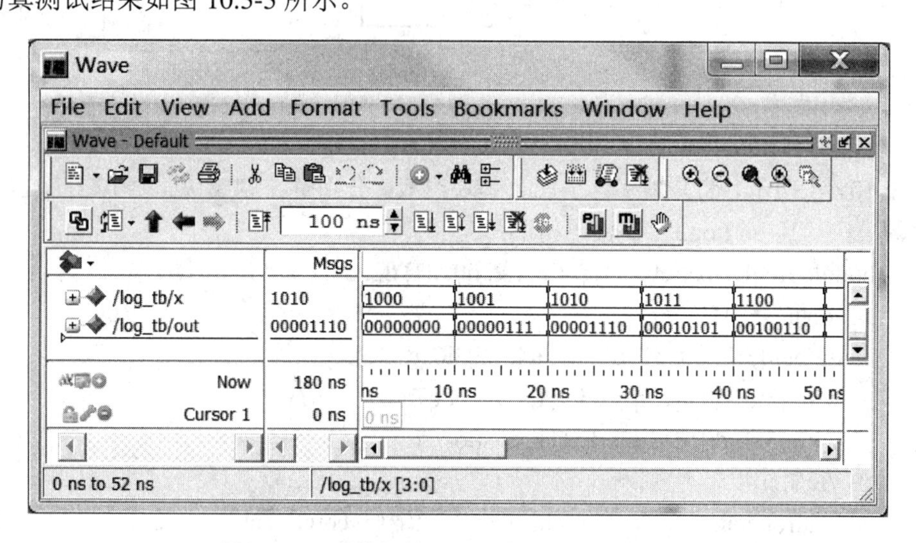

图 10.3-3 泰勒级数展开方式 log 函数仿真结果

10.4 数字频率计

数字频率计是一种可以测量信号频率的数字测量仪器，它常常用来测量方波信号、正弦信号、三角波信号以及其他各种单位时间内变化的物理量。在数字电路中，数字频率计属于时序电路，主要由触发器构成。

例 10.4-1 设计一个 8 位数字显示的简易频率计。

要求：

(1) 能够测试 10 Hz～10 MHz 方波信号。

(2) 电路输入的基准时钟为 1 Hz，要求测量值以 8421BCD 码形式输出。

(3) 系统有复位键。

以 1 Hz 的时钟作为基准信号，测量 10 Hz～10 MHz 的频率。在电路中，采用 8 个级联的模 10 计数器进行计数，8 个模 10 计数器分别输出第 1 位至第 8 位的 8421BCD 码。简易频率计的结构图如图 10.4-1 所示。

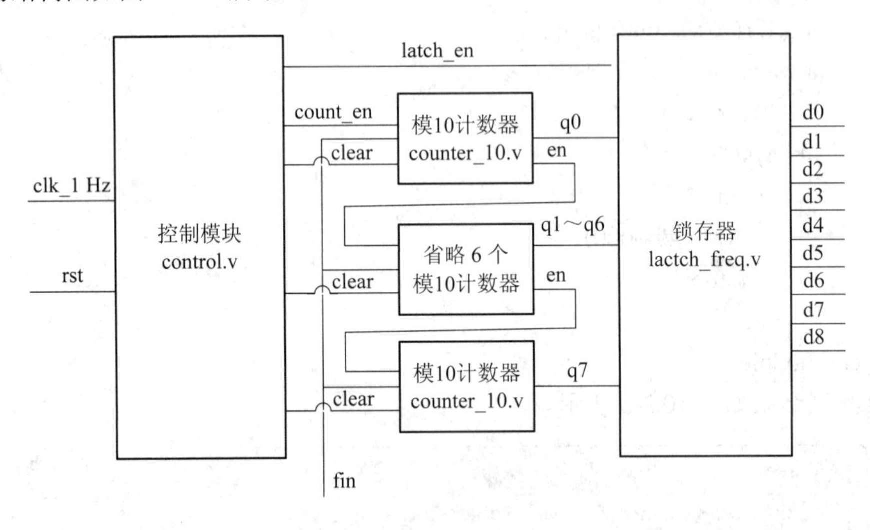

图 10.4-1 简易频率计结构图

如图 10.4-1 所示，简易频率计由三个模块组成，分别是控制模块、模 10 计数器模块以及锁存器模块。其 Verilog HDL 代码如下：

```
module freqDetect(clk_1Hz, fin, rst, d0, d1, d2, d3, d4, d5, d6, d7);
    input clk_1Hz, fin, rst;
    output [3:0] d0, d1, d2, d3, d4, d5, d6, d7;
    wire [3:0] q0, q1, q2, q3, q4, q5, q6, q7;
    wire [3:0] d0, d1, d2, d3, d4, d5, d6, d7;
    //控制模块
    control control(.clk_1Hz(clk_1Hz), .rst(rst), .count_en(count_en),
                    .latch_en(latch_en), .clear(clear));
    //计数器模块
    counter_10 counter0(.en_in(count_en), .clear(clear),
                        .rst(rst), .fin(fin), .en_out(en_out0), .q(q0));
    counter_10 counter1(.en_in(en_out0), .clear(clear),
                        .rst(rst), .fin(fin), .en_out(en_out1), .q(q1));
    counter_10 counter2(.en_in(en_out1), .clear(clear),
```

```
                          .rst(rst), .fin(fin), .en_out(en_out2), .q(q2));
    counter_10 counter3(.en_in(en_out2), .clear(clear),
                          .rst(rst), .fin(fin), .en_out(en_out3), .q(q3));
    counter_10 counter4(.en_in(en_out3), .clear(clear),
                          .rst(rst), .fin(fin), .en_out(en_out4), .q(q4));
    counter_10 counter5(.en_in(en_out4), .clear(clear),
                          .rst(rst), .fin(fin), .en_out(en_out5), .q(q5));
    counter_10 counter6(.en_in(en_out5), .clear(clear),
                          .rst(rst), .fin(fin), .en_out(en_out6), .q(q6));
    counter_10 counter7(.en_in(en_out6), .clear(clear),
                          .rst(rst), .fin(fin), .en_out(en_out7), .q(q7));
    //锁存器模块
    latch u1(.clk_1Hz(clk_1Hz), .rst(rst), .latch_en(latch_en),
            .q0(q0), .q1(q1), .q2(q2), .q3(q3), .q4(q4), .q5(q5), .q6(q6), .q7(q7),
            .d0(d0), .d1(d1), .d2(d2), .d3(d3), .d4(d4), .d5(d5), .d6(d6), .d7(d7));
endmodule
```

控制模块产生计数使能信号、锁存使能信号和计数器清零信号。其工作时序如图 10.4-2 所示。

图 10.4-2 简易频率计工作时序

控制模块 Verilog HDL 代码如下：

```
module control(clk_1Hz, rst, count_en, latch_en, clear);
    input clk_1Hz, rst;
    output count_en, latch_en, clear;
    reg count_en, latch_en, clear;
    reg [1:0] state;
    always@(posedge clk_1Hz or negedge rst)
    if(!rst)
        begin
            state <= 2'd0; count_en <= 1'b0;
            latch_en <= 1'b0; clear <= 1'b0;
```

```
        end
    else
        begin
            case(state)
            2'd0:
                begin
                    count_en <= 1'b1; latch_en <= 1'b0;
                    clear <= 1'b0; state <= 2'd1;
                end
            2'd1:
                begin
                    count_en <= 1'b0; latch_en <= 1'b1;
                    clear <= 1'b0;    state <= 2'd2;
                end
            2'd2:
                begin
                    count_en <= 1'b0; latch_en <= 1'b0;
                    clear <= 1'b1; state <= 2'd0;
                end
            default:
                begin
                    count_en <= 1'b0; latch_en <= 1'b0;
                    clear <= 1'b0; state <= 2'd0;
                end
            endcase
        end
endmodule
```

模 10 计数器当计数使能时开始计数，当计数器到达 4'b1001 时，输出下一模式计数器的使能信号并且计数器清零。

```
module counter_10(en_in, rst, clear, fin, en_out, q);
    input en_in, rst, fin, clear;
    output en_out;
    output [3:0] q;
    reg en_out;
    reg [3:0] q;
    always@(posedge fin or negedge rst)
    if(!rst)
        begin
```

```
            en_out <= 1'b0; q <= 4'b0;
        end
    else if(en_in)
        begin
            if(q == 4'b1001)
                begin
                    q <= 4'b0; en_out <= 1'b1;
                end
            else
                begin
                    q <= q + 1'b1;   en_out <= 1'b0;
                end
        end
    else if(clear)
        begin
            q <= 4'b0; en_out <= 1'b0;
        end
    else
        begin
            q <= q; en_out <= 1'b0;
        end
endmodule
```

当锁存使能时，锁存器将 8 个模 10 计数器的输出值锁存并且输出。

```
module latch(clk_1Hz, latch_en, rst, q0, q1, q2, q3, q4, q5, q6, q7,
                d0, d1, d2, d3, d4, d5, d6, d7);
    input rst, clk_1Hz, latch_en;
    input [3:0] q0, q1, q2, q3, q4, q5, q6, q7;
    output [3:0] d0, d1, d2, d3, d4, d5, d6, d7;
    reg [3:0] d0, d1, d2, d3, d4, d5, d6, d7;
    always@(posedge clk_1Hz or negedge rst)
    if(!rst)
        begin
            d0 <= 4'b0; d1 <= 4'b0; d2 <= 4'b0; d3 <= 4'b0;
            d4 <= 4'b0; d5 <= 4'b0; d6 <= 4'b0; d7 <= 4'b0;
        end
    else if(latch_en)
        begin
            d0 <= q0; d1 <= q1; d2 <= q2; d3 <= q3;
```

```
            d4 <= q4; d5 <= q5; d6 <= q6; d7 <= q7;
        end
    else
        begin
            d0 <= d0; d1 <= d1; d2 <= d2; d3 <= d3;
            d4 <= d4; d5 <= d5; d6 <= d6; d7 <= d7;
        end
endmodule
```

这里以 5 MHz 作为被测频率来测试该程序，其测试代码如下：

```
`timescale 1ns/1ps
module freqDetect_tb;
    parameter CLK1HZ_DELAY = 5_0000_0000;      // 1 Hz 基准信号
    parameter FIN_DELAY = 100;                 // 5 MHz 被测频率
    reg clk_1Hz;
    reg fin;
    reg rst;
    wire [3:0] d0, d1, d2, d3, d4, d5, d6, d7;
    initial
        begin
            rst = 1'b0;
            #1 rst = 1'b1;
        end
    initial
        begin
            fin = 1'b0;
            forever
            #FIN_DELAY     fin = ~fin;
        end
    initial
        begin
            clk_1Hz = 1'b0;
            forever
            #CLK1HZ_DELAY clk_1Hz = ~clk_1Hz;
        end
    freqDetect freqDetect(.clk_1Hz(clk_1Hz), .rst(rst), .fin(fin),
            .d0(d0), .d1(d1), .d2(d2), .d3(d3), .d4(d4), .d5(d5), .d6(d6), .d7(d7));
endmodule
```

仿真测试结果图 10.4-3 所示。

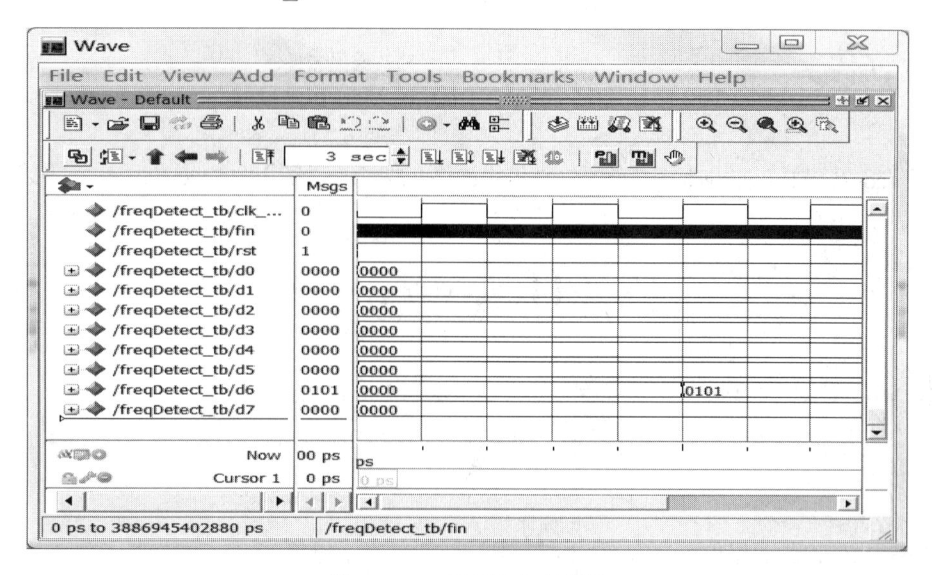

图 10.4-3 频率计仿真结果

10.5 CORDIC 算法的 Verilog HDL 实现

坐标旋转数字计算机(Coordinate Rotation Digital Computer，CORDIC)算法通过移位和加减运算，能递归计算常用函数值如 sin、cos、sinh、cosh 等，最早用于导航系统，使得矢量的旋转和定向运算不需要做查三角函数表、乘法、开方及反三角函数等复杂运算。J. Walther 在 1971 年用它研究了一种能计算出多种超越函数的统一算法。引入参数 m 将 CORDIC 实现的三种迭代模式：三角运算、双曲运算和线性运算统一于同一个表达式下，形成目前所用的 CORDIC 算法的最基本的数学基础。CORDIC 算法的基本思想是通过一系列固定的、与运算基数相关的角度不断偏摆以逼近所需的旋转角度，可用下列等式进行描述。

$$\begin{bmatrix} X_{n+1} \\ Y_{n+1} \end{bmatrix} = \begin{bmatrix} \cos\theta_n & -\sin\theta_n \\ \sin\theta_n & \cos\theta_n \end{bmatrix} \begin{bmatrix} X_n \\ Y_n \end{bmatrix} \tag{10.5-1}$$

提出 $\cos\theta_n$，从而得到

$$\begin{bmatrix} X_{n+1} \\ Y_{n+1} \end{bmatrix} = \cos\theta_n \begin{bmatrix} 1 & -\tan\theta_n \\ \tan\theta_n & 1 \end{bmatrix} \begin{bmatrix} X_n \\ Y_n \end{bmatrix} \tag{10.5-2}$$

这里取 $\theta_n = \arctan\left(\dfrac{1}{2^n}\right)$，所有迭代角度的综合 $\theta = \sum_{n=0}^{\infty} s_n\theta_n$，这里 $s_n = \{-1:1\}$，这是矩阵中的 $\tan\theta_n = s_n 2^{-n}$，所以矩阵就变为

$$\begin{bmatrix} X_{n+1} \\ Y_{n+1} \end{bmatrix} = \cos\theta_n \begin{bmatrix} 1 & -s_n 2^{-n} \\ s_n 2^{-n} & 1 \end{bmatrix} \begin{bmatrix} X_n \\ Y_n \end{bmatrix} \tag{10.5-3}$$

上式中的 $\cos\theta_n = \cos\left(\arctan\left(\frac{1}{2^n}\right)\right)$。随着迭代次数的增加，该式就会收敛为一个常数。

$$k = \frac{1}{p} = \prod_{n=0}^{\infty} \cos\left(\arctan\left(\frac{1}{2^n}\right)\right) \approx 0.607\,253 \tag{10.5-4}$$

k 作为一个常数增益，可以暂不考虑，这时上式就会变为

$$\begin{bmatrix} X_{n+1} \\ Y_{n+1} \end{bmatrix} = \begin{bmatrix} 1 & -s_n 2^{-n} \\ s_n 2^{-n} & 1 \end{bmatrix} \begin{bmatrix} X_n \\ Y_n \end{bmatrix} \tag{10.5-5}$$

如果用 Z 来表示相位累加的部分和，则

$$Z_{n+1} = \theta - \sum_{i=0}^{n} \theta_i \tag{10.5-6}$$

若想使 Z 旋转到 0，则 S_n 的符号由 Z_n 来确定，即

$$s_n = \begin{cases} 1 & Z_n \geqslant 0 \\ -1 & Z_n < 0 \end{cases} \tag{10.5-7}$$

旋转后的最终结果为

$$[x_j, y_j, z_j] = [p(x_i \cos(z_i) - y_i \sin(z_i)), p(y_i \cos(z_i) - x_i \sin(z_i)), 0] \tag{10.5-8}$$

对于一组特殊的初始值

$$\begin{cases} x_i = \frac{1}{p} = k \approx 0.607\,25 \\ y_i = 0 \\ z_i = \theta \end{cases} \tag{10.5-9}$$

得到的结果为

$$[x_i, y_i, z_i] = [\cos\theta, \sin\theta, 0]$$

这种工作模式称为旋转工作模式。通过旋转模式就可以求出一个角度的 sin 和 cos 值。

CORDIC 算法的实现方式主要有两种：迭代结构和流水线结构。

1. 迭代结构

简单地将 CORDIC 算法的公式复制到硬件描述上，就可以实现迭代的 CORDIC 算法，这种结构每个周期都将计算一次式(10.5-1)～式(10.5-9)所示的迭代，其结构如图 10.5-1 所示。

2. 流水线结构

流水线结构虽然比迭代结构占用的资源多，但是它大大提高了数据的吞吐率。流水线结构是将迭代结构展开，因此 n 个处理单元中的每一个都可以同时并行处理一个相同的迭代运算。其结构如图 10.5-2 所示。

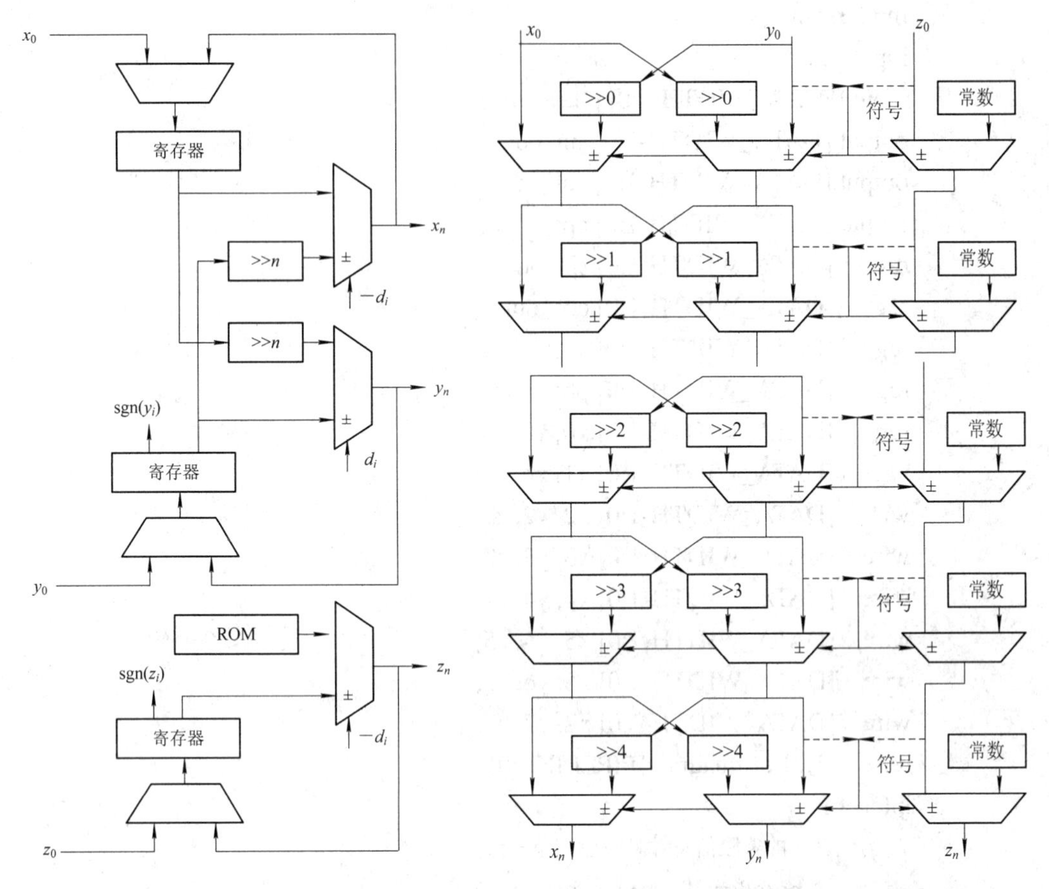

图 10.5-1 CORDIC 算法迭代结构示意图　　图 10.5-2 CORDIC 算法流水线结构示意图

例 10.5-1 用 Verilog HDL 设计基于 7 级流水结构求正余弦的 CORDIC 算法。

在 CORDIC 算法中有一个初始的 x、y 值。输入变量 z 是角度变量，首先将 x、y 输入到固定移位次数的移位寄存器进行移位，然后将结果输入到加/减法器，并且根据角度累加器的输出结果来确定加减法器的加减操作，这样就完成了一次迭代，将此次迭代运算的结果作为输入传送到下一级的迭代运算，将迭代运算依次进行下去，当达到所需要的迭代次数(本例为 7 次)的时候将结果输出，就得到想要的结果。所以整个 CORDIC 处理器就是一个内部互联的加/减法器阵列。其结构如图 10.5-3 所示。

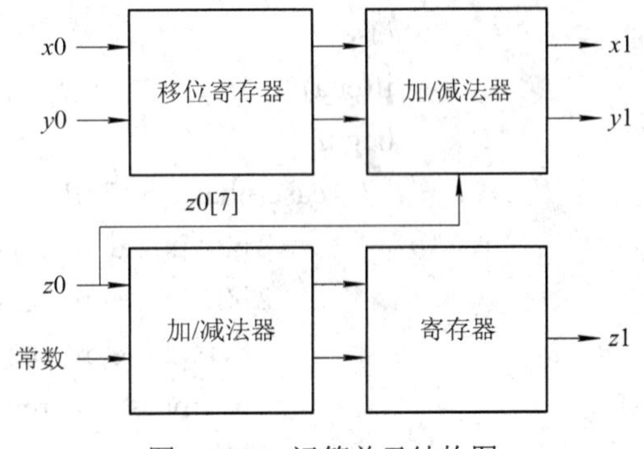

图 10.5-3 运算单元结构图

Verilog 程序代码如下：

```
module sincos(clk, rst_n, ena, phase_in, sin_out, cos_out, eps);
    parameter   DATA_WIDTH=8;
    parameter   PIPELINE=8;
    input clk;
    input rst_n;
    input ena;
    input [DATA_WIDTH-1:0] phase_in;
    output [DATA_WIDTH-1:0] sin_out;
    output [DATA_WIDTH-1:0] cos_out;
    output [DATA_WIDTH-1:0] eps;
    reg     [DATA_WIDTH-1:0] sin_out;
    reg     [DATA_WIDTH-1:0] cos_out;
    reg     [DATA_WIDTH-1:0] eps;
    reg     [DATA_WIDTH-1:0] phase_in_reg;
    reg     [DATA_WIDTH-1:0] x0, y0, z0;
    wire    [DATA_WIDTH-1:0] x1, y1, z1;
    wire    [DATA_WIDTH-1:0] x2, y2, z2;
    wire    [DATA_WIDTH-1:0] x3, y3, z3;
    wire    [DATA_WIDTH-1:0] x4, y4, z4;
    wire    [DATA_WIDTH-1:0] x5, y5, z5;
    wire    [DATA_WIDTH-1:0] x6, y6, z6;
    wire    [DATA_WIDTH-1:0] x7, y7, z7;
    reg     [1:0]    quadrant[PIPELINE:0];
    integer i;
    // 得到真实的象限信息并且映射到第一象限
    always@(posedge clk or negedge rst_n)
    begin
        if(!rst_n)
        phase_in_reg<=8'b0000_0000;
        else
        if(ena)
        begin
            case(phase_in[7:6])
                2'b00:phase_in_reg<=phase_in;
                2'b01:phase_in_reg<=phase_in-8'h40; //-pi/2
                2'b10:phase_in_reg<=phase_in-8'h80; //-pi
                2'b11:phase_in_reg<=phase_in-8'hc0; //-3pi/2
                default:;
            endcase
```

```
        end
    end
// 定义常量 x=0.60725, y=0;
    always@(posedge clk or negedge rst_n)
    begin
        if(!rst_n)
        begin
            x0<=8'b0000_0000;
            y0<=8'b0000_0000;
            z0<=8'b0000_0000;
        end
        else
        if(ena)
        begin
            x0<=8'h4D;
            y0<=8'h00;
            z0<=phase_in_reg;
        end
    end
    lteration #(8, 0, 8'h20)   u1(.clk(clk), .rst_n(rst_n), .ena(ena), .x0(x0),
                                  .y0(y0), .z0(z0), .x1(x1), .y1(y1), .z1(z1));
    lteration #(8, 1, 8'h12)   u2(.clk(clk), .rst_n(rst_n), .ena(ena), .x0(x1),
                                  .y0(y1), .z0(z1), .x1(x2), .y1(y2), .z1(z2));
    lteration #(8, 2, 8'h09)   u3(.clk(clk), .rst_n(rst_n), .ena(ena), .x0(x2),
                                  .y0(y2), .z0(z2), .x1(x3), .y1(y3), .z1(z3));
    lteration #(8, 3, 8'h04)   u4(.clk(clk), .rst_n(rst_n), .ena(ena), . x0(x3),
                                  .y0(y3), .z0(z3), .x1(x4), .y1(y4), .z1(z4));
    lteration #(8, 4, 8'h02)   u5(.clk(clk), .rst_n(rst_n), .ena(ena), .x0(x4),
                                  .y0(y4), .z0(z4), .x1(x5), .y1(y5), .z1(z5));
    lteration #(8, 5, 8'h01)   u6(.clk(clk), .rst_n(rst_n), .ena(ena), .x0(x5),
                                  .y0(y5), .z0(z5), .x1(x6), .y1(y6), .z1(z6));
    lteration #(8, 6, 8'h00)   u7(.clk(clk), .rst_n(rst_n), .ena(ena), .x0(x6),
                                  .y0(y6), .z0(z6), .x1(x7), .y1(y7), .z1(z7));
// 保存象限信息
    always@(posedge clk or negedge rst_n)
    begin
        if(!rst_n)
        for(i=0; i<=PIPELINE; i=i+1)
        quadrant[i]<=2'b00;
```

```
        else
        if(ena)
        begin
            for(i=0; i<=PIPELINE; i=i+1)
            quadrant[i+1]<=quadrant[i];
            quadrant[0]<=phase_in[7:6];
        end
    end
    // 输出结果
    always@(posedge clk or negedge rst_n)
    begin
        if(!rst_n)
        begin
            sin_out<=8'b0000_0000;
            cos_out<=8'b0000_0000;
            eps<=8'b0000_0000;
          end
          else
          if(ena)
          case(quadrant[7])
            2'b00:begin
                sin_out<=y6;
                cos_out<=x6;
                eps<=z6;
            end
            2'b01:begin
                sin_out<=x6;
                cos_out<=~(y6)+1'b1;
                eps<=z6;
            end
            2'b10:begin
                sin_out<=~(y6)+1'b1;
                cos_out<=~(x6)+1'b1;
                eps<=z6;
            end
            2'b11:begin
                sin_out<=~(x6)+1'b1;
                cos_out<=y6;
```

```
                    eps<=z6;
                end
            endcase
        end
endmodule
//迭代模块
module lteration(clk, rst_n, ena, x0, y0, z0, x1, y1, z1);
    parameter   DATA_WIDTH=8;
    parameter   shift=0;
    parameter   constant=8'h20;
    input clk, rst_n, ena;
    input [DATA_WIDTH-1:0]        x0, y0, z0;
    output [DATA_WIDTH-1:0]       x1, y1, z1;
    reg [DATA_WIDTH-1:0]          x1, y1, z1;
    always@(posedge clk or negedge rst_n)
    begin
        if(!rst_n)
        begin
            x1<=8'b0000_0000;
            y1<=8'b0000_0000;
            z1<=8'b0000_0000;
        end
        else
        if(ena)
        if(z0[7]==1'b0)
        begin
            x1<=x0-{{shift{y0[DATA_WIDTH-1]}}, y0[DATA_WIDTH-1:shift]};
            y1<=y0+{{shift{x0[DATA_WIDTH-1]}}, x0[DATA_WIDTH-1:shift]};
            z1<=z0-constant;
        end
        else
        begin
            x1<=x0+{{shift{y0[DATA_WIDTH-1]}}, y0[DATA_WIDTH-1:shift]};
            y1<=y0-{{shift{x0[DATA_WIDTH-1]}}, x0[DATA_WIDTH-1:shift]};
            z1<=z0+constant;
        end
    end
endmodule
```

测试代码如下：

```
module sincos_tb;
    reg clk, rst_n, ena;
    reg [7:0] phase_in;
    wire [7:0] sin_out, cos_out, eps;
    sincos U1(.clk(clk), .rst_n(rst_n), .ena(ena), .phase_in(phase_in),
              .sin_out(sin_out), . cos_out(cos_out), .eps(eps));
    initial
    begin
        clk=0;   rst_n=0;   ena=1;
        phase_in=8'b0000_0000;
        #3 rst_n=1;
    end
    always #5 clk=~clk;
    always #10
    phase_in=phase_in+1;
endmodule
```

仿真测试结果如图 10.5-4 所示。

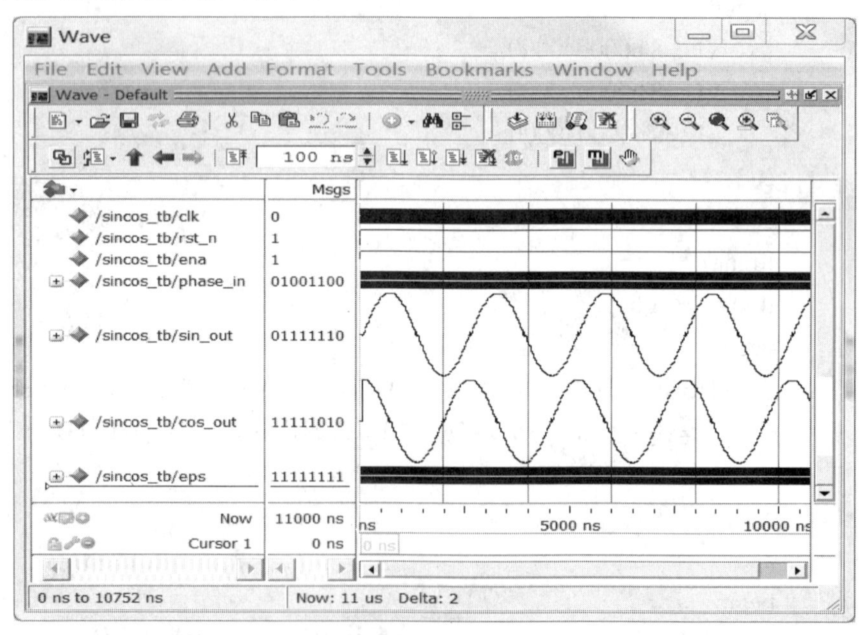

图 10.5-4 正余弦函数的 CORDIC 算法实现仿真结果

10.6 巴克码相关器设计

在通信系统中，数字相关器起到数字匹配滤波的作用，它可以对特定码序列进行相关处理，从而完成信号的解码，恢复传送的信息。与模拟相关器相比，数字相关器灵活性强、功耗低、易于集成，广泛用于帧同步字检测、扩频接收机、误码校正以及模式匹配等领域。

这里以 11 位巴克码序列峰值相关器为例讲解相关器的实现。巴克码相关器能够检测巴克码序列峰值，并且能够在 1 bits 错误情况下检测巴克码序列峰值。

巴克码是 20 世纪 50 年代初 R.H.巴克提出的一种具有特殊规律的二进制码组。它是一个非周期序列，一个 n 位的巴克码{x_1，x_2，x_3，…，x_n}，每个码元只可能取值 +1 或 –1。而 11 位的巴克码则是 11'b11100010010。

巴克码检测器输入是 1 位序列，需要先移至移位寄存器中，再将移位寄存器中的值与标准巴克码同或，通过判断同或值是否大于阈值来确定巴克码。巴克码检测器结构如图 10.6-1 所示。

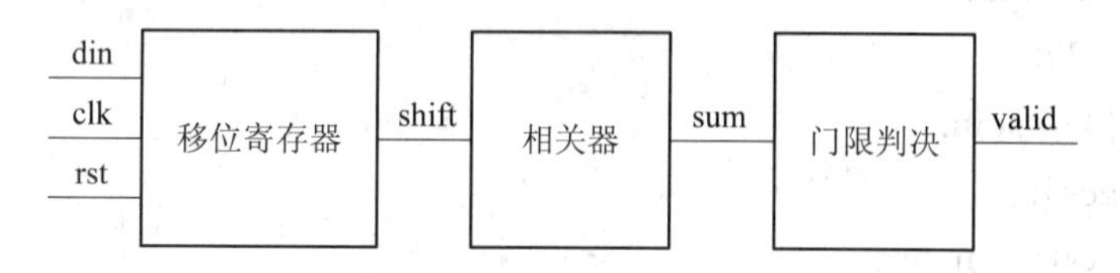

图 10.6-1 巴克码检测器结构图

巴克码检测器的 Verilog HDL 代码如下：

```
module buc(clk, rst, din, valid, threshold);
    input clk, rst;
    input din, threshold;
    output valid;
    wire [10:0] data_buc;
    wire [3:0] threshold;
    buc_deviderU1(.din_buc(data_buc), .threshold(threshold), .valid(valid));
    buc_recieveU2(.clk(clk), .rst(rst), .din(din), .dout_buc(data_buc));
endmodule
//**********************数据接收模块********************//
module buc_recieve(clk, rst, din, dout_buc);
    input clk,rst;
    input din;
    output [10:0] dout_buc;
    reg [10:0] dout_buc;
    always@(posedge clk or negedge rst)
        if(!rst)
        begin
            dout_buc<=11'b0;
        end
        else
        begin
```

```
            dout_buc<={dout_buc[9:0],din};
        end
endmodule
//**********************巴克码检测模块*********************//
module buc_devider(din_buc, threshold, valid);
    parameter LENGTH=11;
    parameter BUC=11'b11100010010;
    input [10:0] din_buc;
    input [3:0] threshold;
    output valid;
    reg valid;
    reg [4:0] sum;
    integer i;
    always@(din_buc)
    begin
        sum=0;
        for(i=0;i<LENGTH;i=i+1)
            if(din_buc[i]^~BUC[i] == 1)
                sum=sum+1;
            else
                sum=sum-1;
    end
    always@(sum or threshold)
    begin
      if(sum[4]==0)
        begin
            if(sum[3:0]>=threshold)
                valid=1;
            else
                valid=0;
        end
        else
                valid=0;
        end
 endmodule
```

这里以三组序列来测试巴克码检测器，分别是 11'b11100010011、11'b11100010001、11'b11100010010。11'b11100010011 与标准巴克码之间有 2 位不同，11'b11100010001 与标准巴克码之间有 1 位不同，11'b11100010010 则为标准巴克码。

巴克码检测器测试程序如下：

```
module barc_tb;
    reg clk, rst, din;
    reg [3:0] threshold;
    reg [32:0] data;
    initial
    begin
        clk = 1'b0;
        forever #10 clk = ~clk;
    end
    initial
    begin
        rst = 1'b0;
        #5 rst = 1'b1;
    end
    initial
    begin
        data = 33'b11100010011_11100010001_11100010010;
        threshold=4'b1001;
    end
    integer i;
    always@(posedge clk or negedge rst)
        if(!rst)
        begin
            din = 1'b0; i = 32;
        end
        else
        begin
            if(i == 0)
            begin
               din = data[i]; i = 32;
            end
            else
            begin
               din = data[i]; i = i - 1;
            end
        end
     buc   v1(.clk(clk), .rst(rst), .din(din), .valid(valid), .threshold(threshold));
```

endmodule

仿真测试结果如图 10.6-2 所示。

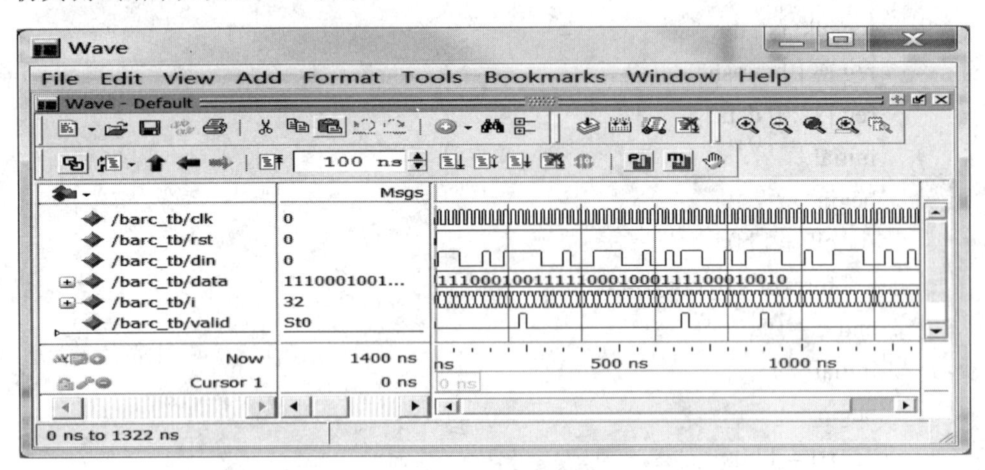

图 10.6-2　巴克码检测器仿真结果

10.7　FIR 滤波器设计

滤波器就是对特定的频率或者特定频率以外的频率进行消除的电路，被广泛用于通信系统和信号处理系统中。从功能角度，数字滤波器对输入离散信号的数字代码进行运算处理，以达到滤除频带外信号的目的。

有限冲激响应(FIR)滤波器就是一种常用的数字滤波器，采用对已输入样值的加权和来形成它的输出。其系统函数为

$$H(z)=\frac{y(z)}{x(z)}=a+bz^{-1}+cz^{-2} \tag{10.7-1}$$

其中 z^{-1} 表示延时一个时钟周期，z^{-2} 表示延时两个时钟周期。

对于输入序列 $X[n]$ 的 FIR 滤波器可用图 10.7-1 所示的结构示意图来表示，其中 $X[n]$ 是输入数据流。各级的输入连接和输出连接被称为抽头，系数(b_0，b_1，…，b_n)被称为抽头系数。一个 M 阶的 FIR 滤波器将会有 M+1 个抽头。通过移位寄存器用每个时钟边沿 n(时间下标)处的数据流采样值乘以抽头系数，并将它们加起来形成输出 $Y[n]$。

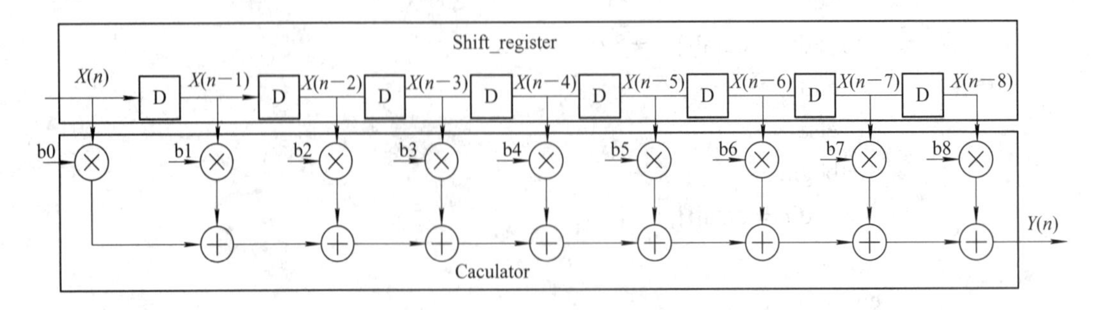

图 10.7-1　FIR 滤波器结构示意图

10.7.1　FIR 滤波器 Verilog HDL 实现

如图 10.7-1 所示，FIR 滤波器电路有两个主要功能模块：移位寄存器组模块 Shift_register 用于存储串行进入滤波器的数据；乘加计算模块 Caculator 用于进行 FIR 计算。因此，在顶层模块中采用结构性描述方式设计。

```
module FIR (Data_out, Data_in, clock, reset);
    output [9:0] Data_out;
    input [3:0] Data_in;
    input clock, reset;
    wire [9:0] Data_out;
    wire [3:0] samples_0, samples_1, samples_2, samples_3, samples_4,
            samples_5, samples_6, samples_7, samples_8;
    shift_register   U1(.Data_in(Data_in), .clock(clock), .reset(reset),
                        .samples_0(samples_0), .samples_1(samples_1),
                        .samples_2(samples_2), .samples_3(samples_3),
                        .samples_4(samples_4), .samples_5(samples_5),
                        .samples_6(samples_6), .samples_7(samples_7),
                        .samples_8(samples_8));
    caculator        U2(.samples_0(samples_0), .samples_1(samples_1),
                        .samples_2(samples_2), .samples_3(samples_3),
                        .samples_4(samples_4), .samples_5(samples_5),
                        .samples_6(samples_6), .samples_7(samples_7),
                        .samples_8(samples_8), .Data_out(Data_out));
endmodule
```

Shift_register 模块用于存储输入的数据流，本例中主要负责存储 8 个 4 位宽输入数据信号，作为 Caculator 模块的输入。

```
module shift_register(Data_in, clock, reset, samples_0, samples_1, samples_2,
                      samples_3, samples_4, samples_5, samples_6,
                      samples_7, samples_8);
    input [3:0] Data_in;
    input clock, reset;
    output [3:0] samples_0, samples_1, samples_2, samples_3, samples_4,
            samples_5, samples_6, samples_7, samples_8;
    reg [3:0] samples_0, samples_1, samples_2, samples_3, samples_4,
            samples_5, samples_6, samples_7, samples_8;
    always@(posedge clock or negedge reset)
     begin
```

```
            if(reset)
            begin
                samples_0<=4'b0;
                samples_1<=4'b0;
                samples_2<=4'b0;
                samples_3<=4'b0;
                samples_4<=4'b0;
                samples_5<=4'b0;
                samples_6<=4'b0;
                samples_7<=4'b0;
                samples_8<=4'b0;
            end
            else
            begin
                samples_0<=Data_in;
                samples_1<=samples_0;
                samples_2<=samples_1;
                samples_3<=samples_2;
                samples_4<=samples_3;
                samples_5<=samples_4;
                samples_6<=samples_5;
                samples_7<=samples_6;
                samples_8<=samples_7;
            end
        end
endmodule
```

Caculator 模块用于进行 8 输入信号与抽头系数的乘法和累加，并产生滤波之后输出信号 Data_out。应该指出的是，FIR 滤波器系数具有对称性，在本例中 $b_0 = b_8$、$b_1 = b_7$、$b_2 = b_6$、$b_3 = b_5$，因此可以通过先将输入信号相加再与抽头系数相乘的方式，减少乘法器电路的数量和芯片面积。

```
module caculator(samples_0, samples_1, samples_2, samples_3, samples_4,
                 samples_5, samples_6, samples_7, samples_8, Data_out);
    input [3:0] samples_0, samples_1, samples_2, samples_3,
    samples_4, samples_5, samples_6, samples_7, samples_8;
    output [9:0] Data_out;
    wire [9:0] Data_out;
    wire [3:0] out_tmp_1, out_tmp_2, out_tmp_3, out_tmp_4;
    wire [7:0] out1, out2, out3, out4, out5;
```

```
    parameter   b0=4'b0010;
    parameter   b1=4'b0011;
    parameter   b2=4'b0110;
    parameter   b3=4'b1010;
    parameter   b4=4'b1100;
    wallace U1(.mul_a(b0), .mul_b(out_tmp_1), .mul_out(out1));
    mul_addtree U2(.mul_a(b1), .mul_b(out_tmp_2), .mul_out(out2));
    mul_addtree U3(.mul_a(b2), .mul_b(out_tmp_3), .mul_out(out3));
    mul_addtree U4(.mul_a(b3), .mul_b(out_tmp_4), .mul_out(out4));
    mul_addtree U5(.mul_a(b4), .mul_b(samples_4), .mul_out(out5));
    assign out_tmp_1=samples_0+samples_8;
    assign out_tmp_2=samples_1+samples_7;
    assign out_tmp_3=samples_2+samples_6;
    assign out_tmp_4=samples_3+samples_5;
    assign Data_out=out1+out2+out3+out4+out5;
endmodule

module mul_addtree(mul_a, mul_b, mul_out);
    input [3:0] mul_a, mul_b;                    // IO 声明
    output [7:0] mul_out;
    wire [7:0] mul_out;                          // Wire 型声明
    wire [7:0] stored0, stored1, stored2, stored3;
    wire [7:0] add01, add23;
    assign stored3=mul_b[3]?{1'b0, mul_a, 3'b0}:8'b0;         // 逻辑设计
    assign stored2=mul_b[2]?{2'b0, mul_a, 2'b0}:8'b0;
    assign stored1=mul_b[1]?{3'b0, mul_a, 1'b0}:8'b0;
    assign stored0=mul_b[0]?{4'b0, mul_a}:8'b0;
    assign add01=stored1+stored0;
    assign add23=stored3+stored2;
    assign mul_out=add01+add23;
endmodule
```

测试代码如下：

```
module FIR_tb;
    reg clock, reset;
    reg [3:0] Data_in;
    wire [9:0] Data_out;
    FIR U1 (.Data_out(Data_out), .Data_in(Data_in), .clock(clock), .reset(reset));
    initial
```

```
        begin
            Data_in=0;      clock=0;      reset=1;
            #10 reset=0;
        end
    always
        begin
            #5 clock<=~clock;
            #5 Data_in<=Data_in+1;
        end
endmodule
```

仿真结果如图 10.7-2 所示。

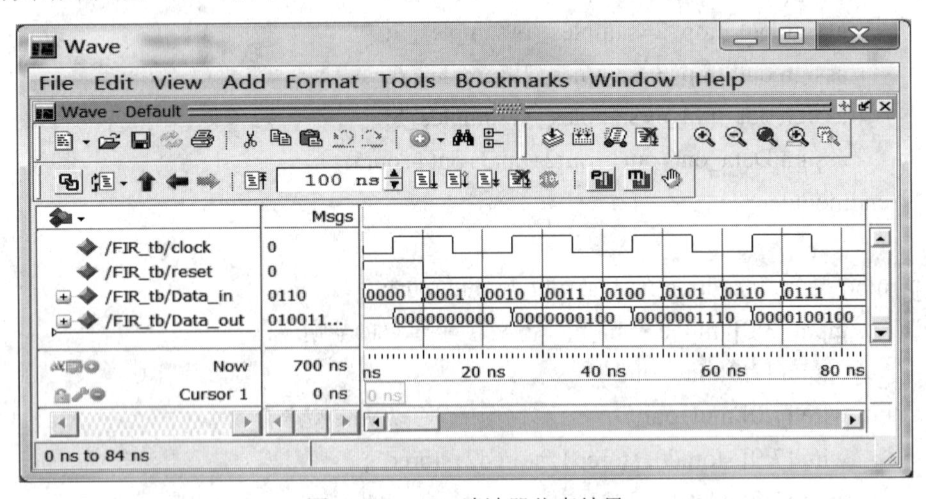

图 10.7-2　FIR 滤波器仿真结果

10.7.2　Matlab 生成滤波器

Matlab 生成 30 阶低通 1 MHz 海明窗函数设计步骤：

(1) 打开 FDATool 工具，出现如图 10.7-3 所示的对话框。

(2) 设定为低通滤波器。

(3) 选择 FIR 滤波器的设计类型为窗函数。

设置 FIR 滤波器为 30 阶滤波器，即上面提到的 M 的值。

选择窗函数的类型为海明窗函数，海明窗函数可以得到旁瓣更小的效果，能量更加集中在主瓣中，主瓣的能量约占 99.963%，第一旁瓣的峰值比主瓣小 40 dB，但主瓣宽度与海明窗相同。它定义为

$$\omega(n) = 0.54 - 0.46\cos\frac{2\pi n}{M-1}$$

(4) 输入抽样频率和截止频率，分别是 16 MHz 和 1 MHz。

(5) 点击 Design Filter 得到结果，如图 10.7-3 所示。

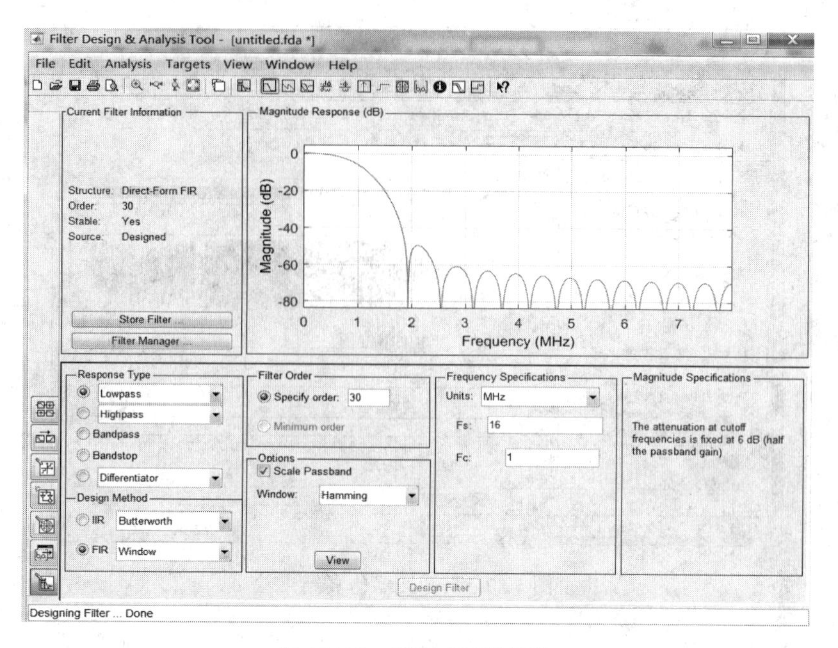

图 10.7-3　海明窗函数设计

(6) 量化输入输出，点击工作栏左边量化选项，选择定点，设置输入字长为 8，其他选择默认设置，如图 10.7-4 所示。

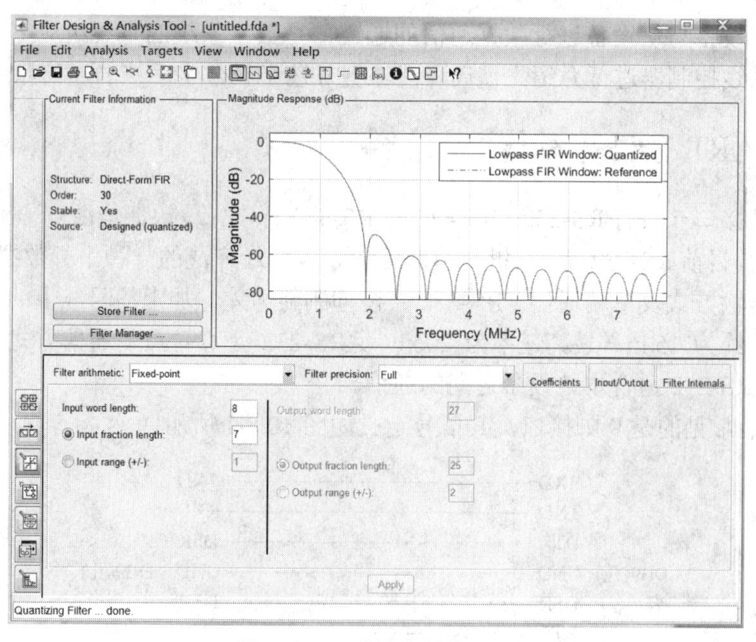

图 10.7-4　滤波器量化设置

设置完成后，点击 Targets 中 Generate HDL，选择生成 Verilog 代码，设置路径，Matlab 即可生成设计好的滤波器 Verilog HDL 代码以及测试文件，仿真结果如图 10.7-5 所示。

如图 10.7-5 所示，当输入为线性，或者输入频率较低时，输出幅度不会被抑制，当输入频率较高，输出幅度会受到大幅度抑制，而当输入为白噪声或者混频信号时，滤波器会过滤掉高频信号。

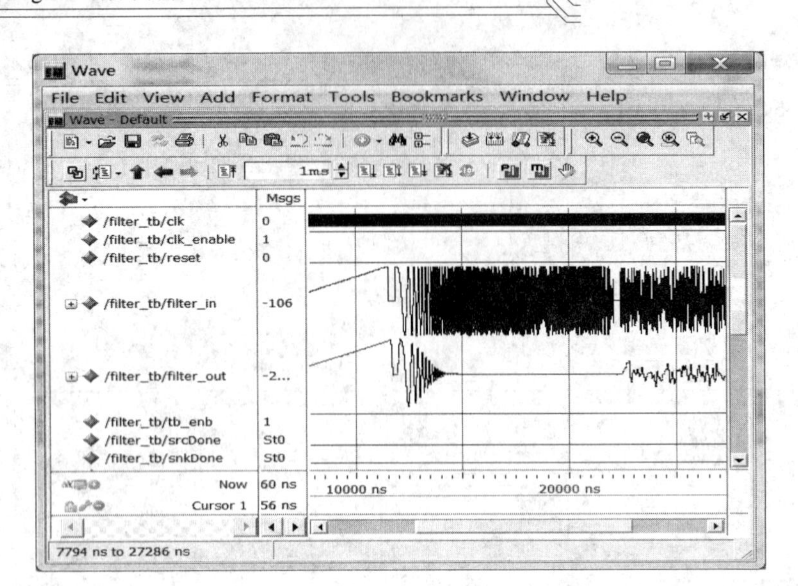

图 10.7-5　滤波器仿真结果

10.8　总线控制器设计

总线是主设备与从设备进行数据通信的通道，是数字系统的重要组成部分。本节将对几种常见的总线控制器进行介绍，使读者能够更好地了解数字系统的通信原理。

10.8.1　UART 接口控制器

串行数据接口一般有 RS-232、RS-422 与 RS-485 标准，最初都是由电子工业协会(EIA)制定并发布的，目前 RS-232 是 PC 机与通信工业中应用最广泛的一种串行数据接口。RS-232 采取不平衡传输方式及单端通信。RS-232 共模抑制能力差，加上信号线上的分布电容，其传送距离最大约为 15 m，最高速率为 20 kb/s。RS-232 是点对点的通信方式，其驱动负载为 3～7 kΩ。RS-232 适合本地设备之间的通信。

RS-232 最常见的是 9 脚接口，其信号定义如图 10.8-1 所示。

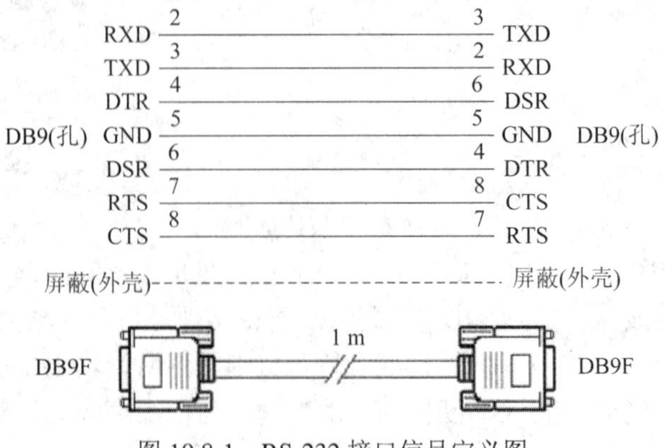

图 10.8-1　RS-232 接口信号定义图

表 10.8-1 给出了 RS-232 接口信号的定义。

表 10.8-1　RS-232 接口信号定义

针号	功 能 说 明	缩　写
1	数据载波检测	DCD
2	接收数据	RXD
3	发送数据	TXD
4	数据终端准备	DTR
5	信号地	GND
6	数据设备准备好	DSR
7	请求发送	RTS
8	清除发送	CTS
9	振铃指示	DELL

串口也称作 UART(Universal Asynchronous Receiver/Transmitter)，在实际应用中，通常只用 TXD 和 RXD 两个脚，而其他的管脚都不使用，UART 接口时序如图 10.8-2 所示。

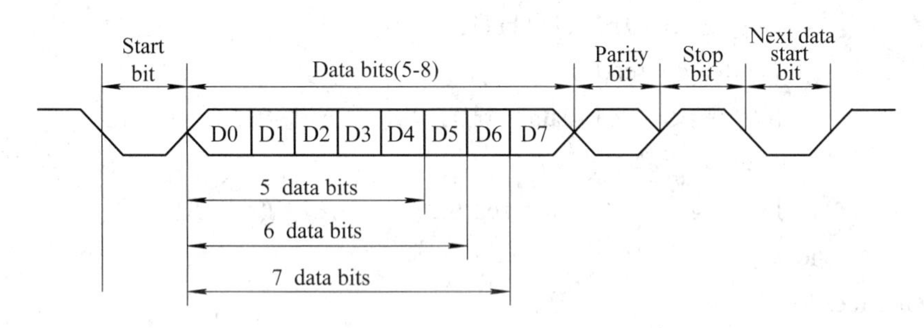

图 10.8-2　UART 接口时序图

在没有数据的情况下接口处于高电平(Mark)，在数据发生前先将电平置低(Space)一个周期，该周期称为起始比特(Start bit)，之后开始发送第 0 个到最后一个比特数据。UART 接口每次可以发送 6、7、8 位。在数据位之后可以有选择地发送一个校验位，可以为奇校验位也可以是偶校验位。校验位后最后一个比特之后是一个或多个停止位，此时数据线回归到高电平，可以进行下一个比特的发送。

一个简单的 UART 结构图如图 10.8-3 所示。

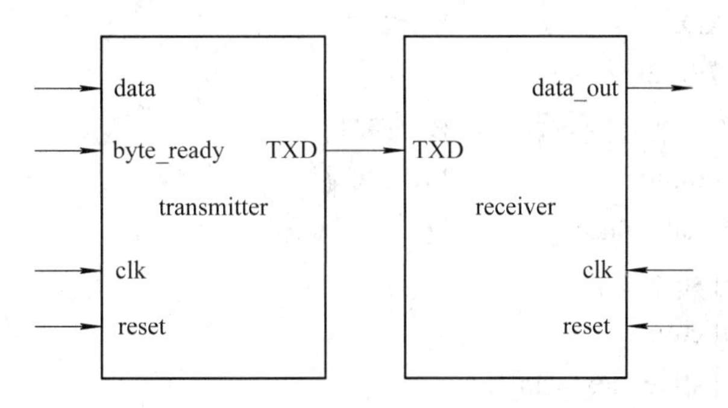

图 10.8-3　UART 结构示意图

例 10.8-1 采用 Verilog HDL 设计 UART 发送、接收模块。

发送模块：发送模块的功能是将数据以串行的形式发送出去，并且将每一组的串行数据加上开始位和停止位。当 byte_ready 信号有效时数据被载入移位寄存器并添加开始位(低电平)和停止位(高电平)。当 byte_ready 信号无效时移位寄存器开始移位操作将数据以串行的形式发送出去。

```
module UART_transmitter(clk, reset, byte_ready, data, TXD);
    input clk, reset;
    input byte_ready;            // 载入数据控制 1
    input [7:0] data;
    output TXD;                  // 串行数据
    reg [9:0] shift_reg;
    assign TXD=shift_reg[0];
    always@(posedge clk or negedge reset)
        begin
            if(!reset)
            shift_reg<=10'b1111111111;
            else if(byte_ready)
            shift_reg<={1'b1, data, 1'b0};          // 添加开始和停止位
            else
            shift_reg<={1'b1, shift_reg[9:1]};      // 输出串行数据
        end
endmodule
```

接收模块：接收模块的功能是接收发送模块输出的串行数据，并以并行的方式将数据送入存储器。当接收模块检测到开始位(低电平)时开始接收数据，并且输入串行数据存入移位寄存器，当接收完成时将数据并行输出。

```
module UART_receiver(clk, reset, RXD, data_out);
    parameter   idle=2'b00;
    parameter   receiving=2'b01;
    input clk, reset;
    input RXD;                   // 串行数据
    output [7:0] data_out;
    reg shift;                   // 移位控制
    reg inc_count;               // 加计数控制
    reg [7:0] data_out;
    reg [7:0] shift_reg;
    reg [3:0] count;
    reg [2:0] state, next_state;
    always@(state or RXD or count)
```

```
    begin
        shift=0;
        inc_count=0;
        next_state=state;
        case(state)
            idle:if(!RXD)next_state=receiving;      // 检查起始位
            receiving:begin
            if(count==8)
                begin
                    data_out=shift_reg;                  // 输出数据
                    next_state=idle;
                    count=0;                                 // 清空计数器
                    inc_count=0;
                end
            else
                begin
                    inc_count=1;
                    shift=1;
                end
            end
            default:next_state<=idle;
        endcase
                    end
always@(posedge clk or negedge reset)
    begin
        if(!reset)
            begin
               data_out<=8'b0;
               count<=0;
               state<=idle;
            end
        else
            begin
                state<=next_state;
                if(shift)
                    shift_reg<={shift_reg[6:0], RXD};  // 接收串行数据
                if(inc_count)
                    count<=count+1;
```

```
            end
        end
    endmodule
```

测试代码如下：

```
    module UART_tb;
        reg clk, reset;
        reg [7:0] data;
        reg byte_ready;
        wire [7:0] data_out;
        wire serial_data;
        initial
            begin
                clk=0;
                reset=0;
                byte_ready=0;
                data=8'b10101010;
                #40 byte_ready=1;
                #50 reset=1;
                #170 byte_ready=0;
            end
        always #80 clk=~clk;
        UART_transmitter U1(.clk(clk), .reset(reset), .byte_ready(byte_ready),
                            .data(data), .TXD(serial_data));
        UART_receiver U2(.clk(clk), .reset(reset), .RXD(serial_data), .data_out(data_out));
    endmodule
```

仿真测试结果如图 10.8-4 所示。

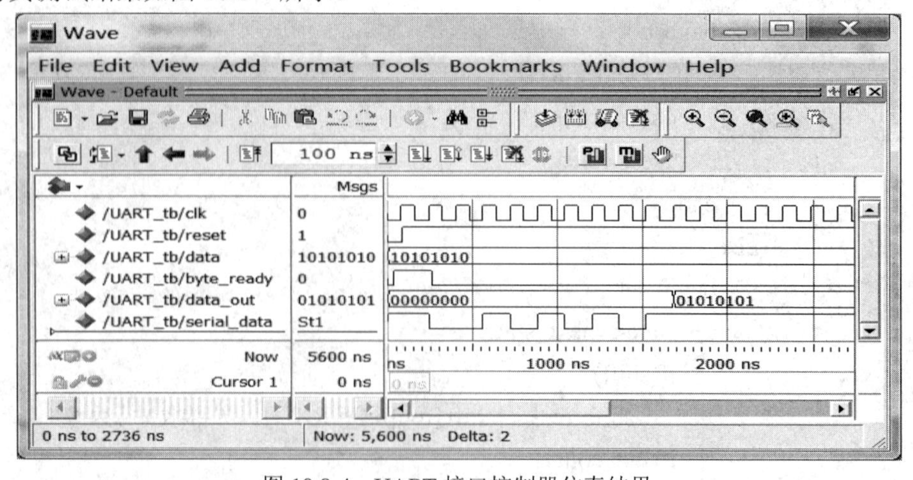

图 10.8-4 UART 接口控制器仿真结果

10.8.2　SPI 接口控制器

串行外设接口(Serial Peripheral Interface，SPI)是一种同步串行外设接口，能够实现在微控制器之间或微控制器与各种外设之间以串行方式进行通信数据交换。SPI 可以共享，便于组成带多个 SPI 接口器件的系统，且传送速率高，可编程，连接线少，具有良好的扩展性，是一种优秀的同步时序电路。

SPI 总线通常有 4 条线：串行时钟线(SCLK)、主机输入/从机输出数据线(MISO)、主机输出/从机输入数据线(MOSI)、低电平有效从机选择线(SS_N)。

SPI 系统可分为主机设备和从机设备两大类，主机提供 SPI 时钟信号和片选信号，从机是接收 SPI 信号的任何集成电路。当 SPI 工作时，移位寄存器中的数据逐位从输出引脚(MOSI)输出，同时从输入引脚(MISO)逐位接收数据。发送和接收数据操作都受控于 SPI 主设备时钟信号(SCLK)，从而保证了同步。SPI 系统只能有一个主机设备，但可以有多个从机设备，可以通过片选信号(SS_N)同时选中一个或多个从机设备。其典型结构如图 10.8-5 所示。

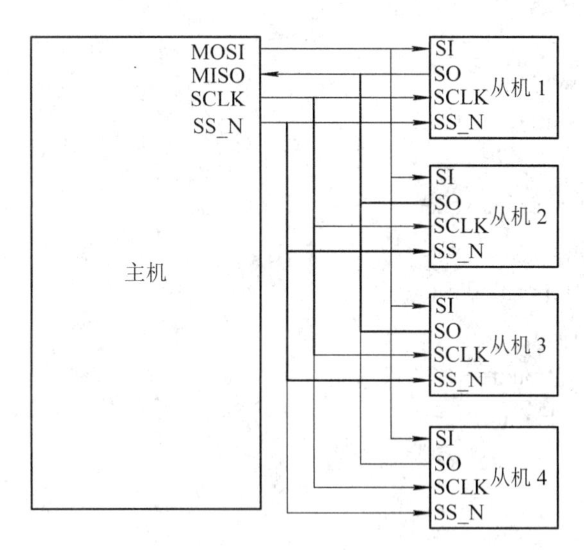

图 10.8-5　SPI 典型结构图

SPI 总线典型时序图如图 10.8-6 所示。

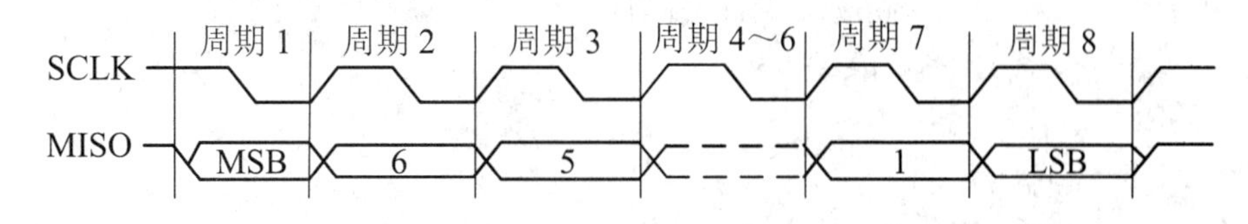

图 10.8-6　SPI 总线数据传输时序图

每个时钟周期传送 1 bit 的数据。发送和接收数据的顺序是先从高位再到低位。

例 10.8-2　采用 Verilog HDL 设计一个简化的 SPI 接收机，用来完成 8 bit 数据的传输。SPI 接收机框图如图 10.8-7 所示。

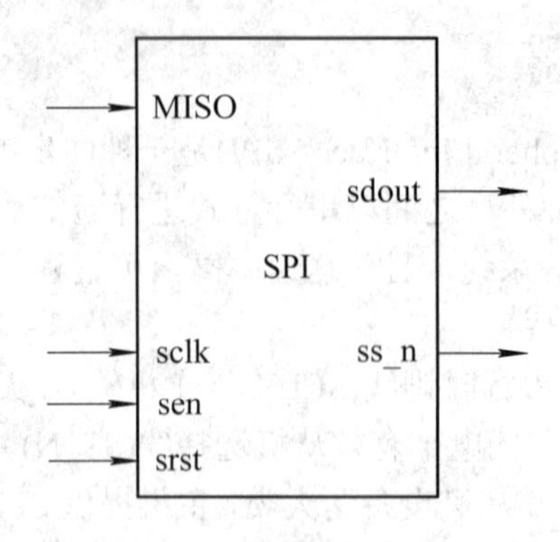

图 10.8-7　SPI 接收机框图

接收机的 Verilog HDL 代码如下：

```
module SPI (sdout, MISO, sclk, srst, sen, ss_n);
    output [7:0] sdout;
    output ss_n;
    input MISO, sclk, srst, sen;
    reg [2:0] counter;
    reg [7:0] shift_regist;
    reg ss_n;
    always@(posedge sclk)
      if (!srst)
        counter<=3'b000;
      else if (sen)
            if (counter==3'b111)
              begin
                counter<=3'b000;
                ss_n<=1'b1;
              end
            else
              begin
                 counter<=counter+1;
                 ss_n<=1'b0;
              end
        else
          counter<=counter;
    always@(posedge sclk)
      if (sen)
        shift_regist<={shift_regist[6:0], MISO};
      else
```

```
        shift_regist<=shift_regist;
    assign sdout=ss_n?shift_regist:8'b00000000;
endmodule
```

代码中，sclk 为接口时钟。srst 为清零信号，低电平有效。sen 为接口使能信号，高电平有效。ss_n 为片选信号，选择从设备，高电平有效。

当电路上电时，首先将清零信号置为有效，初始化电路。当 sen 使能信号有效后，开始传输数据，由于传输数据为 8 bit，因此 sen 使能信号应至少保持 8 个时钟周期。当 8 bit 数据全部输入后，片选信号 ss_n 有效，选择从设备，将数据整体输出。片选信号 ss_n 由 3 bit 计数器产生，当计数器计数到 111 状态时，ss_n = 1，其他状态下 ss_n = 0。

```
module SPI_tb;
    reg MISO, sclk, sen, srst;
    wire [7:0] sdout;
    wire ss_n;
    SPI U1 (.sdout(sdout), .MISO(MISO), .sclk(sclk), .srst(srst), .sen(sen), .ss_n(ss_n));
    initial
        begin
            sclk=0;  srst=0;     MISO=0;       sen=0;
            #10 srst=1;
            #10 sen=1;
            #80 sen=0;
            #10 sen=1;
            #80 sen=0;
        end
    initial
        begin
            #30 MISO=1;
            #10 MISO=0;
            #10 MISO=1;
            #10 MISO=0;
            #10 MISO=1;
            #10 MISO=0;
            #10 MISO=1;
            #20 MISO=1;
            #10 MISO=0;
            #10 MISO=1;
            #10 MISO=0;
            #10 MISO=1;
            #10 MISO=0;
```

```
            #10 MISO=1;
            #10 MISO=0;
        end
    always #5 sclk<=~sclk;
endmodule
```

仿真测试结果如图 10.8-8 所示。

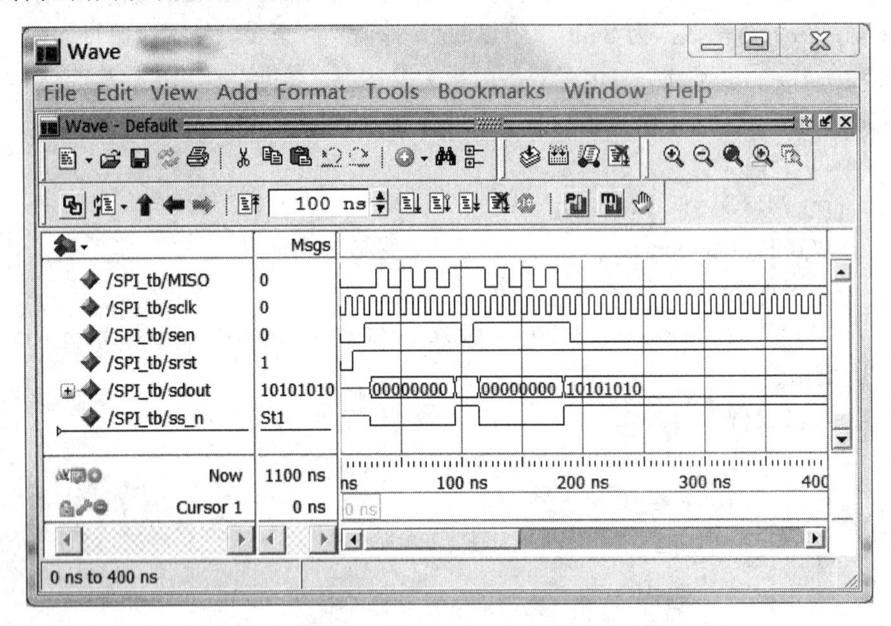

图 10.8-8　SPI 仿真结果

10.9　BPSK 数字通信设计

10.9.1　BPSK 理论算法

1．BPSK 基本原理

二进制相移键控 BPSK(Binary Phase Shift Keying)是如今数字通信中大量使用的调制方式，也是和扩频技术结合最成熟的调制技术，原则上看是一种线性调制。

在 BPSK 系统中，载波中包含基带信号信息的因素只有经过键控的相位，而不会对载波的频率和振幅作任何处理，一般采用两个相反的相位信息分别表示不同的二进制数字信号。在设计时，二进制的数字信号 0 和 1 分别用载波的 0 和 π 来表示。

设载波 $f_c(t) = \cos(\omega_c T + \varphi_n)$，$\omega_c$ 为载波频率，φ_n 为载波初相位。因此，BPSK 信号的时域表达式为

$$e_{BPSK}(t) = A\cos(\omega_c T + \varphi_n) \tag{10.9-1}$$

在 BPSK 中，载波的初始相位 φ_n 一般只取 0 和 π，于是有

$$\varphi_n=\begin{cases}0 & 发送“0”时\\ \pi & 发送“1”时\end{cases} \tag{10.9-2}$$

于是，式(10.9-1)可以改写成

$$e_{\text{BPSK}}(t)=\begin{cases}A\cos\omega_{\text{c}}t & 概率为P\\ -A\cos\omega_{\text{c}}t & 概率为1-P\end{cases} \tag{10.9-3}$$

如图 10.9-1 所示，BPSK 信号中，用来表示“1”和“0”两种数字信号的载波幅度和频率是相同的，但是极性是相反的，所以 BPSK 信号可以表示成一个占空比为 100%的双极性(bipolarity)矩形脉冲信号和一个正弦/余弦信号相乘的结果，即

$$e_{\text{BPSK}}(t)=s(t)\cos\omega_{\text{c}}t \tag{10.9-4}$$

其中

$$s(t)=\sum_n \alpha_n g(t-nT_{\text{s}})$$

上式中，$g(t)$是脉冲信号，每个脉冲的宽度为 T_{s}，而数字信号 α_n 则为

$$\alpha_n=\begin{cases}1 & 概率为P\\ -1 & 概率为1-P\end{cases} \tag{10.9-5}$$

即发送二进制符号“0”时(α_n 取 +1)，$e_{\text{BPSK}}(t)$相位取 0；而发送二进制符号“1”时(α_n 取 −1)，$e_{\text{BPSK}}(t)$相位取 π。可见采用这种方法的数字调制是根据其载波相位的不同来承载不同的基带信号信息的，如图 10.9-1 所示。

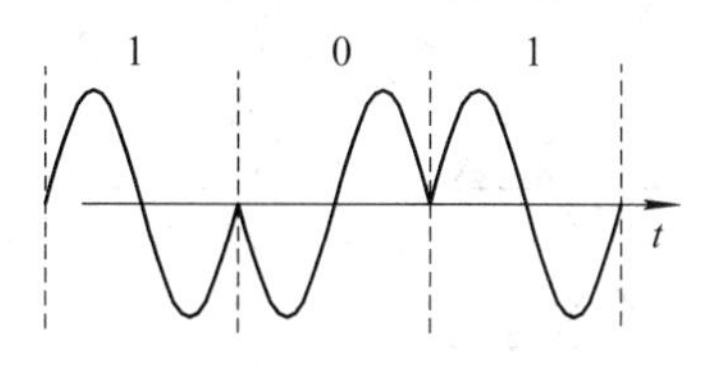

图 10.9-1 BPSK 波形图

BPSK 信号的调制原理如图 10.9-2 所示。将相位不同的两个载波信号连接到开关电路的输入端，再用数字基带信号 $s(t)$进行选通，来键控这两个载波信号的输出。

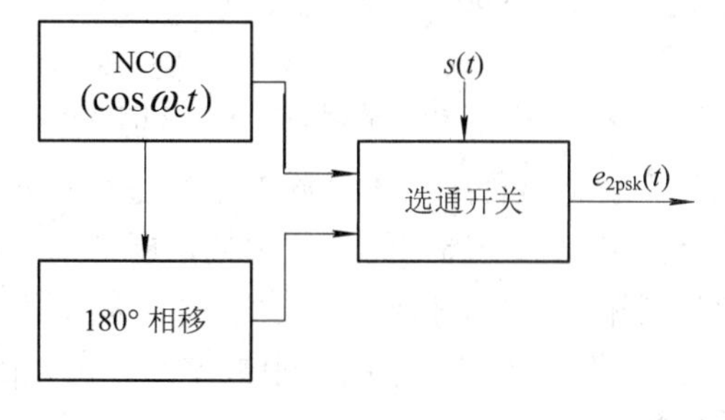

图 10.9-2 BPSK 调制原理图

BPSK 信号由基带信号变化到调制信号的过程如图 10.9-3 所示。

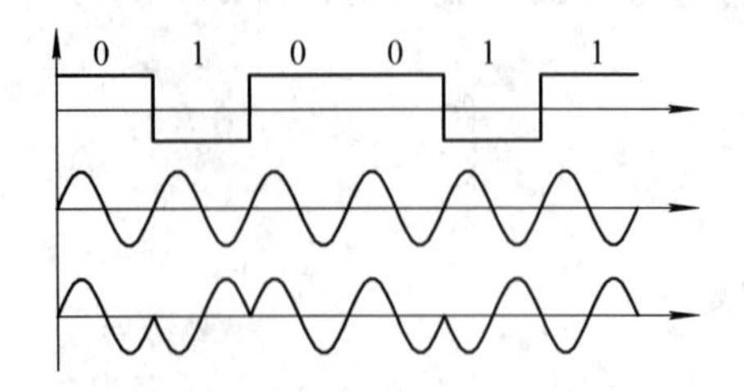

图 10.9-3 BPSK 信号的调制过程

一般的解调方式有两种：相干解调和非相干解调，在对误码率性能要求高的体系中，通常采用相干解调，即用本地载波与接收到的调制信号相乘实现解调，如图 10.9-4 所示。在相干解调中，若相干载波的频率与接收的 BPSK 信号载波的频率相比有偏移，则采样点的星座图会发生旋转，影响解调性能。如何纠正载波偏移是 BPSK 相干解调中的关键问题，这点在后面会介绍。

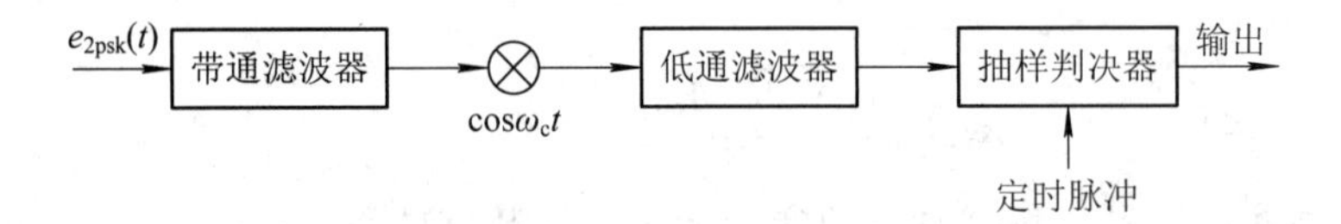

图 10.9-4 BPSK 信号的相干解调框图

图 10.9-5 是 BPSK 体系的相干解调过程。图中过程基于此前提：假设解调器的本地载波的相位与传输到解调器中的信号载波的基准相位完全一致。

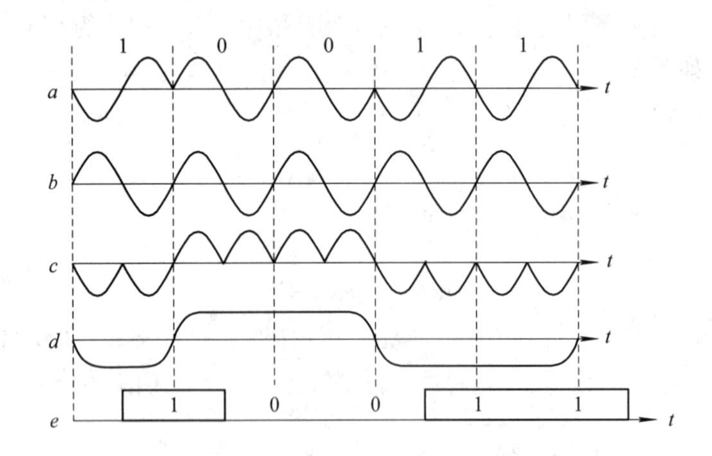

图 10.9-5 BPSK 相干解调的各时间点的波形

在传统 BPSK 信号的相干解调过程中，本地载波恢复过程中的相位很难与信号载波的相位完全一致，有时候甚至会出现半个周期的相位模糊，即与信号载波反相，这种相位的模糊性会大大增加解调的难度和准确性。另外，一般的数字基带信号都具有一定的随机性，如果不采取相应的处理措施，解调系统很难判断一个数据帧和码元的起始位置和结束位置，也就无法用最佳采样点进行判决。

2．正交混频技术

在现代的信号处理技术中，一般采用将实信号变为矢量信号来处理，即将信号分为相互正交的两路信号，称为 I 路和 Q 路。这两路信号在频率和幅值上是相同的，但是有 90°的相位差。在矢量信号中，I 路和 Q 路信号相同时刻的采样点在坐标系中构成一个矢量采样点，这个矢量点距原点的距离为信号的幅值，频率用角频率表示，而与 x 轴正半周期的夹角为相位。在前面的章节中提到，在对基带信号进行载波调制时，调制的实质都是用基带信号控制载波的相位，用幅值和频率的变化来表征基带信号的信息，采用矢量信号可以完整地表述信号的幅值、频率和相位信息。实现信号的矢量分解一般采用正交混频技术。

正交混频技术就是两个正交的本振信号分别与载波调制信号相乘，通过频谱搬移得到两个正交的基带信号。一个已经经过载波调制的信号可以表示为

$$s(n) = A(n)\cos[\omega_c n+\varphi(n)] \tag{10.9-6}$$

ω_c表示载波的角频率。将该公式进行分拆可以得到

$$\begin{aligned} s(n) &= A(n)\cos[\varphi(n)]\cos(\omega_c n) - A(n)\sin[\varphi(n)]\sin(\omega_c n) \\ &= x_I(n)\cos(\omega_c n) - x_Q(n)\sin(\omega_c n) \end{aligned} \tag{10.9-7}$$

式中 $x_I(n) = A(n)\cos[\varphi(n)]$，$x_Q(n) = A(n)\sin[\varphi(n)]$。可见 $x_I(n)$和 $x_Q(n)$这两个信号是相互正交的，且都含有原调制信号的所有特征信息，对这两个信号进行解调处理就可以得到正确的基带信息。正交调制和解调的通用算法如图 10.9-6 和图 10.9-7 所示。

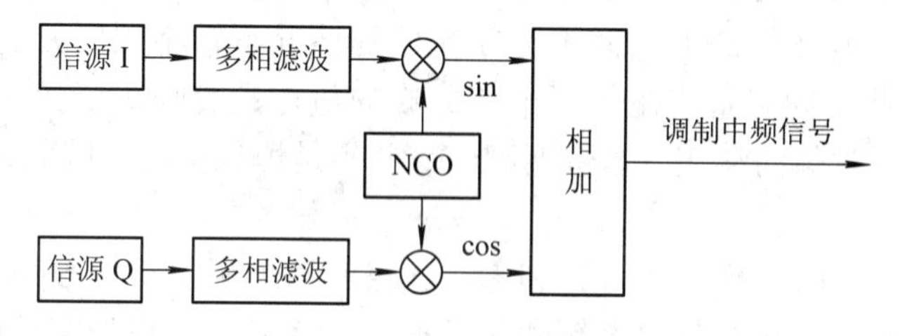

图 10.9-6　正交调制的通用算法框图

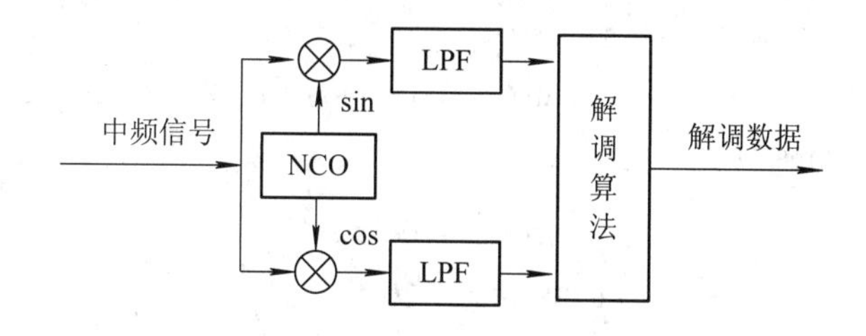

图 10.9-7　正交解调的通用算法框图

3．BPSK 频偏捕获算法

由于数据在传输的过程中不可避免地会出现频偏，所以完整的 BPSK 接收机系统必须要对频偏进行处理。

如果本地载波的频率与调制信号的载波频率有偏差的话，混频后的基带信号并不是完全的零中频，对该信号直接进行后续的处理会造成判决错误。

现假设有接收到的调制信号 $s(t)$，载波信号频率为 $\omega_c + \omega_0$：

$$s(t) = A(t)\cos[(\omega_c + \omega_0)t + \varphi(t)] \tag{10.9-8}$$

假设解调系统的本地载波

$$y(t)=\cos\omega_{c}t \tag{10.9-9}$$

则与上述调制信号相乘后，根据三角函数积化和差关系有

$$\begin{aligned}z(t)&=s(t)\cdot y(t)=A(t)\cos[(\omega_{c}+\omega_{0})t+\varphi(t)]\cdot\cos\omega_{c}t\\&=0.5\cdot A(t)\cos[(2\omega_{c}+\omega_{0})t+\varphi(t)]+0.5\cdot A(t)\cos[\omega_{0}t+\varphi(t)]\end{aligned} \tag{10.9-10}$$

将上式表示的信号经过低通滤波器，滤去高频分量，得到基带信号

$$z_{\text{baseband}}(t)=A(t)\cos[\omega_{0}t+\varphi(t)] \tag{10.9-11}$$

可见，在有频偏的情况下，混频后的基带信号依旧带有一定的频率分量，在星座图上就会呈现旋转的趋势，这会给设定判决门限带来非常大的困难，导致解调错误。因此，必须对频偏进行尽可能的校正，从星座图上看则是令发生旋转的信号采样点转回到一条直线上，这样经过校正后的信号才能进入判决模块进行判决解调。

1) 频偏捕获

假设本地载波频率为 ω_{c}，而信号载波的频率为 $\omega_{0}+\omega_{c}$，则通过式(10.9-11)可知混频后的基带信号并不是零中频的，而是具有频率为 ω_{0} 的分量，且 $\omega_{0}<<\omega_{c}$。因此基带信号的幅度会随 t 变化，即基带信号在时域上并不是恒包络的，也就是说每个码元上的采样点幅值并不是周期性的，而是根据 ω_{0} 变化的。

本设计数据帧格式中的同步字是由两个相同的 m 序列构成，经过相关器会产生两个相关峰。在信号载波与本地载波之间不存在频偏的情况下，不同码元之间的基带调制信号是恒包络的。因此，同步字产生的两个相关峰的值在没有噪声干扰的情况下应该是严格相等的。但是由于频偏的存在，基带调制信号并不是恒包络的，因此这两个相关峰的值并不相等。

令 I 路信号产生的两个相关峰为 I_1 和 I_2，Q 路的两个相关峰为 Q_1 和 Q_2。因为 I 路和 Q 路是通过对原中频信号进行矢量分解和频谱搬移后得到的严格正交的两个零中频信号，均含有原信号的所有信息。因此可以将它们合成一路矢量信号，令 I 路为实部，Q 路为虚部，即

$$\text{signal}(t)=I(t)+Q(t)\cdot i$$

则信号的两个矢量相关峰可以写成

$$\text{peak}_1=I_1+Q_1\cdot i \tag{10.9-12}$$

$$\text{peak}_2=I_2+Q_2\cdot i \tag{10.9-13}$$

由于 IQ 正交性以及欧拉公式，上面的两个式子可以写成

$$\text{peak}_1=\cos\theta_1+\sin\theta_1\cdot i=\mathrm{e}^{\mathrm{j}\theta_1} \tag{10.9-14}$$

$$\text{peak}_2=\cos\theta_2+\sin\theta_2\cdot i=\mathrm{e}^{\mathrm{j}\theta_2} \tag{10.9-15}$$

当没有频偏时，可知 $\theta_1=\theta_2$，频偏存在时则有 $\Delta\theta=\theta_2-\theta_1$，$\Delta\theta\neq 0$。由于系统码元速率固定为 1 Mb/s，而同步字中的两个 m 序列均为 16 bit，因此，两个相关峰之间的距离是可以得到的，也就是说两个相关峰之间的时间差是已知的。因此，如果知道 $\Delta\theta$ 的值，就可以根据 $\Delta\theta * t=\omega_{0}$ 得到信号载波与本地载波之间的频率偏移。因此如何求 $\Delta\theta$ 是频偏捕获的

关键。令

$$a=\frac{\text{peak}_2}{\text{peak}_1}=\frac{e^{j\theta_2}}{e^{j\theta_1}}=e^{j\Delta\theta} \tag{10.9-16}$$

再由欧拉公式得

$$e^{j\Delta\theta}=\cos\Delta\theta+\sin\Delta\theta \bullet i \tag{10.9-17}$$

分别求出 $e^{j\Delta\theta}$ 的实部和虚部，令

$$\tan\Delta\theta=\frac{\sin\Delta\theta}{\cos\Delta\theta} \tag{10.9-18}$$

因为有 $\omega_0 << \omega_c$，可以认为 ω_0 是非常小的数，因此 $\Delta\theta$ 也非常小。于是根据等价无穷小的原理可得

$$\Delta\theta \approx \tan\Delta\theta \tag{10.9-19}$$

这样就求出了 $\Delta\theta$，并可由它估算出系统的频偏 ω_0。

2) 频偏校正

频偏校正的思想就是构造一个频率为信号载波与本地载波之间的频差 ω_0 的函数，让其与混频后的基带调制信号进行补偿，将基带信号中频率为 ω_0 的分量去掉。

在前面频偏捕获的过程中，根据两个矢量相关峰在星座图上的角度差 $\Delta\theta$ 可以估算出系统的频偏 ω_0。将 ω_0 作为频率控制字输入数控振荡器 NCO 中，产生频率为 ω_0 的本振正弦和余弦信号 $\sin\omega_0 t$ 和 $\cos\omega_0 t$，构造补偿信号：

$$\text{freq}_{\text{offset}}(t)=\cos\omega_0 t-\sin\omega_0 t \bullet i=i \bullet \sin(-\omega_0)t+\cos(-\omega_0)t=e^{-j\omega_0 t} \tag{10.9-20}$$

根据公式 $\text{signal}=I_{\text{baseband}}+Q_{\text{baseband}} \bullet i$，有

$$\text{signal}(t)=A(t)\cos[(\omega_0 t+\varphi(t)]+A(t)\sin[(\omega_0 t+\varphi(t)] \bullet i=A(t)e^{j[\omega_0 t+\varphi(t)]} \tag{10.9-21}$$

将混频后的原始基带调制信号与补偿信号相乘，可得新的基带信号：

$$\text{signal}_{\text{new}}(t)=\text{signal}(t) \bullet \text{freq}_{\text{offset}}(t)=A(t)e^{j[\omega_0 t+\varphi(t)]} \bullet e^{-j\omega_0 t}=A(t)e^{j\varphi(t)} \tag{10.9-22}$$

从上式可以看出，与补偿信号相乘后的基带调制信号中，已经不含 ω_0 的频率分量，只有相位信息，新的基带信号完全是零中频的。再分别对新的基带信号 $\text{signal}_{\text{new}}(t)$取实部和虚部，得到新的 IQ 两路正交基带信号：

$$I_{\text{new}}(t)=\text{real}[\text{signal}_{\text{new}}(t)] \tag{10.9-23}$$

$$Q_{\text{new}}(t)=\text{imag}[\text{signal}_{\text{new}}(t)] \tag{10.9-24}$$

这样通过频偏校正，用得到的新的 IQ 正交信号进行判决解调，判决的精确度大大提高，提升了系统的可靠性。

从上面的算法设计中可以知道，频偏校正的核心是求出频偏 ω_0，用它作为频率控制字控制数控振荡器 NCO 输出频率同样为 ω_0 的正、余弦信号。但是，实际应用中 ω_0 可能是任何值，如果要精确地得到以 ω_0 为频率的正、余弦信号，那么 NCO 的查找表 ROM 将大得离谱。考虑到实际情况，采用了简化的设计方法，在判决模块有一定容错能力的情况下，

可以牺牲一部分的频偏校正精度(在判决容错范围之内)，以得到面积和设计上的大大优化。

在频偏校正的设计中，都是在 $\omega_0 << \omega_c$ 的情况下讨论的，而实际情况也应该如此。通过与射频模块联合调试，得到载波频偏不会大于 1 kHz。于是，为了简化设计，将频偏在 0～1 kHz 之间按步进 100 Hz 进行划分。默认在频偏 $f_0 < 100$ Hz 时，不对混频后的基带信号予以校正，而当频率偏移在 100 Hz $\leqslant f_0 <$ 200 Hz 的范围内时按 100 Hz 校正，依此类推，直到 $f_0 \geqslant 1$ kHz 时，都按 1 kHz 来校正。由于本设计是采用查找表的方式来设计产生频偏校正时的本振正弦和余弦信号，因此，将 100 Hz、200 Hz 直到 1 kHz 之间间隔为 100 Hz 的十组正余弦信号的采样点存入查找表 ROM。由于正余弦信号均为对称信号，因此可以只存四分之一周期的采样点数，通过相位的判断改变符号和地址来输出一个完整的周期。这样可以大大减小 ROM 的深度。将由频偏捕获模块估算出的 ω_0 作为频率控制字进行译码，产生地址信号给查找表 ROM，进而从查找表 ROM 读出相应频率的正、余弦信号 $\sin\omega_0 t$ 和 $\cos\omega_0 t$。

10.9.2 BPSK 设计目标

在不同的使用环境下，对不同无线数传系统的性能需求是不一样的，因此，要针对不同的需求情况，制定不同的算法方案。针对本书设计的中短距离无线数传 IP 基带芯片，系统要求的性能参数如表 10.9-1 所示。

表 10.9-1 短距离无线数传系统的技术指标和性能要求

基带信号码率	1 Mb/s
载波中频	4 MHz
采样频率	16 MHz
信噪比环境	≥9 dB
误码率要求	<0.1%

本书设计的短距离无线数传系统的数据是按帧发射的，每个数据帧包含同步字和数据两个部分。数据帧的前 32 bit 长度的数据称为同步字或前头码，是由两个相同的 *m* 序列串连在一起构成，作为后面解调系统中数据码元同步的判断标志。同时在载波同步模块中，也会用于中频信号与本地载波之间频率偏移的判断和计算，这部分会在本章后面的部分介绍。同步字后面是有效数据，长度为 256 bit。数据帧格式如图 10.9-8 所示。

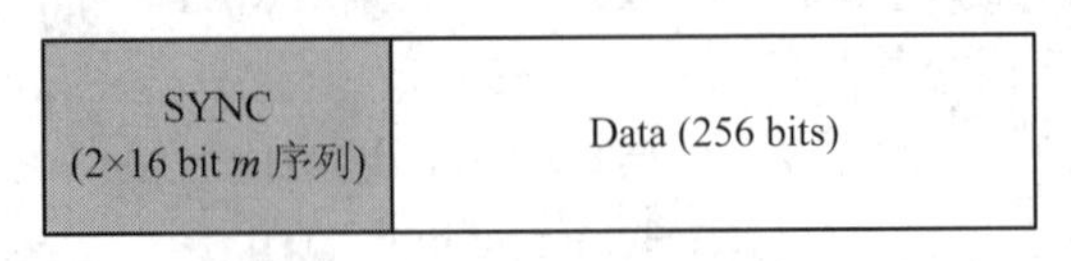

图 10.9-8 数据帧格式

10.9.3 BPSK 系统设计

1. BPSK 发射机系统设计

本书所设计的 BPSK 发射机系统基于典型的上变频系统。图 10.9-9 为 BPSK 发射机的电路系统框图。

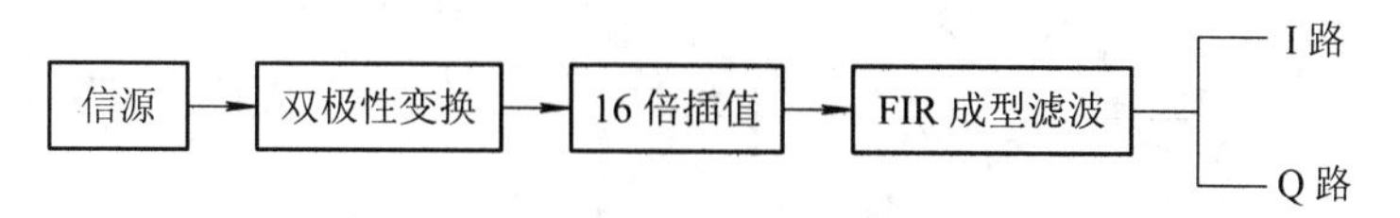

图 10.9-9　BPSK 发射机系统结构框图

在本系统中，首先信源产生由“1”和“0”组成的二进制数据帧，包含同步字和数据。在前面章节的介绍中，BPSK 调制信号的数学表达式为

$$e_{\mathrm{BPSK}}(t)=\sum_{n}\alpha_n g(t-nT_{\mathrm{s}})\cos\omega_{\mathrm{c}}t \tag{10.9-25}$$

其中

$$\alpha_n=\begin{cases}1 & \text{发送“0”时}\\ -1 & \text{发送“1”时}\end{cases} \tag{10.9-26}$$

可见，BPSK 是用双极性的脉冲信号对载波进行相位调制的通信制式，因此需要对信源产生的二进制数据进行双极性变换处理。在本系统中，系统规定将二进制数据“0”变成“1”，而将二进制数据“1”变成“−1”，再用经过双极性变换的数据进行后续的调制。

本系统中 BPSK 所要求的基带信号码率(波特率)为 1 Mb/s，时钟频率为 16 MHz，即系统采样频率为 16 MHz。因此，根据数字上变频技术的要求，需要对基带数据进行 16 倍的插值滤波，提高数据的采样频率。具体步骤是先通过零值插值器在每两个经过双级变换的二进制基带数据信号之间插入 15 个零值，此时，插值后的信号频谱会在原信号的频谱周期之间多很多镜像频谱，因此需要再经过一个 FIR 低通滤波器滤除不必要的频率分量，在时域上即为信号的平滑成型。因为系统码率为 1 Mb/s，所以信号带宽为 ±1 MHz。考虑到通带宽度、阻带衰减等具体性能，本系统发射机中的 FIR 成型滤波器是基于海明窗函数设计，带宽为 ±11 MHz 的 31 阶升余弦(Raised Cosine)低通滤波器。而经过低通滤波器的数据是基频信号，可以直接连接到射频上发送。

2．BPSK 接收机系统设计

BPSK 的解调有相干和非相干两种方式，本书研究的是 BPSK 的相干解调技术。相干解调有两个关键的技术：码元定时同步和载波同步。在通信系统工作时，数据是按帧发射的，每个数据帧有固定的长度和格式，解调模块需要知道一个数据帧确切的起止时间，才能精确地进行解调，这就需要进行码元定时同步。

前面论述中，数字解调技术都是在对基带信号的处理中完成的，理想的数字基带信号是完全零中频的。然而，相干解调需要用本地载波和调制信号进行相乘，如果本地载波频率与调制信号的载波频率有偏差，混频下来的信号并不是完全的零中频。这会给判决门限的设定带来非常大的困难，导致解调错误。因此，如何校正本地载波与信号载波之间的频率偏移，也是非常重要的解调技术。

图 10.9-10 为本书设计的 BPSK 接收机的解调模块基本电路结构，分为码元同步、载波同步和判决三个模块。

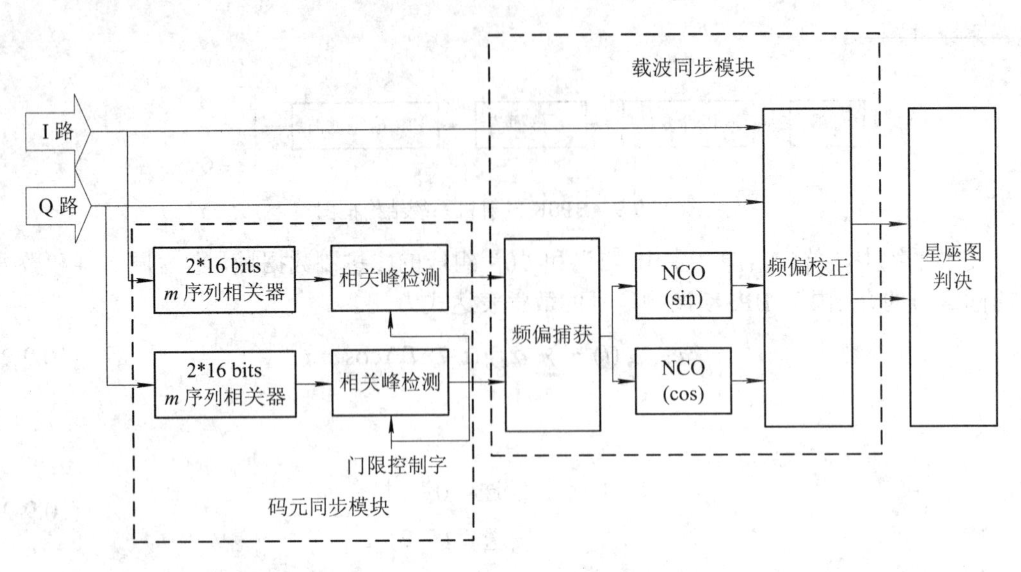

图 10.9-10 BPSK 接收机的解调模块电路框图

10.9.4 BPSK 程序说明

1. BPSK 发射机程序说明

1) BPSK 发射机顶层模块

模块功能：BPSK 发射机顶层模块将内部各个模块实例化，并且与外界信号相连。本模块具体端口说明见表 10.9-2。

表 10.9-2 发射机顶层模块端口说明

端 口	端 口 名	说 明
clock	系统时钟	16 MHz
reset	复位信号	低电平有效
enable	调制使能	1'b1 时，调制有效
data_in	调制数据	需要调制的有效数据
sync	同步字	本系统为 0xA1D9
bpsk_I_da	输出的 I 路数据	基频信号 I 路数据
bpsk_Q_da	输出的 Q 路数据	基频信号 Q 路数据

代码：

```
module signal_tx(clock, reset, enable, data_in, sync, bpsk_I_da, bpsk_Q_da);
    input clock, reset, enable;
    input [15:0] sync;
    input [7:0] data_in;
    output [7:0] bpsk_I_da, bpsk_Q_da;
    wire [7:0] bpsk_I_da, bpsk_Q_da;
```

```
    wire [1:0] trans_out, inter_out, sin_duc;
    wire [9:0] fir31_out;
    wire [7:0] fir31_cut;
    wire interface_out, tag;
    inter_face    U1( .clock(clock),
                      .reset(reset),
                     .enable(enable),
                     .sync(sync),
                     .data_in(data_in),
                     .data_out(interface_out),
                     .tag(tag));
    bpsktrans    U3( .clock(clock),
                     .reset(reset),
                     .data_in(interface_out),
                     .data_out(trans_out));
    interpolation    U4( .clock(clock),
                         .reset(reset),
                         .en(enable),
                         .data_in(trans_out),
                         .data_out(inter_out));
    fir31              U5( .clk(clock),
                           .clk_enable(1'b1),
                           .reset(reset),
                           .filter_in(inter_out),
                           .filter_out(fir31_out));
    fir31_cut          U6( .clk(clock),
                           .data_in(fir31_out),
                           .data_cut(fir31_cut));
    bpsk_IQ            U7(.data_in(fir31_cut),
                           .out_I(bpsk_I_da),
                           .out_Q(bpsk_Q_da));
endmodule
```

2) 接口模块

模块功能：本模块接收调制数据以及同步字。因为数据码率是 1 Mb/s，而系统时钟是 16 MHz，所以每一位数据占 16 个系统时钟。本模块接收到数据后，每 16 个时钟发送相同的数据。这里需要注意的是，如果选择扩频模式，那么数据码率为 250 kb/s。

实现方式：本模块通过计数器 count_bpsk 控制 16 个时钟内发送相同的数据。计数器 count 控制发送同步字或者调制数据。当发送同步字的时候，tag 信号为 1'b1，以便控制后续双极性模块。

代码：

```
module   inter_face(clock, reset, enable, sync, data_in, data_out, tag);
    input clock, reset, enable;
    input [7:0] data_in;
    input [15:0] sync;
    output data_out, tag;
    reg [8:0] count;
    reg [3:0] count_bpsk;
    reg count_en, tag, data_out;
    always@(posedge clock or negedge reset)
        if(!reset)
          count_bpsk<=4'b0;
        else
          if(enable)
            if(count_bpsk==4'b1111)
              count_bpsk<=4'b0;
            else
              count_bpsk<=count_bpsk+1'b1;
          else
              count_bpsk<=4'b0;
    always@(posedge clock or negedge reset)
        if(!reset)
            count_en<=1'b0;
        else
         if(count_bpsk==4'b1110)
              count_en<=1'b1;
         else
              count_en<=1'b0;
    always@(posedge clock or negedge reset)
        if(!reset)
            count<=9'b0;
        else
        if(enable)
            begin
                if(count_en)
                    if(count==9'b100011111)
                        count<=9'b0;
```

```
                    else
                        count<=count+1'b1;
                end
                else
            count<=9'b0;
        always@(count)
            tag<=(count[8:5])? 1'b0:1'b1;
        always@(tag or count or sync or data_in or enable)
            if(enable)
              if(tag)
                case(count[3:0])
                  4'b0000:data_out<=sync[15];
                  4'b0001:data_out<=sync[14];
                  4'b0010:data_out<=sync[13];
                  4'b0011:data_out<=sync[12];
                  4'b0100:data_out<=sync[11];
                  4'b0101:data_out<=sync[10];
                  4'b0110:data_out<=sync[9];
                  4'b0111:data_out<=sync[8];
                  4'b1000:data_out<=sync[7];
                  4'b1001:data_out<=sync[6];
                  4'b1010:data_out<=sync[5];
                  4'b1011:data_out<=sync[4];
                  4'b1100:data_out<=sync[3];
                  4'b1101:data_out<=sync[2];
                  4'b1110:data_out<=sync[1];
                  4'b1111:data_out<=sync[0];
                  default:data_out<=1'b0;
                endcase
            else
                data_out<=data_in[count[2:0]];
            else
                data_out<=1'b0;
    endmodule
```

3) 双极性变换模块

模块功能：BPSK 是用双极性的脉冲信号对载波进行相位调制的通信制式，因此需要对信源产生的二进制数据进行双极性变换处理。

实现方式：本模块对信源产生的二进制数据进行双极性变换处理。将二进制数据“0”

变成“1”，即 2'b01，而将二进制数据“1”变成“–1”，即 2'b11。

代码：

```
module bpsktrans(clock, reset, data_in, data_out);
    input data_in;
    input clock;
    input reset;
    output [1:0] data_out;
    reg [1:0] data_out;
    always@(posedge clock or negedge reset)
      if(!reset)
          data_out<=2'b00;
      else
        data_out<=(data_in)?2'b11:2'b01;
endmodule
```

4) 16 倍插值模块

模块功能：本系统中 BPSK 所要求的信号码率为 1 Mb/s，而系统时钟频率为 16 MHz，即系统采样频率为 16 MHz，因此，根据数字上变频技术的要求，对基带数据进行 16 倍插值滤波，提高数据的采样频率。

实现方式：本模块根据计数器，在两个双级性变换后的二进制基带数据信号之间插入 15 个零值，即两次数据之间相差 15 个系统时钟。

代码：

```
module interpolation(clock, reset, en, data_in, data_out);
    input clock, reset;
    input [1:0] data_in;
    input en;
    output wire [1:0]   data_out;
    reg [3:0]   count;
    always@(posedge clock or negedge reset)
      if(!reset)
        count<=4'b0;
      else
        if(en)
          count<=count+1'b1;
        else
          count<=4'b0;
        assign   data_out=(count==4'b0010)?data_in:2'b00;
endmodule
```

5) 滤波器模块

模块功能：插值后的信号频谱会在原信号的频谱周期之间多了很多镜像频谱，因此需要再经过一个 FIR 低通滤波器滤除不必要的频率分量。FIR 模块是基于海明窗函数设计，带宽为 1 MHz 的 31 阶升余弦(Raised Cosine)低通滤波器。滤波器将经过插值后信号频谱的镜像频谱过滤掉，使信号在时域上平滑成型。本模块由 Matlab 实现。

实现方式：由 Matlab 中的滤波器插件产生 1 MHz 的低通滤波器后，再转换成 Verilog 代码。

在 Matlab 中，有专门的设计数字滤波器的工具 FDATool。利用 FDATool 设计 31 阶升余弦 FIR 滤波器的基本步骤如下：

(1) 在 Matlab 命令窗口下输入“fdatool”命令，“回车”调出滤波器设计界面。

(2) 在 Response Type 中选择升余弦的低通滤波器(Lowpass/Raised-consine)。

(3) 在 Design Method 中选择 FIR，同时在滤波器设计方法中选择 Window)。

(4) 在 Filter Order 中选择滤波器阶次(Specify order)31。

(5) 在 Options 中 Window 选择海明窗(Hamming)。

(6) 在 Frequency Specifications 中 Units 选择单位 MHz，采样频率 Fs 设为 16，通带截止频率 Fc 设为 1，滚降系数(Roll off)设为 0.25。

FDATool 操作界面如图 10.9-11 所示。

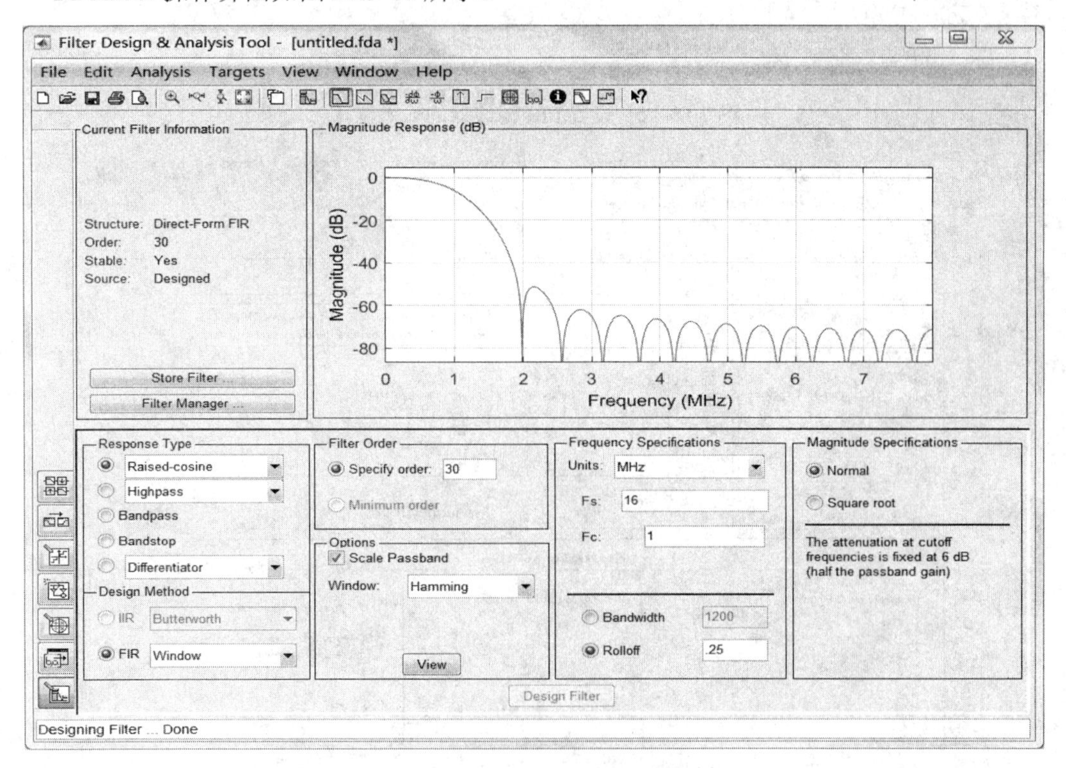

图 10.9-11　FDATool 操作界面

接下来对滤波器进行定点化处理，因为输入信号为零值插值后的信号，采样值只有 1、−1 和 0，因此输入数据的位宽最小可以定为 2 位有符号数，抽头系数定点量化成 6 位。设置方式如图 10.9-12 和图 10.9-13 所示。

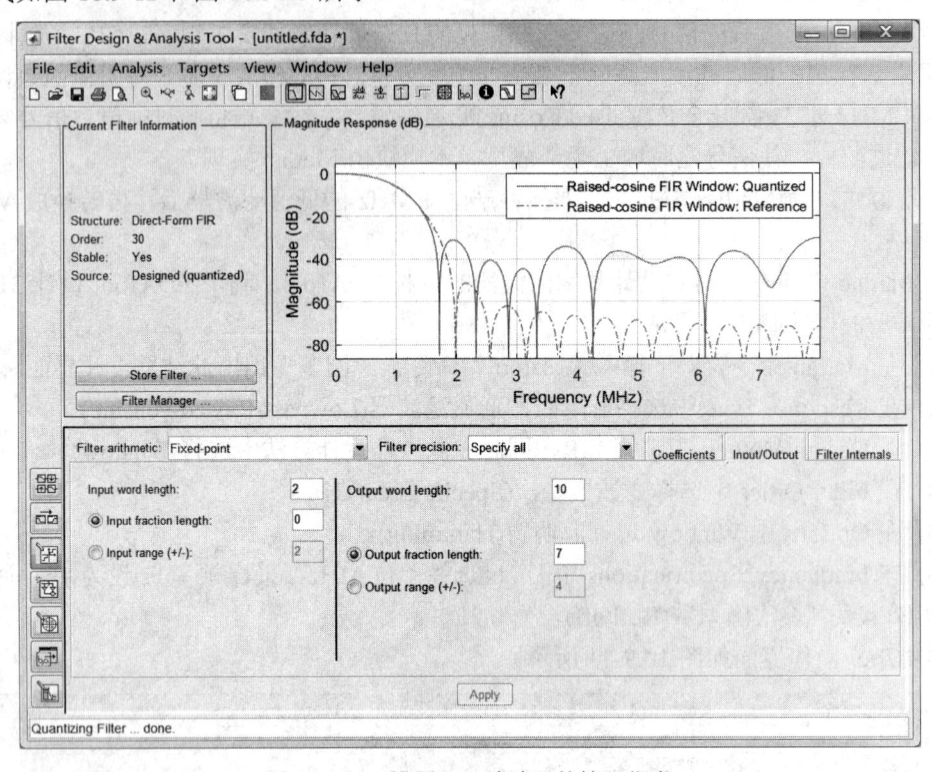

图 10.9-12　设置 FIR 滤波器的输入位宽

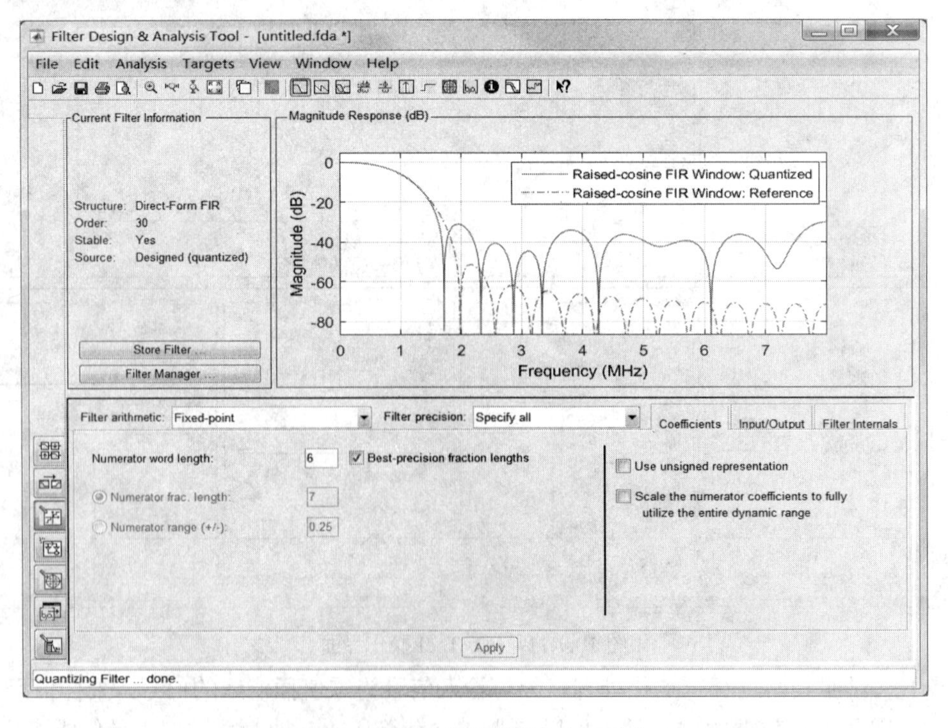

图 10.9-13　将滤波器的系数定点量化为 6 bit

6) 滤波器截位模块

模块功能：根据之前滤波器设计，输出的范围是 [–8，+8]，小数位是 6 位，所以经过滤波器模块后，很多数据位是无效的，本模块将无效数据位去掉，这样可以减小端口宽度，节省芯片面积。

实现方式：本模块将经过滤波器后的数据截取后 6 位。

代码：

```
module fir31_cut(clk, data_in, data_cut);
    input clk;
    input [9:0] data_in;
    output [7:0] data_cut;
    reg [7:0] data_cut;
    always@(posedge clk)
      if(data_in[9:6]==4'b0000)
          data_cut<={data_in[6:0], 1'b0};
      else if(data_in[9:6]==4'b1111)
          data_cut<={data_in[6:0], 1'b1};
      else if(data_in[9]==1'b0)
          data_cut<=8'b0111_1111;
      else
           data_cut<=8'b1000_0000;
endmodule
```

7) 数据 IQ 分路模块

模块功能：将调制后的数据输出到 IQ 两路。IQ 两路数据即可连接到 DA 芯片上，经过射频发射。

实现方式：本模块将输入的数据分别赋值给输出的 I 路和 Q 路。

代码：

```
module   bpsk_IQ(data_in, out_I, out_Q);
    input [7:0]    data_in;
    output [7:0]    out_I, out_Q;
    wire [7:0]    out_I, out_Q;
    assign out_I=data_in;
    assign out_Q=data_in;
endmodule
```

2. BPSK 接收机程序说明

1) bpsk_rx 顶层模块

模块功能：本模块是 BPSK 的接收机的顶层模块，连接外界信号，并且将各子模块实例化。BPSK 接收顶层模块端口说明见表 10.9-3。

表 10.9-3　接收机顶层模块端口说明

端　口	端　口　名	说　明
clock	系统时钟	16 MHz
reset	复位信号	低电平有效
freq_word	频偏控制字	freq_word[5]频偏开关，freq_word[4:0]频偏角度
signal_ad	待解调数据	经过 AD 后待解调数据
thresh_hold	相关峰阈值	用于峰值判断
data_rx	输出数据信号	解调后的数据
data_valid	数据有效信号	当解调数据输出时为 1'b1

代码：

```
module  signal_rx(clock, reset, freq_word, signal_ad,
    threshhold, data_rx, data_valid);
    input clock, reset;
    input [5:0] freq_word;
    input [7:0] threshhold;
    input [9:0] signal_ad;
    output data_rx, data_valid;
    wire [9:0] ad_trans;
    wire [1:0] sin4m, cos4m;
    wire [11:0]  signal_I, signal_Q;
    wire [9:0] signal_I_cut, signal_Q_cut;
    wire [19:0] cic_out_I, cic_out_Q;
    wire [11:0] bpsk_I, bpsk_Q;
    wire [17:0] fir_out_I, fir_out_Q;
    wire [17:0] fir_buf_I, fir_buf_Q;
    wire [17:0] fir_dec16_I, fir_dec16_Q;
    wire [15:0] cor_out_I, cor_out_Q;
    wire [15:0] peak_add, peak_out;
    wire [15:0] peak_out_I_1, peak_out_Q_1;
    wire [15:0] peak_out_I_2, peak_out_Q_2;
    wire [27:0] bpsk_freq_I, bpsk_freq_Q;
    wire [27:0] bpsk_judge_I, bpsk_judge_Q;
    wire en, clear, valid, valid1, valid_judge;
    sin_4m        U1(.clock(clock),
                     .reset(reset),
                     .sin4m(sin4m));
    cos_4m        U2(.clock(clock),
```

```
                .reset(reset),
                .cos4m(cos4m));
mult_ddc    U3(.dataa(ad_trans),
               .datab(sin4m),
               .result(signal_I));
mult_ddc    U4(.dataa(ad_trans),
               .datab(cos4m),
               .result(signal_Q));
ddc_cut     U5(.clk(clock),
                .data_in(signal_I),
                .data_cut(signal_I_cut));
ddc_cut     U6(.clk(clock),
                .data_in(signal_Q),
                .data_cut(signal_Q_cut));
cic         U7(.clk(clock),
                .clk_enable(1'b1),
                .reset(reset),
                .filter_in(signal_I_cut),
                .filter_out(cic_out_I),
                .ce_out());
cic         U8(.clk(clock),
                .clk_enable(1'b1),
                .reset(reset),
                .filter_in(signal_Q_cut),
                .filter_out(cic_out_Q));
cic_cut     U9(.clk(clock),
                .data_in(cic_out_I));
cic_cut     U10(.clk(clock),
                 .data_in(cic_out_Q),
                .data_cut(bpsk_Q));
fir15_en    U11(.clock(clock),
                 .reset(reset),
                 .en_out(en));
fir15       U12(.clk(clock),
                 .clk_enable(en),
                 .reset(reset),
                 .filter_in(bpsk_Q),
                 .filter_out(fir_out_Q));
```

```
fir15          U13(.clk(clock),
                   .clk_enable(en),
                   .reset(reset),
                   .filter_in(bpsk_I),
                   .filter_out(fir_out_I));
correlator     U14(.clock(clock),
                    .reset(reset),
                    .en(en),
                   .clear(clear),
                   .data_in(fir_out_I[16:5]),
                   .data_out(cor_out_I));
correlator      U15(.clock(clock),
                   .reset(reset),
                   .en(en),
                   .clear(clear),
                   .data_in(fir_out_Q[16:5]),
                   .data_out(cor_out_Q));
peak_add        U16(.clock(clock),
                    .peak_I(cor_out_I),
                   .peak_Q(cor_out_Q),
                   .peak_out(peak_add));
peak_detect     U17(.clock(clock),
                   .reset(reset),
                   .peak_in(peak_add),
                   .thresh_hold({1'b0, threshhold, 7'b0}),
                   .valid(valid),
                   .valid1(valid1),
                   .clear(clear));
peak_output     U18(.clock(clock),
                   .reset(reset),
                   .en(valid),
                   .data_in(cor_out_I),
                   .data_out(peak_out_I_2));
peak_output     U19(.clock(clock),
                   .reset(reset),
                   .en(valid),
                   .data_in(cor_out_Q),
                   .data_out(peak_out_Q_2));
```

```
peak_output    U20(.clock(clock),
                   .reset(reset),
                   .en(valid1),
                   .data_in(cor_out_I),
                   .data_out(peak_out_I_1));
peak_output    U21(.clock(clock),
                   .reset(reset),
                   .en(valid1),
                   .data_in(cor_out_Q),
                   .data_out(peak_out_Q_1));
fir_buf        U22(.clock(clock),
                   .data_in(fir_out_I),
                   .data_out(fir_buf_I));
fir_buf        U23(.clock(clock),
                   .data_in(fir_out_Q),
                   .data_out(fir_buf_Q));
decimator_16   U24(.clock(clock),
                   .reset(reset),
                   .data_in_I(fir_buf_I),
                   .data_in_Q(fir_buf_Q),
                   .data_out_I(fir_dec16_I),
                   .data_out_Q(fir_dec16_Q),
                   .enable(valid));
judge_enable    U25(.clk(clock),
                    .rstn(reset),
                    .data_in(valid),
                    .data_out(valid_judge));
freq_off        U26(.peak_I_1(peak_out_I_1[15:4]),
                    .peak_Q_1(peak_out_Q_1[15:4]),
                    .peak_I_2(peak_out_I_2[15:4]),
                    .peak_Q_2(peak_out_Q_2[15:4]),
                    .datain_I(fir_dec16_I[16:5]),
                    .datain_Q(fir_dec16_Q[16:5]),
                    .freq_word(freq_word[4:0]),
                    .freq_switch(freq_word[5]),
                    .clock(clock),
                    .reset(reset),
                    .valid(valid_judge),
```

```
                          .dataout_I(bpsk_freq_I),
                          .dataout_Q(bpsk_freq_Q));
    bpsk_judge        U27(.clock(clock),
                           .reset(reset),
                           .en(valid_judge),
                           .judgein_I(peak_out_I_2[15:4]),
                           .judgein_Q(peak_out_Q_2[15:4]),
                           .datain_I(bpsk_freq_I[27:14]),
                           .datain_Q(bpsk_freq_Q[27:14]),
                           .data_out(data_rx),
                           .data_valid(data_valid));
endmodule
```

2) 正弦信号发生器模块

模块功能：本模块产生 4 MHz 的正弦信号。因为采样频率是 16 MHz，所以每 4 个时钟输出一组值，则该正弦信号的频率为 4 MHz。该正弦信号作为本振正弦信号。

实现方式：本模块复位时在寄存器中存储值 2'b00、2'b01、2'b00 和 2'b11，然后在每个 16 MHz 系统时钟上升沿输出这 4 个值。

代码：

```
module sin_4m(clock, reset, sin4m);
    input clock, reset;
    output [1:0] sin4m;
    reg [1:0] sinreg[3:0];
    always@(posedge clock or negedge reset)
    if(!reset)
        begin
            sinreg[0]<=2'b00;
            sinreg[1]<=2'b01;
            sinreg[2]<=2'b00;
            sinreg[3]<=2'b11;
        end
    else
        begin
            sinreg[0]<=sinreg[1];
            sinreg[1]<=sinreg[2];
            sinreg[2]<=sinreg[3];
            sinreg[3]<=sinreg[0];
        end
    assign sin4m=(reset)? sinreg[0]:2'b0;
endmodule
```

3) 余弦信号发生器模块

模块功能：本模块产生 4 MHz 的余弦信号。因为采样频率是 16 MHz，所以每 4 个时钟输出一组值，则该余弦信号的频率为 4 MHz。该余弦信号作为本振余弦信号。

实现方式：本模块复位时在寄存器中存储值 2'b01、2'b00、2'b11 和 2'b00，然后在每个 16 MHz 系统时钟上升沿输出这 4 个值。

代码：

```
module cos_4m(clock, reset, cos4m);
    input clock, reset;
    output [1:0] cos4m;
    reg [1:0] cosreg[3:0];
    always@(posedge clock or negedge reset)
      if(!reset)
        begin
          cosreg[0]<=2'b01;
          cosreg[1]<=2'b00;
          cosreg[2]<=2'b11;
          cosreg[3]<=2'b00;
        end
      else
        begin
          cosreg[0]<=cosreg[1];
          cosreg[1]<=cosreg[2];
          cosreg[2]<=cosreg[3];
          cosreg[3]<=cosreg[0];
        end
    assign cos4m=(reset)? cosreg[0]:2'b0;
endmodule
```

4) 乘法器模块

模块功能：本模块将输入的待解调信号与本振信号相乘。

实现方式：本模块将正、余弦信号发生器产生的信号与输入的解调信号相乘。

代码：

```
module mult_ddc (dataa, datab, result);
    input signed [9:0] dataa;
    input signed [1:0] datab;
    output wire signed [11:0]   result;
    assign result=dataa*datab;
endmodule
```

5) 乘法截位模块

模块功能：因为待解调信号与本振信号都是符号数，所以相乘后会有符号位的扩展，本模块将无用的数据去掉，使得端口位宽变小。

实现方式：本模块先判断输入信号的最高两位即符号位，然后截取其中高 11 位至高一位作为输出数据。

代码：

```
module ddc_cut(clk, data_in, data_cut);
    input clk;
    input [11:0] data_in;
    output [9:0] data_cut;
    reg [9:0] data_cut;
    always@(posedge clk)
      if(data_in[11:10]==2'b00 || data_in[11:10]==2'b11)
          data_cut<=data_in[10:1];
      else
          if(data_in[11]==1'b0)
                data_cut<=10'b01_1111_1111;
          else
                data_cut<=10'b10_0000_0000;
endmodule
```

6) CIC 滤波器模块

模块功能：CIC(级联积分梳状)滤波器每四个时钟抽取一个数据信号。由于本系统设计的数据码率为 1 Mb/s，而中频信号的频率为 4 MHz，所以需要四倍抽取滤波器。

CIC(级联积分梳状)滤波器的结构如图 10.9-14 所示。

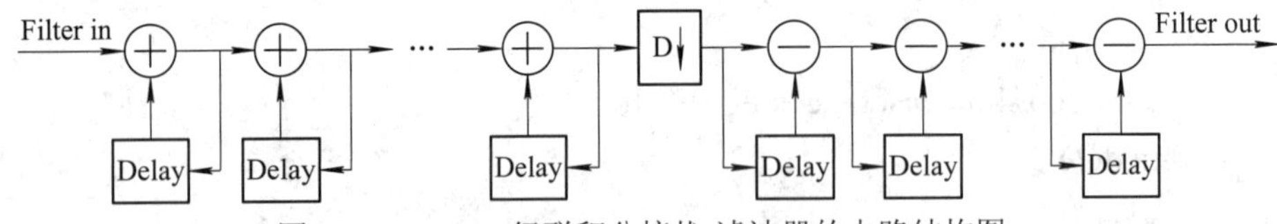

图 10.9-14 CIC(级联积分梳状)滤波器的电路结构图

可见 CIC 中的结构实现起来并不复杂，与 FIR 滤波器相比，CIC 滤波器的设计要简单得多。

实现方式：CIC 滤波器也是采用 FDATool 进行设计，基本步骤如下：

(1) 在最左边的工具栏中选择设计多速率滤波器(Create multi-rate filter)。

(2) 在 Type 中选择 Decimator(抽取滤波器)。

(3) 在 Decimation Factor 中将抽取因子设为 4。

(4) 在 Sampling Frequency 中选择单位 MHz，采样频率 Fs 设为 16。

(5) 设置滤波器类型为 CIC(级联积分梳状)滤波器。

(6) 设置差分延迟为 1，级联数为 5 级。

设计界面如图 10.9-15 所示。

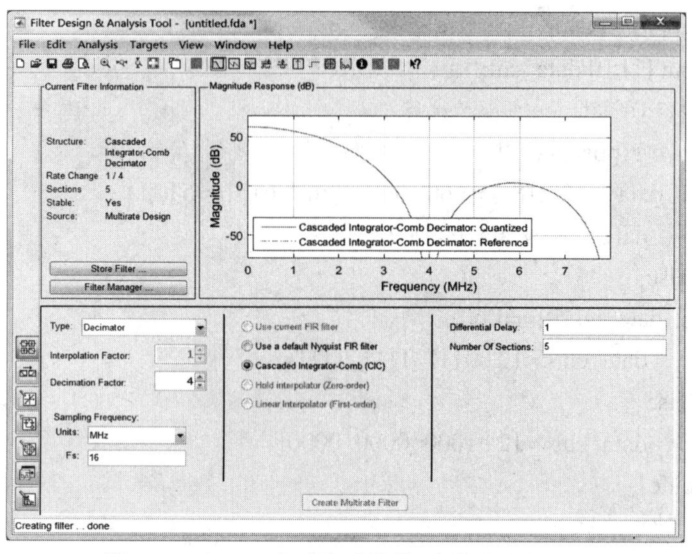

图 10.9-15　CIC(级联积分梳状)滤波器设计界面

因为 CIC 滤波器的全部抽头系数都是 1，所以不必进行定点量化，因此，只进行输入输出位宽的量化即可。将输入位宽设为 10 位，输出位宽采取默认全精度。如图 10.9-16 所示。

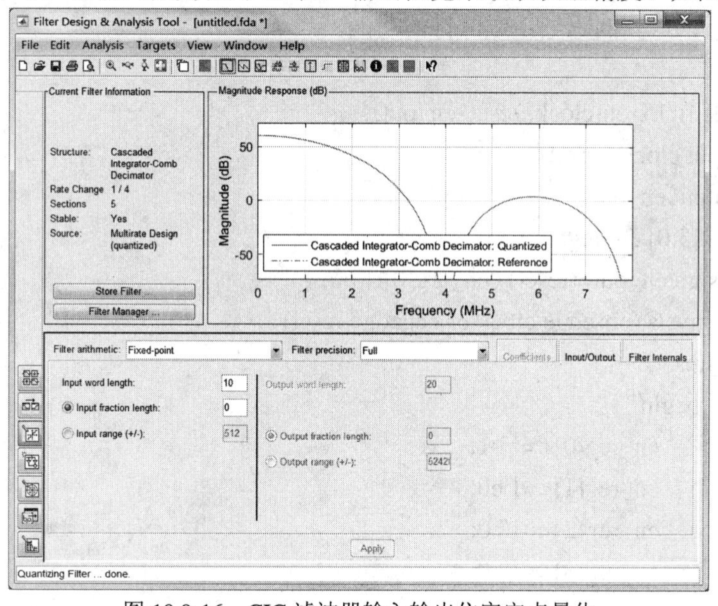

图 10.9-16　CIC 滤波器输入输出位宽定点量化

7) CIC 滤波器截位模块

模块功能：由于滤波器输出的数据带有多位符号位，占用了很多芯片资源，所以在该模块中对数据进行截位操作，去掉无效的数据位。

实现方式：本模块根据输入数据的符号位，截取输入信号的第 8 位至第 19 位作为输出数据。

代码：

```
module cic_cut(clk, data_in, data_cut);
    input clk;
```

```
    input [19:0] data_in;
    output [11:0] data_cut;
    reg [11:0] data_cut;
    always@(posedge clk)
        if(data_in[19:18]==2'b00 || data_in[19:18]==5'b11)
            data_cut<=data_in[18:7];
        else
        if(data_in[19]==1'b0)
            data_cut<=12'b0111_1111_1111;
        else
            data_cut<=12'b1000_0000_0000;
endmodule
```

8) 滤波器时钟产生模块

模块功能：将 16 MHz 的系统时钟四分频为占空比为 1/4 的 4 MHz 的信号，并且以该信号作为后续 FIR 滤波器的采样频率。

实现方式：本模块初始化了一个四位寄存器，存储值为 4'b1000，在时钟的上升沿循环输出每一位的值，达到四分频系统时钟的功能。

代码：

```
module fir15_en(clock, reset, en_out);
    input clock, reset;
    output en_out;
    reg [3:0] en_reg;
    assign en_out=(reset)? en_reg[0]:1'b0;
    always@(posedge clock or negedge reset)
    if(!reset)
        begin
            en_reg[0]<=1'b1;
            en_reg[1]<=1'b0;
            en_reg[2]<=1'b0;
            en_reg[3]<=1'b0;
        end
    else
        begin
            en_reg[0]<=en_reg[1];
            en_reg[1]<=en_reg[2];
            en_reg[2]<=en_reg[3];
            en_reg[3]<=en_reg[0];
        end
endmodule
```

9) 滤波器模块

模块功能：本模块和发射机中的 FIR 滤波器一样，也是带宽为 1 MHz 的低通滤波器，这也是针对带宽为 1 MHz 的 BPSK 信号设计的。它的作用是将 BPSK 中无用频率分量去掉，使得信道中通带的宽度与 BPSK 信号带宽基本一样，对信道进行更加严格的优化，只保留信号带宽内的信息。

实现方式：本模块实现方式与发射机基本一致。不同的是，在量化时，本模块的输入位宽是 12 位，抽头系数位宽是 6 位，输出位宽是 18 位。具体如图 10.9-17 和图 10.9-18 所示。

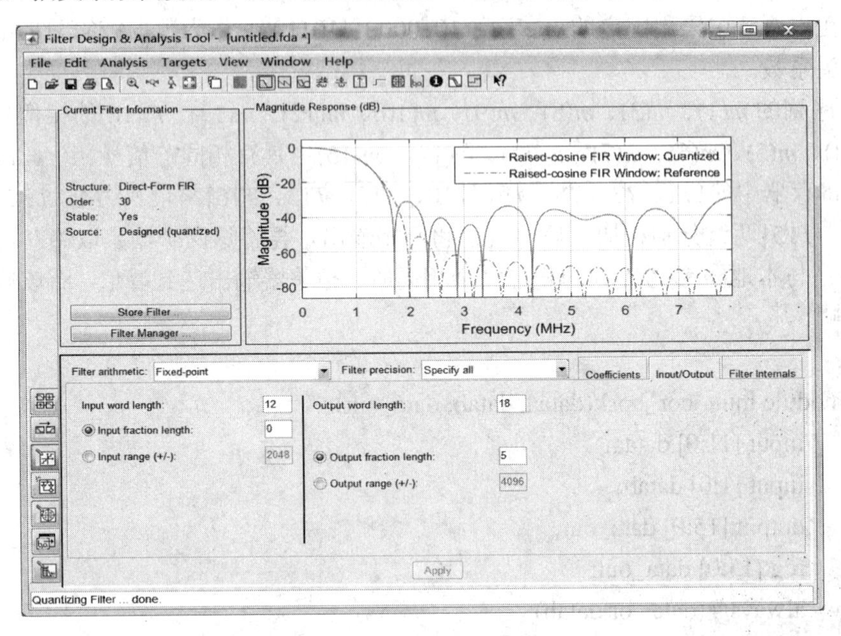

图 10.9-17　滤波器输入输出量化

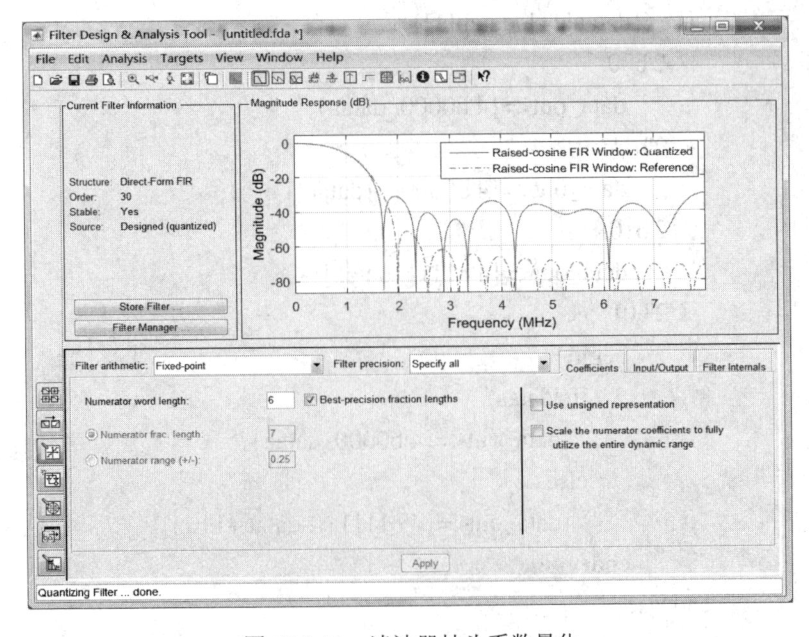

图 10.9-18　滤波器抽头系数量化

10) 相关器模块

模块功能：BPSK 解调系统接收数据帧属于突发事件，相关器的作用就是准确找到数据帧的起始位置以及各码元的最佳判决点，这样对信号进行采样会大大降低采样判决的误码率。

实现方式：BPSK 系统采用两个相同的 *m* 序列作为数据帧的同步字，*n* 阶 *m* 序列中码元“0”的个数为 2^{n-1} 个，而码元“1”的个数为 $2^{n-1}-1$ 个，因此均衡性很好。*m* 序列有很强的自相关性，即 *m* 序列经过相关器时，会产生尖锐的峰值，而在其他时候相关峰的值会很低。在本系统中采用固定的 *m* 序列(1010000111011001)作为数据帧的同步字和本地相关器的抽头系数。

该 *m* 序列的 *m*(1)、*m*(3)、*m*(8)、*m*(9)、*m*(10)、*m*(12)、*m*(13)、*m*(16)的相位相同，而码 *m*(2)、*m*(4)、*m*(5)、*m*(6)、*m*(7)、*m*(11)、*m*(14)、*m*(15)也具有相同的信号相位。因此，本模块将移位寄存器中的{*T*1、*T*3、*T*8、*T*9、*T*10、*T*12、*T*13、*T*16}与{*T*2、*T*4、*T*5、*T*6、*T*7、*T*11、*T*14、*T*15}两组分别相加，后一组之和倒相输出，再将这两个结果取绝对值相加。这样当 *m* 序列与本地 *m* 参考序列的相位完全相同时，相关器输出达到峰值，而该峰值后的值即为数据帧。

代码：

```
module mult_cor_bpsk(dataa, datab, data_out);
    input [11:0] dataa;
    input [1:0] datab;
    output [15:0] data_out;
    reg [15:0] data_out;
    always@(dataa or datab)
        begin
            case ({dataa[11], datab[1]})
                2'b00:
                    data_out<={4'b0000, dataa};
                2'b11:
                    data_out<={4'b0000, ~(dataa-1'b1)};
                2'b10:
                    data_out<={4'b1111, dataa};
                2'b01:
                    begin
                        if(!dataa)
                            data_out<={4'b0000, dataa};
                        else
                            data_out<={4'b1111, (~dataa+1'b1)};
                    end
            endcase
        end
```

```
endmodule

module add_bpsk(dataa, datab, add_out);
  input [15:0] dataa, datab;
  output [15:0] add_out;
  reg [15:0] add_out;
  always@(dataa or datab)
      add_out<=dataa+datab;
endmodule

module correlator(clock, reset, en, data_in, clear, data_out);
    input clock, reset, en;
    input [11:0] data_in;
    input clear;
    output [15:0] data_out;
    reg [11:0] shifting[63:0];
    wire [15:0] walsh0, walsh1, walsh2, walsh3,
                walsh4, walsh5, walsh6, walsh7,
                walsh8, walsh9, walsh10, walsh11,
                walsh12, walsh13, walsh14, walsh15;
    wire [15:0] add_out1_0, add_out1_1, add_out1_2, add_out1_3,
                 add_out1_4, add_out1_5, add_out1_6, add_out1_7;
    wire [15:0] add_out2_0, add_out2_1, add_out2_2, add_out2_3;
    wire [15:0] add_out3_0, add_out3_1;
    integer i;
    always@(posedge clock or negedge reset)
        if(!reset)
            begin
                for(i = 0; i < 64; i = i + 1)
                    shifting[i] = 12'b0;
            end
        else
        if(!clear)
            if(en)
                begin
                    shifting[0]<=data_in;
                    for(i = 1; i < 64; i = i + 1)
                        shifting[i] = shifting[i-1];
                end
            else
```

```
            begin
                for(i = 0; i < 64; i = i + 1)
                    shifting[i] <= shifting[i];
            end
        else
        begin
            for(i = 0; i < 64; i = i + 1)
               shifting[i] = 12'b0;
        end
mult_cor_bpsk cor0(.dataa(shifting[0]), .datab(2'b11), .data_out(walsh0));
mult_cor_bpsk cor1(.dataa(shifting[4]), .datab(2'b01), .data_out(walsh1));
mult_cor_bpsk cor2(.dataa(shifting[8]), .datab(2'b01), .data_out(walsh2));
mult_cor_bpsk cor3(.dataa(shifting[12]), .datab(2'b11), .data_out(walsh3));
mult_cor_bpsk cor4(.dataa(shifting[16]), .datab(2'b11), .data_out(walsh4));
mult_cor_bpsk cor5(.dataa(shifting[20]), .datab(2'b01), .data_out(walsh5));
mult_cor_bpsk cor6(.dataa(shifting[24]), .datab(2'b11), .data_out(walsh6));
mult_cor_bpsk cor7(.dataa(shifting[28]), .datab(2'b11), .data_out(walsh7));
mult_cor_bpsk cor8(.dataa(shifting[32]), .datab(2'b11), .data_out(walsh8));
mult_cor_bpsk cor9(.dataa(shifting[36]), .datab(2'b01), .data_out(walsh9));
mult_cor_bpsk cor10(.dataa(shifting[40]), .datab(2'b01), .data_out(walsh10));
mult_cor_bpsk cor11(.dataa(shifting[44]), .datab(2'b01), .data_out(walsh11));
mult_cor_bpsk cor12(.dataa(shifting[48]), .datab(2'b01), .data_out(walsh12));
mult_cor_bpsk cor13(.dataa(shifting[52]), .datab(2'b11), .data_out(walsh13));
mult_cor_bpsk cor14(.dataa(shifting[56]), .datab(2'b01), .data_out(walsh14));
mult_cor_bpsk cor15(.dataa(shifting[60]), .datab(2'b11), .data_out(walsh15));
add_bpsk add1_0(.dataa(walsh0), .datab(walsh1), .add_out(add_out1_0));
add_bpsk add1_1(.dataa(walsh2), .datab(walsh3), .add_out(add_out1_1));
add_bpsk add1_2(.dataa(walsh4), .datab(walsh5), .add_out(add_out1_2));
add_bpsk add1_3(.dataa(walsh6), .datab(walsh7), .add_out(add_out1_3));
add_bpsk add1_4(.dataa(walsh8), .datab(walsh9), .add_out(add_out1_4));
add_bpsk add1_5(.dataa(walsh10), .datab(walsh11), .add_out(add_out1_5));
add_bpsk add1_6(.dataa(walsh12), .datab(walsh13), .add_out(add_out1_6));
add_bpsk add1_7(.dataa(walsh14), .datab(walsh15), .add_out(add_out1_7));
add_bpsk   add2_0(.dataa(add_out1_0), .datab(add_out1_1), .add_out(add_out2_0));
add_bpsk add2_1(.dataa(add_out1_2), .datab(add_out1_3), .add_out(add_out2_1));
add_bpsk add2_2(.dataa(add_out1_4), .datab(add_out1_5), .add_out(add_out2_2));
add_bpsk add2_3(.dataa(add_out1_6), .datab(add_out1_7), .add_out(add_out2_3));
add_bpsk add3_0(.dataa(add_out2_0), .datab(add_out2_1), .add_out(add_out3_0));
add_bpsk add3_1(.dataa(add_out2_2), .datab(add_out2_3), .add_out(add_out3_1));
```

```
    add_bpsk sum(.dataa(add_out3_0), .datab(add_out3_1), .add_out(data_out));
endmodule
```

11) 过滤器数据缓存模块

模块功能：fir_buf 模块通过将数据存储到移位寄存器中，可以将数据延迟六个时钟周期输出，对于同步电路来说，这是为了和其他电路之间的协调。

实现方式：本模块用移位寄存器保存六个时钟的数据值，再延时输出，达到同步时钟的目的。

代码：

```
module fir_buf(clock, data_in, data_out);
    input [17:0] data_in;
    input clock;
    output [17:0] data_out;
    wire [17:0] data_out;
    reg [17:0] data_reg[9:0];
    integer i;
    always@(posedge clock)
        begin
                data_reg[0]<=data_in;
            for(i = 1; i < 7; i = i + 1)
                data_reg[i] <= data_reg[i-1];
        end
    assign data_out=data_reg[6];
endmodule
```

12) 峰值相加模块

模块功能：peak_add 模块是将通过相关器后的峰值相加(如果峰值符号位为 1，取其补码)，这样可以使相关峰的峰值更明显突出。

实现方式：本模块将经过相关器后的峰值取绝对值相加，使得峰值更尖锐，便于后续峰值检测。

代码：

```
module peak_add(clock, peak_I, peak_Q, peak_out);
    input [15:0] peak_I, peak_Q;
    input clock;
    output wire [15:0] peak_out;
    reg [15:0] peak_reg[1:0];
    always@(posedge clock)
        begin
          if(!peak_I[15])
              peak_reg[0]<=peak_I;
          else
```

```
            peak_reg[0]<=~(peak_I-1'b1);
        end
    always@(posedge clock)
        begin
            if(!peak_Q[15])
                peak_reg[1]<=peak_Q;
            else
                peak_reg[1]<=~(peak_Q-1'b1);
        end
    assign peak_out=peak_reg[0]+peak_reg[1];
endmodule
```

13) 相关峰检测模块

模块功能：相关峰检测模块的阈值通过外接端口输入，一般阈值设为所测峰值的 15/16，当峰值大于阈值时，则认为该峰为相关峰，当检测到第一个相关峰后，让 valid1 升高，用于频偏检测使能，当检测到第二个相关峰后，让 valid 置为高电平，表示之后输入的数据不是置同步电平字，而是实际数据。

在这里，由于采用的 *m* 序列是 16 bits 的，通过大量仿真测量，将阈值设为相关峰的 15/16。在检测到第一个相关峰后，锁存住该相关峰的值送入频偏校正模块；然后进入第二次相关峰检测状态，当检测到第二个相关峰时，也将峰值锁存住送入频偏校正模块，同时输出数据有效使能信号，使下一级频偏校正模块开始工作，并对校正后的信号进行解调。

此外，因为数据帧的传输并不是连续的，不能一直保持解调状态，因此需要知道什么时候数据帧传输完毕。由于数据帧的长度是固定的，所以从系统检测到第二个相关峰并给出使能信号的同时本地计数器开始计数，记满一个数据帧的长度之后，将有效使能撤掉，同时清除锁存的相关峰值，并结束解调状态。

实现方式：当经过相关器后的峰值大于外部输入的阈值，可以认为该峰值是相关峰值，并且使 valid1 升高。间隔 128 个时钟后，本模块继续检测第二个相关峰值。当峰值再次大于阈值，本模块输出 4106 个高电平 valid 信号以指示后面的信号为数据信号。其检测方式如图 10.9-19 所示。

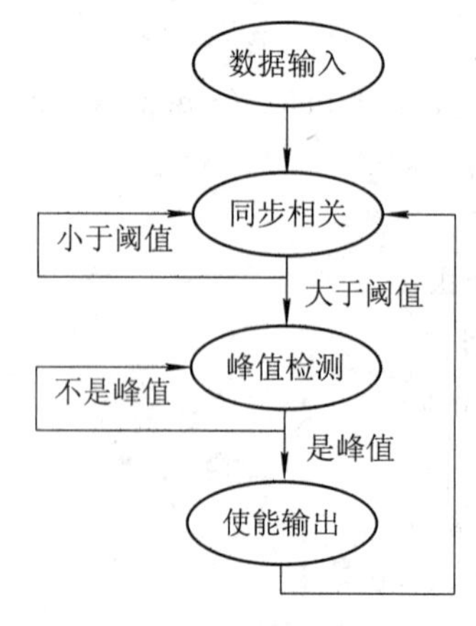

图 10.9-19　BPSK 同步字相关的状态流程图

代码：

```
module peak_detect(clock, reset, peak_in, thresh_hold, valid, valid1, clear);
    input clock, reset;
    input [15:0] peak_in, thresh_hold;
    output valid, valid1, clear;
    reg [15:0] peak_reg;
    reg valid, clear, valid1;
    reg [1:0] state;
    reg [12:0] count;
    reg [6:0] count1;
    always@(posedge clock or negedge reset)
        if(!reset)
            begin
                state<=2'b00;
                valid<=1'b0;
                valid1<=1'b0;
                peak_reg<=16'b0;
                count<=13'b0;
                count1<=7'b0;
            end
        else
            case(state)
                2'b00: begin
                    if(peak_in>=thresh_hold)
                        begin
                            peak_reg<=peak_in;
                            state<=2'b01;
                            count<=13'b0;
                            count1<=7'b0;
                            valid<=1'b0;
                            valid1<=valid1;
                            clear<=1'b0;
                        end
                    else
                        begin
                            state<=2'b00;
                            count<=13'b0;
                            count1<=7'b0;
                            peak_reg<=peak_reg;
```

```
                valid<=1'b0;
                valid1<=valid1;
                clear<=1'b0;
            end
        end
    2'b01: begin
        if(!valid1)
            if(peak_in>=peak_reg)
                begin
                    count<=13'b0;
                    count1<=7'b0;
                    peak_reg<=peak_in;
                    state<=2'b01;
                    valid<=1'b0;
                    valid1<=1'b0;
                    clear<=1'b0;
                end
            else
                begin
                    count<=13'b0;
                    count1<=7'b0;
                    state<=2'b10;
                    valid1<=1'b1;
                    valid<=1'b0;
                    peak_reg<=peak_reg;
                    clear<=1'b0;
                end
            else
            if(peak_in>=peak_reg)
                begin
                    count<=13'b0;
                    count1<=7'b0;
                    peak_reg<=peak_in;
                    state<=2'b01;
                    valid<=1'b0;
                    valid1<=1'b1;
                    clear<=1'b0;
                end
            else
```

```
                begin
                    count<=13'b0;
                    count1<=7'b0;
                    state<=2'b11;
                    valid1<=1'b1;
                    valid<=1'b1;
                    peak_reg<=peak_reg;
                    clear<=1'b0;
                end
            end
2'b10: begin
        if(count1==7'b1111111)
            begin
                count<=13'b0;
                count1<=7'b0;
                state<=2'b00;
                valid1<=1'b1;
                valid<=1'b0;
                peak_reg<=peak_reg;
                clear<=1'b0;
            end
        else
            begin
                count<=13'b0;
                count1<=count1+1'b1;
                state<=2'b10;
                valid1<=1'b1;
                valid<=1'b0;
                peak_reg<=peak_reg;
                clear<=1'b0;
            end
        end
2'b11:
        begin
            if(count==13'b1000000001010)
                begin
                    count<=13'b0;
                    count1<=7'b0;
                    valid<=1'b0;
```

```
                    valid1<=1'b0;
                    state<=2'b00;
                    peak_reg<=peak_reg;
                    clear<=1'b1;
                end
            else
                begin
                    count<=count+1'b1;
                    count1<=7'b0;
                    valid<=1'b1;
                    valid1<=1'b1;
                    state<=2'b11;
                    peak_reg<=peak_reg;
                    clear<=1'b0;
                end
            end
        default:   state<=2'b00;
    endcase
endmodule
```

14) 判决使能模块

模块功能：judge_enable 模块通过移位寄存器，使数据有效信号 valid 延迟一个周期输出。

实现方式：本模块用两位移位寄存器保存 valid 信号，使之延迟一个周期输出，达到同步时钟的目的。

代码：

```
module judge_enable(clk, rstn, data_in, data_out);
    input clk, rstn, data_in;
    output data_out;
    reg [1:0] delay;
    always@(posedge clk or negedge rstn)
      if(!rstn)
          delay[1:0]<=2'b0;
      else
          delay[1:0]<={delay[0], data_in};
    assign data_out=delay[1];
endmodule
```

15) 峰值数据存储模块

模块功能：本模块用于同步时序。

实现方式：本模块通过移位寄存器存储四个周期的数据，当数据有效信号 valid 变为高电平后，依次输出前四个周期的数据。

代码：

```
module   peak_output(clock, reset, en, data_in, data_out);
    input clock, reset, en;
    input [15:0] data_in;
    output [15:0] data_out;
    reg [15:0] peak_reg[3:0];
    reg [15:0] data_out;
    reg [1:0] state;
    always@(posedge clock or negedge reset)
        if(!reset)
            begin
                state<=2'b00;
                data_out<=15'b0;
            end
        else
        case(state)
            2'b00:begin
                    if(en)
                        state<=2'b01;
                    else
                        begin
                            state<=2'b00;
                            peak_reg[0]<=data_in;
                            peak_reg[1]<=peak_reg[0];
                            peak_reg[2]<=peak_reg[1];
                            peak_reg[3]<=peak_reg[2];
                        end
                end
            2'b01:begin
                    if(!en)
                        begin
                            state<=2'b00;
                            data_out<=15'b0;
                        end
                    else
                            data_out<=peak_reg[3];
                end
            default:   state<=2'b00;
```

```
endcase
endmodule
```

16) decimator_16 模块

模块功能：本模块是抽取滤波器，由于数据在发送的时候经过了 16 倍插值，也就是说，每一位数据占 16 个系统时钟。所以在此用抽取滤波器，每 16 个时钟取一个数据值并且输出。

实现方式：在此用一个 4 位计数器，当计数器计到 15 的时候，输出输入的数据，其他时候输出值保持它最后一个有效值。

代码：

```
module   decimator_16(clock, reset, data_in_I, data_in_Q,
    data_out_I, data_out_Q, enable);
    input clock, reset, enable;
    input [17:0] data_in_I, data_in_Q;
    output [17:0] data_out_I, data_out_Q;
    reg [17:0] data_out_I, data_out_Q;
    reg [3:0] count;
    always@(posedge clock or negedge reset)
        if(!reset)
            count<=4'b0;
        else
            if(enable)
                count<=count+1'b1;
            else
                count<=4'b0;
    always@(posedge clock or negedge reset)
        if(!reset)
            data_out_I<=18'b0;
        else
            if(count==4'b1111)
                data_out_I<=data_in_I;
            else
                data_out_I<=data_out_I;
    always@(posedge clock or negedge reset)
        if(!reset)
            data_out_Q<=18'b0;
        else
            if(count==4'b1111)
                data_out_Q<=data_in_Q;
            else
```

```
            data_out_Q<=data_out_Q;
    endmodule
```

17) 频偏模块

模块功能：顶层模块，频偏模块主要工作是检测出频偏值，并且纠正数据的波形。频偏的算法在前文已有介绍，在此只关注算法的具体实现。

代码：

```
module freq_off(peak_I_1, peak_Q_1, peak_I_2, peak_Q_2, datain_I, datain_Q,
    freq_word, freq_switch, clock, reset, valid, dataout_I, dataout_Q);
    input [11:0] peak_I_1, peak_Q_1, peak_I_2, peak_Q_2;
    input [11:0] datain_I, datain_Q;
    input [4:0] freq_word;
    input clock, reset, valid, freq_switch;
    output [27:0] dataout_I, dataout_Q;
    wire [14:0] complex_sin, complex_cos;
    wire [11:0] addr_sin, addr_cos;
    wire [14:0] freq_rom_sin, freq_rom_cos;
    wire [14:0] sin_delay, cos_delay;
    wire [4:0] freq_out;
    freq_detect   U1( .clk(clock),
                    .rstn(reset),
                    .peak_I_1(peak_I_1),
                    .peak_I_2(peak_I_2),
                    .peak_Q_1(peak_Q_1),
                    .peak_Q_2(peak_Q_2),
                    .enable(valid),
                    .freq(freq_out));
    complex_mul   U2(.complex_sin(sin_delay),
                    .complex_cos(cos_delay),
                    .direct_det(freq_out[4]),
                    .direct_word(freq_word[4]),
                    .direct_switch(freq_switch),
                    .datain_I(datain_I),
                    .datain_Q(datain_Q),
                    .dataout_I(dataout_I),
                    .dataout_Q(dataout_Q));
    freq_ctrl       U3( .clk(clock),
                    .rstn(reset),
                    .enable(valid),
                    .freq_switch(freq_switch),
```

```
                        .freq_det_in(freq_out[3:0]),
                        .freq_word_in(freq_word[3:0]),
                        .datain_sin(freq_rom_sin),
                        .datain_cos(freq_rom_cos),
                        .dataout_sin(complex_sin),
                        .dataout_cos(complex_cos),
                        .addr_sin(addr_sin),
                        .addr_cos(addr_cos));
    freq_rom       U4( .address_a(addr_sin),
                        .address_b(addr_cos),
                        .clock(clock),
                        .q_a(freq_rom_sin),
                        .q_b(freq_rom_cos));
    nco_delay      U5( .clock(clock),
                        .reset(reset),
                        .data_in(complex_sin),
                        .data_out(sin_delay));
    nco_delay      U6( .clock(clock),
                        .reset(reset),
                        .data_in(complex_cos),
                        .data_out(cos_delay));
endmodul
```

(1) 频偏检测模块。

模块功能：当检测到第一个峰值后，频偏检测模块通过算法算出频偏角度 angle，再根据 angle 的大小，通过查找表的方式输出频偏值。

实现方式：先通过之前介绍的算法算出 angle 的值，每一帧数据都会计算出 angle 值，为了让检测更准确，本模块输出的每一帧频偏值会不断趋向计算得到的频偏值。

代码：

```
module freq_detect(clk, rstn, peak_I_1, peak_I_2, peak_Q_1, peak_Q_2, enable, freq);
    input [11:0] peak_I_1, peak_Q_1, peak_I_2, peak_Q_2;
    input clk, rstn, enable;
    output [4:0] freq;
    reg [4:0] freq, freq0;
    wire [23:0] a1, a2, a3, a4;
    wire [24:0] b1, b2;
    wire [27:0] b1_1;
    wire [18:0] angel;
    wire [10:0] b2_1;
    reg state;
```

```
reg [1:0] enable_delay;
freq_det_mul   U0(.data_a(peak_I_1), .data_b(peak_I_2), .data_out(a1));
freq_det_mul   U1(.data_a(peak_Q_1), .data_b(peak_Q_2), .data_out(a2));
freq_det_mul   U2(.data_a(peak_I_1), .data_b(peak_Q_2), .data_out(a3));
freq_det_mul   U3(.data_a(peak_I_2), .data_b(peak_Q_1), .data_out(a4));
freq_det_sub   U4(.data_a(a3), .data_b(a4), .data_out(b1));
freq_det_add   U5(.data_a(a1), .data_b(a2), .data_out(b2));
freq_det_div   U7(.data_a(b1_1[22:4]), .data_b(b2_1), .data_out(angel));
parameter freq_100_p=8'b00001010;
parameter freq_200_p=8'b00010100;
parameter freq_300_p=8'b00011110;
parameter freq_400_p=8'b00101000;
parameter freq_500_p=8'b00110011;
parameter freq_600_p=8'b00111101;
parameter freq_700_p=8'b01000111;
parameter freq_800_p=8'b01010001;
parameter freq_900_p=8'b01011100;
parameter freq_1k_p=8'b01100110;
parameter freq_100_n=19'b1111111111111110110;
parameter freq_200_n=19'b1111111111111101100;
parameter freq_300_n=19'b1111111111111100010;
parameter freq_400_n=19'b1111111111111011000;
parameter freq_500_n=19'b1111111111111001101;
parameter freq_600_n=19'b1111111111111000011;
parameter freq_700_n=19'b1111111111110111001;
parameter freq_800_n=19'b1111111111110101111;
parameter freq_900_n=19'b1111111111110100100;
parameter freq_1k_n=19'b1111111111110011010;
assign   b1_1={b1, 3'b000};
assign   b2_1=b2[21:11];
always@(posedge clk or negedge rstn)
    if(!rstn)
        enable_delay<=2'b0;
    else
        enable_delay<={enable_delay[0], enable};
always@(posedge clk or negedge rstn)
    if(!rstn)
        freq0<=5'b00000;
    else
```

```
if(!enable)
    freq0<=freq0;
else
    if(!angel[18])
        if(angel<freq_100_p)
            freq0<=5'b00000;
        else if(angel>=freq_100_p && angel<freq_200_p)
            freq0<=5'b00001;
        else if(angel>=freq_200_p && angel<freq_300_p)
            freq0<=5'b00010;
        else if(angel>=freq_300_p && angel<freq_400_p)
            freq0<=5'b00011;
        else if(angel>=freq_400_p && angel<freq_500_p)
            freq0<=5'b00100;
        else if(angel>=freq_500_p && angel<freq_600_p)
            freq0<=5'b00101;
        else if(angel>=freq_600_p && angel<freq_700_p)
            freq0<=5'b00110;
        else if(angel>=freq_700_p && angel<freq_800_p)
            freq0<=5'b00111;
        else if(angel>=freq_800_p && angel<freq_900_p)
            freq0<=5'b01000;
        else if(angel>=freq_900_p && angel<freq_1k_p)
            freq0<=5'b01001;
    else
        freq0<=5'b01010;
    else
    if(angel>freq_100_n)
        freq0<=5'b00000;
    else if(angel<=freq_100_n && angel>freq_200_n)
        freq0<=5'b10001;
    else if(angel<=freq_200_n && angel>freq_300_n)
        freq0<=5'b10010;
    else if(angel<=freq_300_n && angel>freq_400_n)
        freq0<=5'b10011;
    else if(angel<=freq_400_n && angel>freq_500_n)
        freq0<=5'b10100;
    else if(angel<=freq_500_n && angel>freq_600_n)
        freq0<=5'b10101;
```

```
            else if(angel<=freq_600_n && angel>freq_700_n)
                freq0<=5'b10110;
            else if(angel<=freq_700_n && angel>freq_800_n)
                freq0<=5'b10111;
            else if(angel<=freq_800_n && angel>freq_900_n)
                freq0<=5'b11000;
            else if(angel<=freq_900_n && angel>freq_1k_n)
                freq0<=5'b11001;
            else
                freq0<=5'b11010;
always@(posedge clk or negedge rstn)
    if(!rstn)
        begin freq<=5'b00000; state<=1'b0; end
    else
        if(!enable_delay[1])
            begin state<=1'b0; freq<=freq; end
        else
            case(state)
                1'b0:
                    if(!freq[4])
                        if(!freq0[4])
                            if(freq0>freq)
                                begin freq<=freq+1'b1; state<=1'b1; end
                            else
                            if(freq0<freq)
                                begin freq<=freq-1'b1; state<=1'b1; end
                            else
                                begin freq<=freq; state<=1'b1; end
                        else
                            if(!freq)
                                begin freq<=5'b10001; state<=1'b1; end
                            else
                                begin freq<=freq-1'b1; state<=1'b1; end
                    else
                    if(freq0[4])
                        if(freq0>freq)
                            begin freq<=freq+1'b1; state<=1'b1; end
                        else
                        if(freq0<freq)
```

```
                                    begin freq<=freq-1'b1; state<=1'b1; end
                                else
                                    begin freq<=freq;    state<=1'b1; end
                            else
                                if(freq==5'b10001)
                                    begin freq<=5'b0;    state<=1'b1; end
                                else
                                    begin freq<=freq-1'b1;    state<=1'b1;    end
                        1'b1:    begin state<=1'b1;    freq<=freq; end
                    endcase
endmodule

module freq_det_div(data_a, data_b, data_out);
    input signed [18:0] data_a;
    input signed [10:0] data_b;
    output reg    signed [18:0] data_out;
    always@(data_a or data_b)
        if(!data_b)
            data_out<=19'b0;
        else
            data_out<=data_a/data_b;
    endmodule

    module freq_det_sub(data_a, data_b, data_out);
    input signed [23:0] data_a, data_b;
    output wire signed [24:0] data_out;
    assign    data_out=data_a-data_b;
    endmodule

    module freq_det_add(data_a, data_b, data_out);
    input [23:0] data_a, data_b;
    output [24:0] data_out;
    wire [24:0] data_out, a_reg, b_reg;
    assign a_reg=(!data_a[23])? {1'b0, data_a}:{1'b1, data_a};
    assign b_reg=(!data_b[23])? {1'b0, data_b}:{1'b1, data_b};
    assign data_out=a_reg+b_reg;
    endmodule

    module freq_det_mul(data_a, data_b, data_out);
```

```
    input signed[11:0] data_a, data_b;
    output wire signed[23:0] data_out;
    assign data_out=data_a*data_b;
endmodule
```

(2) 频偏控制模块。

模块功能：本模块根据频偏检测模块的频偏值，在查找表中找出对应的正、余弦值并且输出。

实现方式：频偏控制模块根据检测出的频偏值，即 freq_rom 中地址的递增值，从 freq_rom 中查找出相对应的实际频偏值，输出到后续模块。需要注意的是，实际数据一共有 256 位，所以当频偏大于等于 1 kHz，即地址递增值为 10，则一共需要 2560 个值，而在 freq_rom 中只存储正弦波前四分之一周期间隔相等的 2501 个值。根据正弦函数前半个周期的轴对称性质，当读到 2500 个值的时候，只需要将地址递减，从 freq_rom 中读出的值即为实际对应的正弦值。

代码：

```
module  freq_ctrl(freq_switch, freq_det_in, freq_word_in, clk, rstn, enable,
    datain_sin, datain_cos, dataout_sin, dataout_cos, addr_sin, addr_cos);
    input clk, rstn, enable, freq_switch;
    input [3:0] freq_det_in, freq_word_in;
    input [14:0] datain_sin, datain_cos;
    output [11:0] addr_sin, addr_cos;
    output [14:0] dataout_sin, dataout_cos;
    reg [1:0] state, state1;
    reg [3:0] count;
    reg [11:0] count_addr_sin, count_addr_cos;
    reg [14:0] dataout_sin, dataout_cos;
    wire [11:0] addr_sin, addr_cos;
    wire [3:0] freq_in;
    assign freq_in=(!freq_switch)?freq_det_in:freq_word_in;
    always@(posedge clk or negedge rstn)
        if(!rstn)
            count<=4'b0;
        else
            if(enable)
                count<=count+1'b1;
            else
                count<=4'b0;
    always@(posedge clk or negedge rstn)
        if(!rstn)
```

```
        begin
            state<=2'b00;
            count_addr_sin<=12'b0;
            dataout_sin<=15'b0;
        end
    else
        if(!enable)
            begin
                state<=2'b00;
                count_addr_sin<=12'b0;
                dataout_sin<=15'b0;
            end
        else
            case(freq_in)
                4'b0000:begin
                    dataout_sin<=15'b000000000000000;
                    count_addr_sin<=12'b0;
                    state<=2'b00;
                end
            4'b0001:begin
                if(count==4'b1111)
                    begin
                        count_addr_sin<=count_addr_sin+1'b1;
                        state<=2'b00;
                        dataout_sin<=datain_sin;
                    end
                else
                    begin
                        state<=2'b00;
                        count_addr_sin<=count_addr_sin;
                        dataout_sin<=datain_sin;
                    end
                end
            4'b0010:begin
                if(count==4'b1111)
                    begin
                        count_addr_sin<=count_addr_sin+2'b10;
                        state<=2'b00;
```

```
                dataout_sin<=datain_sin;
            end
        else
            begin
                state<=2'b00;
                count_addr_sin<=count_addr_sin;
                dataout_sin<=datain_sin;
            end
        end
    4'b0011:begin
        if(count==4'b1111)
            begin
                count_addr_sin<=count_addr_sin+2'b11;
                state<=2'b00;
                dataout_sin<=datain_sin;
            end
        else
            begin
                state<=2'b00;
                count_addr_sin<=count_addr_sin;
                dataout_sin<=datain_sin;
            end
        end
    4'b0100:begin
        if(count==4'b1111)
            begin
                count_addr_sin<=count_addr_sin+3'b100;
                state<=2'b00;
                dataout_sin<=datain_sin;
            end
        else
            begin
                state<=2'b00;
                count_addr_sin<=count_addr_sin;
                dataout_sin<=datain_sin;
            end
        end
    4'b0101:begin
```

```
          if(count==4'b1111)
              begin
                  count_addr_sin<=count_addr_sin+3'b101;
                  state<=2'b00;
                  dataout_sin<=datain_sin;
              end
          else
              begin
                  state<=2'b00;
                  count_addr_sin<=count_addr_sin;
                  dataout_sin<=datain_sin;
              end
          end
      4'b0110:begin
          if(count==4'b1111)
              begin
                  count_addr_sin<=count_addr_sin+3'b110;
                  state<=2'b00;
                  dataout_sin<=datain_sin;
              end
          else
              begin
                  state<=2'b00;
                  count_addr_sin<=count_addr_sin;
                  dataout_sin<=datain_sin;
              end
          end
      4'b0111:begin
          if(count==4'b1111)
              begin
                  count_addr_sin<=count_addr_sin+3'b111;
                  state<=2'b00;
                  dataout_sin<=datain_sin;
              end
          else
              begin
                  state<=2'b00;
                  count_addr_sin<=count_addr_sin;
```

```
                dataout_sin<=datain_sin;
            end
        end
    4'b1000:begin
        if(count==4'b1111)
            begin
                count_addr_sin<=count_addr_sin+4'b1000;
                state<=2'b00;
                dataout_sin<=datain_sin;
            end
        else
            begin
                state<=2'b00;
                count_addr_sin<=count_addr_sin;
                dataout_sin<=datain_sin;
            end
        end
    4'b1001:begin
        if(count==4'b1111)
            begin
                count_addr_sin<=count_addr_sin+4'b1001;
                state<=2'b00;
                dataout_sin<=datain_sin;
            end
        else
            begin
                state<=2'b00;
                count_addr_sin<=count_addr_sin;
                dataout_sin<=datain_sin;
            end
        end
    4'b1010:case(state)
        2'b00:
            if(count==4'b1111 && count_addr_sin==12'b100111000100)
                begin
                    count_addr_sin<=count_addr_sin-4'b1010;
                    state<=2'b01;
                    dataout_sin<=datain_sin;
```

```
                    end
                else
                if(count==4'b1111)
                    begin
                        count_addr_sin<=count_addr_sin+4'b1010;
                        state<=2'b00;
                         dataout_sin<=datain_sin;
                    end
                else
                    begin
                        state<=2'b00;
                        count_addr_sin<=count_addr_sin;
                        dataout_sin<=datain_sin;
                    end
            2'b01:
                if(count==4'b1111)
                    begin
                        count_addr_sin<=count_addr_sin-1'b1;
                        state<=2'b01;
                        dataout_sin<=datain_sin;
                    end
                else
                    begin
                        state<=2'b01;
                        count_addr_sin<=count_addr_sin;
                        dataout_sin<=datain_sin;
                    end
            default: begin
                    count_addr_sin<=8'b0;
                    state<=2'b00;
                    dataout_sin<=10'b0;
                end
        endcase
    endcase
always@(posedge clk or negedge rstn)
    if(!rstn)
        begin
            state1<=2'b00;
```

```
            count_addr_cos<=12'b100111000100;
            dataout_cos<=15'b011111111111111;
        end
    else
        if(!enable)
            begin
                state1<=2'b00;
                count_addr_cos<=12'b100111000100;
                dataout_cos<=15'b011111111111111;
            end
        else
            case(freq_in)
                4'b0000:begin
                        dataout_cos<=15'b011111111111111;
                        count_addr_cos<=12'b100111000100;
                        state1<=2'b00;
                    end
                4'b0001:begin
                        if(count==4'b1111)
                            begin
                                count_addr_cos<=count_addr_cos-1'b1;
                                state1<=2'b00;
                                dataout_cos<=datain_cos;
                            end
                        else
                            begin
                                state1<=2'b00;
                                count_addr_cos<=count_addr_cos;
                                dataout_cos<=datain_cos;
                            end
                        end
                4'b0010:begin
                        if(count==4'b1111)
                            begin
                                count_addr_cos<=count_addr_cos-2'b10;
                                state1<=2'b00;
                                dataout_cos<=datain_cos;
                            end
```

```
            else
                begin
                    state1<=2'b00;
                    count_addr_cos<=count_addr_cos;
                    dataout_cos<=datain_cos;
                end
            end
    4'b0011:begin
            if(count==4'b1111)
                begin
                    count_addr_cos<=count_addr_cos-2'b11;
                    state1<=2'b00;
                    dataout_cos<=datain_cos;
                end
            else
                begin
                    state1<=2'b00;
                    count_addr_cos<=count_addr_cos;
                    dataout_cos<=datain_cos;
                end
            end
    4'b0100:begin
            if(count==4'b1111)
                begin
                    count_addr_cos<=count_addr_cos-3'b100;
                    state1<=2'b00;
                    dataout_cos<=datain_cos;
                end
            else
                begin
                    state1<=2'b00;
                    count_addr_cos<=count_addr_cos;
                    dataout_cos<=datain_cos;
                end
            end
    4'b0101:begin
            if(count==4'b1111)
                begin
```

```
                    count_addr_cos<=count_addr_cos-3'b101;
                    state1<=2'b00;
                    dataout_cos<=datain_cos;
                end
            else
                begin
                    state1<=2'b00;
                    count_addr_cos<=count_addr_cos;
                    dataout_cos<=datain_cos;
                end
            end
    4'b0110:begin
            if(count==4'b1111)
                begin
                    count_addr_cos<=count_addr_cos-3'b110;
                    state1<=2'b00;
                    dataout_cos<=datain_cos;
                end
            else
                begin
                    state1<=2'b00;
                    count_addr_cos<=count_addr_cos;
                    dataout_cos<=datain_cos;
                end
            end
    4'b0111:begin
            if(count==4'b1111)
                begin
                    count_addr_cos<=count_addr_cos-3'b111;
                    state1<=2'b00;
                    dataout_cos<=datain_cos;
                end
            else
                begin
                    state1<=2'b00;
                    count_addr_cos<=count_addr_cos;
                    dataout_cos<=datain_cos;
                end
```

```
                end
            4'b1000:begin
                if(count==4'b1111)
                    begin
                        count_addr_cos<=count_addr_cos-4'b1000;
                        state1<=2'b00;
                        dataout_cos<=datain_cos;
                    end
                else
                    begin
                        state1<=2'b00;
                        count_addr_cos<=count_addr_cos;
                        dataout_cos<=datain_cos;
                    end
                end
            4'b1001:begin
                if(count==4'b1111)
                    begin
                        count_addr_cos<=count_addr_cos-4'b1001;
                        state1<=2'b00;
                        dataout_cos<=datain_cos;
                    end
                else
                    begin
                        state1<=2'b00;
                        count_addr_cos<=count_addr_cos;
                        dataout_cos<=datain_cos;
                    end
                end
            4'b1010:case(state1)
                2'b00:
                    if(count==4'b1111 && count_addr_cos==12'b0)
                        begin
                            count_addr_cos<=count_addr_cos+4'b1010;
                            state1<=2'b01;
                            dataout_cos<=datain_cos;
                        end
                    else
```

```
                    if(count==4'b1111)
                        begin
                            count_addr_cos<=count_addr_cos-4'b1010;
                            state1<=2'b00;
                            dataout_cos<=datain_cos;
                        end
                    else
                        begin
                            state1<=2'b00;
                            count_addr_cos<=count_addr_cos;
                            dataout_cos<=datain_cos;
                        end
                2'b01:
                    if(count==4'b1111)
                        begin
                            count_addr_cos<=count_addr_cos+4'b1010;
                            state1<=2'b01;
                            dataout_cos<=~datain_cos+1'b1;
                        end
                    else
                        begin
                            state1<=2'b01;
                            count_addr_cos<=count_addr_cos;
                            dataout_cos<=~datain_cos+1'b1;
                        end
                default: begin
                            count_addr_cos<=12'b0;
                            state1<=2'b00;
                            dataout_cos<=15'b011111111111111;
                        end
            endcase
        endcase
    assign  addr_sin=count_addr_sin;
    assign  addr_cos=count_addr_cos;
endmodule
```

(3) 频偏值查找表 ROM 模块。

模块功能：频偏值查找表 ROM 模块存储了频偏值。在系统时钟的作用下，相位累加器在每一个时钟对控制字进行累加，产生的相位信息则作为地址给查找表，从 ROM 中读出该相位地址对应的正、余弦幅度值。查找表的核心思想就是利用了三角函数相位和幅度之间的对应关系，如图 10.9-20 所示。

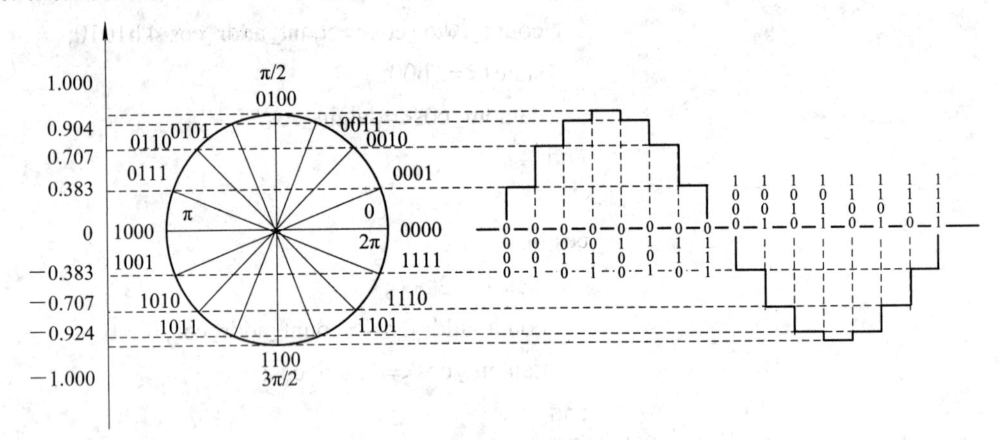

图 10.9-20　三角函数相位与幅值的对应关系

模块的实现方式：频偏值查找表 ROM 由 Quartus Ⅱ的 IP 产生，而其中初始化的 mif 文件用 Matlab 产生，mif 文件存储了正弦波 sin 函数四分之一个周期的值，通过 sin 函数四分之一周期的值可以产生整个 sin 函数，因为 sin 函数第二个四分之一周期与第一个四分之一周期轴对称，而 sin 函数后二分之一周期与前二分之一周期轴对称。ROM 的 IP 产生在之前章节中已经讲过，这里不再重复。

初始化的 mif 文件由 Matlab 产生，先产生了宽度为 14 位，深度为 2501 的四分之一 sin 周期的数据，然后再将数据每一位前添加一位“0”，表示符号位为正。

代码：

```
clc; clear;
width = 14;
depth = 2501;
index = linspace(0, pi*0.5, depth);
sin_a = sin(index);
sin_d = fix(sin_a*(2^width - 1));
plot(sin_d);
addr = 0:depth - 1;
str_width = strcat('WIDTH=', num2str(width));
str_depth = strcat('DEPTH=', num2str(depth));
fid = fopen('g:\sin.mif', 'w');
fprintf(fid, str_width);
fprintf(fid, '; \n');
fprintf(fid, str_depth);
fprintf(fid, '; \n\n');
fprintf(fid, 'ADDRESS_RADIX=HEX; \n');
fprintf(fid, 'DATA_RADIX=HEX; \n\n');
```

```
fprintf(fid, 'CONTENT BEGIN\n');
fprintf(fid, '\t%X      :      %X; \n', [addr          ; sin_d]);
fprintf(fid, 'END; \n');
fclose(fid);
```

(4) 频偏值同步模块。

模块功能：频偏值同步模块将输入的频偏值延迟 10 个时钟周期输出，达到同步时序的目的。

实现方式：本模块用移位寄存器保存 10 个周期的频偏值，然后逐一输出。

代码：

```
module   nco_delay(clock, reset, data_in, data_out);
    input clock, reset;
    input [14:0] data_in;
    output wire [14:0] data_out;
    reg [14:0] data_reg[10:0];
    assign data_out=data_reg[10];
    integer i;
    always@(posedge clock or negedge reset)
        if(!reset)
            begin
                for(i = 0; i < 11; i = i + 1)
                    data_reg[0] <= 14'b0;
            end
        else
            begin
              data_reg[0]<=data_in;
                for(i = 1; i < 11; i = i + 1)
                    data_reg[i] = data_reg[i-1];
           end
endmodule
```

(5) 频偏纠正模块。

模块功能：频偏纠正模块根据频偏值将数据纠正为无频偏的数据。

实现方式：根据之前介绍的算法，混频后的原始基带调制信号与补偿信号相乘，新的基带信号为

$$\text{signal}_{\text{new}}(t) = \text{signal}(t)*\text{freq}_{\text{offset}}(t) = A(t)\mathrm{e}^{\mathrm{j}[\omega_0 t+\varphi(t)]} * \mathrm{e}^{-\mathrm{j}\omega_0 t} = A(t)\mathrm{e}^{\mathrm{j}\varphi(t)}$$

根据该公式可以求出新的信号。需要注意的是，如果之前求出的频偏值为负，即 direct_det 为“1”，正弦项需要取反，则公式略有变化。

代码：

```
module complex_mul(complex_sin, complex_cos, direct_switch, direct_det,
```

```
direct_word, datain_I, datain_Q, dataout_I, dataout_Q);
input [14:0] complex_sin, complex_cos;
input [11:0] datain_I, datain_Q;
input direct_det, direct_switch, direct_word;
output [27:0] dataout_I, dataout_Q;
wire direct;
wire [27:0] dataout_I_pos, dataout_Q_pos, dataout_I_neg, dataout_Q_neg;
wire [27:0] dataout_I, dataout_Q;
wire [26:0] dataout_I_pos_1, dataout_I_pos_2, dataout_Q_pos_1, dataout_Q_pos_2;
wire[26:0] dataout_I_neg_1, dataout_I_neg_2, dataout_Q_neg_1, dataout_Q_neg_2;
assign direct=(!direct_switch)? direct_det:direct_word;
assign dataout_I=(direct)? dataout_I_neg:dataout_I_pos;
assign dataout_Q=(direct)? dataout_Q_neg:dataout_Q_pos;
freq_mul U0 (.data_a(datain_I), .data_b(complex_cos), .data_out(dataout_I_pos_1));
freq_mul U1 (.data_a(datain_Q),
.data_b(complex_sin),
.data_out(dataout_I_pos_2));
freq_add U2 (.data_a(dataout_I_pos_1),
.data_b(dataout_I_pos_2),
.data_out(dataout_I_pos));
freq_mul U3 (.data_a(datain_Q),
.data_b(complex_cos),
.data_out(dataout_Q_pos_1));
freq_mul U4 (.data_a(datain_I),
.data_b(complex_sin),
.data_out(dataout_Q_pos_2));
freq_sub  U5 (.data_a(dataout_Q_pos_1),
.data_b(dataout_Q_pos_2),
.data_out(dataout_Q_pos));
freq_mul  U6 (.data_a(datain_I),
.data_b(complex_cos),
.data_out(dataout_I_neg_1));
freq_mul  U7 (.data_a(datain_Q),
.data_b(complex_sin),
.data_out(dataout_I_neg_2));
freq_sub  U8 (.data_a(dataout_I_neg_1),
.data_b(dataout_I_neg_2),
.data_out(dataout_I_neg));
freq_mul  U9 (.data_a(datain_Q),
```

```
    .data_b(complex_cos),
    .data_out(dataout_Q_neg_1));
    freq_mul  U10(.data_a(datain_I),
    .data_b(complex_sin),
    .data_out(dataout_Q_neg_2));
    freq_add  U11(.data_a(dataout_Q_neg_1),
    .data_b(dataout_Q_neg_2),
    .data_out(dataout_Q_neg));
endmodule

module freq_mul(data_a, data_b, data_out);
   input signed [11:0] data_a;
   input signed [14:0]   data_b;
   output signed [26:0] data_out;
   wire [26:0] data_out;
   assign data_out=data_a*data_b;
endmodule

module freq_add(data_a, data_b, data_out);
   input [26:0] data_a, data_b;
   output wire[27:0] data_out;
   reg [27:0] data_a_reg, data_b_reg;
   always@(data_a)
      if(!data_a[26])
         data_a_reg<={1'b0, data_a};
      else
         data_a_reg<={1'b1, data_a};
   always@(data_b)
      if(!data_b[26])
         data_b_reg<={1'b0, data_b};
      else
         data_b_reg<={1'b1, data_b};
   assign data_out=data_a_reg+data_b_reg;
endmodule

module freq_sub(data_a, data_b, data_out);
    input [26:0] data_a, data_b;
    output wire [27:0] data_out;
    reg [27:0] data_a_reg, data_b_reg;
```

```
always@(data_a)
    if(!data_a[26])
        data_a_reg<={1'b0, data_a};
    else
        data_a_reg<={1'b1, data_a};
always@(data_b)
    if(!data_b[26])
        if(data_b==27'b0)
           data_b_reg<={1'b0, data_b};
        else
            data_b_reg<={1'b1, (~data_b+1'b1)};
    else
        data_b_reg<={1'b0, ~(data_b-1'b1)};
assign data_out=data_a_reg+data_b_reg;
endmodule
```

18) BPSK 判决模块

模块功能：本模块用于判决非扩频数据，根据 I 路信号和 Q 路信号解调出数据。

实现方式：在没有频偏的情况下，标准的 BPSK 调制信号的星座图如图 10.9-21 所示。

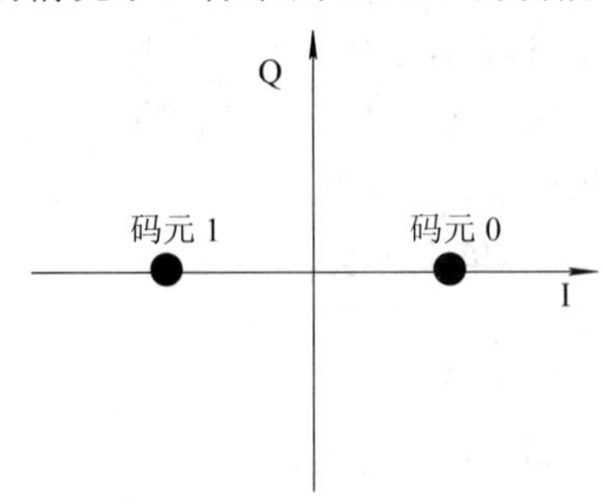

图 10.9-21 理想 BPSK 星座图

在理想情况下，可以采用过零判决的方式来进行解调，即待判决的采样点在星座图的一、四象限就判为码元 0，在二、三象限则判为码元 1。但由于频偏的存在，信号采样点不会像图 10.9-22 一样分布在坐标系 x 轴的两侧，而是会发生旋转，即使在对频偏进行近似校正后也不能变为理想状态，如图 10.9-22 和图 10.9-23 所示。

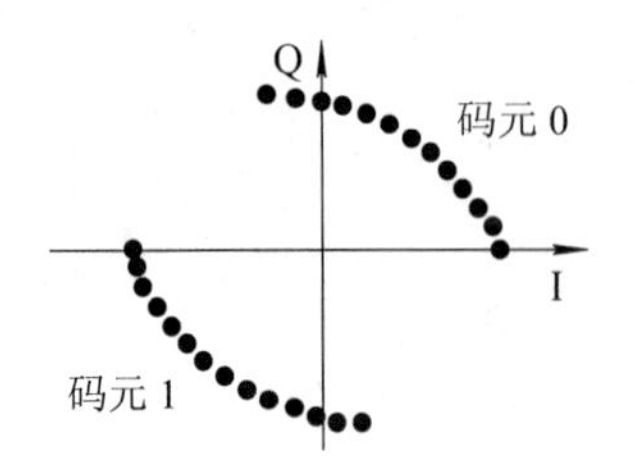

图 10.9-22 有频偏的情况下星座图发生旋转

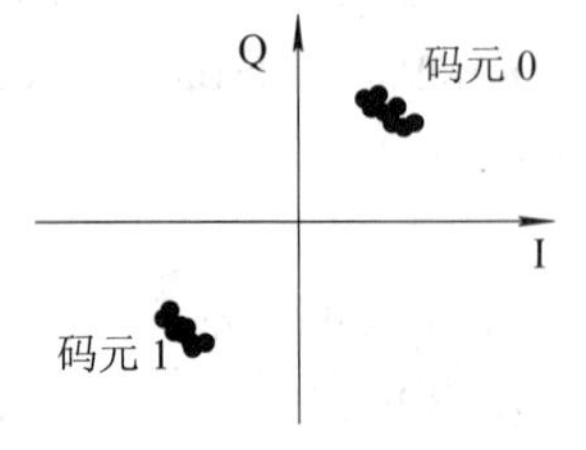

图 10.9-23 校正频偏后的星座图

由图 10.9-23 可以看出，在此情况下，如果再用过零判决将不能得到正确的解调结果。

如果对基带信号进行频偏校正，那么经过校正后的采样点都会聚集在基带信号的起始点附近。如果将坐标轴进行旋转，令基带信号的起始采样点分别处在新坐标系 x 轴的正、负半轴上，那么就可以在新的坐标轴上用过零判决来进行解调。

从载波同步模块中可知，系统是根据前后两个相关峰在星座图中的不同位置来进行频偏估计和校正的，在频偏补偿的时候，只补偿了数据帧中同步字后的有效数据，因此频偏校正的起始采样点可以用第二个相关峰的位置来确定。因此可以通过第二个相关峰的位置设定新的坐标系，连接第二个相关峰的坐标点和原点做直线，构成新的 x 轴，相关峰的坐标点位于新 x 轴的正半轴上，再过原点做与新 x 轴正交的直线作为 y 轴，用这个新的坐标轴进行判决。如图 10.9-24 所示。

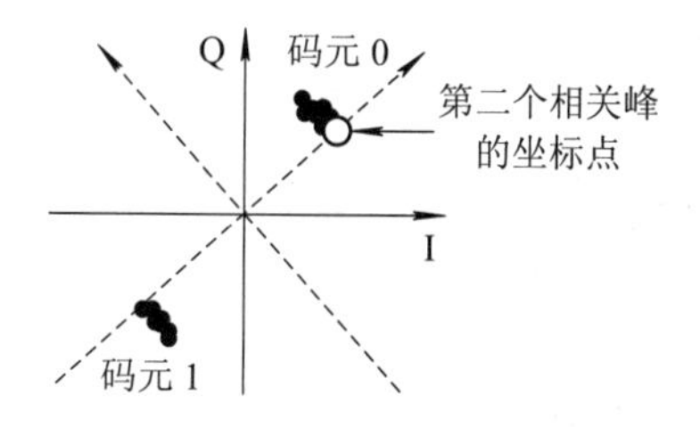

图 10.9-24　构造新坐标系进行判决

在新坐标系中，规定如果待判决的采样点在新坐标系的第一和第四象限中，那么该采样点判为码元 0，如果是在第二和第三象限中，则判为码元 1，这样不仅找到了新的判决标准，而且用这种判决方式容错能力大大提高，因为不只是过零判决，而是给了一整个象限的冗余度。在本设计中，码率为 1 Mb/s，而数据帧中有效数据为 256 bit，在频偏 1 kHz 的情况下，256 bit 在星座图中的旋转弧度为(256/1000)*2π，略大于一个象限，因此在进行频偏校正时的容错程度只略小于 1 kHz，而在设计中是采用每 100 Hz 进行划分校正，远远满足判决精度要求。

代码：

```
module bpsk_judge(clock, reset, en, judgein_I, judgein_Q, datain_I,
                  datain_Q, data_out, data_valid);
   input clock, reset, en;
   input [11:0] judgein_I, judgein_Q;
   input [13:0] datain_I, datain_Q;
   output data_out, data_valid;
   reg [13:0] datain_reg[1:0];
   reg [1:0] judge_sign, data_sign;
   reg data_out, data_valid;
   reg [11:0] judge_reg[1:0];
   wire [25:0] mult1, mult2;
   reg [3:0] count;
   reg count1;
```

```
always@(posedge clock)
    if(!reset)
        count1<=1'b0;
    else
        if(en)
            count1<=count1+1'b1;
        else
            count1<=1'b0;
always@(posedge clock or negedge reset)
    if(!reset)
        count<=4'b0000;
    else
        if(en)
            count<=count+1'b1;
        else
            count<=4'b0000;
always@(posedge clock)
    if(!reset)
        begin
            judge_reg[0]<=12'b0;
            judge_reg[1]<=12'b0;
        end
    else
        if(en)
            begin
                if(!judgein_I[11])
                    judge_reg[0]<=judgein_I;
                else
                    judge_reg[0]<=~(judgein_I-12'b000000000001);
                if(!judgein_Q[11])
                    judge_reg[1]<=judgein_Q;
                else
                    judge_reg[1]<=~(judgein_Q-12'b000000000001);
            end
        else
            begin
                judge_reg[0]<=judge_reg[0];
                judge_reg[1]<=judge_reg[1];
```

```
        end
always@(posedge clock)
    if(!reset)
        begin
            datain_reg[0]<=14'b0;
            datain_reg[1]<=14'b0;
        end
    else
        begin
            if(count==4'b1110)
                begin
                    if(!datain_I[13])
                        datain_reg[0]<=datain_I;
                    else
                        datain_reg[0]<=~(datain_I-14'b00000000000001);
                    if(!datain_Q[13])
                        datain_reg[1]<=datain_Q;
                    else
                        datain_reg[1]<=~(datain_Q-14'b00000000000001);
                end
            else
                begin
                    datain_reg[0]<=datain_reg[0];
                    datain_reg[1]<=datain_reg[1];
                end
        end
always@(posedge clock)
    if(!reset)
        begin
            data_sign[0]<=1'b0;
            data_sign[1]<=1'b0;
        end
    else
        begin
            if(count==4'b1110)
                begin
                    data_sign[0]<=datain_I[13];
                    data_sign[1]<=datain_Q[13];
```

```
                end
            else
                begin
                    data_sign[0]<=data_sign[0];
                    data_sign[1]<=data_sign[1];
                end
            end
always@(posedge clock)
    if(!reset)
        begin
            judge_sign[0]<=1'b0;
            judge_sign[1]<=1'b0;
        end
    else
        begin
            judge_sign[0]<=judgein_I[11];
            judge_sign[1]<=judgein_Q[11];
        end
always@(posedge clock)
    if(!reset)
        begin
            data_out<=1'b0;
            data_valid<=1'b0;
        end
    else if(en)
        begin
            if(count==4'b1111)
                case({judge_sign[0], judge_sign[1]})
                    2'b00:
                        case({data_sign[0], data_sign[1]})
                            2'b00:begin
                                    data_out<=1'b0;
                                    data_valid<=1'b1;
                                end
                            2'b01:begin
                                if(mult1>mult2)
                                    begin
                                        data_out<=1'b0;
```

```
                    data_valid<=1'b1;
                end
            else
                if(mult1<mult2)
                    begin
                        data_out<=1'b1;
                        data_valid<=1'b1;
                    end
                else
                    begin
                        data_out<=data_out;
                        data_valid<=1'b1;
                    end
            end
        2'b10:begin
            if(mult1>mult2)
                    begin
                        data_out<=1'b1;
                        data_valid<=1'b1;
                    end
            else
                if(mult1<mult2)
                    begin
                        data_out<=1'b0;
                        data_valid<=1'b1;
                    end
                else
                    begin
                        data_out<=data_out;
                        data_valid<=1'b1;
                    end
            end
        2'b11:begin
                        data_out<=1'b1;
                        data_valid<=1'b1;
            end
    endcase
2'b01:
```

```
case({data_sign[0], data_sign[1]})
    2'b01:begin
            data_out<=1'b0;
            data_valid<=1'b1;
        end
    2'b00:begin
        if(mult1>mult2)
            begin
                data_out<=1'b0;
                data_valid<=1'b1;
            end
        else
        if(mult1<mult2)
            begin
                data_out<=1'b1;
                data_valid<=1'b1;
            end
        else
            begin
                data_out<=data_out;
                data_valid<=1'b1;
            end
        end
    2'b11:begin
        if(mult1>mult2)
            begin
                data_out<=1'b1;
                data_valid<=1'b1;
            end
        else
        if(mult1<mult2)
            begin
                data_out<=1'b0;
                data_valid<=1'b1;
            end
        else
            begin
                data_out<=data_out;
```

```
                    data_valid<=1'b1;
                end
            end
        2'b10:begin
                    data_out<=1'b1;
                    data_valid<=1'b1;
                end
    endcase
2'b10:
    case({data_sign[0], data_sign[1]})
        2'b10:begin
                data_out<=1'b0;
                data_valid<=1'b1;
            end
        2'b11:begin
            if(mult1>mult2)
                begin
                    data_out<=1'b0;
                    data_valid<=1'b1;
                end
            else
            if(mult1<mult2)
                begin
                    data_out<=1'b1;
                    data_valid<=1'b1;
                end
            else
                begin
                    data_out<=data_out;
                    data_valid<=1'b1;
                end
            end
        2'b00:begin
          if(mult1>mult2)
              begin
                data_out<=1'b1;
                data_valid<=1'b1;
              end
```

```
                    else
                    if(mult1<mult2)
                        begin
                            data_out<=1'b0;
                            data_valid<=1'b1;
                        end
                    else
                        begin
                          data_out<=data_out;
                          data_valid<=1'b1;
                        end
                    end
                2'b01:begin
                        data_out<=1'b1;
                        data_valid<=1'b1;
                    end
            endcase
        2'b11:
            case({data_sign[0], data_sign[1]})
                2'b11:begin
                        data_out<=1'b0;
                        data_valid<=1'b1;
                    end
                2'b10:begin
                    if(mult1>mult2)
                        begin
                            data_out<=1'b0;
                            data_valid<=1'b1;
                        end
                    else
                    if(mult1<mult2)
                        begin
                            data_out<=1'b1;
                            data_valid<=1'b1;
                        end
                    else
                        begin
                            data_out<=data_out;
```

```
                    data_valid<=1'b1;
                end
            end
        2'b01:begin
            if(mult1>mult2)
                begin
                    data_out<=1'b1;
                    data_valid<=1'b1;
                end
            else
            if(mult1<mult2)
                begin
                    data_out<=1'b0;
                    data_valid<=1'b1;
                end
            else
                begin
                    data_out<=data_out;
                    data_valid<=1'b1;
                end
            end
        2'b00:begin
                    data_out<=1'b1;
                    data_valid<=1'b1;
                end
        default:
            begin
                data_out <= 1'b0;
                data_valid <= 1'b0;
            end
    endcase
        default:
            begin
                data_out <= 1'b0;
                data_valid <= 1'b0;
            end
    endcase
else
```

```
                        begin
                            data_out<=data_out;
                            data_valid<=1'b0;
                        end
                    end
        assign  mult1=datain_reg[0]*judge_reg[0];
        assign  mult2=datain_reg[1]*judge_reg[1];
    endmodule
```

BPSK 通信系统比较复杂，鉴于本书篇幅有限，测试程序不在此罗列，有兴趣的读者可以自行尝试。需要注意的是，BPSK 发射机程序输出的信号是基频信号，需要连接射频才能发射。所以若需要测试，则在此基础上，要将基频信号乘以中频，而中频信号发生器与 BPSK 接收机中的正弦信号发生器相同。

本 章 小 结

本章结合数字电路设计的特点，介绍了数字系统的设计方法，对几种数字通信与数字控制电路的 Verilog HDL 实现给出了示例，包括乘法器、FIFO、log 函数、数字频率计、CORDIC 算法、巴克码相关器、FIR 滤波器、总线控制器、BPSK 通信系统的设计。本章主要围绕理论算法、通信协议、设计思路以及代码分析几个方面来阐述。读者可以通过这些典型电路的设计实例，加深对 Verilog HDL 数字电路和系统设计的理解。

思考题和习题

1. 用 Verilog HDL 分别设计 4、5、8 倍分频器。
2. 用 Verilog HDL 设计一个 4 位的向量叉乘的向量乘法器。
3. 根据 Wallace 乘法器的原理用 Verilog HDL 设计一个 5 位的 Wallace 乘法器。
4. 画出可以检测 1010 序列的状态图，采用 Verilog HDL 程序设计语言，用 FSM(有限状态机)进行设计，并写出测试程序。
5. 用查找表的方法设计一个 4 位乘法器。并说明用查找表的方式来进行电路设计的优缺点。
6. 用 Verilog HDL 设计一个 4 位除法器，要求采用组合电路与查找表两种不同的方法。
7. 用 Verilog HDL 设计一个简易的计算器，能够完成 8 位以内的加、减、乘、除法运算，并以 BCD 码输出。
8. 用 Verilog HDL 设计曼彻斯特编码器、译码器。
9. 用 Verilog HDL 设计一个 SDRAM 控制器。
10. 根据 SPI 接收机的设计，用 Verilog HDL 设计一个 SPI 发射机。
11. 用 Verilog HDL 设计一个 I^2C 接口控制电路。
12. 用 Verilog HDL 设计一个如图 T10-1 所示的 DDS 函数信号发生器。要求：

(1) 利用DDS技术产生稳定的正弦波、方波和三角波输出，输出信号的频率为1 Hz～200 kHz，且频率可调，步进位1 Hz、100 Hz、1 kHz和10 kHz，峰值为0～5 V。

(2) 显示电路用来显示输出信号的频率值，也可以显示键盘电路的调整过程。

(3) 用Verilog HDL进行建模和模拟仿真。

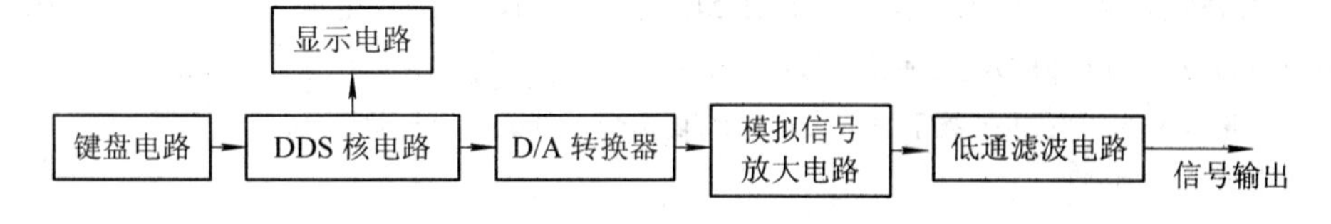

图T10-1　习题12图

13. 用Verilog HDL设计一个保密数电子锁，要求电子锁开锁密码为8位二进制码，密码可以动态控制。且开锁密码有序，若不按顺序输入密码，即发出报警信号。

14. 用Verilog HDL设计一个简易的逻辑分析仪电路。要求：

(1) 具有采集4路逻辑信号的功能，并可设置单级触发字。

(2) 信号采集的触发条件为各路被测信号电平与触发字所设定的逻辑状态相同。在满足触发条件时，能对被测信号进行一次采集、存储。

15. 用Verilog HDL设计一款兼容PIC系列MCU指令集的8位处理器。

参 考 文 献

[1] Michael D Ciletti. Verilog HDL 高级数字设计[M]. 张雅绮，译. 北京：电子工业出版社，2005.

[2] Samir Palnitkar. Verilog HDL 数字设计与综合[M]. 夏宇闻，译. 北京：电子工业出版社，2009.

[3] ZainalabedinNavabi. Verilog 数字系统设计：RTL 综合、测试平台与验证[M]. 李广军，译. 北京：电子工业出版社，2007.

[4] J Bhasker. Verilog HDL 入门[M]. 夏宇闻，译. 北京：北京航空航天大学出版社，2008.

[5] 张亮. 数字电路设计与 Verilog HDL[M]. 北京：人民邮电出版社，2000.

[6] 杜建国. Verilog HDL 硬件描述语言[M]. 北京：国防工业出版社，2004.

[7] 夏宇闻. Verilog 数字系统设计教程[M]. 北京：北京航空航天大学出版社，2008.

[8] 庐峰. Verilog HLD 数字系统设计与验证[M]. 北京：电子工业出版社，2009.

[9] 云创工作室. Verilog HDL 程序设计与实践[M]. 北京：人民邮电出版社，2009.

[10] 刘福奇，刘波. Verilog HDL 应用程序设计实例精讲[M]. 北京：电子工业出版社，2009.

[11] 吴戈. Verilog HDL 与数字系统设计简明教程[M]. 北京：人民邮电出版社，2009.

[12] 王金明. Verilog HDL 程序设计教程[M]. 北京：人民邮电出版社，2004.

[13] 蔡觉平，何小川，李道楠. Verilog HDL 数字集成电路设计原理与应用[M]. 西安：西安电子科技大学出版社，2011.